化学工业出版社"十五五"普通高等教育规划教材

河南科技大学教材出版基金资助

食品生物化学

韩四海　李佩艳　白周亚　主编

化学工业出版社

·北京·

内容提要

本教材以食品科学与工程类教学质量国家标准为依据，适应新工科建设和工程教育认证背景下的食品科学与工程类各专业教学改革新形势。全书共14章，内容包括绪论、糖类、核酸、蛋白质、酶、脂类、新陈代谢总论与生物氧化、糖类代谢、脂类代谢、蛋白质的生物降解及氨基酸代谢、核酸的生物降解及核苷酸代谢、核酸的生物合成、蛋白质的生物合成、代谢网络与调节。每章设置了课程思政、拓展与探索等栏目。本教材适用于食品科学与工程类本科专业教学，也可供相关专业师生和科研人员参考使用。

图书在版编目（CIP）数据

食品生物化学 / 韩四海，李佩艳，白周亚主编. 北京 : 化学工业出版社，2026. 3. -- (化学工业出版社“十五五”普通高等教育规划教材). -- ISBN 978-7-122-49753-6

Ⅰ. TS201.2

中国国家版本馆CIP数据核字第2026EZ9127号

责任编辑：邵桂林　　装帧设计：关　飞
责任校对：宋　夏

出版发行：化学工业出版社
（北京市东城区青年湖南街13号　邮政编码100011）
印　　装：三河市双峰印刷装订有限公司
787mm×1092mm　1/16　印张18　字数437千字
2026年3月北京第1版第1次印刷

购书咨询：010-64518888
售后服务：010-64518899
网　　址：http://www.cip.com.cn
凡购买本书，如有缺损质量问题，本社销售中心负责调换。

定　　价：69.00元

本书编写人员名单

主　　编

韩四海　李佩艳　白周亚

其他参编

王　萍　曹　力　黄依林　陈园园

前言

新时代，现代食品工业正步入以营养健康为导向的高质量发展阶段，为人们提供越来越多的绿色优质食品。人与自然和谐共生，从耕地、草原、森林、海洋以及植物、动物、微生物等多个来源获取热量和蛋白质，通过全方位、多途径开发食物资源，以满足人民群众日益多样化的食物需求。食品生物化学学科发展迎来了新的机遇。食品生物化学是食品科学与工程类（食品科学与工程、食品质量与安全、食品营养与健康、乳品工程等）本科专业的专业基础课程。为适应食品科学与工程类各专业本科教育教学改革新形势，促进食品生物化学教育教学质量提升，我们结合新工科、一流本科建设和工程教育认证相关要求，编写了本教材。

本教材内容包括糖、核酸、蛋白质、脂类等生物分子的结构与功能；酶、辅酶与维生素；生物氧化、糖类代谢、脂类代谢、蛋白质的生物降解及氨基酸代谢、核酸的生物降解及核苷酸代谢、核酸的生物合成（遗传信息的传递）、蛋白质的生物合成；代谢网络与调节。每章设置了课程思政和拓展与探索内容。

全书共分为 14 章，由韩四海、李佩艳、白周亚主编。其中，韩四海编写第 1、3、11、12 章，李佩艳编写第 4、5、10、13 章，白周亚编写第 2、6～9 章，王萍参与编写第 1～4 章，曹力参与编写第 5～8 章，黄依林参与编写第 9～11 章，陈园园参与编写第 12～14 章。由于我们的知识水平有限，加之时间仓促，书中定有不足或疏漏之处，请广大师生不吝赐教，在此表示衷心的感谢！

感谢河南科技大学教材出版基金对本教材出版的资助！

编者

2025 年 12 月

目录

第 1 章　绪论 —— 001

1.1　食品与生命 …… 001
1.2　食品生物化学的主要内容 …… 001
1.3　生物化学的发展 …… 006
1.4　食品生物化学的时代意义 …… 007

第 2 章　糖类 —— 009

2.1　概述 …… 009
2.2　单糖 …… 011
2.3　寡糖 …… 017
2.4　多糖 …… 018
2.5　糖缀合物 …… 022
2.6　食品中糖类相关的生物活性物质 …… 024
2.7　课程思政 …… 025
2.8　拓展与探索——淀粉的老化 …… 026

第 3 章　核酸 —— 029

3.1　核苷酸 …… 029
3.2　核酸的结构 …… 032
3.3　核酸的理化性质与分析方法 …… 039
3.4　课程思政 …… 043
3.5　拓展与探索 …… 043
思考题 …… 043

第 4 章　蛋白质 —— 044

4.1　氨基酸（amino acid） …… 044
4.2　肽 …… 054
4.3　蛋白质的分子组成和功能 …… 058
4.4　蛋白质的分子结构 …… 060

4.5 蛋白质的性质与分类……070
4.6 常见的具有生物活性的蛋白质……075
4.7 课程思政……076
4.8 拓展与探索……077
思考题……078

第5章 酶 —— 079

5.1 概述……079
5.2 酶促反应动力学……087
5.3 酶的催化机制……093
5.4 酶活性的调节……095
5.5 辅酶和维生素……098
5.6 课程思政……107
5.7 拓展与探索……108
思考题……110

第6章 脂类 —— 111

6.1 概述……111
6.2 简单脂……113
6.3 复合脂……115
6.4 衍生脂……119
6.5 食品中脂类生物活性物质……122
6.6 课程思政……123
6.7 拓展与探索——地沟油的危害及检测方法……124

第7章 新陈代谢总论与生物氧化 —— 125

7.1 概述……125
7.2 生物氧化……127
7.3 代谢紊乱造成疾病……137
7.4 课程思政……138
7.5 拓展与探索……138

第8章 糖类代谢 —— 141

8.1 概述……141

8.2 多糖和低聚糖的酶促降解 …… 142
8.3 糖的分解代谢 …… 143
8.4 糖的合成代谢 …… 159
8.5 糖代谢与人体营养健康 …… 169
8.6 课程思政 …… 171
8.7 拓展与探索 …… 173

第 9 章 脂类代谢 —— 175

9.1 概述 …… 175
9.2 脂肪的分解代谢 …… 176
9.3 脂肪的合成代谢 …… 185
9.4 类脂的代谢 …… 190
9.5 脂代谢与人体营养健康 …… 197
9.6 课程思政 …… 199
9.7 拓展阅读 …… 200

第 10 章 蛋白质的生物降解及氨基酸代谢 —— 203

10.1 蛋白质的酶促降解 …… 203
10.2 氨基酸的分解与转化 …… 205
10.3 氨基酸的合成代谢 …… 214
10.4 代谢与人体健康 …… 224
10.5 课程思政 …… 225
10.6 拓展与探索 …… 226
思考题 …… 227

第 11 章 核酸的生物降解及核苷酸代谢 —— 228

11.1 核酸的酶促降解 …… 228
11.2 核苷酸的分解 …… 230
11.3 食物中核酸的消化吸收 …… 230
11.4 碱基的分解代谢 …… 231
11.5 核苷酸的生物合成 …… 233
11.6 核酸代谢与人体健康 …… 240
11.7 课程思政 …… 240
11.8 拓展与探索 …… 240
思考题 …… 241

第 12 章　核酸的生物合成 242

12.1　DNA 的生物合成 242
12.2　DNA 的损伤、修复与突变 249
12.3　RNA 的生物合成 250
12.4　课程思政 254
12.5　拓展与探索 254
思考题 254

第 13 章　蛋白质的生物合成 255

13.1　蛋白质生物合成体系 255
13.2　蛋白质的生物合成过程 260
13.3　蛋白质生物合成抑制剂 266
13.4　课程思政 267
13.5　拓展与探索 268
思考题 269

第 14 章　代谢网络与调节 270

14.1　代谢途径及相互关系 270
14.2　代谢调节 273
14.3　课程思政 279
14.4　拓展与探索 279
思考题 279

参考文献 280

第1章 绪论

1.1 食品与生命

生命是什么？生物和非生物的本质区别是什么？生命的属性，通常被描述为运动、繁殖、适应和对外界刺激的反应等。生命是有序、复杂和动态的。生物体可以看作一个高度有序的开放系统，能够与外部环境进行物质和能量的交换，通过摄取营养物质和能量等外部资源，进行生物化学反应，将这些资源转化为自身的组织结构，从而实现生命体系的延续。

生物体在一定的物质基础上，依靠动态和复杂的化学和物理变化，进行自我组织和自我维持。自然界中丰富多样的生物体，都具有新陈代谢、生长、繁殖、遗传变异、适应和应激等生命活动。生命过程，如生长和发育，涉及成千上万的化学反应，其中大量和各种各样的振动和旋转分子相互作用、碰撞，并重新排列成新的分子。精确描述生物有机体的属性还需要理解生物世界的多样性，以及生物和非生物物质在某些属性上的明显重叠。

透过丰富多样的生命现象去探索生命活动的物质基础和化学本质，离不开对食品生物化学的认识和理解。食品本身是来源于生物体的物质，被人和动物摄入后，参与机体生物化学反应，构成人体和动物体生命活动的重要基础。

1.2 食品生物化学的主要内容

食品生物化学，不仅研究生物分子的结构和功能，以及生物体内的化学过程，还探讨食品中的营养物质是如何参与生命有机体的化学组成、结构，物质能量代谢及调节，生物信息传递，维持生命活动的各种化学变化之间相互联系。生物化学课程的学习有助于学生将来从事生命科学相关职业。从业领域包括生物工程、生物制药、食品与营养、生物医学和临床研究、公共卫生、动植物遗传学、环境保护和野生动物生物学等。食品与生物化学密切相关。利用系统性营养方法保持健康和预防疾病，探讨食品营养与健康离不开食品生物化学知识。

1.2.1 生物体化学组成和结构

生物由成千上万种不同的有机分子和数量有限的无机物组成。水（一种无机分子）可构成细胞内容物重量的50%至95%，离子如Na^+、K^+、Mg^{2+}和Ca^{2+}可占1%左右。生物体内几乎所有其他种类的分子都是有机物。有机分子主要由6种元素组成：碳、氢、氧、氮、磷和硫，它们还含有微量的某些金属和其他非金属元素。在活生物体中发现的每一种最常见元素的原子都可以很容易地形成稳定的共价键，这种共价键允许形成蛋白质这样的重要分子。有机分子结构的复杂性和多样性是由碳原子与其他碳原子或其他元素的原子形成四个强有力的单共价键的能力实现的。具有许多碳原子的有机分子可以形成复杂的形状，例如长而直的结构或支链和环。

生物分子是生物体合成的分子，是有机的（碳基），包括四类生物大分子（多糖、脂类复合物、蛋白质和核酸）和丰富多样的生物小分子。生物大分子的相对分子质量在数千以上。多糖、蛋白质和核酸都是高聚物，它们由较小的基本结构单位组成。生物大分子具有高度特异性，决定了生物的多样性。基本的生物小分子主要有氨基酸、含氮碱（嘌呤、嘧啶）、戊糖（核糖和脱氧核糖）、单糖（葡萄糖），生物大分子有核酸、蛋白质、多糖和脂质等。生物小分子是生物大分子的结构单元。氨基酸分子聚合成寡肽，进一步形成蛋白质分子。寡肽和蛋白质分子中，氨基酸残基之间以肽键连接。含N碱、戊糖与磷酸构成核苷酸，核苷酸为基本单位再聚合成核酸分子，包括核糖核酸（RNA）或脱氧核糖核酸（DNA）。核酸分子中，核苷酸残基之间以3′-5′磷酸二酯键相连。多糖是由单糖或单糖衍生物以糖苷键聚合而成的大分子，聚合链分支或不分支。2～20个单糖分子缩合生成寡糖，更多数目的单糖缩合生成高聚物，即多糖。脂类分子属于生物小分子，当其聚集成超分子结构的脂类复合物时，也属于生物大分子。

生命有机体是分层组织的系统：它们由从最小层次（原子，而原子又由亚原子粒子构成）到最大层次（有机体）的组织模式组成。在生物系统中，每一级组织的功能都来源于其下一级组织的结构和化学性质。某些生物分子连接起来形成聚合物，称为大分子，例如，核酸、蛋白质和多糖，它们分别由核苷酸、氨基酸和单糖形成。细胞由多种生物分子和大分子组成，这些生物分子和大分子形成更复杂的超分子结构（如染色体、生物膜、细胞壁等）。在多细胞生物中，还有其他层次的组织，包括组织、器官和器官系统。

生命是细胞性的，细胞是生物体的基本单位，在结构和功能上有很大的不同，但每个细胞都被一层膜包围着，控制着物质进出细胞的运输。该膜还调节细胞对细胞外环境的反应。如果细胞分裂成不同的部分，它将停止维持生命的功能。细胞只产生于现存细胞的分裂。

1.2.2 生物体系中的作用力

生物体系有两类不同的作用力，分别是共价键（covalent bond）和非共价相互作用。共价键是元素借以结合成为生物分子的强作用力。非共价相互作用是决定生物分子高级结构和生物分子之间借以相互识别、结合及相互作用的弱作用力。

1.2.2.1 共价键

在生物体中C、H、O、N等常见元素的原子可以形成稳定的共价键，通过共价键形成蛋白质等重要生物分子。含有许多碳原子的有机分子可以形成复杂的形状，如长直链、支链和环状结构。

共价键的属性包括键能、键长、键角和极性，这些参数决定了分子的基本结构和性质。

一个共价键的键能相当于破坏该共价键所需的能量，键能越大，该共价键越稳定。生物分子中常见的共价键的键能一般在 300～800kJ/mol 范围。键长越长，键能越弱，越容易受外界电场的影响发生极化，稳定性也越差。生物分子中键长多在 0.1～0.18nm。共价键具有方向性，一个原子和另外两个原子所形成的键之间的夹角即为键角。根据键长和键角，可了解分子中各个原子的排列情况和分子的极性。共价键的极性是指两原子间电子云的不对称分布。共价键极性的大小与成键原子的电负性有关。多原子分子的极性状态是各原子电负性的矢量和。在外界电场的影响下，共价键的极性会发生改变。由于外界电场作用引起共价键极性改变的现象称为键的极化。键的极性与极化同化学键的反应性有密切关系。

配位键（coordinate bond），又称配位共价键，是一种特殊的共价键。当共价键中共用电子对是由其中一原子独自供应，另一原子提供空轨道时，就形成配位键。在生物分子中，常以过渡元素为电子受体，以化学基团中的 O、N、S、P 等为电子供体，形成多配位络合物。过渡元素都有固定的配位数和配位结构。在生物体系中，形成的多配位体对稳定生物大分子的构象，形成特定的生物分子复合物具有重要意义。由多配位体所产生的立体异构现象，甚至比手性碳所引起的立体异构现象更为复杂。金属元素的络合效应，因能导致配体生物分子内键发生极化，增强其反应性，而与酶的催化作用有关。

1.2.2.2 非共价相互作用

非共价作用力包括氢键、静电作用力、范德华力和疏水作用力。非共价作用力属于弱作用力，其强度比共价键低一两个数量级。尽管这些力单独作用时很弱，且极不稳定，但在生物高层次结构中，许多非共价作用力协同作用，决定着生物大分子构象。非共价相互作用是生物高层次结构的主要作用力。

（1）氢键（hydrogen bond） 氢键的键能为 12～30kJ/mol，容易被破坏，并具有一定的柔性。氢原子与两侧的电负性强的原子呈直线排列时，键能最大，当键角发生 20°偏转时，键能降低 20%。氢键的键长为 0.26～0.31nm，比共价键长，比范德华距离短。氢键在稳定生物大分子的二级结构中起主导作用，例如，N-H…O 型氢键参与稳定蛋白质的 α 螺旋结构，N-H…O、N-H…N 型氢键参与稳定 DNA 的双螺旋结构。

（2）范德华力（van der Waals force） 范德华力是普遍存在于分子或原子之间的弱作用力，比氢键弱。如果两个分子表面几何形态互补，由于许多原子协同作用，范德华力就能成为分子间有效引力。范德华力对生物多层次结构的形成和分子的相互识别与结合有重要意义。

（3）荷电基团的相互作用 荷电基团的相互作用，包括正负荷电基团间的引力（离子键），以及同性荷电基团间的斥力。力的大小与荷电量成正比，与荷电基团间的距离平方成反比，还与介质的极性有关。荷电基团的相互作用，不仅参与生物多层次结构维持，还与生物内环境的稳定有密切关系。

（4）疏水相互作用（hydrophobic interaction） 疏水相互作用是疏水基团彼此靠近聚集以避开水的现象。疏水相互作用是通过疏水基团与水的相互排斥作用而发生的。生物分子有许多结构部分具有疏水性质，如蛋白质的疏水氨基酸侧链、核酸的碱基、脂肪酸的烃链等。它们之间的疏水相互作用，在稳定蛋白质、核酸的高层次结构和形成生物膜中发挥着主导作用。疏水相互作用是蛋白质折叠的主要驱动力，在维持蛋白质构象中起着主要作用。蛋白质中大多数疏水侧链聚集在蛋白质内部（仍有少量疏水基团暴露在水中），而极性侧链则在蛋白质表面维持与水的接触，使蛋白质在水中保持稳定。

1.2.3 碳架与官能团

碳架是生物分子的基本骨架，由碳、氢构成。生物分子碳架的大小组成不一，几何形状结构各异，有线形、分支和环形结构。碳架与官能团组成丰富多样的生物分子结构。官能团是生物分子中化学性质比较活泼、容易发生化学反应的原子或基团。含有相同官能团的分子具有类似的性质。官能团决定生物分子的主要性质。然而，在整个分子中，某一官能团的性质总要受到分子其他部分电荷效应和立体效应的影响。任何一种分子的具体性质，都是其整体结构的反映。

大多数生物分子是从最简单的碳氢化合物分子中衍生出来的。碳氢化合物是疏水或不溶于水、含碳和氢的有机分子。所有其他有机分子都是通过将其他原子或原子团连接到烃的碳架上而形成的。这些衍生物分子的化学性质由官能团原子的特定排列决定。例如，当氢原子被羟基（—OH）取代时，就会形成醇。甲烷（CH_4）是天然气的一种成分，可以转化为甲醇（CH_3OH）（甲醇为有毒液体，在许多生物化学分析及工业过程中用作溶剂）。

大多数生物分子含有不止一个官能团。例如，许多简单的糖分子有几个羟基和一个醛基（或酮基）；氨基酸是蛋白质的基本分子，既有氨基，也有羧基。每个官能团的独特化学性质有助于包含它的任何分子的特性。存在于生物分子中的常见重要官能团如表 1.1 所示。

表 1.1 生物分子中的重要官能团

化合物类别	官能团结构	官能团名称	官能团属性
醇（alcohol）	R—OH	羟基（hydroxyl）	极性（因此是水溶性的），氢键供体；可与酸反应生成酯
醛（aldehyde）	R—C(=O)—H	羰基（carbonyl）	极性，氢键受体；存在于一些糖中
酮（ketone）	R—C(=O)—R′	羰基（carbonyl）	极性，氢键受体；存在于一些糖中
酸（acids）	R—C(=O)—OH	羧基（carboxyl）	极性，能解离，弱酸性，当它提供质子时带负电荷
胺（amine）	R—NH_2	氨基（amino）	极性，弱碱性，接受质子时带正电荷
酰胺（amide）	R—C(=O)—NH_2	酰胺基（amido）	极性，但不带电荷；由羧基与氨基缩合而成，其中氧和氮为氢键供体；肽链中连接氨基酸的酰胺键称为肽键
硫醇（thiol）	R—SH	巯基（thiol）	极性，在中性条件下不解离；易氧化；能形成—S—S—（二硫键）
酯（ester）	R—C(=O)—O—R′	酯（ester）	存在于一些脂质分子中
烯烃（alkene）	RCH═CHR′	双键（double bond）	双键不能旋转，有顺反异构现象；许多生物分子的重要结构成分（例如，存在于脂质分子中的双键）

1.2.4 代谢与能量转换

生命从成千上万个能够自我调节的生化反应网络中涌现出来。生物体中能量和养分的不断流动以及上万种酶的功能特性使得新陈代谢过程成为可能。在分子水平上，有数百个生化反应共同维持着生命状态。在被称为酶的生物分子催化剂的催化下，这些反应组成一定的生化途径（生化途径是一系列反应，其中特定的分子被转化为最终产物）。生物体内所有反应的总和称为新陈代谢（metabolism），是生物与周围环境进行物质和能量交换的过程。尽管内部和外部环境存在差异，但生物机体能够调节代谢过程，即维持体内平衡。代谢的主要功能是：①获取和利用能量；②合成细胞结构和功能所需的分子（蛋白质、碳水化合物、脂类和核酸）；③生长和发育；④清除代谢废物。

1.2.4.1 生物体中的能量

能量被定义为做功的能力，即移动物质的能力。生物体中能量生成、贮存、转运和利用的分子机器具有非常微妙的机制。细胞通过氧化还原反应产生大部分能量，在氧化还原反应中，电子从可氧化生物分子转移到缺电子分子。在这些反应中，电子通常以氢原子或氢离子的形式被移除或加入。一个分子被还原得越多，它拥有的氢原子就越多，包含的能量就越多。例如，脂肪酸比糖含有更多的氢原子，因此在氧化时产生更多的能量。当脂肪酸和糖类分子被氧化时，它们的氢原子分别被氧化还原辅酶 FAD（黄素腺嘌呤二核苷酸）或 NAD^+（烟酰胺腺嘌呤二核苷酸）接受，这个过程的还原产物分别为 $FADH_2$ 或 NADH，可以将电子转移到另一个电子受体上。这个过程中辅酶 FAD 或 NAD^+起到电子载体的作用（辅酶是小分子，作为小分子基团或电子的载体，与酶一起发挥作用）。

1.2.4.2 生物体中能量与代谢途径

生物体有两种类型的代谢途径：合成代谢和分解代谢。在合成代谢（生物合成）途径中，大的复杂分子是由较小的前体合成的，例如，分别从糖和氨基酸合成多糖和蛋白质。原料分子（如氨基酸、糖等），无论是自身合成还是从饮食中获得，都被整合到更大、更复杂的分子中。因为生物合成增加了秩序和复杂性，所以合成代谢途径需要能量的输入。在分解代谢过程中，大的复杂分子被降解成更小、更简单的产物。一些分解代谢途径释放能量。其中一部分能量被捕获并用于驱动合成代谢反应。

新陈代谢与能量转换相偶联。合成代谢（同化作用）和分解代谢（异化作用）过程都伴随着能量变化。生物体从食物摄取的营养分子在体内逐步降解，产生的能量和还原力（高能电子）分别保存在 ATP 和 NADH 分子中。生物合成过程使用分解代谢的代谢物，合成 ATP 和 NADPH（还原的烟酰胺腺嘌呤二核苷酸磷酸，还原力的来源），以产生复杂的结构和功能。

1.2.4.3 能量状态对代谢的调节

生物体内许多代谢反应受到能量状态的调节。ATP 是通用的能量载体，ATP、ADP 和无机磷酸盐广泛参与细胞的各种能量代谢。通常产能反应与 ADP 的磷酸化相偶联，耗能反应则与 ATP 高能磷酸键的水解相偶联。生物体内的能量状态可以用能荷来表示。能荷的定义为，总的腺苷酸系统（ATP、ADP 和 AMP 之和）中 ATP 或其当量的物质的量的分数，计算公式如下：

$$能荷=\frac{[ATP]+\frac{1}{2}[ADP]}{[ATP]+[ADP]+[AMP]}$$

正常情况下细胞内的能荷大约为 0.9，变动范围为 0.85～0.95。能荷可作为生物体产能和耗能代谢途径的调节信号，ATP、ADP 和 AMP 是许多重要调节酶的变构效应物，能荷发生变化时能够迅速引起相应调节酶活性的变化。

1.2.5 生物体的信息代谢

生命是基于信息的。活的有机体维持结构完整性和代谢过程，细胞内和细胞间大量分子间的相互作用，都需要大量生物信息，有机体可以看作庞大的生物信息处理系统。生物信息以生物分子独特的三维结构中固有的编码信息的形式表达。存储在基因中的遗传信息——脱氧核糖核酸（DNA）中核苷酸的线性序列，反过来指定蛋白质中氨基酸的线性序列，并决定这些蛋白质是如何合成以及何时合成。

生物机体的遗传信息以特定的核苷酸排列顺序的形式编码在 DNA 分子上，通过 DNA 的复制（replication）由亲代传递给子代。所谓“复制”，就是指以原来的 DNA 分子为模板合成出相同分子的过程。在生物体生长发育过程中，遗传信息自 DNA 转录（manscription）给 RNA，然后翻译（translation）成特异的蛋白质以执行各种生命功能，表现出与亲代相似的遗传性状。RNA 病毒能通过逆转录（reverse transcription）的方式将遗传信息传递给 DNA；一些 RNA 病毒能以自身核酸分子为模板（template）进行复制。

蛋白质通过与其他分子相互作用来发挥其功能。每种蛋白质的独特三维结构使其能够与特定类型的分子结合并相互作用，信息是在这些结合过程中传输的。例如，蛋白质胰岛素与某些细胞表面上的胰岛素受体分子的结合是启动营养分子葡萄糖摄取的信号。

1.3 生物化学的发展

1.3.1 生物化学发展史的几个阶段

生物化学萌芽阶段（静态生物化学阶段），发生在 20 世纪 30 年代之前，这个时期主要研究生命活动相关的物质成分、理化特性及简单的生物化学反应。例如，1770—1786 年，瑞典化学家舍勒（Carl Wilhelm Scheele）分离出甘油、柠檬酸、苹果酸、乳酸等生物分子；1926 年，美国化学家萨姆纳（James Batcheller Sumner）从刀豆中提取出脲酶结晶，证明酶是蛋白质；1931 年，我国生物化学家吴宪提出了蛋白质变性学说。

生物化学蓬勃发展阶段（动态生物化学阶段），从 20 世纪 30—50 年代，这一阶段研究了生物体内主要化学物质的变化，确定了糖酵解、三羧酸循环、尿素循环以及脂肪 β-氧化等重要代谢途径，揭示了三磷酸腺苷（ATP）在能量转换中的关键作用。

功能生物化学阶段，自 20 世纪 50 年代开始，人们深入探讨生物大分子的结构与功能。

例如，1953 年，美国科学家沃森（James Watson）和英国科学家克里克（Francis Crick）共同提出了 DNA 双螺旋结构模型，为人们研究生物遗传信息的传递奠定了重要分子生物学基础；1965 年，我国科学家王应睐等首次人工合成了具有生物活性的结晶胰岛素。

1.3.2 DNA 重组技术的发展

20 世纪 70 年代前期兴起了 DNA 限制性酶切技术、分子克隆及核酸快速测序等分子生物学技术，在此基础上，DNA 重组技术诞生并快速发展。1962 年，Werner Arber 发现在细菌中存在一类“限制-修饰”系统：细菌中存在一种酶能够降解外来噬菌体的 DNA，限制噬菌体繁殖；同时还存在一种修饰酶，能够保护细菌本身的 DNA 不被破坏。1968 年，Matthew Meselson 和 Robert Yuan 首次从大肠杆菌菌株中分离获得了限制酶 *Eco*KⅠ和 *Eco*BⅠ。1970 年，Hamilton Smith 课题组从流感嗜血杆菌中分离纯化到了另一种限制酶 HindⅡ。1971 年，Daniel Nathans 将三种限制性内切酶切割猴病毒 SV40 而成的 DNA 片段进行排列组合，得到了 SV40 的基因组物理图谱，这是首次用生物化学方法获得的基因组图谱。1972 年，Paul Berg 在体外将猿猴病毒 SV40 的 DNA 和 λ 噬菌体的 DNA 分别用限制性内切酶进行酶切消化，然后再用 T4 DNA 连接酶将两种消化片段连接起来，结果获得了包括 SV40 和 λDNA 的重组杂交 DNA 分子。1973 年，Stanley N. Cohen 等将编码有卡那霉素抗性基因的质粒与编码有四环素抗性基因的另一种大肠杆菌质粒重组后，得到了既抗卡那霉素又抗四环素的重组体克隆。1975 年，Frederick Sanger 建立了双脱氧终止法 DNA 测序技术，1976 年 Allan Maxam 和 Walter Gilbert 建立了 DNA 的化学测序技术。此后，DNA 重组技术在遗传学、生物医药、食品生化等领域迅速兴起。

1.3.3 后基因组时代的开启

人类对自身基因组的研究在 20 世纪 70 年代开始起步，在 80 年代形成一定规模。1986 年，Renato Dulbecco 在《科学》（Science）发表文章，从整体上研究和分析人类基因组。1990 年 10 月，美国正式启动“人类基因组计划”（HGP），总体计划在 15 年（1991—2005 年）内投入至少 30 亿美元进行人类全基因组分析。中国于 1999 年 9 月参加这项研究计划，承担其中 1%的任务，即人类 3 号染色体短臂上约 3000 万个碱基对的测序任务。2000 年 6 月 26 日，参加人类基因组计划的美、英、法、德、日和中国 6 国科学家共同宣布，人类基因组草图绘制完成，完成图于 2003 年提前 2 年完成，开启了生命科学的后基因组时代。基因组学的研究开始转化为巨大的生产力，给生物技术、农业、食品、化学、化妆品、环境等领域带来巨大的变革。

1.4 食品生物化学的时代意义

新时代人们对美好生活的需求不断增长，现代农业正在进行绿色变革，食品工业正步入以营养健康为导向的高质量发展阶段，为人们提供越来越多的绿色优质食品。习近平总书记在党的二十大报告中指出："树立大食物观，发展设施农业，构建多元化食物供给体系。"人与自然和谐共生，从耕地、草原、森林、海洋以及植物、动物、微生物等多个来源获取热量和蛋白质，全方位、多途径开发食物资源，以满足人民群众日益多样化的食物需求。人们对食品与生命的探索，正在进入新的阶段。

食品生物化学在我国经济、保障人们健康、改善生活水平等方面发挥着越来越重要的作用。生物化学与现代食品工业深度融合。研究食品成分的组成、性质和在加工贮藏过程中的变化，开发和生产营养、健康、美味、安全、方便的食品，都离不开生物化学基本原理。例如，在开发食品资源方面，酶解制备糖浆，微生物发酵制备氨基酸、味精等；在食品工艺方面，奶酪、果汁、肉类嫩化等生产中，利用蛋白质、糖类、脂类分子的生物化学特性和生物功能，提高食品加工质量和营养特性；在食品安全控制方面，开展微生物污染的快速检测与防控等。

我国食品产业的发展潜力巨大，对食品科学与工程相关专业的人才需求将会不断增加。食品科学与工程类等专业（包括食品科学与工程、食品质量与安全、食品营养与健康、乳品工程等）的学生，未来将在食品行业或与食品相关的医药、化工、环境、材料等行业开展工作，应具备以下生物化学基础知识：生物体的有关物质组成、结构、性质和生物体内的化学变化、能量改变以及生物体内主要物质的代谢途径，生命新陈代谢过程的分子机理，遗传信息传递的分子过程。还应掌握蛋白质、核酸、糖类、脂类的主要分析和分离方法等生物化学实验技能。

第2章
糖 类

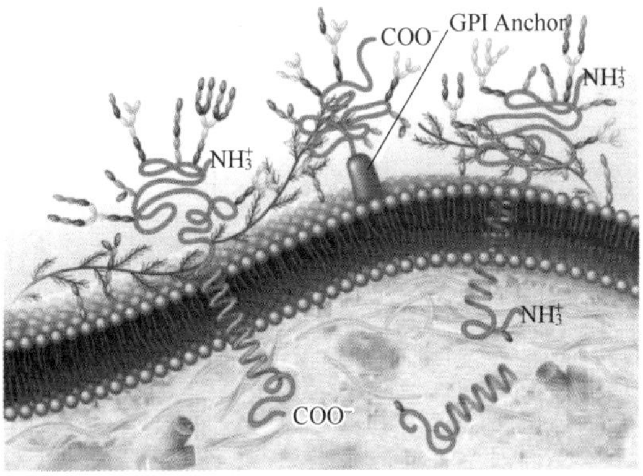

达成目标：

（1）理解并掌握单糖、双糖以及多糖的结构、功能及与食品加工相关的性质；

（2）应用各种糖类于食品加工中，从而得到安全、营养、健康的食品；

（3）了解各种糖类在食品加工中的前沿研究进展及存在的问题。

2.1 概述

糖类（saccharid）是自然界中含量最丰富的生物分子，绿色植物的光合作用是地球上糖类物质的根本来源。每年，光合作用将超过1000亿吨的二氧化碳和水转化为纤维素和其他植物产品。大多数糖类化合物以（CH_2O）$_n$ 的比例含有碳、氢和氧，因此得名“碳水化合物”。但是也有很少数的糖类化合物不符合这种分子式，如鼠李糖（$C_6H_{12}O_5$）和脱氧核糖（$C_5H_{10}O_4$），有些糖还含有氮、硫、磷等成分，因此，碳水化合物的名称并不确切。根据糖类化合物的化学结构特征，可将其定义为多元羟基的醛、酮化合物以及它们的聚合物或衍生物。

2.1.1 糖类化合物的分类

根据糖类化合物的组成分为三类：

（1）单糖　单糖是指糖类化合物中不能再被水解的最简单的多羟基醛、酮及其衍生物。自然界中含量最丰富的单糖是六碳糖D-葡萄糖，有时也被称为葡萄糖。根据分子中碳原子数目，可将单糖分为丙糖（三碳糖）、丁糖（四碳糖）、戊糖（五碳糖）、己糖（六碳糖）等；根据分子中所含羰基的特点，单糖又可分为醛糖、酮糖及衍生单糖。

（2）低聚糖　低聚糖又叫寡糖，是由2～9个单糖通过糖苷键连接在一起形成的聚合物。最丰富的是双糖，有两个单糖单元。例如，蔗糖由六碳糖 D-葡萄糖和 D-果糖组成。在细胞中，大多数由3个或3个以上单位组成的寡糖不是以游离实体的形式存在，而是以糖共轭形式与非糖分子（脂或蛋白质）相连。按水解后所生成单糖分子的数目，可将低聚糖分为二糖、三糖、四糖、五糖等；按水解后所生成单糖分子的类别，可将低聚糖分为均低聚糖和杂低聚糖，均低聚糖是由同一种单糖聚合而成，如麦芽糖和聚合度小于10的糊精；杂低聚糖由不同种的单糖聚合而成，如蔗糖、棉子糖、水苏糖等；根据还原性质不同，也可将低聚糖分为还原性低聚糖和非还原性低聚糖。

（3）多糖　多糖是指10个或10个以上单糖通过糖苷键连接在一起形成的聚合物。如淀粉、纤维素、糖原等。纤维素和糖原都由D-葡萄糖的循环单元组成，但它们的糖苷键类型不同，因此具有显著不同的性质和生物学作用；根据水解后所生成单糖分子的类别，可将多糖分为均多糖和杂多糖两类。均多糖是由相同的单糖聚合而成的多糖，如纤维素、淀粉；杂多糖是指由两种或多种不同的单糖聚合而成的多糖，如半纤维素、果胶质、黏多糖、木聚糖、海藻酸钠、卡拉胶、阿拉伯胶等；根据来源的不同，可将多糖分为植物多糖、动物多糖和细菌多糖；根据在生物体内的功能，可将多糖分为结构性多糖、贮藏性多糖和抗原多糖等。根据所含非糖基团，可将多糖分为纯粹多糖和复合多糖，复合多糖主要有糖蛋白、糖脂、脂多糖、氨基糖等。

另外，糖类可与蛋白质等非糖物质共价结合形成复合物，称为糖缀合物，例如糖类分别与蛋白质或脂类结合形成的糖蛋白或糖脂等。

2.1.2　糖类化合物的存在

糖类广泛存在于动物、植物、微生物等自然界生物体内，占植物体干重的85%～90%；生物细胞内和血液里含有葡萄糖或由葡萄糖等单糖组成的多糖，人和动物体中糖类占干重的2%以下，但也有个别组织含糖丰富，如肝脏贮存糖原占组织湿重的5%。微生物中，糖类以游离糖的形式，或与蛋白质、脂类及其他配糖体结合成复合糖的形式存在，占细菌干重的10%～30%。

2.1.3　糖类的主要作用

糖类物质的主要生物学作用是通过氧化而释放出大量的能量，以满足生命活动的需要。每克糖在体内氧化可产生 16.74kJ 热能。人体内贮存的糖原很少，人们每天必须进食足够量的糖，才能保证人体热能的需要。每日膳食中糖的供给量应占总热能60%～70%。可被人体消化的淀粉、糖原、单糖、双糖等糖类是食物中的主要能量来源，也能转化为生命必需的其他物质，如蛋白质和脂类物质。不能被人体消化吸收的某些多糖，如果胶、β-葡聚糖、葡甘露聚糖等具有调节人体免疫、降血糖、抗病毒、维持肠道微生态平衡的功能；又如半纤维素、纤维素等可促进肠的蠕动，改善便秘，预防糖尿病、肥胖症等。

糖类是构成生物机体组织的重要物质，并参与细胞的组成和多种活动，每个细胞都有糖类，其含量为2%～10%，主要以糖脂、糖蛋白和蛋白多糖的形式存在。核糖和脱氧核糖是细胞中核酸的成分，也是生物信息的携带者；糖与脂类形成的糖脂是神经组织与细胞膜的重要成分，参与细胞和生物分子间的识别；糖与蛋白质结合形成的糖蛋白，是某些具有重要生理功能的物质（如抗原、抗体、酶、激素）的组成成分。纤维素、半纤维素、木质素是植物细胞壁的主要成分，肽聚糖是细菌细胞壁的主要成分，甲壳素是昆虫外骨骼的主要成分。

除了在功能性食品上的应用以外，单、双糖在食品加工中的作用也是显而易见的，如作为甜味剂、形成食品的色泽等；多糖具备的理化特性也为其在食品领域的应用奠定了良好的基础，果胶作为食品配料或添加剂使用，起到增稠、乳化的作用。

总之，糖类不仅为人类提供生命活动的能量，参与构成生物机体组织，在食品加工中对食品的口感、质地、风味及功能特性也有很多贡献。

2.2 单糖

单糖是最简单的糖类，是糖类化合物的最小结构单位，是多羟基醛或酮。分子中具有醛基的单糖被称为醛糖，而具有酮基的单糖则被称为酮糖。单糖也根据其所含碳原子数进行分类，分别为三碳糖（丙糖）、四碳糖（丁糖）、五碳糖（戊糖）、六碳糖（己糖）和七碳糖（庚糖）等。通常，单糖的描述结合碳原子数和官能团信息。自然界中最简单的糖是丙糖，最简单的醛糖和酮糖分别是甘油醛和二羟基丙酮（图 2.1）。自然界中数量最多的单糖是己糖，如葡萄糖是己醛糖，果糖是 2-己酮糖（图 2.2）。

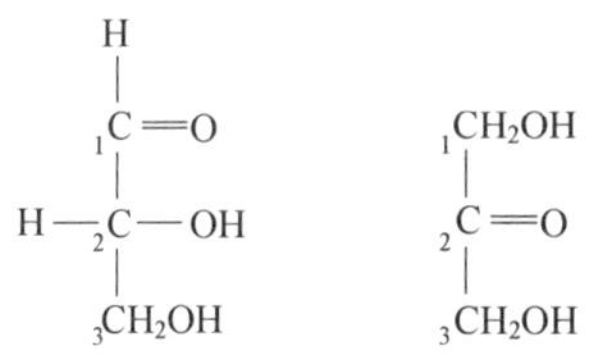

图 2.1　甘油醛和二羟基丙酮的结构

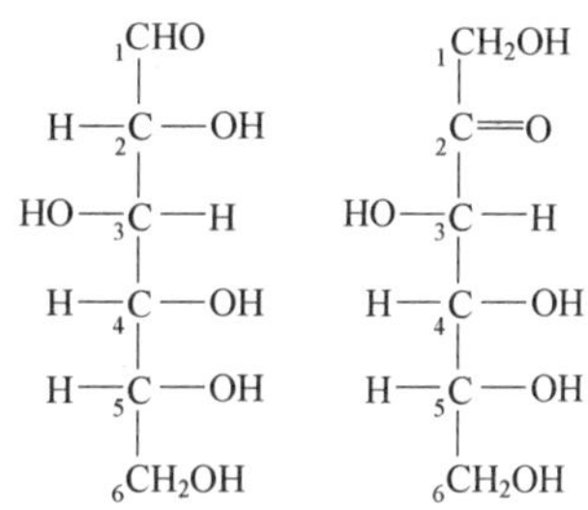

图 2.2　葡萄糖和果糖的链式结构

2.2.1 单糖的结构

（1）单糖的链状结构　在单糖的开链结构中，一般有一个碳原子是以羰基形式存在的，其余的碳原子上都有一个羟基。因此，开链形式的单糖既有羰基的结构特征，又有多羟基的结构特征。与羰基相距最远的那个手性碳原子上羟基在右边的为 D 型，羟基在左边的为 L 型。自然界中存在的单糖大多是 D 型糖。常见的单糖可以看成是 D-甘油醛的衍生物，从 C_3～C_6 衍生出来的 D-醛糖的构型用费歇尔式表示，如图 2.3。

（2）单糖的环状结构　在水溶液中，含有 5 个或 5 个以上碳的醛糖和酮糖的羰基与分子内一个羟基反应，形成五元呋喃糖环和六元吡喃糖环。随着环化反应的发生，羰基碳成为一个新的手性中心，这种碳被称为异头碳原子。在环化反应过程中可能形成的两种非对映异构体被称为异头体，即 α 异头体或 β 异头体。在 Fischer 投影中，α-异头羟基出现在右边，β-异头羟基出现在左边（图 2.4）。需要注意的是，异头物是相对于糖的 D-和 L-分类定义的。这些规则只适用于自然界中最常见的D-糖。在L-糖中α-异头体的OH基团出现在左边。

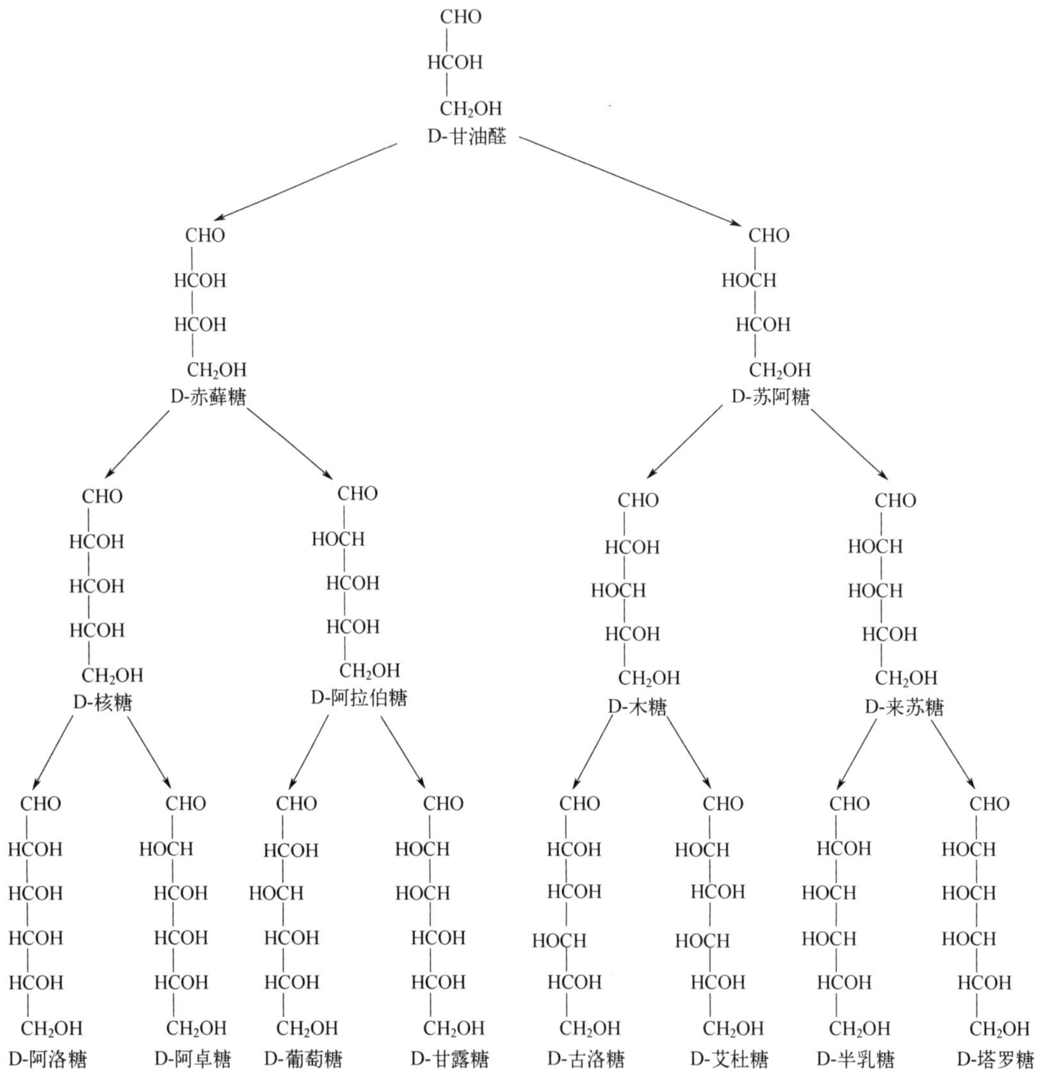

图 2.3　D-醛糖衍生的8种D-己糖的结构示意图

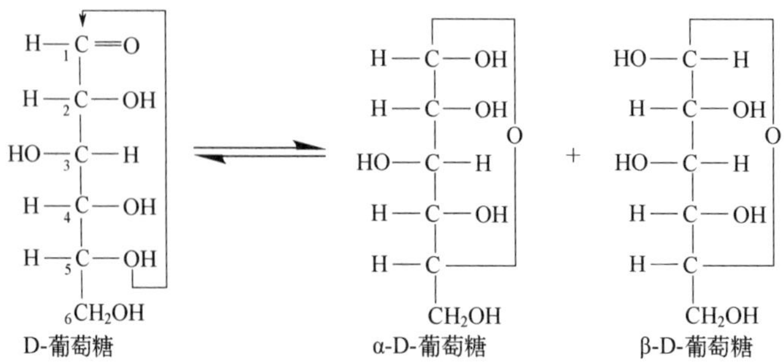

图 2.4　葡萄糖半缩醛结构的形成

五元半缩醛环被称为呋喃糖，因为它们的结构与呋喃（图2.5）相似。六元环被称为吡喃糖，因为它们与吡喃相似。吡喃糖形式的葡萄糖称为吡喃葡萄糖。天然存在的糖环实际上并非平面结构，吡喃葡萄糖有两种不同的构象——椅式或船式，但大多数己糖是以椅式存在（图 2.6）。

图 2.5　呋喃和吡喃环的结构式

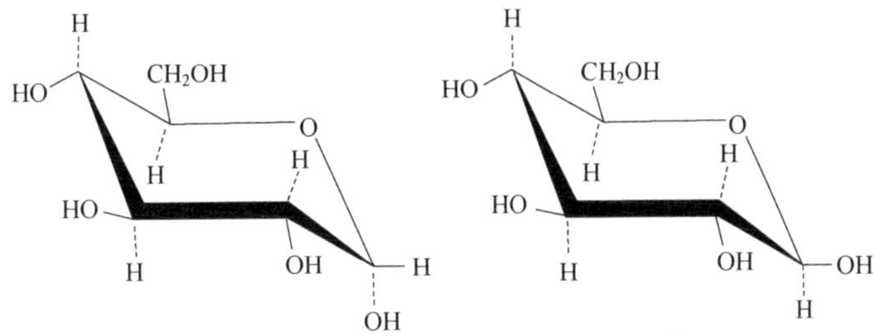

图 2.6　α-和 β-D-吡喃葡萄糖的椅式结构

2.2.2　单糖的物理性质

（1）单糖的甜度　甜味是糖的重要性质，甜味的强弱用甜度来表示，但甜度目前还不能用物理或化学方法定量测定，只能用感官比较法进行比较。15%的蔗糖水溶液在 20℃时的甜度为 100，其他糖的甜度则与之相比较而得，如葡萄糖的甜度为 70、果糖的甜度为 150。由于这种甜度是相对的，所以又称为比甜度或相对甜度。

（2）单糖的旋光性　除丙酮糖外，其余单糖分子结构中均含有手性碳原子，故都具有旋光性，旋光性是鉴定糖的一个重要指标。一般用比旋光度（或称旋光率）来衡量物质的旋光性，在比旋光度数值前面加“+”号表示右旋，加“-”号表示左旋。大多数单糖有变旋光现象。

（3）单糖的溶解性　单糖分子含有多个羟基，增加了其水溶性，除甘油醛微溶于水外，其他单糖均易溶于水，难溶于乙醇，不溶于乙醚、丙酮等非极性有机溶剂。在同一温度下，各种单糖的溶解度不同，其中果糖的溶解度最大，其次是葡萄糖。单糖的溶解度还与温度和其水溶液的渗透压密切相关。

（4）单糖的吸湿性及保湿性　吸湿性是指单糖在较高环境湿度下吸收水分的性质；保湿性是指单糖在较低的环境湿度下保持水分的性质。吸湿性和保湿性都表明糖结合水的能力。这两种性质对于保持糕点类食品的柔软性和食品的贮藏、加工都有重要的实际意义。

此外，单糖还有结晶性、黏性、渗透压、发酵性等物理性质。

2.2.3　单糖的化学性质

单糖的羰基和羟基可以发生多种化学反应。其中最重要的是氧化、还原、异构化、酯化、成苷反应。单糖的主要化学性质如下：

（1）单糖的氧化　在氧化剂、金属离子（如 Cu^{2+}）和某些酶的存在下，单糖容易发生几种氧化反应。醛基的氧化产生醛糖酸，而末端 CH_2OH 基（不是醛基）的氧化产生糖醛酸。醛和 CH_2OH 的氧化产生糖二酸。

① 氧化成醛糖酸。碱性溶液中，单糖的醛基能被弱氧化剂（如 Fehling 试剂、Benedict 试剂）氧化为羧基，产物称醛糖酸。醛糖或酮糖被 Benedict 试剂氧化的反应如图 2.7。

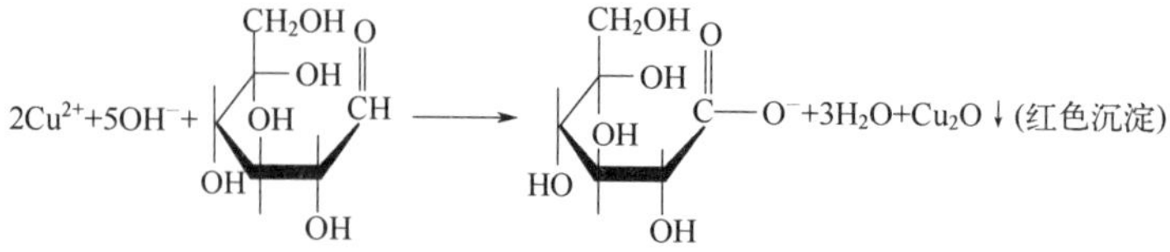

图 2.7　氧化成醛糖酸

② 氧化成糖醛酸。在特定的脱氢酶作用下，某些醛糖的伯醇被氧化，生成糖醛酸。在生物体内，葡萄糖在专一性酶的作用下，伯醇基被氧化，生成葡萄糖醛酸，反应如下（图 2.8）：

③ 氧化成醛糖二酸。除羰基外，单糖分子中的羟基也能被氧化。在较强氧化剂（如硝酸）作用下，醛糖的醛基、伯醇基同时被氧化为羧基，生成醛糖二酸，葡萄糖则生成葡萄糖二酸，反应如图 2.9。

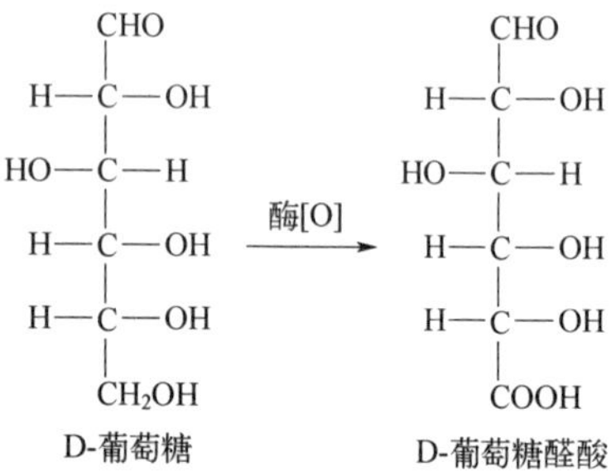

图 2.8　氧化成糖醛酸

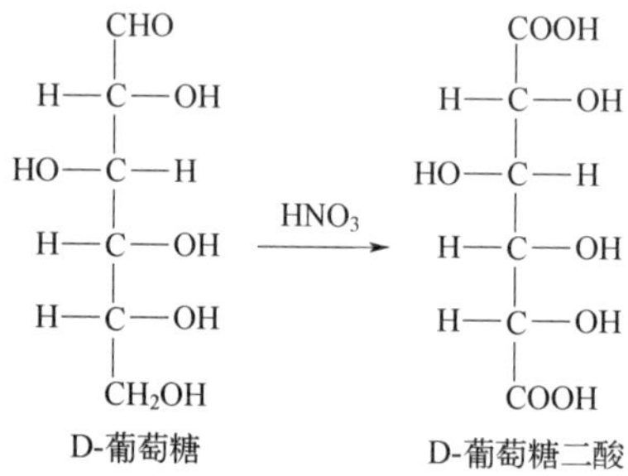

图 2.9　氧化成醛糖二酸

（2）单糖的还原　单糖的酮基和醛基在适当的还原条件下（硼氢化钠、钠汞齐处理或催化加氢），可以被还原成相应的羟基，D-葡萄糖被还原后生成 D-葡萄糖醇，又称山梨醇，存在于许多水果中。具体反应如图 2.10。

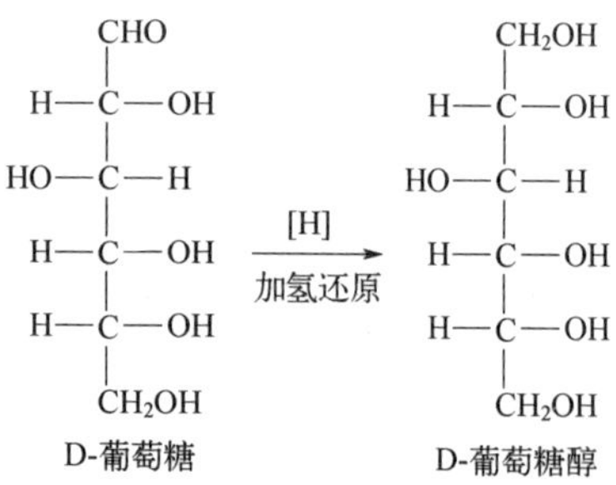

图 2.10　单糖的还原

（3）差向异构化（弱碱的作用）　含有多个手性碳原子具有旋光性的异构体之间，凡只有一个手性碳原子的构型不同时，互称为差向异构体。D-葡萄糖和 D-甘露糖就是 C-2 差向异构体。因此，用稀碱在常温下处理 D-葡萄糖得到 D-葡萄糖、D-甘露糖、D-果糖三种物质的平衡混合物的反应叫作异构化，具体反应如图 2.11。

（4）酯化　单糖分子中的所有羟基都可以与有机酸或无机酸作用生成酯。天然多糖中存在醋酸酯以及其他羧酸酯，例如，马铃薯淀粉中含有少量磷酸酯基，卡拉胶中含有硫酸酯基。人工合成的蔗糖脂肪酸酯是一种很好的乳化剂。

（5）成苷反应　单糖的半缩醛（或半缩酮）羟基与另一分子的羟基、氨基或巯基反应，失水成为缩醛（缩酮）式衍生物，称为糖苷。糖苷分子中提供半缩醛羟基的糖部分称糖基，与之缩合的“非糖”部分称配糖体或配基，如配糖体也是单糖，就形成二糖，也叫双糖。糖基和配基之间的连键称糖苷键。糖苷键可通过氧、氮、硫、碳原子连接，分别形成 O 型、N 型、S 型、C 型糖苷。糖苷有 α、β 两种形式。例如 α-D-吡喃葡萄糖，在氯化氢催化下同甲醇反应，脱去一分子水，生成 α-D-甲基吡喃葡萄糖苷，反应如图 2.12。

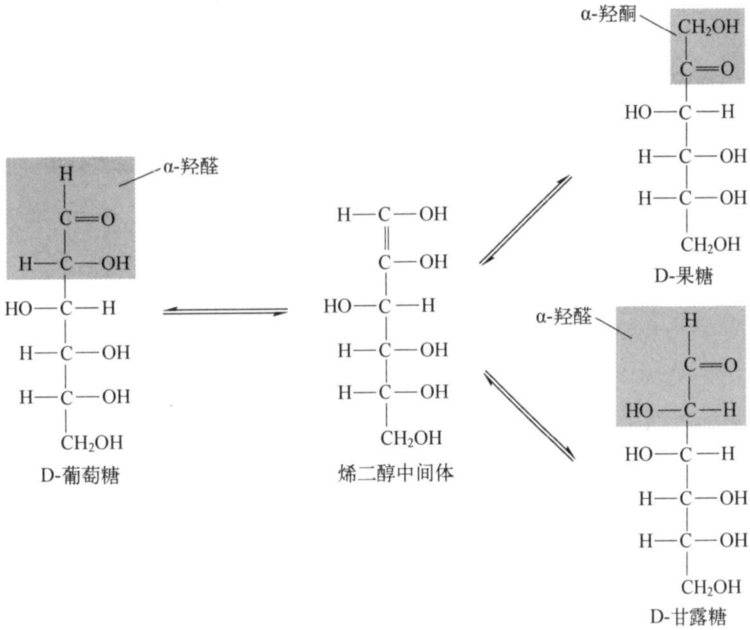

图 2.11　差向异构化

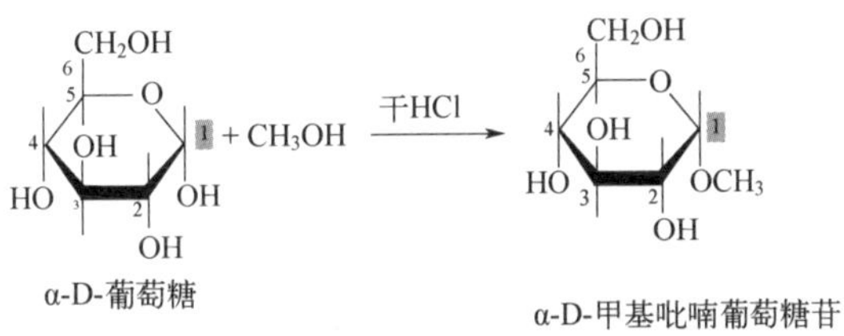

图 2.12　成苷反应

2.2.4　重要的单糖及其衍生物

自然界中存在的单糖及其衍生物有数百种，其中多数作为聚糖的基本单位，少数以游离状态存在。

（1）葡萄糖　D-葡萄糖在整个生物界都有大量存在（图 2.13）。它是活细胞的主要燃料。在动物中，葡萄糖是脑细胞和线粒体很少或没有的细胞（如红细胞）的首选能量来源。氧气供应有限的细胞，如眼球中的细胞，也需要大量的葡萄糖来产生能量。膳食来源包括植物淀粉和二糖乳糖、麦芽糖和蔗糖。

（2）果糖　D-果糖由于在水果中含量高，通常被称为水果糖（图 2.14）。它也存在于一些蔬菜和蜂蜜中。按每克重量计算，果糖的甜味是蔗糖的 2 倍。因此，果糖通常用作加工食品中的甜味剂。

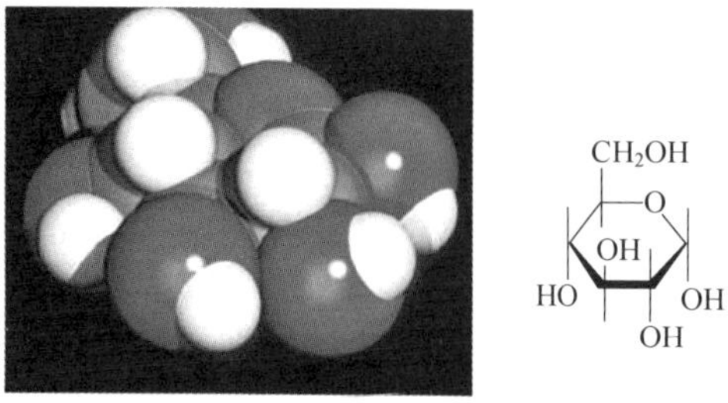

(a) (b)

图 2.13 D-吡喃葡萄糖的两种表示形式

（a）空间填充模型，碳原子、氧原子和氢原子分别为绿色、红色和白色；（b）Haworth 结构

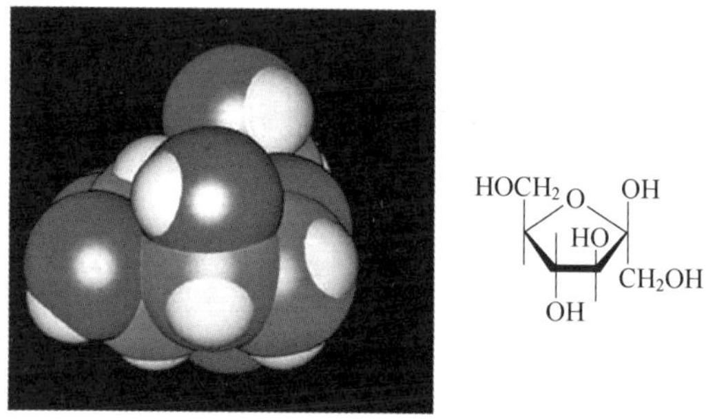

(a) (b)

图 2.14 D-果糖的两种表示形式

（a）空间填充模型，碳原子、氧原子和氢原子分别为绿色、红色和白色；（b）Haworth 结构

（3）半乳糖 半乳糖（图 2.15）仅以结合状态存在。半乳糖与葡萄糖结合成乳糖，存在于哺乳动物的乳汁中。乳糖、蜜二糖、棉子糖、琼脂、树胶、黏质和半纤维素等都含有半乳糖。

半乳糖血症是一种遗传性疾病，代谢半乳糖所需的酶缺失，半乳糖、半乳糖-1-磷酸和半乳糖醇（一种糖醇衍生物）积累并导致肝损伤、白内障和严重的智力迟钝。唯一有效的治疗方法是早期诊断和不含半乳糖饮食。

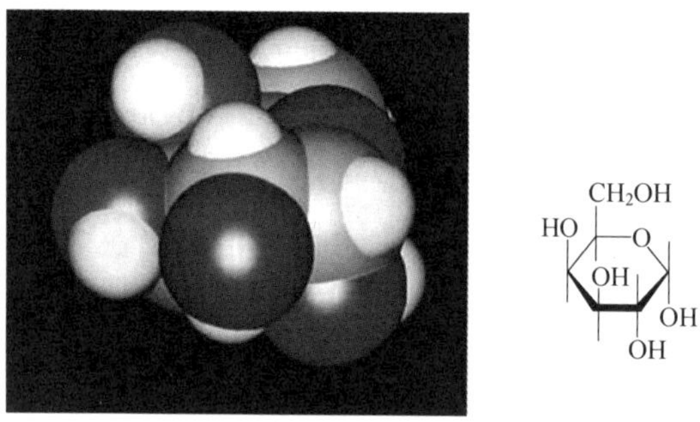

(a) (b)

图 2.15 D-半乳糖的两种表示形式（彩图见封三）

（a）空间填充模型，碳原子、氧原子和氢原子分别为绿色、红色和白色；（b）Haworth 结构

（4）重要的单糖衍生物

① 糖醇。糖的羰基被还原（加氢）生成相应的糖醇，如葡萄糖加氢生成山梨醇。糖醇溶于水及乙醇，较稳定，有甜味，不能还原斐林试剂。常见的有甘露醇和山梨醇。甘露醇广泛分布于各种植物组织中，在海带中占干重的 5.2%～20.5%。山梨醇在植物中分布也很广，应用于各类糖果中，不仅口感好，且保湿效果更为显著。

② 糖醛酸和糖酸。单糖具有还原性，可被氧化。糖的末端羟甲基被氧化成羧基时生成糖醛酸，重要的糖醛酸有 D-葡萄糖醛酸、半乳糖醛酸等。葡萄糖醛酸是肝脏内的一种解毒剂，主要与类固醇、胆红素等结合增强其水溶性，使之更易排出体外。半乳糖醛酸存在于果胶中。

糖的醛基被氧化成羧基时生成糖酸。许多糖酸分子加热失水形成内酯，葡萄糖酸可生成D-葡萄糖酸γ-内酯、D-葡萄糖酸δ-内酯、D-葡萄糖醛酸δ-内酯。D-葡萄糖酸δ-内酯是一种食品添加剂，可作为制作豆腐的凝固剂，生产内酯豆腐，口感好且保质期也较长。

③ 氨基糖。单糖的羟基可以被氨基取代，形成氨基糖。常见的氨基糖有 D-氨基葡萄糖和 D-氨基半乳糖。D-氨基葡萄糖是几丁质的主要成分。D-氨基半乳糖是软骨酸的水解产物。

④ 糖苷。糖苷为单糖的半缩醛羟基与其他分子的羟基缩合，脱水生成的缩醛式衍生物。天然糖苷多为β型，主要存在于植物的种子、叶子及皮内。重要的糖苷包括引起溶血的皂角苷，有强心作用的洋地黄苷，引起葡萄糖随尿排出的根皮苷。配糖体一般对植物有毒，形成糖苷后则无毒，这是植物的解毒方法，也可保护植物不受外来伤害。有些生氰糖苷在体内转化为氢氰酸，使人中毒。

2.3 寡糖

低聚糖是由 2～10 个单糖通过糖苷键连接构成的糖类物质。低聚糖可溶于水，普遍存在于自然界。自然界中主要是二糖和三糖，食品中天然低聚糖以蔗糖、乳糖、麦芽糖最常见。寡糖的结构主要涉及单糖的种类、糖苷键类型、糖苷键连接位置。

2.3.1 二糖

二糖是由 2 个单糖通过糖苷键连接构成的糖类物质。糖苷键有 α-糖苷键和 β-糖苷键两种，结合的位置为 1～2、1～3、1～4、1～6 等，如麦芽糖两个基本葡萄糖单位之间的连接键是 α-1,4 糖苷键（图 2.16）。

① 蔗糖。蔗糖俗称食糖，是食品工业中最重要的甜味剂。植物的茎、叶都可以产生蔗糖，甜菜、甘蔗和各种水果中含有较多的蔗糖，动物中不存在蔗糖。蔗糖由一分子 α-D-葡萄糖和一分子β-D-果糖以 α,β-1,2 糖苷键连接而成（图 2.17）。蔗糖的两个还原性基团都参与了糖苷键的形成，因此蔗糖没有还原性，是非还原性杂聚二糖。

蔗糖很甜，易结晶，易溶于水，在水中的溶解度很大，但较难溶于乙醇。若加热到 160℃，便成为玻璃样的晶体，加热至 200℃时成为棕褐色的焦糖，它是一种无定形多孔性的固体物，有苦味，食品工业中用作酱油、饮料、糖果和面包等的着色剂。

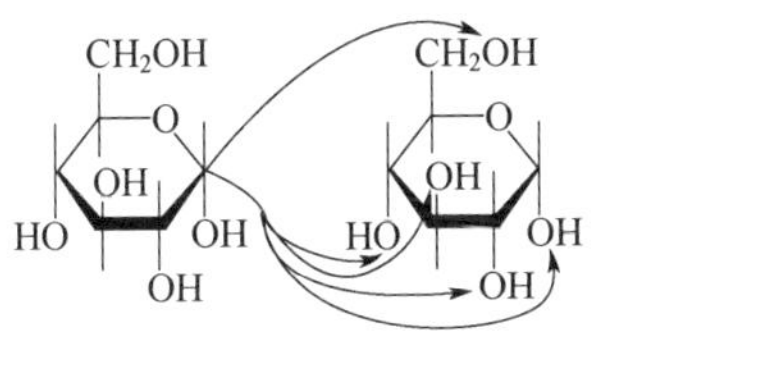

图 2.16 单糖之间可以形成几种类型的糖苷键

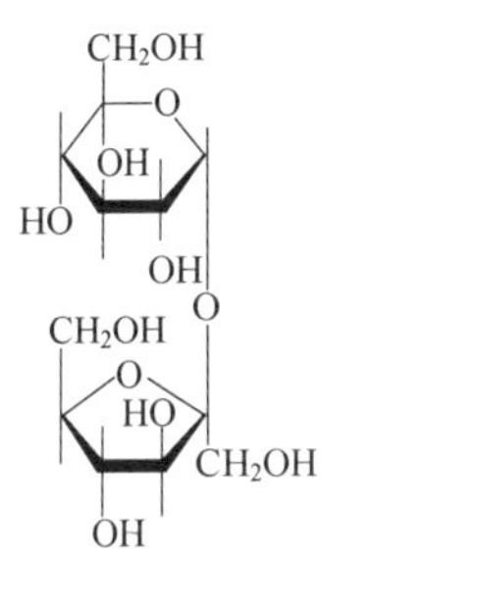

图 2.17 蔗糖的分子结构

② 乳糖。乳糖存在于哺乳动物的乳汁中，其中牛乳中乳糖含量约 4%。乳糖为β-D -半乳糖以β-1,4-糖苷键与 α（或β）-D -葡萄糖连接形成，其结构如图 2.18 所示。乳糖不易溶解，具有还原性，不能被酵母发酵，能被小肠内的乳糖酶水解成 D-葡萄糖与 D-半乳糖，而后被小肠吸收。如果缺乏乳糖酶，会使乳糖在大肠内受到厌氧微生物作用，发酵生成醋酸、乳酸等，这些物质大量积累会引起腹泻。

③ 麦芽糖。麦芽糖大量存在于发芽的谷粒，特别是麦芽中。麦芽糖是由两分子 α-D-葡萄糖通过 α-1,4-糖苷键结合而成（图 2.19）。麦芽糖是 D-吡喃葡萄糖-α(1→4)-D-吡喃葡萄糖苷，其分子中有一个醛基是自由的，所以它是还原糖。

麦芽糖易被酵母发酵，在酸或麦芽糖酶的作用下，1 分子麦芽糖也能被水解为 2 分子葡萄糖。在焙烤食品中用作膨松剂，防止烘烤食品干瘪，以及用作冷冻食品的填充剂和稳定剂。

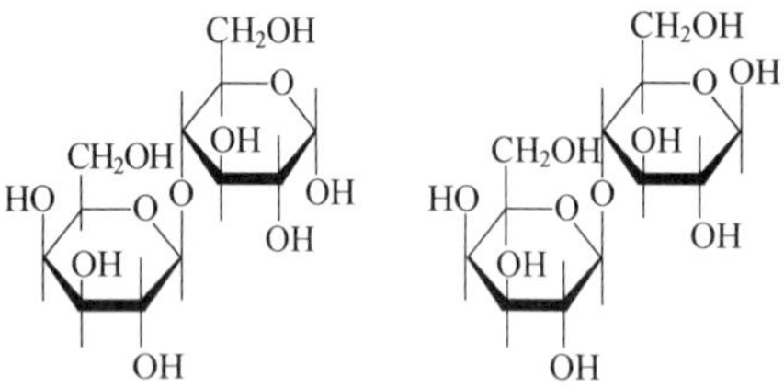

α-乳糖　β-乳糖

图 2.18　α-和 β-乳糖

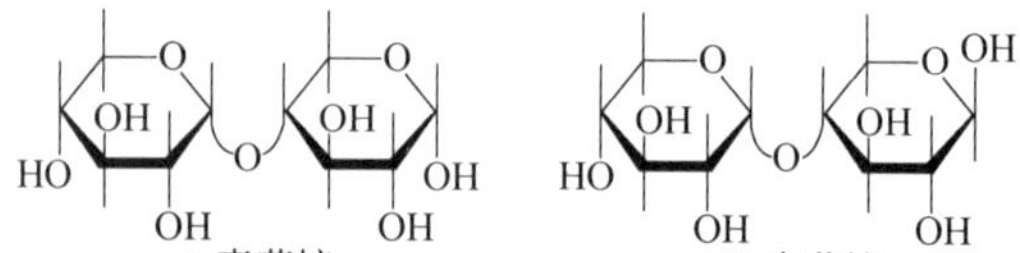

α-麦芽糖　β-麦芽糖

图 2.19　α-麦芽糖和 β-麦芽糖

④ 纤维二糖。纤维二糖是纤维素的基本构成单元，可由纤维素水解得到，由 2 分子 β-D-葡萄糖以 β-1,4-糖苷键结合而成（图 2.20），化学性质类似于麦芽糖，区别在于麦芽糖为α-葡萄糖苷。

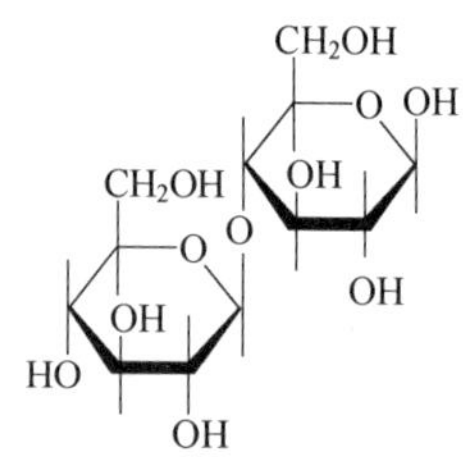

图 2.20　β-纤维二糖

2.3.2　三糖

三糖主要有棉子糖、龙胆三糖和松三糖等。棉子糖常见于植物中，如甜菜。用甜菜制糖时，蜜糖中含有大量棉子糖。棉子糖又称为蜜三糖，是蔗糖的葡萄糖侧以 α-1,6-糖苷键结合一个半乳糖而成，为非还原糖。

棉子糖在蔗糖酶的作用下，分解为果糖和蜜二糖；在 α-半乳糖苷酶作用下，分解为半乳糖和蔗糖。棉子糖不能被人体直接分解吸收，但是可通过肠道细菌分解，并引起双歧杆菌等增殖。

2.4　多糖

多糖也称聚糖，是由 10 个以上单糖分子脱水缩合形成的，结构单位之间以苷键相连接，常见的苷键有 α-1,4-糖苷键、β-1,4-糖苷键和 α-1,6-糖苷键。结构单位可以连成直链，一般以α-1,4-苷键（如淀粉）和 β-1,4-苷键（如纤维素）连接，也可以形成支链，链与链的连接点常

是 α-1,6-苷键。多糖按组成可分为均多糖和杂多糖，按功能可分为结构多糖和贮存多糖。

2.4.1 均多糖

自然界中发现的均多糖包括淀粉、糖原、纤维素和甲壳素。淀粉、糖原和纤维素在被水解时都会产生 D-葡萄糖。淀粉和糖原分别是植物和动物体内的储能物质。纤维素是植物细胞的主要结构成分。甲壳素是昆虫和甲壳类等节肢动物外骨骼的主要结构成分，也是许多真菌的细胞壁成分，它在水解时会产生葡萄糖的衍生物 N-乙酰氨基葡萄糖。

（1）淀粉　淀粉（starch）广泛地存在于许多植物的种子、块茎和根中，是植物生长期间以淀粉粒形式贮存于细胞中的贮存多糖。淀粉是由葡萄糖单位组成的链状结构，按照结构差异，淀粉分为直链淀粉和支链淀粉，它们在淀粉中所占比例因植物品种而不同，如玉米淀粉和马铃薯淀粉分别含 27%和 20%的直链淀粉，糯米淀粉全部为支链淀粉，而有的豆类淀粉则全是直链淀粉。淀粉在食品工业上可用于酿酒和制糖。

① 直链淀粉。直链淀粉是 D-葡萄糖通过 α-1,4-糖苷键连接而成的直链分子（图 2.21），直链淀粉分子链很长，不可能以线形分子存在，而是在分子内氢键的作用下，卷曲盘旋成长而紧密的螺旋管形。许多直链分子含有少量的 α-D-1,6 支链，分支点的 α-D-1,6-糖苷键占总糖苷键的 0.3%～0.5%，由于所占比例较低，其物理性质基本上和直链分子相同。直链淀粉微溶于热水，可与碘液借助范德华力形成一种蓝色的包合物。

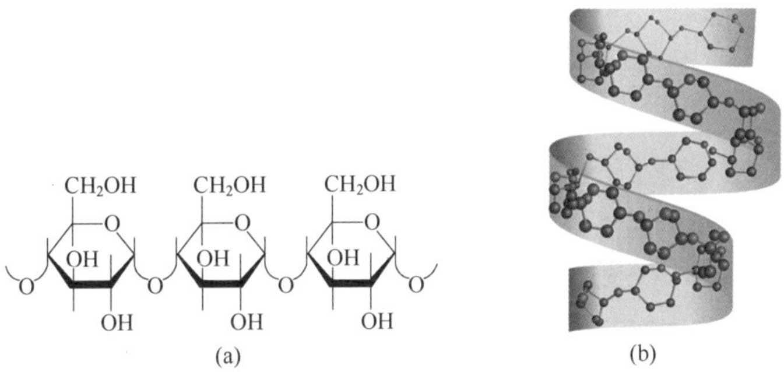

图 2.21　直链淀粉示意图

（a）直链淀粉的 D-葡萄糖残基通过 α-1,4-糖苷键连接；（b）直链淀粉聚合物形成左螺旋

② 支链淀粉。支链淀粉是一种高度分支的大分子，葡萄糖基通过 α-1,4-糖苷键连接构成主链，主链通过 α-1,6-糖苷键与支链相连，每个支链之间相隔 6～7 个葡萄糖单位，使支链淀粉形成复杂的树状分支结构大分子（图 2.22）。另外，可由 A、B、C 链描述支链淀粉，主链称为 C 链，侧链分为 A 链和 B 链。A 链是外链，经 α-1，6-糖苷键与 B 链连接，B 链又经 α-1,6-糖苷键与 C 链连接，A 链和 B 链的数目大致相等，A 链、B 链和 C 链本身是由 α-1,4-糖苷键连接而形成的（图 2.23a）。支链淀粉易溶于水，形成稳定的胶体，不能形成螺旋管，遇碘显紫色。

（2）糖原　糖原在结构上与支链淀粉类似，是 α-1,4-苷键连接单位 D-葡萄糖，以 α-1,6-苷键连接链和链（图 2.22），所不同的是糖原分子比支链淀粉更大，分支程度更高，分支链更短，结构更复杂，在糖原中每隔 8～12 个葡萄糖单位就出现一次分支（图 2.23b）。糖原是动物体内贮存的主要多糖，贮存场所是肝脏和骨骼肌，因此分为肝糖原和肌糖原。除动物外，在细菌、真菌及甜玉米中也有糖原存在。

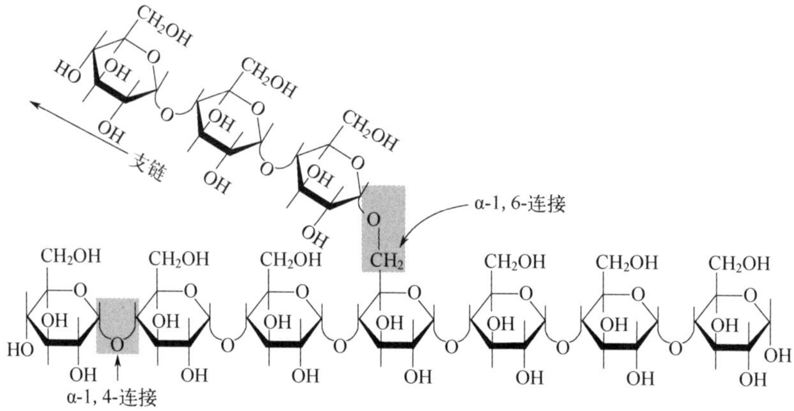

图 2.22　支链淀粉/糖原的部分结构

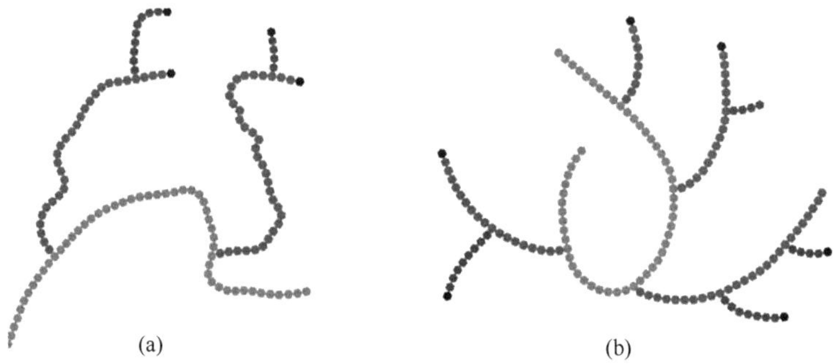

图 2.23　支链淀粉和糖原的分支结构示意图

（a）支链淀粉的分支结构示意图；（b）糖原的分支结构示意图

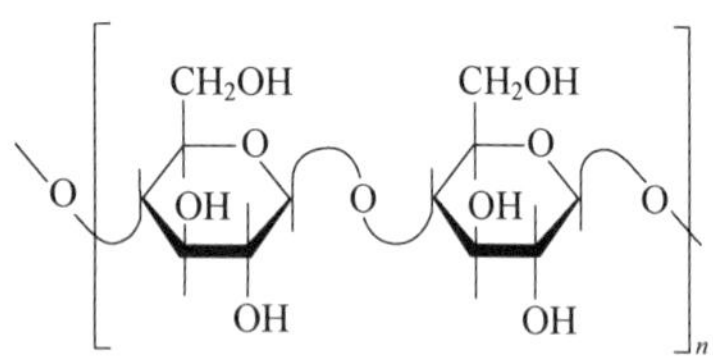

图 2.24　纤维素的双糖重复单元

（3）纤维素　纤维素是 β-1,4-糖苷键连接的 D-吡喃葡萄糖残基组成的聚合物（图 2.24），它是植物最重要的结构多糖。纤维素约占植物生物量的 1/3，是地球上最丰富的有机物质。

未支化的纤维素分子，每个分子可能含有多达 12000 个葡萄糖单元，通过氢键连接在一起，形成坚韧而不灵活的片状条带，称为微纤维（图 2.25）。纤维素微纤维的抗拉强度与钢丝相当，是植物初级和次级细胞壁的组成部分，它们提供保护和支持细胞的结构框架。食品工业中常用的改性纤维素——羧甲基纤维素钠，是由纤维素与氯乙酸钠反应生成的。它是性能良好的混悬剂、乳化剂、黏合剂和延效剂。

人的消化道中淀粉酶只能水解 α-1,4-苷键，而不能水解 β-1,4-苷键，所以纤维素不能作为人的营养物质，但食物中的纤维素能促使肠蠕动，具有通便作用，含有纤维素的食物对于健康是必需的和有益的，在促进肠道蠕动、降低胆固醇、维护肠道健康等方面发挥着至关重要的作用。

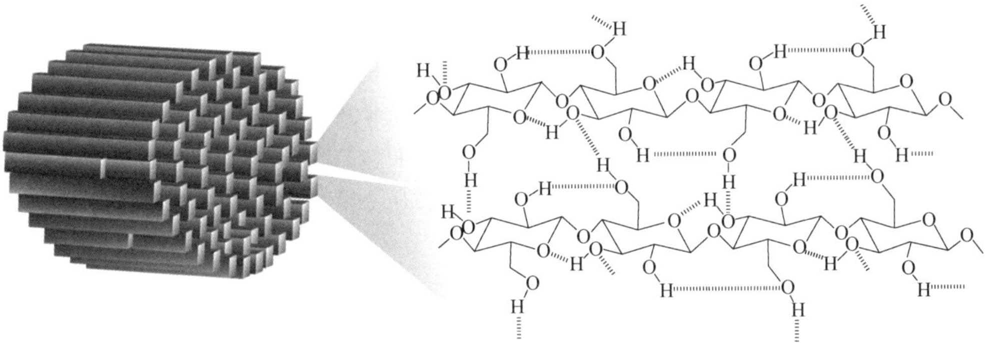

图 2.25 纤维素微纤维（相邻纤维素分子之间的分子间氢键是纤维素强度大的主要原因）

2.4.2 杂聚糖

杂聚糖是含有一种以上单糖的高分子量碳水化合物聚合物。

（1）果胶 果胶被视为一种植物细胞壁多糖或聚糖结构域，其特点在于包含一系列以 1，4-连接方式形成的半乳糖醛酸残基。根据果胶的结构域可分为同型半乳糖醛酸（HG）、木糖半乳糖醛酸聚糖（XG）、芹半乳糖醛酸聚糖（AG）、鼠李半乳糖醛酸聚糖Ⅱ（RGⅡ）和鼠李半乳糖醛酸聚糖Ⅰ（RGⅠ），各种结构单元如图 2.26 所示。

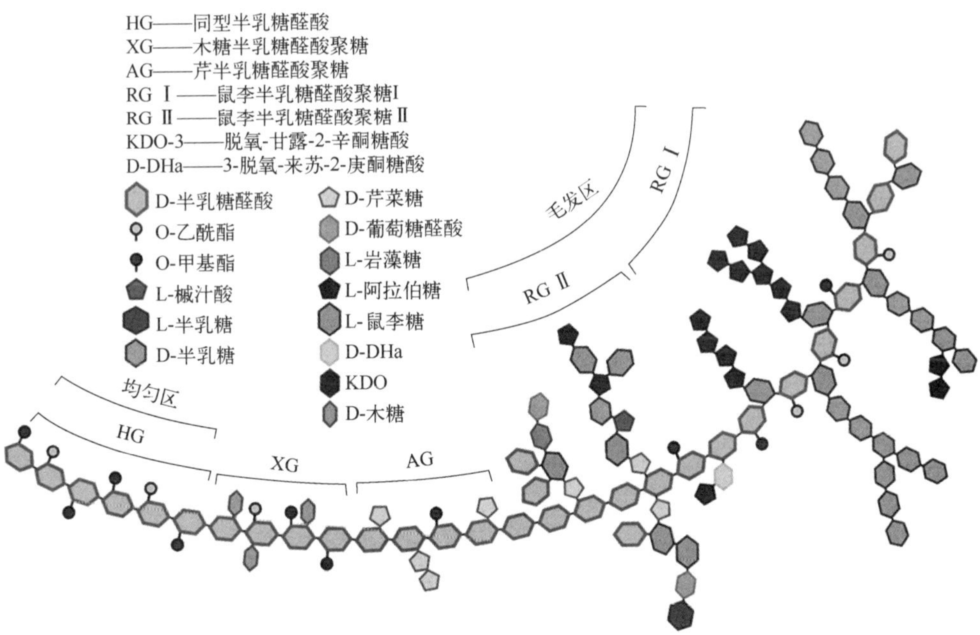

图 2.26 果胶结构域模型示意图

果胶分子通常以部分羧基甲酯化形式存在，根据酯化度（酯化度指 D-半乳糖醛酸残基的酯化数占 D-半乳糖醛酸残基总数的百分比）分为原果胶、果胶、果胶酸。原果胶是高度甲酯化的果胶物质，只存在于植物细胞壁中，不溶于水。在未成熟的果实细胞内含有大量原果胶，随着果实成熟度的增加，原果胶水解成果胶，果蔬组织就变软而有弹性，当果实过熟时，果胶发生去酯化作用生成果胶酸。果胶是部分甲酯化的果胶物质，存在于植物细胞汁液中，成熟果蔬的细胞液内含量较多。果胶酸是不含甲酯基（即羟基游离）的果胶物质。植物细胞的胶层中有果胶酸的钙盐和镁盐的混合物，它是细胞与细胞的黏合物，某些微生物（如白菜软腐病菌）能分泌分解果胶酸盐的酶，使细胞与细胞松开。植物器官的脱落也是由中胶层中果胶酸的分解引起的。

（2）半纤维素　半纤维素是植物细胞壁的主要成分之一，常与纤维素共存，是一种杂多糖。半纤维素的组成成分因植物种类而异，一般来说以木聚糖及木聚糖的葡萄糖醛酸居多。食品中最主要的半纤维素是由（1→4）-β-D-吡喃木糖基单位组成的木聚糖骨架。粗制的半纤维素可分为半纤维素 A(中性组分)和半纤维素 B(酸性组分),两种半纤维素都有 β-D-(1→4)键结合成的木聚糖链。在半纤维素 A 中，主链上有许多由阿拉伯糖组成的短支链，还存在 D-葡萄糖、D-半乳糖和 D-甘露糖，如从小麦、大麦和燕麦粉中得到的阿拉伯木聚糖。半纤维素 B 不含阿拉伯糖，主要含有 4-甲氧基-D-葡萄糖醛酸，因此具有酸性。

半纤维素在焙烤食品中的作用很大，能提高面粉结合水的能力，并能延缓面包的老化。另外，半纤维素对肠道有益生效应，对心血管疾病、结肠紊乱具有一定的改善作用。

2.5 糖缀合物

碳水化合物分子与蛋白质和脂质等非糖物质共价连接产生的化合物统称为糖缀合物。这些物质对单个细胞的功能以及多细胞生物的细胞间相互作用有着深远的影响。碳水化合物-蛋白质结合物有两类：蛋白聚糖和糖蛋白。尽管这两种分子类型都含有碳水化合物和蛋白质，但它们的结构和功能通常有很大不同。糖脂是一种含有低聚糖的脂质分子，主要存在于质膜的外表面。

（1）蛋白聚糖　蛋白聚糖由一条肽链作骨架，肽链上连接数条至数百条糖链。糖链大多数由重复的二糖单位组成。所有蛋白聚糖都含有通过 N-糖苷键和 O-糖苷键与蛋白质分子（称为核心蛋白）连接的糖胺聚糖链。蛋白聚糖与更常见的糖蛋白的区别在于其极高的碳水化合物含量（可能占此类分子干重的 95%）。这些分子出现在细胞表面或分泌到细胞外基质中。蛋白聚糖在高尔基体中产生，在高尔基体内合成糖胺聚糖链，然后与先前在粗面型内质网中合成的核心蛋白共价连接。蛋白聚糖的多样性源于不同核心蛋白的数量，以及碳水化合物链的种类和长度的多样性。根据其组织来源不同分为软骨蛋白聚糖、动脉蛋白聚糖、角膜硫酸角质素等，也可根据其所含糖胺聚糖种类的不同分为硫酸软骨素、硫酸皮肤素、硫酸角质素、透明质酸和肝素等。软骨蛋白聚糖是一种在软骨中大量存在的蛋白聚糖，由一种核心蛋白组成，其上连接着 100 多个硫酸软骨素和大约 40 个硫酸角质素链。多达 100 个聚集蛋白聚糖单体依次连接到透明质酸上，形成蛋白聚糖（图 2.27）。

（2）糖蛋白　糖蛋白被定义为通过 N-或 O-键与碳水化合物共价连接的蛋白质，在大多数情况下，糖的含量小于蛋白质，所构成的分子以蛋白质为主，分子总体性质更接近蛋白质，其一定部位以共价键与若干短的寡糖链相连，这些寡糖链常常是具有分支的杂糖链，不呈现重复的双糖系列。

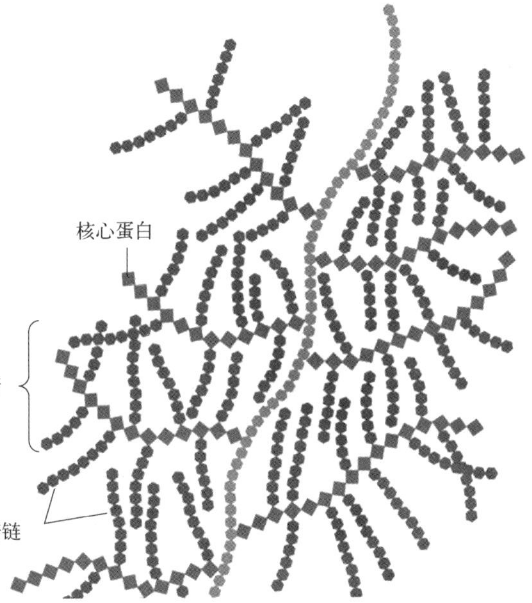

图 2.27　蛋白聚糖

各类细胞表面上，大多存在着糖蛋白，多种细胞表面糖蛋白也参与细胞黏附，这是生长和分化的细胞-细胞相互作用中的一个关键组成（图 2.28）。糖蛋白是在自然界中分布最广的一类复合糖，几乎所有的细胞都能合成糖蛋白。糖蛋白在体内分布广泛，如酶、激素、血液蛋白等都是糖蛋白。糖蛋白与很多疾病如感染、肿瘤、心血管病、肝病、肾病、糖尿病以及某些遗传性疾病等的发生、发展有关。

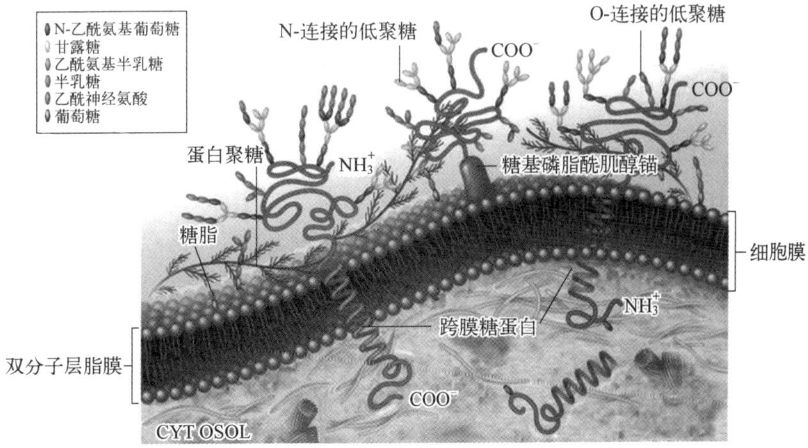

图 2.28　糖萼

（3）糖脂　糖脂是糖类和脂类化合物共价结合所形成的物质。依脂类部分的不同，糖脂可分为 4 类：含鞘氨醇的鞘糖脂；含甘油酯的甘油糖脂；磷酸多萜醇衍生糖脂；类固醇衍生糖脂。糖脂是一类两亲性分子，在生物体内广泛存在。糖脂是膜的组成部分，糖基是亲水的头部基团，作为糖结合蛋白的特异性识别位点。细胞内有极少量糖脂，是糖链合成过程的中间载体。糖脂在细胞表面参与细胞的各种识别，如鞘糖脂参与细胞间通信并可作为 ABO 血型的抗原决定簇。

2.6 食品中糖类相关的生物活性物质

（1）糖苷类　糖苷化合物是由糖与另一非糖物质通过端基碳原子连接而成。不同的糖苷化合物的生理活性较为多样，在抗菌消炎、增强机体免疫功能、抗肿瘤等方面具有不同的活性。芝麻素酚葡萄糖苷是芝麻素酚苷元与不同数目（1～3）的葡萄糖糖基缩合形成的糖苷类化合物，研究表明，其具有抗氧化、抗炎、抗肿瘤、抗新冠病毒、心血管保护、预防肥胖、保护神经系统和抗皮肤衰老等多种生理功能，但目前研究主要停留在动物模型，具体药理机制尚不完全明晰。芹菜苷可以缓解结肠炎小鼠的体重降低和结肠缩短，抑制结肠炎小鼠血清中促炎细胞因子表达水平的增加，保护肠道屏障的完整性，修复结肠炎导致的肠道损伤。可作为缓解结肠炎的潜在天然活性物质。

（2）低聚糖类　低聚糖是指由 2～10 个糖苷键聚合而成、分子量介于单糖和多糖之间的糖类化合物。功能性低聚糖不仅具有糖类的一般性质，还具有特殊的生理活性，如抗肿瘤、抗炎、抗氧化、抑菌等功能。目前已证实具有特殊保健功能的低聚糖主要有低聚果糖、壳寡糖和大豆低聚糖等，其中有些已产业化规模生产。下面介绍几种具有特殊保健功能的低聚糖。

① 低聚果糖。存在于人们经常食用的天然植物如香蕉、蜂蜜、球葱、大蒜、番茄、芦笋、菊芋和麦类中，具有优越的生理活性：促进双歧杆菌增殖，抑制肠内沙门菌和腐败菌的生长，调节肠胃功能；分解产生的多种短链脂肪酸，通过调节 NF-KB 和 AMPK 信号通路，调节肠道免疫功能；有效抑制体内脂类物质代谢的关键限速酶活力，同时减缓内源性胆固醇的合成，低聚果糖分解之后的短链脂肪酸还可抑制脂肪生成基因进而控制机体甘油三酯、低密度脂蛋白胆固醇的合成。

② 壳寡糖。具有低分子量、高脱乙酰度、高聚合度、低黏性和完全水溶性等特点，具有显著的抗菌、抗氧化、抗炎、降压等生物学特性，以及药物/DNA 传递能力。此外，研究还显示壳寡糖具有抗糖尿病、抗肥胖、抗阿尔茨海默病、降胆固醇、钙吸收和止血作用。

③ 大豆低聚糖。是大豆籽粒中可溶性糖的总称，存在于大豆乳清中，主要由水苏糖、棉子糖和蔗糖组成，还含有葡萄糖、果糖等，具有良好的热稳定性和酸稳定性，不会被胃酸和酶降解，具有改善肠道菌群、调节免疫力、降血压、降血脂、抗癌等生理功能，是一种功能性低聚糖。

（3）多糖类　膳食多糖不仅是能量和/或结构资源，而且在许多生命活动中发挥着重要的生物学作用。许多多糖的生物活性在体内和体外都得到了证实，例如它们在免疫调节、抗癌、抗糖尿病等活性中的作用。根据目前的报道，具有功能活性的食源性多糖包括谷物中的 β-葡聚糖和阿拉伯木聚糖、香菇多糖、芦荟多糖、灵芝多糖、铁皮石斛多糖、虫草多糖、茶多糖、枸杞多糖、黄芪多糖、车前子多糖、茯苓多糖等。

① 免疫调节活性。近年来国内外学者研究发现谷物中的 β-葡聚糖、黄芪多糖和灵芝多

糖等多种植物多糖都具有显著的免疫活性，可以提高机体巨噬细胞及淋巴细胞等的免疫活性。随着研究的不断深入，植物多糖免疫活性机理、功效因子也愈加明确和清晰，主要包括激活巨噬细胞、激活补体系统、促进机体免疫器官的生长、刺激产生相关的细胞因子以活化淋巴T细胞和淋巴B细胞，调节红细胞免疫影响蛋白质的合成和抗体的生成从而影响机体免疫信息，包括促进白细胞介素及干扰素的生成、参与神经-内分泌-免疫系统调节、提高免疫系统对抗原的识别能力和机体免疫系统损伤造成的免疫耐受能力等。

② 抗癌活性。癌症，尤其是肺癌、胃癌、结肠癌和癌症，是全世界人口死亡的主要原因。手术、化疗和放疗通常是癌症的主要治疗手段，但仍难以取得满意的临床效果。许多多糖已被发现有潜在的抗癌作用。这些食源性多糖包括来自香菇的香菇多糖、灵芝多糖、茶多糖等。

③ 抗糖尿病活性。糖尿病作为一种代谢性疾病，已成为全世界关注的问题，因为它明显影响人类的生活质量，并与肾病和心血管疾病等严重并发症有关。目前的研究认为，具有抗糖尿病作用的多糖包括水果中的西瓜、桑葚、百香果多糖；茶多糖；蔬菜中的南瓜、苦瓜、胡萝卜多糖等。近期的研究也显示虫草多糖、芦荟多糖、红芸豆和小黑豆多糖具有显著的降血糖、降血脂功效。

2.7 课程思政

2.7.1 我国科学家的重大突破-人工合成淀粉

淀粉是人们获取能量的主要物质之一。粮食作物如玉米等将二氧化碳转变为淀粉涉及60余步代谢反应和复杂的生理调控，太阳能的自然光合作用理论利用效率不超过2%，农作物的种植通常需要数月的周期，使用大量的土地、淡水、肥料等资源。粮食危机、气候变化是人类面临的重大挑战，粮食淀粉可持续供给、二氧化碳转化利用是当今世界科技创新的战略方向。那么除了光合作用外，还有没有效率更高的二氧化碳生产淀粉的方式？或者能不能人工合成淀粉？根据这个思路，中国科学院天津工业生物所科研团队联合大连化物所，历经多年研究攻关，采用一种类似“搭积木”的方式，通过耦合化学催化和生物催化模块体系，实现了“光能—电能—化学能”的能量转变，成功构建出一条从二氧化碳到淀粉合成只有11步反应的人工途径。该成果于2021年9月24日在线发表在顶级学术期刊《科学》，是这个领域的一个重大突破，从国际上来说也是第一次（在实验室）从二氧化碳合成淀粉的整个过程，这个过程在生物合成、生物制造领域是一个重大的里程碑式的突破，对农业生产、工业生物制造提供了一个新的途径，具有非常重大的意义。

这一成果历经6年时间，是经过无数次失败和总结才获得的。为了设计超越自然能力的固碳淀粉合成途径，科研团队从约7000个生化反应中构建形成只有11步主反应的固碳淀粉人工合成途径，将理论能量转化效率提升至原来的3.5倍，使高效固定二氧化碳和高效合成淀粉成为可能。在计算设计的人工途径中，生物酶催化剂是成功构建这条途径的核心。科研团队从动物、植物、微生物等31个不同物种中挖掘合适的生物酶催化剂，构建了一条只有11

步反应的人工淀粉合成途径，与自然界淀粉合成需要的60多个步骤相比，显著降低了合成的复杂度。由于缺少上亿年的进化过程，人工途径中来源于不同物种的生物酶催化剂之间存在难以适配的问题。针对这个问题，研究团队开发了模块组装优化与时空分离反应策略，解决了底物竞争、产物抑制等问题，最终获得了淀粉合成速率和效率显著提升的人工途径。

2.7.2 袁隆平先生和他的超级杂交水稻

袁隆平先生被誉为“杂交水稻之父”，他终其一生不断挖掘水稻杂种优势对于产量的潜在价值，把水稻的高产、更高产、超高产作为终生目标来追求。

1999年8月，正值第一期超级杂交稻攻关时期，袁隆平先生到云南永胜县涛源镇考察第一期超级杂交稻先锋组合的种植示范。这个组合是袁隆平先生提出的超级杂交稻理想株型的原型，此后超级杂交稻的理想株型以及研究思路在国际上引起关注。涛源镇纬度低、海拔高、光照强、昼夜温差大、病虫害少，地理气候条件很特殊。到达的当天下午，袁隆平先生就马不停蹄地奔赴田间察看情况。只见稻田中杂交稻呈现高产态势，垄边稻穗形成一条金色镶边，蔚为壮观。经测产，这块田产量折合亩产1139公斤，是当时水稻种植的世界最高单产纪录。

后来，袁隆平先生提出良种、良法、良田、良态——“四良配套”措施。2018年，百亩示范田经科技部组织的专家测产，平均产量达到1152.3公斤，成为水稻大面积种植世界最高纪录。此后3年的百亩示范田都过了亩产1100公斤。2020年12月20日，袁先生在海南三亚召集相关人员开会，这是袁隆平先生去世前召集的最后一次会议。他在会上作了近40分钟的动员发言，袁先生始终不渝地追求高产，不仅来自纯粹科学上的追求，更来自中国的水稻研究要屹立于世界民族之林的责任感。民以食为天，世界上一半以上的人口以水稻为主食，中国人口这么多，是水稻消费大国，需要不断提高产量。袁先生总说：“三天不吃粮，英雄变狗熊；没有粮食吃，什么事也干不成；一粒粮食可以救活一个人，一粒粮食也可以绊倒一个国家。”这正是一位粮食守望者的心声。

——摘自辛业芸. 中国人靠自己能够养活自己——深切缅怀袁隆平先生[J]. 秘书工作，2023（5）：51-54.

2.8 拓展与探索——淀粉的老化

2.8.1 什么是淀粉老化?

淀粉分子是由直链和支链淀粉分子径向有序排列、结晶区与非结晶区交替排列的层状结构组成的。淀粉老化是糊化后的淀粉在冷却和储存过程中发生的现象。淀粉的糊化是淀粉内部氢键受热断裂的过程，也是结晶区转变为无定形区的过程。当淀粉在水中受热时，稳定螺旋结构的氢键吸热断裂，被淀粉和水之间的氢键代替，淀粉颗粒肿胀、体积增大，导致原本不溶于水的淀粉逐渐溶解，分子内部的有序状态变为无序状态。糊化后的淀粉颗粒在冷却的过程中发生重排，淀粉分子间的氢键相互作用强于淀粉分子和水分子的氢键作用力，导致淀粉和水分子间的氢键断裂，原本的无序结构重新排列为有序的双螺旋结构，形成沉淀或凝胶。这个淀粉溶解度减小的过程即为老化。淀粉老化分为短期老化和长期老化，短期老化一般发生在淀粉糊化后冷却的48h内，主要是由于直链淀粉之间的缔合；而长期老化主要是支链淀粉的重排。

淀粉老化会引起贮藏过程中食品的品质变化，最常见的如面条和米饭变硬、面包陈化以及汤的黏度下降并产生沉淀等。因此，抑制淀粉老化可以改善米面制品的品质，具有很深远的研究意义。

2.8.2 淀粉老化与哪些因素有关?

(1) 淀粉分子组成　淀粉分为直链淀粉和支链淀粉。直链淀粉是葡萄糖单元按α-1,4-糖苷键连接形成的左手螺旋状高分子化合物，由于在溶液中空间障碍较小，所以易于取向发生凝沉；支链淀粉的主链由葡萄糖分子经α-1,4-糖苷键连接，而在分支处经由α-1,6-糖苷键连接，呈树枝状，在溶液中空间障碍大，不易聚集凝沉。

(2) 分子聚合度　若直链淀粉的聚合度太小，分子扩散速率大不易聚集；若直链淀粉的聚合度太大，分子空间阻碍大难以取向；只有聚合度适宜的直链淀粉分子才容易回生产生凝沉。支链淀粉分子的支链较短、长度较均一且分支点较少，易于老化。

(3) 温度　糊化后的淀粉溶液温度下降速度较大地影响淀粉的回生程度，缓慢冷却过程中淀粉分子有较长时间可以取向排列，故会加深老化程度；而迅速冷却时，淀粉分子来不及取向排列，可以降低老化程度。糊化淀粉溶液的储存温度同样影响淀粉的回生作用。当储存温度为4℃时，淀粉回生有最大的晶体成核速率；淀粉重结晶晶体在25℃条件下更利于增长，在4～25℃之间变温储存则抑制淀粉老化并显著提高淀粉的慢消化性。

(4) 糖类　在淀粉糊化的过程中，单糖及双糖因分子较小，易于扩散，可以随水分子渗透并进入淀粉颗粒内部，并与淀粉分子结合，影响淀粉分子之间的相互作用。多糖的聚合度、分子结构及在水溶液中的构象均直接影响淀粉的老化速率。

(5) 溶液pH值与无机盐含量　淀粉在pH 5～7的溶液中易于回生，过低或过高的pH均会降低淀粉回生速率。无机盐亦可降低淀粉的老化速率，可能的原因是无机盐分子阻碍了淀粉链的有序化取向，不利于其聚合而结晶。

2.8.3 抗淀粉老化的调控技术有哪些?

(1) 食品胶体特性及其作用机理　食品胶体之所以能够有效延缓淀粉的回生在于：一是具有良好的成膜性，能够防止食物在加工或贮藏过程中水分的流失；二是其羟基能与淀粉链上的羟基及周围的水分子形成大量的氢键，起到抑制淀粉分子重结晶的作用；三是具有很强的吸水性和持水能力，从而大大提升了食物的含水量，能够缓解食品因老化引起的失水现象。

(2) 乳化剂特性及其作用机理　乳化剂作为一类常用的抗老化剂，在食品领域的应用十分广泛。抗老化机理主要为：一是乳化剂结构中独立的疏水基团，使其具有强大的抗老化效果，当直链淀粉糊化后，分子呈现双螺旋状，其内部形成的疏水空腔与乳化剂的疏水基团进行结合，形成了复杂的不溶性络合物，阻碍直链淀粉分子链的缠绕结合，从而达到抗老化的效果。直链淀粉分子链的缠绕结合被抑制后，其周围附着的支链淀粉重结晶被抑制，从而最大限度地抑制淀粉老化。二是乳化剂能影响淀粉体系中水分子的分布，具有亲水性胶体的部分性能。

（3）无机盐特性及其作用机理　对于无机盐而言，盐离子的性质决定了其能否抑制老化。研究发现，高浓度 Na^+可以破坏淀粉凝胶中已经形成的氢键，抑制新的氢键形成，阻断淀粉老化进程，达到抗老化的目的。然而，Na^+与 K^+对淀粉老化不同的作用机理，使 KCl 可促进淀粉的老化。这是因为 K^+作为结构构建（盐析）离子，可以保护淀粉凝胶中已经形成的氢键，促进新的氢键形成，加速淀粉的老化进程。相比一价中性盐离子，二价中性盐离子对淀粉链的重新排列抑制作用更加明显。这是因为一价阳离子的抑制作用单一，二价阳离子除了具有一价阳离子相同的破坏作用外，还具有一定的水合作用，可降低体系水分活度。水合作用与阳离子的价数呈正相关，价数越大，水合作用越强，抑制老化的效果越佳。

（4）淀粉酶特性及其作用机理　淀粉酶一直广泛应用于淀粉类食品的生产加工过程中。用作食品抗老化剂的淀粉酶主要有α-淀粉酶、β-淀粉酶和真菌淀粉酶等。其中，α-淀粉酶的抗老化原因主要是能以干扰支链淀粉老化的方式抑制淀粉长期老化。但存在添加过量时产品口感发黏、结构坍塌等缺点。β-淀粉酶的抗老化作用机理为：β-淀粉酶通过切下麦芽糖分子（即两个葡萄糖单位）的方式来缩短直链淀粉和支链淀粉中直线分支的长度，从而减少重结晶，抑制瓤心老化。与此同时，水解中会产生一定的麦芽糖，这些麦芽糖是酵母发酵的来源，发酵过程中产生的二氧化碳气体可以增大体积，形成蓬松结构。

第3章
核 酸

本章提要

核酸是由核苷酸组成的生物大分子，分为DNA和RNA两类。核酸的糖苷键和磷酸二酯键可被酸、碱和酶水解，产生碱基、核苷、核苷酸和寡核苷酸。核酸分子中核苷酸的序列构成核酸的一级结构。DNA二级结构主要形式为双螺旋结构。双螺旋的DNA分子进一步盘旋形成的超螺旋结构，是DNA的三级结构的重要形式。DNA与蛋白质相结合进一步组装和压缩，形成DNA的四级结构。RNA链可自身回折形成局部双螺旋二级结构。核酸具有酸碱解离、紫外吸收、变性复性等理化特性。

核酸是由核苷酸聚合而成的生物大分子，是生物体储存和表达遗传信息所必需的物质。根据核苷酸中所含戊糖的不同，核酸可分为两大类：脱氧核糖核酸（DNA）和核糖核酸（RNA）。不同种类的核酸分子量差异很大，例如，转运RNA分子质量约为25kD，而人类染色体DNA分子质量高达2.5×10^8kD。真核生物DNA主要集中于细胞核的染色体中，也有少量DNA存在于线粒体和叶绿体中。RNA主要分布在细胞质中。原核细胞没有真核细胞那样的细胞核，其基因组DNA所在的区域没有核膜包被，称为拟核。原核细胞拟核外含有非染色体形式的环状双链DNA，称为质粒。对病毒来说，或只含DNA，或只含RNA，分别称为DNA病毒和RNA病毒。核酸分子以单链（single strand，ss）或双链（double strand，ds）形式存在。作为信息分子的DNA一般为双链，RNA单链和双链都广泛存在。

3.1 核苷酸

核苷酸可分解成核苷和磷酸，核苷又可分解为碱基和戊糖。因此，核苷酸分子的组成包括三类基团：含氮碱基、戊糖和磷酸基团。戊糖有两种，即D-核糖和D-2-脱氧核糖。含有D-核糖的核苷酸聚合形成RNA，含有D-2-脱氧核糖的核苷酸聚合形成DNA。

3.1.1 碱基（base）

核酸中的碱基分为嘌呤碱（purine，pu）和嘧啶碱（pyrimidine，py）两大类（图3.1）。

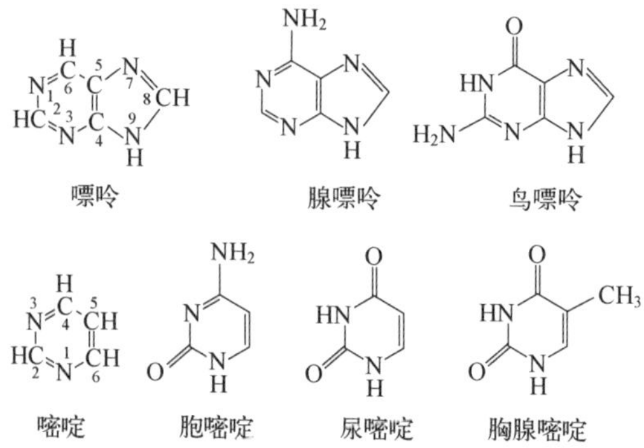

图 3.1 嘌呤碱和嘧啶碱

嘌呤碱由嘌呤衍生而来，包括两种：腺嘌呤（adenine，A）和鸟嘌呤（guanine，G）。嘌呤分子接近平面，但稍有弯曲。自然界中还有黄嘌呤、次黄嘌呤、尿酸、茶碱、可可碱和咖啡因。前三种是嘌呤核苷酸的代谢产物，是抗氧化剂；后三种含于植物中，是黄嘌呤的甲基化衍生物，具有增强心脏功能的作用。嘌呤类植物激素，如玉米素、激动素等，可促进植物细胞的分裂、分化。一些抗生素是腺嘌呤的衍生物，如抑制蛋白质合成的嘌呤霉素。

嘧啶碱是嘧啶的衍生物，包括三种：胞嘧啶（cytosine，C）、尿嘧啶（uracil，U）和胸腺嘧啶（thymine，T）。其中，尿嘧啶只存在于 RNA 中，胸腺嘧啶只存在于 DNA 中，但在某些 tRNA 中也发现有极少量的胸腺嘧啶。胞嘧啶为两类核酸所共有，在植物 DNA 中还有 5-甲基胞嘧啶，一些大肠杆菌噬菌体核酸中不含胞嘧啶，而由 5-羟甲基胞嘧啶代替。因为受到氮原子的吸电子效应影响，嘧啶的 2、4、6 位容易发生取代。

DNA 和 RNA 都含有腺嘌呤、鸟嘌呤和胞嘧啶，但它们的另一个嘧啶碱基不同，DNA 含有胸腺嘧啶，而 RNA 含有尿嘧啶。

除以上五种基本的碱基以外，稀有碱基（修饰碱基）偶尔会在某些种类的 DNA（例如某些病毒 DNA）和 RNA（例如 tRNA）中发现。碱基修饰包括甲基化、糖基化、乙酰化和还原。大多数碱基修饰是甲基化碱基，甲基化通常发生在核酸合成以后，对核酸的生物学功能具有重要意义。

3.1.2 核苷

核苷是戊糖与碱基缩合而成的。戊糖的第一位碳原子与嘧啶的第一位氮原子或嘌呤的第九位氮原子以 N-糖苷键相连（图 3.2）。戊糖是呋喃环，C1 是不对称碳原子，核酸中的糖苷键为 β-糖苷键，碱基与糖环平面互相垂直。糖苷的命名是先说出碱基名称，再加“核苷”或“脱氧核苷”。

核苷用大写单字母符号表示，前面加 d 表示脱氧核苷。A、G、C 和 U 分别代表腺苷、鸟苷、胞苷和尿苷。dA、dG、dC 和 dT 分别代表脱氧腺苷、脱氧鸟苷、脱氧胞苷和脱氧胸苷。碱基环和糖环上的碳原子和氮原子分别编号［戊糖的碳原子用带 ′ 的数字编号，碱基用不带′的数字编号］。戊糖中的碳原子从 1′到 5′编号，因此，当提到核苷（或核苷酸）的 5′碳时，是指戊糖中的一个碳原子，而不是碱基中的一个原子。

稀有核苷（修饰核苷）也用单字母符号表示，如 D 表示二氢尿嘧啶核苷。如果碱基上有修饰基团，就在表示核苷的大写字母前加上代表修饰基团的小写字母，在这个小写字母的右上方写明修饰位置，右下方写明修饰基团的数量，例如，m^2G 表示 2-N-甲基鸟苷，$m_3^{2,2,7}G$ 表示 N2，N2,7-三甲基鸟苷。核糖上的修饰基团写在表示核苷的大写字母右边，如 Cm 表示 2′-O-甲基胞苷。

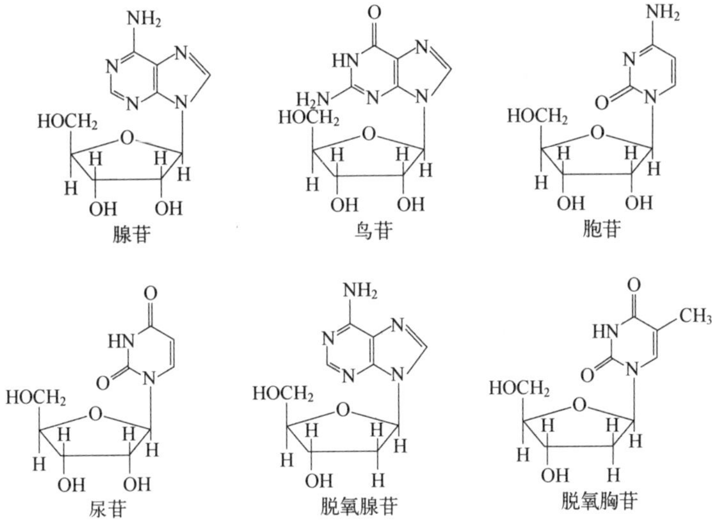

图 3.2　核糖核苷与脱氧核糖核苷

3.1.3　核苷酸的结构

核苷中的戊糖羟基被磷酸酯化，加上磷酸基团生成核苷酸。戊糖的类型由名称中的前缀 5′-核糖核苷酸和 5′-脱氧核糖核苷酸表示。当一个磷酸基团以酯键连接到戊糖的 5′-碳上，该结构就是核苷一磷酸（NMP），在核苷上添加第二个、第三个磷酸酯键，就依次生成核糖核苷二磷酸（NDP）和核糖核苷三磷酸（NTP）（图 3.3），5′-NDP 是核苷的焦磷酸酯，5′-NTP 是核苷的三磷酸酯。

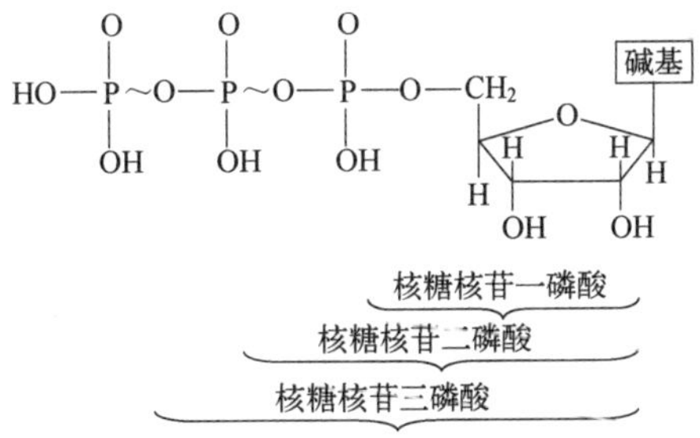

图 3.3　核糖核苷一磷酸、核糖核苷二磷酸和核糖核苷三磷酸

细胞内有一些游离的多磷酸核苷酸，它们具有重要的生理功能。5′-dNTP 和 5′-NTP 分别是合成 DNA 或 RNA 的前体。ATP 上的磷酸残基由近向远依次用 α、β 和 γ 编号。远端两个磷酸酯键，每水解一个可释放出 7.3 千卡能量，被称为高能磷酸键（生物化学中的高能键，

是指具有高的磷酸基团转移势能或水解时释放较多自由能的键）。许多化学反应需要由 ATP 提供能量，因此 ATP 在细胞能量代谢中起极其重要的作用。GTP、CTP、UTP 在某些生化反应中也具有传递能量的作用。UDP 在多糖合成中可作为携带葡萄糖的载体，CDP 在磷脂合成中可作为携带胆碱的载体。

磷酸同时与核苷上两个羟基形成酯键，可形成环化核苷酸，例如，3′,5′-环磷腺苷（cAMP）和环化鸟苷酸（cGMP）。它们可被磷酸二酯酶催化水解，生成相应的 5′-核苷酸。稀有碱基也可形成相应的核苷酸。

3.1.4 核苷酸的生物功能

核苷酸对所有生物体都是必需的，其功能体现在以下几个方面：

（1）作为遗传物质的成分　核苷酸是构成核酸的基本单位，5′-dNTP 和 5′-NTP 分别是合成 DNA 或 RNA 的前体，没有它们，RNA 和 DNA 都不能产生，蛋白质也不能合成。

（2）作为能量载体，为需要能量的生物化学反应提供能量　许多生物化学反应需要由 ATP 提供能量，ATP 在细胞能量代谢中起着极其重要的作用。UTP 用于多糖合成，GTP 用于蛋白质合成，CTP 用于脂类合成。

（3）作为信号传递物质　cAMP 和 cGMP 在信号转导途径中充当第二信使。

（4）作为必需辅酶的结构成分　辅酶 A（CoA）、黄素腺嘌呤二核苷酸（FAD[H2]）、烟酰胺腺嘌呤二核苷酸（NAD[H]）和烟酰胺腺嘌呤二核苷酸磷酸（NADP[H]）等都含有 AMP 成分。

（5）参与代谢调控　核苷酸是许多中间代谢途径的重要调节化合物，可抑制或激活关键酶。核苷酸中发现的嘌呤和嘧啶碱基可以从头合成，或者可以通过补救途径获得，所述补救途径允许重复使用由正常细胞更新产生的预先形成的碱基（饮食提供的嘌呤和嘧啶很少被直接利用，而是被降解）。

3.2 核酸的结构

3.2.1 DNA 结构

DNA 是脱氧核糖核苷单磷酸（dNMP）通过 5′→3′-磷酸二酯键共价连接的聚合物。除了少数含有单链 DNA 的病毒（ssDNA），DNA 以双链分子（dsDNA）的形式存在，其中两条链相互缠绕，形成双螺旋。在真核细胞中，发现 DNA 与细胞核中存在的各种类型的核蛋白结合，形成高级结构，而原核生物中蛋白质-DNA 复合物存在于类核区域（无核膜结合）。

3.2.1.1 DNA 的一级结构

DNA 的一级结构是 DNA 链的脱氧核糖核苷酸组成及排列顺序。在 DNA 分子中，相邻核苷酸以 3′,5′-磷酸二酯键连接成长链。前一个核苷酸的 3′-羟基与后一个核苷酸的 5′-磷酸结合（图 3.4），得到无分支、具有方向性的长链。链中磷酸与糖交替排列构成脱氧核糖磷酸骨架，链的一端有自由的 5′-磷酸基，称为 5′-末端（游离磷酸的末端）；另一端有自由的 3′-羟基，称为 3′-末端（游离羟基的末端）。在 DNA 链中，每个脱氧核糖连接着一个碱基，碱基的特定序列代表着遗传信息。按照惯例，位于所得脱氧核糖-磷酸主链上的碱基序列的书写是从链的 5′末端向 3′末端方向［图 3.4（b）、（c）、（d）］。例如，图 3.4（d）所示的 DNA 碱基序列（5′-TACG-3′）读作“胸腺嘧啶、腺嘌呤、胞嘧啶、鸟嘌呤”，核苷酸之间的磷酸二酯键可以被核酸酶、脱氧核糖核酸酶和核糖核酸酶家族水解，或者被化学物质水解切割（只有 RNA 被碱水解）。

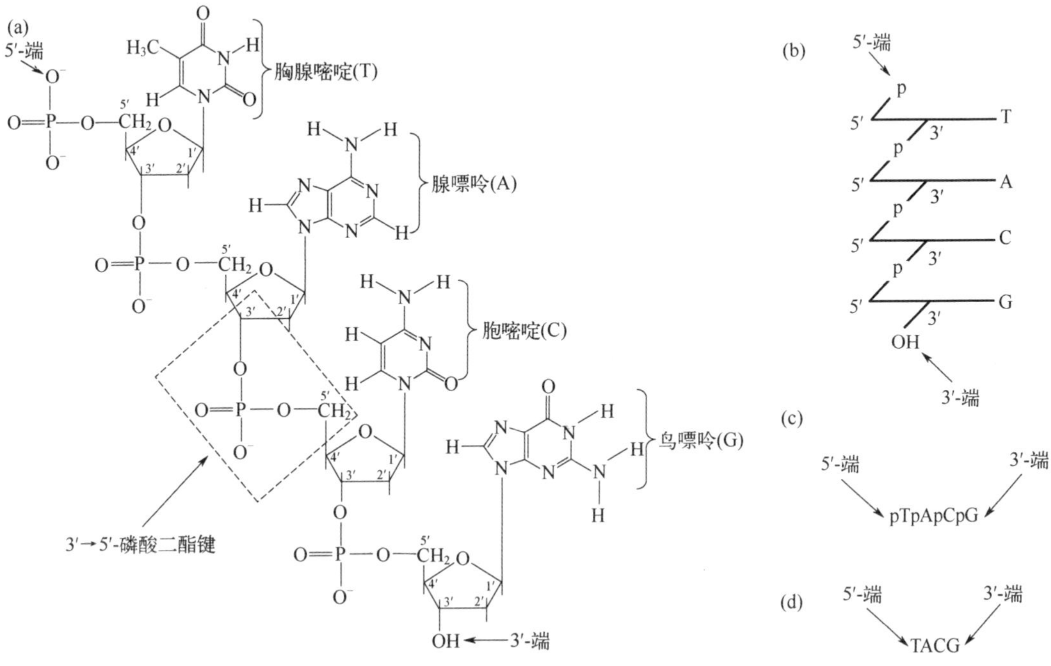

图 3.4　脱氧核苷酸链的结构及方向性

（a）DNA 中多核苷酸链片段；（b）竖线式缩写；（c）文字式缩写；（d）文字式简写

3.2.1.2　DNA 的二级结构

DNA 的二级结构是指两条 DNA 链反向平行盘绕所形成的双螺旋结构。1953 年，Watson 和 Crick 根据 DNA 晶体的 X-射线衍射数据和碱基组成规律，建立了 DNA 的双螺旋结构模型（B 型 DNA 的结构模型）。

B-DNA 双螺旋结构的特征：

（1）两条反向平行、碱基互补的 DNA 链，构成右手双螺旋结构（图 3.5）。两条链的亲水性脱氧核糖磷酸骨架反向平行，按右手螺旋走向，绕着公共中轴线盘旋在双螺旋的外侧，两条链的碱基按照 A-T、G-C 规则一一对应互补配对，集中地平行排列在双螺旋的中央，碱基平面与轴垂直。DNA 双螺旋中的两条链互为互补链，一条链的 5′末端与另一条链的 3′末端配对。

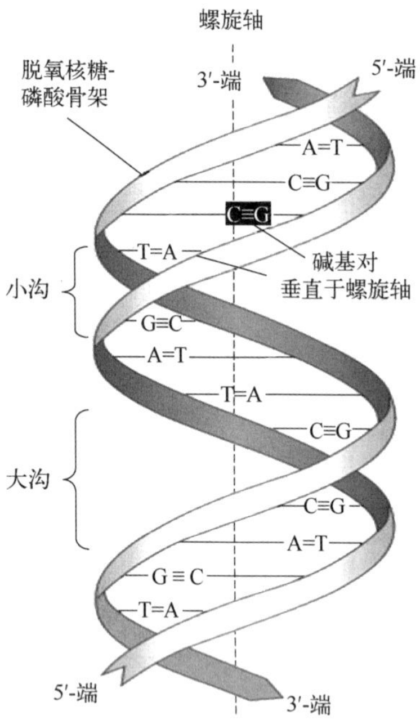

图 3.5　DNA 双螺旋结构

（2）双螺旋外径 2nm、螺距 3.4nm，每 10 对碱基上升一圈。因此每对碱基的距离 0.34nm，夹角 36°。

（3）在双螺旋表面，两股链之间的空间关系产生了两个与双螺旋走向一致的沟槽：一个较深较宽，称大沟；一个较窄较浅，称小沟。大沟暴露出嘌呤的 C6、N7 和嘧啶的 C4、C5 及其取代基团；小沟则暴露出嘌呤的 C2 和嘧啶的 C2 及其取代基团。这些凹槽为调节蛋白识别和结合 DNA 特征序列提供了通道［某些抗癌药，例如放线菌素 D，通过嵌入 DNA 双螺旋的窄沟发挥其细胞毒性作用，从而干扰 DNA（和 RNA）的合成］。

（4）稳定 DNA 双螺旋结构的作用力包括氢键、静电斥力和碱基堆积力。在水平方向是配对碱基之间的氢键，AT 对形成两个氢键，GC 对形成三个氢键。这些氢键是克服两条链间磷酸基团的斥力，使两条链互相结合的主要作用力。在垂直方向，是碱基对平面间的堆积力。堆积力是疏水力与范德华力的共同体现。氢键与堆积力两者本身都是一种协同性相互作用，两者之间也有协同作用。

以上模型是 B-DNA 的平均特征，但由于碱基序列的影响，在局部会有所差异。如两个核苷酸之间的夹角可以从 28°到 42°不等，互补配对的碱基之间有一定夹角，称为螺旋桨状扭曲。螺旋一圈含有 10.4 个碱基对。

3.2.1.3　碱基对

一条 DNA 链的碱基与另一条链的碱基配对，腺嘌呤（A）总是与胸腺嘧啶（T）配对，胞嘧啶（C）总是与鸟嘌呤（G）配对，碱基对垂直于螺旋轴（图 3.5）。因此，DNA 双螺旋的一条多核苷酸链通常是另一条的互补链。给定一条链上的碱基序列，就可以确定互补链上的碱基序列（图 3.6）。DNA 中特定的碱基配对形成的 Chargaff 规则：在双链 DNA（dsDNA）中，A 的量等于 T 的量，G 的量等于 C 的量，嘌呤的总量（A+G）等于嘧啶的总量（T+C）。互补碱基通过氢键结合在一起：两个在 A 和 T 之间，三个在 G 和 C 之间（图 3.7）。这些氢键，加上堆叠碱基之间的疏水相互作用，稳定了双螺旋结构。

3.2.1.4　DNA 二级结构类型

DNA 二级结构的主要类型包括 B 型（沃森和克里克在 1953 年所描述）、A 型和 Z 型等（图 3.8）。

DNA 纤维在 92%的相对湿度下可形成 B 型 DNA。B-DNA 为右旋螺旋，每旋转 360°有 10 个碱基对（bp），碱基平面垂直于螺旋轴。染色体 DNA 被认为主要由 B-DNA 组成。

A 型是由 B 型适度脱水而产生，钠盐、钾盐或铯盐 DNA 在 75%的相对湿度下可形成 A 型结构，一些有机溶剂和蛋白质也可将 B 型 DNA 变成 A 型构象。A-DNA 也是右旋螺旋，但每圈有 11 bp，碱基对的平面与垂直于螺旋轴的方向倾斜 20°。A-DNA 与 RNA-RNA 双链区及 DNA-RNA 杂合体在溶液中的构象相似。RNA 由于 2′-OH 的存在，不易采取 B 型构象，所以在转录时，DNA 要采取 A 型构象。一些有机溶剂和蛋白质可将 B 型 DNA 变成 A 型构象。C 型构象在浓盐溶液和乙二醇溶液中发生。此时堆积力降低，氢键结合能量相对增加。C 型结构也是右手螺旋，存在于染色质和某些病毒中。

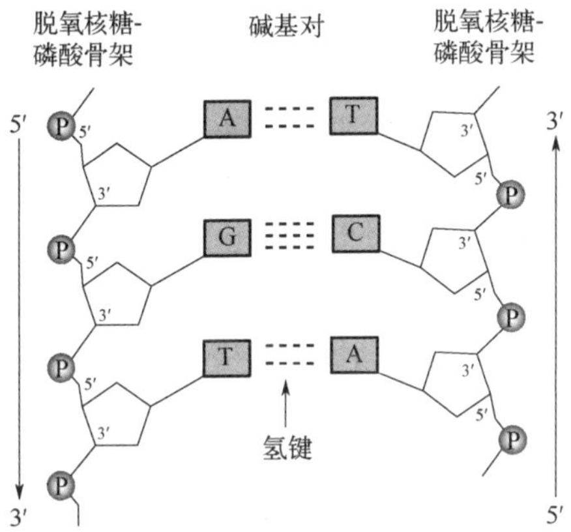

图 3.6 两个互补的 DNA 序列

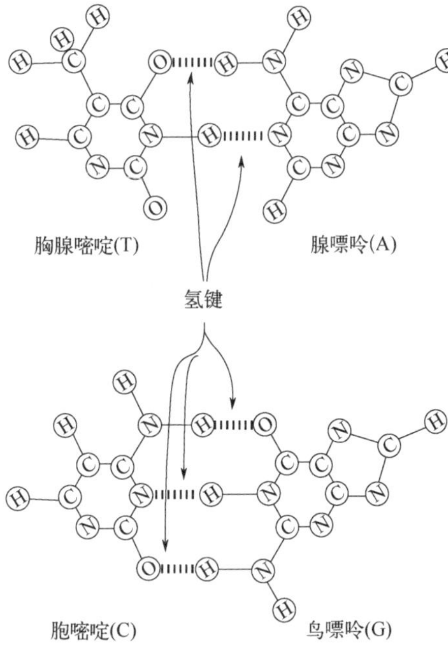

图 3.7 互补碱基之间的氢键

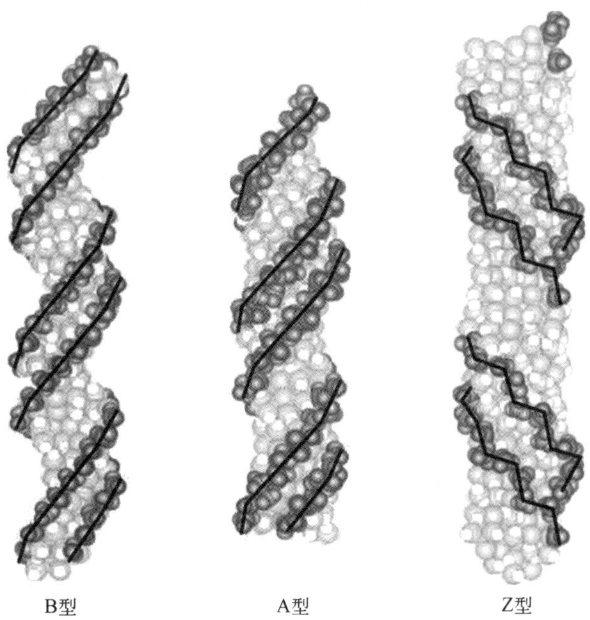

图 3.8 DNA 结构类型

C 型 DNA 是在相对湿度约 44%下所获得的 DNA 锂盐纤维所特有的构象，为右手双螺旋，螺旋每转一圈包含约 9.3 个核苷酸残基，螺距 3.1nm，碱基斜角呈 6°。C 型构象发生在浓盐溶液和乙二醇溶液中，此时堆积力降低，氢键结合能量相对增加。C 型结构也是右手螺旋，存在于染色质和某些病毒中。此外，还有 D 型及被称为 T 和 P 的两种亚稳态结构。富含 A-T 的 DNA 区域有较大的结构多样性。

Z-DNA 是左旋螺旋，每圈含 12bp，螺旋细长，其脱氧核糖磷酸主链呈之字形。Z-DNA 的延伸可以自然地出现在具有嘌呤和嘧啶交替序列的 DNA 区域中（例如 poly GC）。DNA 的 B 型和 Z 型螺旋形式之间的转换可能在调节基因表达中起作用。

3.2.1.5 DNA 的三级结构

DNA 的三级结构是指 DNA 分子在双螺旋的基础上，进一步扭转所形成的结构，主要形式为超螺旋。超螺旋结构不仅能够压缩 DNA 所占空间，也是遗传物质结构与功能所需要的。

DNA 的三级结构是由二级结构的张力状态决定的。B-DNA 以每 10 个碱基一圈盘绕时能量最低，处于伸展状态；当盘绕过多或不足时，就会出现张力，形成超螺旋。盘绕过多时形成正超螺旋，不足时为负超螺旋（左手螺旋）。绝大多数原核生物的 DNA 都是共价闭环结构，能够形成麻花状超螺旋结构（图 3.9）。真核生物染色体 DNA 为线性分子，DNA 均与蛋白质相结合，两个结合点之间的 DNA 形成一个凸环（loop），具有超螺旋结构。无论是真核生物的双链线形 DNA，还是原核生物的双链环形 DNA，在体内通常以负超螺旋的形式存在。

在真核生物中，双螺旋 DNA 分子盘绕在组蛋白（histone）八聚体上，形成核小体（nucleosome）结构。组蛋白是进化保守的富含精氨酸和赖氨酸的碱性蛋白，共有五类，分别命名为 H1、H2A、H2B、H3 和 H4。由于赖氨酸和精氨酸含量高，组蛋白在生理 pH 下带正电荷，可以与带负电荷的 DNA 形成离子键。核小体结构如图 3.10 所示：H2A、H2B、H3 和 H4，各 2 分子形成组蛋白八聚体，作为核小体的蛋白核心。约 145bp 的双螺旋 DNA（核心 DNA）在蛋白核心外绕行 1.75 圈，共同构成核小体的核心颗粒。核心颗粒之间有约 50bp 的连接 DNA。1 分子组蛋白 H1 结合在连接 DNA 的进出部位，将核心 DNA 固定在核心蛋白外围。H1 是组蛋白中最具组织特异性和物种特异性的，它促进核小体包装成更紧凑的结构。核小体呈扁球形，高约 6nm，直径约 11nm。由核心 DNA 与连接 DNA 构成的核小体重复单位约 200bp，DNA 长度由 68nm 压缩至 11nm。

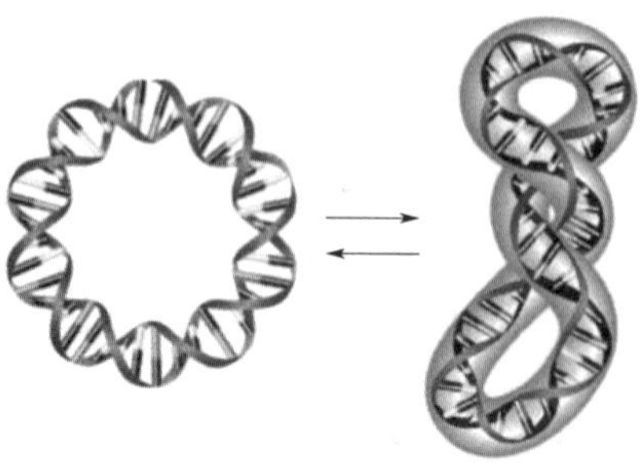

图 3.9 DNA 分子超螺旋示意图

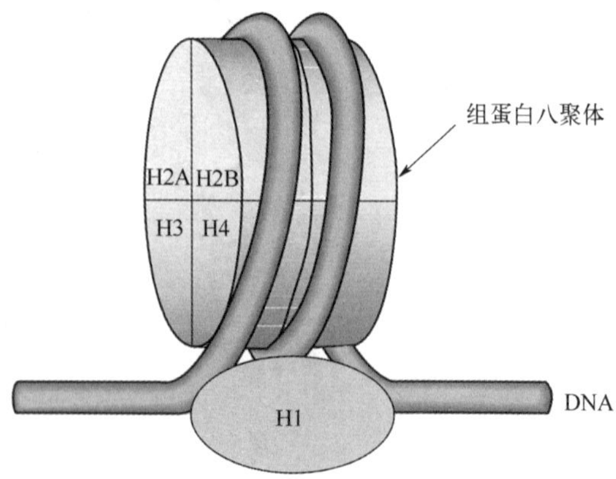

图 3.10 核小体的结构模型

3.2.1.6 DNA 的高级结构

真核生物的染色体是 DNA 与蛋白质的复合体，其中 DNA 形成多层次的超螺旋结构。核小体重复单位串珠状盘旋构成染色质细丝，直径 11nm。染色质细丝经过多层次超螺旋卷曲而成染色体（图 3.11）。

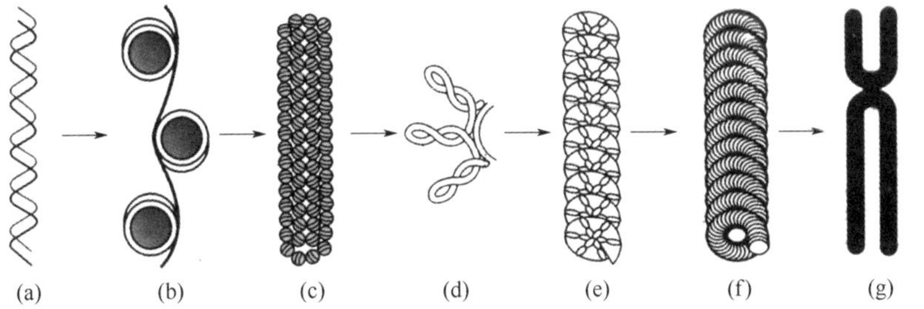

图 3.11 真核生物染色体 DNA 不同层次的组装结构

（a）线性 DNA 双链（2nm）；（b）核小体链（11nm）；（c）纤丝（30nm，每圈 6 个核小体）；（d）突环（150nm）；（e）玫瑰花结（300nm，6 个突环）；（f）螺旋圈（700nm，每圈 30 个玫瑰花）；（g）染色体（1400nm，每个染色体含 10 个玫瑰花 200bp）

3.2.2 RNA

RNA 是单链多聚核糖核苷酸，主要由 4 种核糖核苷酸组成，即腺嘌呤核糖核苷酸、鸟嘌呤核糖核苷酸、胞嘧啶核糖核苷酸和尿嘧啶核糖核苷酸。这些核苷酸中的戊糖不是脱氧核糖，而是核糖。组成 RNA 的核苷酸也是以 3′,5′-磷酸二酯键彼此连接起来的。用牛脾磷酸二酯酶降解天然 RNA 时，降解产物中只有 3′-核苷酸。

RNA 单链可自身回折形成局部双螺旋的稳定结构，即二级结构。其中最常见的二级结构基序是通过单链回折和碱基互补配对形成的茎环（或称为发夹结构）。当单链中的两个互补序列结合在一起形成双螺旋结构作为茎部，不匹配的碱基从螺旋中凸出形成单链环状区域。RNA 二级结构可进一步折叠形成三级结构。RNA 与蛋白质结合形成四级结构。核蛋白复合物，如核糖体（ribosome）、信息体（informosome）、信号识别颗粒（signal recognition particle，SRP）、拼接体（spliceosome）、编辑体（editosome）等，具有重要的细胞功能。

RNA 按功能分为三类：转运 RNA（tRNA）、信使 RNA（mRNA）和核糖体 RNA（rRNA）；此外还有 snRNA 和 hnRNA。前者与 RNA 的加工有关，后者是 mRNA 的前体。

3.2.2.1 mRNA

在基因表达中，携带遗传信息从 DNA 到核糖体的那部分 RNA 称为信使 RNA（mRNA）。鉴于真核生物的 DNA 主要位于细胞核，而蛋白质的合成发生在细胞质中的核糖体上，除了 DNA 之外的一些分子必须将遗传信息从细胞核传递到细胞质。mRNAs 通过转录过程在 DNA 模板上形成，一旦它们到达核糖体，就提供模板来确定多肽链中的氨基酸序列。

mRNA 作为指导合成蛋白质的模板，具有种类多、拷贝少、寿命短、修饰成分少的特点。

mRNA 的主体序列是编码区，在其上游 5′侧和下游都有非编码区。在细菌和古细菌中，单个 mRNA 分子可能编码一个或多个多肽链。如果它只携带一种多肽的编码，mRNA 就是单顺反子；如果它编码两种或多种不同的多肽，mRNA 就是多顺反子。在真核生物中，大多数 mRNAs 是单顺反子。mRNA 的最小长度由它编码的多肽链的长度决定。例如，100 个氨基酸残基的多肽链需要至少 300 个核苷酸的 RNA 编码序列，因为每个氨基酸由一个核苷酸三联体编码。然而，从 DNA 转录的 mRNAs 总是比简单编码多肽序列所需的长度稍长。额外的非编码 RNA 包括调节蛋白质合成的序列。

真核生物 mRNA 分子两端还有 5′端帽子和 3′端尾部结构。帽子结构的通式可写为 m^7GpppN（m）pN（m），最简单的帽子结构是掉转方向的 7-甲基鸟苷三磷酸，它与 mRNA 原来的 5′端核苷酸借 5′ppp5′连接形成 m^7GpppN。较复杂的帽子结构在后面的一个或两个核苷酸还有 2′-*O*-甲基修饰。帽子结构对稳定 mRNA 及其翻译具有重要意义。成熟的 mRNA 一般在它的 3′端都加上了长度为 20～200bp 的多聚 A 尾，作为核膜孔转运系统的标志，与成熟的 mRNA 通过核膜孔被运到胞浆有关。

3.2.2.2 tRNA

转运 RNA 是小分子，一般由 74～93 个核苷酸构成，分子质量在 25kD 左右，沉降系数为 4S。其功能是转运氨基酸，按照信使 RNA 的碱基序列合成蛋白质。20 种氨基酸都有专一的 tRNA，有的还有 2 种或多种 tRNA。tRNA 含有修饰碱基和修饰核苷，是由 4 种标准碱基或核苷加工修饰而成的。在 tRNA 分子中，修饰碱基主要是甲基化碱基，修饰核苷主要是假尿嘧啶核苷。

tRNA 分子的二级结构为三叶草形，由一个臂和三个环构成（图 3.12）。tRNA 链的 5′-端与 3′-端序列构成的双螺旋区称为氨基酸臂，其 3′-端都有不变的单链 CCAOH，因末端 A 结合

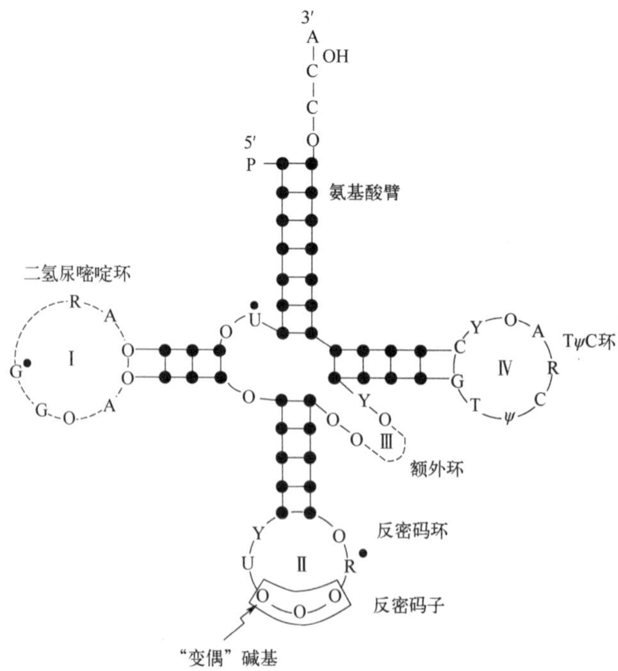

图 3.12　tRNA 的二级结构示意图

氨基酸而得名。三个环依次由二氢尿嘧啶环（DHU loop）与 DHU 茎、反密码子环与反密码子茎、TψC 环与 TψC 茎组成。反密码子环中央的三个碱基构成反密码子，与信使 RNA 的密码子配对。有些 tRNA 在反密码子茎与 TψC 茎之间有一个额外的、长度不一的可变茎。

tRNA 分子在二级结构的基础上进一步扭曲形成确定的三级结构（图 3.13）。tRNA 的三级结构像一个倒置的字母 L。分子的右上端是氨基酸臂，下端是反密码子。两端距离约 8nm。不同 tRNA 的精细结构不同，能被专一的氨基酸 tRNA 连接酶和有关的蛋白因子识别。

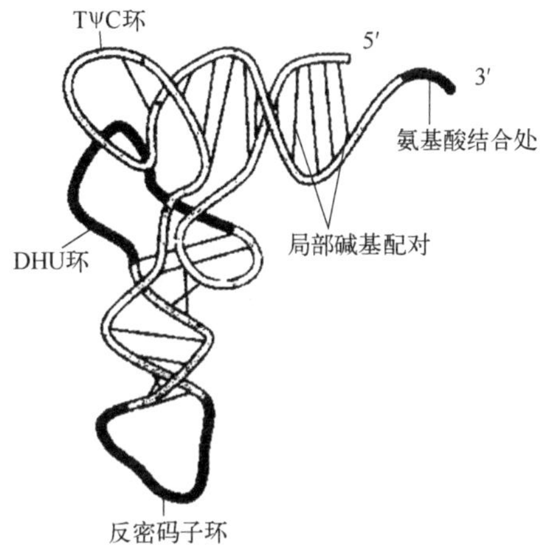

图 3.13　tRNA 的三级结构示意图

3.2.2.3　rRNA

原核生物核糖体（70S）由三种 rRNA 与 50 多种蛋白质构成，大亚基（50S）包括 23S rRNA、5S rRNA 和 34 种蛋白，小亚基（30S）包括 16S rRNA 和 21 种蛋白。高等动物核糖体有 4 种 rRNA 成分：18S rRNA、28S rRNA、5.8S rRNA、5S rRNA，它们与 80 多种蛋白质共同构成真核生物的核糖体（80S）。核糖体可分解为大小两个亚基，小亚基（40S）由 18S rRNA 和 33 种蛋白构成，大亚基由 28S rRNA、5S rRNA、5.8S rRNA 和 49 种蛋白构成。

rRNA 含少量修饰成分，主要是甲基化核苷酸，包括 m^7G、m^6G 等修饰碱基和各种 2′-*O*-甲基修饰核苷。同种 rRNA 的二级结构具有共同特点。

3.3　核酸的理化性质与分析方法

3.3.1　水解特性

核酸分子中的糖苷键和磷酸酯键都能被酸水解。糖苷键，尤其嘌呤碱的糖苷键，更易被酸水解。例如，DNA 在 37℃酸水解（pH1.6），可以水解除去嘌呤碱，生成无嘌呤酸（apurinic acid）。水解嘧啶糖苷键，则需要较高的温度。RNA 的磷酸酯键较易被碱水解，产生核苷酸，而 DNA 对碱有一定抗性。

核酸的酶水解效率高且条件温和。磷酸二酯酶（phosphdiesterase）能够非特异性水解磷酸二酯键。核酸酶（nuclease）专一水解核酸的磷酸二酯键。糖苷酶（包括非特异性和特异性糖苷酶）可水解糖苷键。

3.3.2　酸碱特性

核苷酸含有磷酸基团和碱基，为两性电介质，它们在不同 pH 的溶液中解离程度不同，在一定条件下可形成兼性离子。磷酸基团具有酸性，碱基具有碱性，但核酸中磷酸基的酸性大于碱基的碱性，核酸整体等电点（p*I*）偏酸性，DNA 的 p*I* 为 4～5，RNA 的 p*I* 为 2.0～2.5。核酸在特定的 pH 下能够发生两性电离，从而使得核酸带上电荷，具有电泳行为，在 pH7～8 电泳时向正极泳动。通过调整溶液的 pH，可以影响核酸的解离状态，进而改变其与其他生物分子的相互作用方式。在 pH4～11 之间，核酸保持稳定，这为其在生物体内的稳定存在提供了条件。

3.3.3 紫外吸收特性

嘌呤与嘧啶具有共轭双键结构，在 240～290nm 波长范围内具有较强的吸收，峰值在 260nm 附近。可以用紫外分光光度计对核酸进行定量测定或纯度分析。纯 DNA 的 A_{260}/A_{280} 大于 1.8，纯 RNA 应达到 2.0，样品中如含有杂蛋白及苯酚，A_{260}/A_{280} 降低。对于纯的样品，可根据 A_{260} 的值进行定量。

3.3.4 变性与复性

当互补碱基之间的氢键被破坏时，双螺旋的两条链会分离。在实验室中，如果 DNA 溶液的 pH 被改变，使得核苷酸碱基电离，或者如果溶液被加热，DNA 就会发生破坏（共价磷酸二酯键不会因这种处理而断裂）。当 DNA 被加热时，一半螺旋结构消失的温度被定义为解链温度（T_m）。DNA 中螺旋结构的损失，称为变性，可以通过测量其在 260nm 的吸光度来监测（ssDNA 在该波长下的相对吸光度高于 dsDNA）。因为 G 和 C 之间有 3 个氢键，而 A 和 T 之间只有 2 个，所以含有高浓度 A 和 T 的 DNA 比富含 G 和 C 的 DNA 在更低的温度下容易变性（图 3.14）。在适当的条件下，互补的 DNA 链可以通过称为复性（或再退火）的过程重组双螺旋（在 DNA 和 RNA 合成过程中，短区域内的两条链会发生分离）。

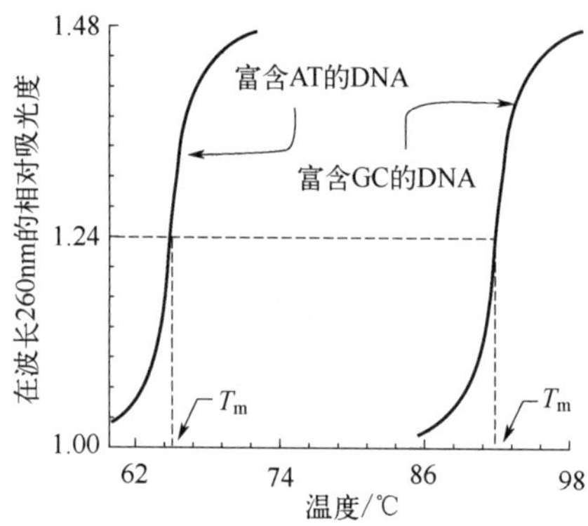

图 3.14 不同核苷酸组成的 DNA 分子的解链温度（T_m）

A—腺嘌呤；T—胸腺嘧啶；G—鸟嘌呤；C—胞嘧啶

3.3.5 核酸的分离纯化

3.3.5.1 DNA 的分离纯化

从细胞内分离纯化 DNA 的基本步骤为：裂解细胞使 DNA 释放到裂解体系中，将 DNA 与裂解体系中其他成分（细胞碎片、变性蛋白质和脂类等）分离并纯化。

裂解细胞可采用去污剂（如 SDS、Triton X-100、NP-40、Tween20 等）和盐（如 Tris、EDTA、NaCl 等）。去污剂的作用是使蛋白质变性，破坏膜结构以及去除与核酸结合的蛋白质。盐的作用是提供维持核酸结构稳定的液体环境，EDTA 能够抑制核酸酶对核酸的降解。裂解体系中还可加入蛋白酶，促进蛋白质与 DNA 的分离。

纯化过程可利用酚、氯仿对裂解体系进行反复抽提以去除蛋白质，再用乙醇将 DNA 沉淀出来。DNA 纯化方法还包括柱层析、磁珠吸附及氯化铯法等。

真核生物中的染色体 DNA 与组蛋白结合成核蛋白（DNP）形式存在于核内。DNP 能够溶于浓盐溶液，可将细胞破碎后用浓盐溶液提取，然后用水稀释至 0.14 mol/L 盐溶液，使 DNP 纤维沉淀。再用苯酚抽提，除去蛋白质，得到 DNA 溶液。在 DNA 水溶液中加入 2 倍体积的冷乙醇，可将 DNA 沉淀出来，从而得到纯 DNA。核酸分离纯化中，需采用温和的条件，避免过酸、过碱，避免剧烈搅拌，防止核酸降解和变性，保持其在生物体内的天然状态。

3.3.5.2 RNA 的分离纯化

RNA 的分离纯化中，需要注意抑制细胞内核糖核酸酶（RNase）的活性，并避免提取环境中 RNase 对 RNA 的水解。在细胞裂解液中加入 β-巯基乙醇、二硫苏糖醇（dithiothreitol，DTT）等还原剂可以破坏 RNase 分子中的二硫键，使 RNase 变性失活。可采用酚、氯仿等有机溶剂以及强烈的胍类变性剂、蛋白的水解酶（如蛋白酶 K）、阴离子去污剂（SDS、脱氧胆酸钠等）并联合使用 RNase 的特异性抑制剂（RNasin、DEPC 等），防止 RNase 对 RNA 的水解。

酚-氯仿法是 RNA 分离纯化的重要方法，在细胞裂解体系中加入氯仿，去除有机杂质，再用异丙醇将 RNA 从水相中沉淀出来。RNA 纯化方法还包括硅胶柱法、免疫磁珠法等。

分离 mRNA 通常采用寡聚胸腺嘧啶核苷酸［oligo(dT)*n*］亲和层析法。poly(A)+mRNA 在高盐条件下，通过 A-T 碱基互补，与 oligo(dT)形成 RNA-DNA 杂交体。用寡聚（dT）纤维素柱或寡聚（dT）琼脂糖凝胶柱吸附 mRNA，洗去未结合的其他 RNA，然后在低盐缓冲液中洗脱并回收 poly(A)+RNA。

3.3.6 核酸电泳

带电荷的物质在电场中向阳极或阴极的迁移运动称为电泳。核酸是两性解离分子，其分子中的磷酸基团在碱性溶液中带负电荷，在电场作用下，核酸分子向阳极（正极）迁移。采用凝胶作为支持物的电泳称为凝胶电泳，同时具有电荷效应和分子筛效应，分离效果较好。常见的核酸凝胶电泳包括琼脂糖凝胶电泳和聚丙烯酰胺凝胶电泳，二者分别采用水平电泳装置和垂直电泳装置。琼脂糖凝胶电泳适合分离长度在 500～150000bp 的核酸分子。聚丙烯酰胺凝胶的孔径比琼脂糖凝胶小，适合分析 5～500bp 的 DNA 或 RNA 片段，具有精确有效的分离效果。核酸分子中嵌入荧光染料后，在紫外灯下可观察到核酸片段所在的位置。采用已知分子量的核酸样品作为标准样品，对比待测样品中的 DNA 条带与标准样品中相同位置的条带，可推测样品 DNA 片段的大小。

核酸分子在电场中的运动速率主要取决于其分子量和三维结构（线性、环状、超螺旋等）。核酸分子在凝胶电泳中的迁移率与核酸分子量的对数成反比。超螺旋 DNA 的迁移率最高，线形 DNA 次之，开环 DNA 最低。

3.3.7 DNA 测序

DNA 核苷酸序列信息能够为生物化学、医学和进化生物学提供重要的科学依据。长 DNA

序列的分析可以用多个引物完成，也可以由一种限制性内切酶形成较小的片段开始，然后通过链终止方法对每个片段进行独立测序。

DNA 测序的双脱氧链终止法（chain-terminating method）由弗雷德里克·桑格（Frederick Sanger）于 1977 年提出。测序时，进行 4 组平行的测序反应，每组反应均使用相同的模板、相同的引物、相同的 DNA 聚合酶以及 4 种 dNTPs，但在 4 种反应中分别适量地加入一种 2′,3′-双脱氧核糖核苷酸（ddNTP、ddATP、ddCTP、ddGTP、ddTTP 中的一种），它能随机加入新合成的 DNA 链中。一旦双脱氧核苷三磷酸被加入新链的末端，就不能与下一 dNTP 结合，导致链延长结束，于是会生成一系列大小不同的片段，这些片段的末端均为该种核苷酸。例如，反应中加入的是 ddATP，则不同片段的末端核苷酸必定为 ddATP。在结束反应后，用 4 个泳道分别对 4 组反应产物进行电泳，通过 DNA 条带在各个泳道中的位置，读取与模板碱基互补的新链 DNA 核苷酸序列（图 3.15）。

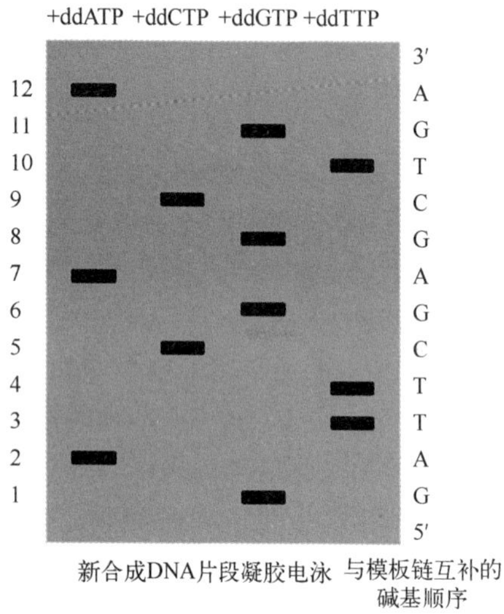

图 3.15　双脱氧链终止法 DNA 测序示意图

人们将荧光标记双脱氧核苷酸引入 Sanger 双脱氧链终止法。通过在双脱氧核苷酸上使用荧光标签，检测器可以快速扫描凝胶，并根据条带中的颜色顺序确定序列。荧光标记双脱氧核苷酸的引入实现了更快速、更有效的自动化测序。在 21 世纪中期，人们对低成本测序的需求促进了一系列新一代高通量测序方法的发展，如 Illumina 测序和 Ion Torrent 测序技术。

在 Illumina 测序中，使用可逆染料终止子方法，将 DNA 分子和引物附着在载玻片上，然后通过聚合酶扩增产生 DNA 簇。首先，引入了四种类型的荧光标记碱基（腺嘌呤、鸟嘌呤、胞嘧啶和胸腺嘧啶），每种碱基都附有一个阻断基团。接下来，每个 DNA 簇都由激光扫描共聚焦显微镜监测，逐点获取图像，然后通过计算机进行重建。这四种碱基各自具有特定的荧光颜色，它们相互竞争模板 DNA 分子上的结合位点。在每个测序周期中，一个核苷酸被添加到 DNA 链中，洗去未掺入的碱基后，识别掺入 DNA 碱基上结合的荧光染料，确定掺入的碱基类型。随后，清除阻断基团，为下一个碱基的加入做准备。重复这些循环，直到 DNA 分子被完全测序。

在 Ion Torrent 测序中，计算机对 DNA 合成的监测与半导体芯片中的高密度微孔阵列相结合。孔下方的超灵敏离子敏感层充当微型离子感受器。每个孔包含不同 DNA 模板的许多拷贝和 DNA 聚合酶。将所有四个未修饰的核苷酸依次引入孔中。每个循环开始时向孔中添加一种核苷酸。如果 DNA 链引入核苷酸（即形成共价键），则离子传感器能够检测到质子的释放，确定这种核苷酸的掺入。在没有掺入反应的情况下，没有生化反应和质子释放。移去未掺入的核苷酸，开始下一轮循环。经过多轮循环即可读出 DNA 序列。

3.4 课程思政

图 3.16 著名生物化学家王德宝（1918.5.7—2002.11.1）

王德宝（1918.5.7—2002.11.1）（图 3.16），中国科学院院士，著名生物化学家，怀着对祖国科技事业的热爱，将一生都奉献给了核酸生化研究工作，是我国核酸生化领域的开拓者和奠基人。1954 年底，王德宝留学归国，到中国科学院上海生物化学研究所工作，成立了核酸研究组。1958 年，王德宝在中国科学院上海生物化学研究所，创建了我国首个核酸研究室，开展对核酸代谢、核酸分离纯化、核酸性质和核酸结构的研究。1981 年，王德宝领导的团队在世界上首次人工合成了具有生物活性的酵母丙氨酸 tRNA，使我国人工合成生物大分子的研究处于世界领先地位，也带动了我国核酸类药物的研发工作，开辟了我国核酸生化领域的新局面。王德宝院士先后获得国家自然科学奖一等奖、陈嘉庚科学奖、国家科学技术进步奖三等奖等。

3.5 拓展与探索

有趣的 RNA 修饰

生物体 RNA 中除了含有 4 种天然碱基（A、U、C 和 G）外，还含有许多种稀有核苷，它们通常是在 RNA 转录后修饰而形成。在生物学体系中发挥重要的调控功能。苏氨酰氨基甲酰基腺苷（N6-threonylcarbamoyladenosine，简称 t6A）是一种转录后的修饰，发现于 ANN-tRNA 上第 37 位。tRNA t6A 在促进翻译保真和维持蛋白质稳态方面起着关键作用。兰州大学张文华课题组和雷东升课题组从潘多拉病毒中鉴定了一个 TsaD-TsaC-SUA5-TcdA 多结构域蛋白质，并将其命名为 TsaN。该研究发现，TsaN 不依赖于 tRNA 也可以生物合成 TC-AMP、t6ATP/t6ADP 及 ct6A 单核苷酸和核苷。该成果对于非天然核苷酸在生命起源、细胞信号转导、tRNA 修饰及病毒基因组学领域的研究具有重要意义，代表了我国在 RNA 表观遗传调控领域中的一个突破。

思考题

1. 核苷酸的结构特点及生物功能是什么？
2. DNA 双螺旋结构的基本特征及稳定其结构的因素是什么？
3. 为什么可以利用紫外吸收测定核酸浓度？
4. 双脱氧链终止法 DNA 测序的基本原理是什么？

第4章
蛋白质

本章提要

蛋白质是由20种L-氨基酸通过肽键形成的。蛋白质分为四级结构，蛋白质一级结构指肽链中氨基酸的排列顺序，二级结构是多肽主链骨架的空间构象，三级结构是多肽链所有原子在空间的构象，四级结构是亚基的空间排布及相互作用。蛋白质一级结构决定高级结构，高级结构又决定蛋白质功能。蛋白质具有两性解离、胶体特性、沉淀反应、变性、复性、紫外吸收、颜色反应等性质。免疫球蛋白、大豆蛋白、乳铁蛋白等是常见的具有生物活性的蛋白质。

生命活动依赖蛋白质，可以说没有蛋白质就没有生命，它在生物体内行使催化、分泌、代谢、免疫、调节等多种生物功能。例如，生物新陈代谢过程离不开蛋白质；动物肌肉运动需要依赖肌动蛋白和肌球蛋白；机体抵御外来物质侵害依赖免疫蛋白；生物膜的物质运输依赖膜蛋白；血液中氧气运输靠血红蛋白进行；保护动物机体的毛发、鳞片、角、指甲、羽毛等成分是角蛋白；血液凝固、病毒感染、脑的思维活动等过程中也有大量蛋白质参与。蛋白质在生物体内含量高、分布广泛，例如，豆类和某些油料种子中蛋白质含量高达30%～40%，禾谷类粮粒中蛋白质含量占10%左右，硬骨鱼类结缔组织的蛋白质含量平均约78%，细菌中的蛋白质含量也达50%～80%。人体蛋白质含量占人体总固体量的45%，人体的肌肉组织和体液中蛋白质含量占干重的80%～85%。食物中也含有丰富的蛋白质，它不仅可为机体提供营养价值、维持身体健康，还对食品的色、香、味、质地等起着重要作用。

4.1 氨基酸（amino acid）

蛋白质大分子被酸、碱或蛋白酶等水解后可生成20种α-氨基酸分子，它们不能进一步水解成更小的单位，因此氨基酸是蛋白质的基本组成单位。

4.1.1 氨基酸的结构及分类

4.1.1.1 氨基酸的基本结构

按照氨基酸能否直接掺入到肽链合成中可分为蛋白质氨基酸和非蛋白质氨基酸两类。

（1）蛋白质氨基酸　蛋白质氨基酸（标准氨基酸）是由专门遗传密码编码的氨基酸，可通过 tRNA 运送到核糖体上，直接参与肽链的延伸。虽然天然来源的氨基酸能够达到 180 种以上，但组成蛋白质的常见氨基酸只有 20 种，且主要是 α-氨基酸，氨基酸的通用结构示意见图 4.1。各种氨基酸分子结构中的 R 基不同，氨基酸的理化性质也不同。近年来，在原核和真核生物的少数蛋白质中发现了第 21 种氨基酸——硒代半胱氨酸（selenocysteine）和第 22 种氨基酸——吡咯赖氨酸（pyrrolysine），这两种氨基酸也是编码氨基酸，但在大多数蛋白质中少见。20 种常见氨基酸的中文名称、英文名称、三字母符号、单字母符号及性质等见表 4.1。

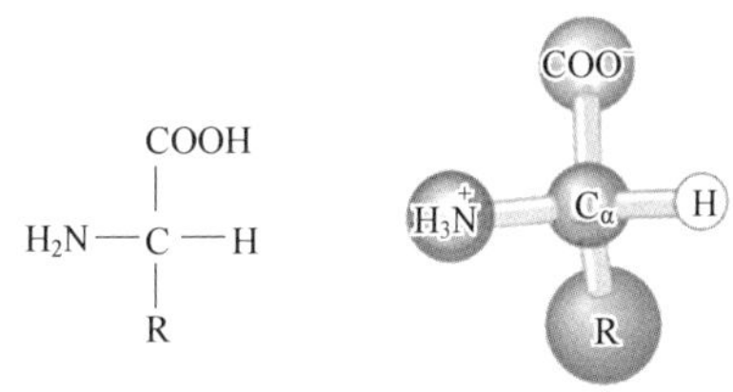

图 4.1　氨基酸通用结构示意图

表 4.1　20 种常见氨基酸的名称、符号及性质

中文名称	英文名称	三字母符号	单字母符号	等电点（p*I*）	p*K*α（α-羧基）	p*K*α（α-氨基）	p*K*α（R 基团）
丙氨酸	alanine	Ala	A	6.00	2.3	9.7	
缬氨酸	valine	Val	V	5.96	2.3	9.6	
亮氨酸	leucine	Leu	L	5.98	2.4	9.6	
异亮氨酸	isoleucine	Ile	I	6.02	2.4	9.7	
苯丙氨酸	phenylalanine	Phe	F	5.48	1.8	9.1	
色氨酸	tryptophan	Trp	W	5.89	2.4	9.4	
甲硫氨酸	methionine	Met	M	5.74	2.3	9.2	
脯氨酸	proline	Pro	P	6.30	2.0	11.0	
甘氨酸	glycine	Gly	G	5.97	2.4	9.8	
丝氨酸	serine	Ser	S	5.68	2.2	9.2	13.6
苏氨酸	threonine	Thr	T	5.60	2.1	9.6	13.6
酪氨酸	tyrosine	Tyr	Y	5.66	2.2	9.1	10.5
半胱氨酸	cysteine	Cys	C	5.07	2.0	10.3	8.4
天冬酰胺	asparagine	Asn	N	5.41	2.2	8.8	
谷氨酰胺	glutamine	Gln	Q	5.65	2.2	9.1	
组氨酸	histidine	His	H	7.59	1.8	9.3	6.0
赖氨酸	lysine	Lys	K	9.74	2.2	9.0	10.5
精氨酸	arginine	Arg	R	10.76	2.2	9.0	12.5
谷氨酸	glutamic acid	Glu	E	3.22	2.2	9.7	4.1
天冬氨酸	aspartic acid	Asp	D	2.97	1.9	9.6	3.9

（2）非蛋白质氨基酸　非蛋白质氨基酸（非标准氨基酸）在蛋白质生物合成时不能直接参与肽链合成中，往往是蛋白质氨基酸经化学修饰后的产物（如羟脯氨酸和羟赖氨酸），或者作为代谢中间物存在，不参与蛋白质分子之中，例如瓜氨酸和鸟氨酸。

（3）氨基酸的构型　德国化学家 Fischer 在 1891 年提出了费歇尔投影式（Fischer projection）。

将氨基酸分子中与手性碳原子相连的羧基在上、R 基团在下，如果氨基在左侧为 L-氨基酸，如果氨基在右侧为 D-氨基酸（见图 4.2）。D-氨基酸和 L-氨基酸是镜像或对映关系，称为对映异构体（enantiomer），其旋光方向刚好相反。L 构型和 D 构型只表示手性碳原子周围四个取代基的绝对构型，而不表示该氨基酸分子的光学性质，因此氨基酸手性分子的 D 构型、L 构型与氨基酸的旋光方向之间没有必然联系。D 构型氨基酸在自然界中存在数量较少，通常存在于细菌细胞壁的某些肽和某些肽抗生素中（如 D-丝氨酸、D-亮氨酸等存在于多黏菌肽中）。L 构型氨基酸存在较为广泛，能被生物利用，蛋白质中氨基酸残基大都属于此种类型。

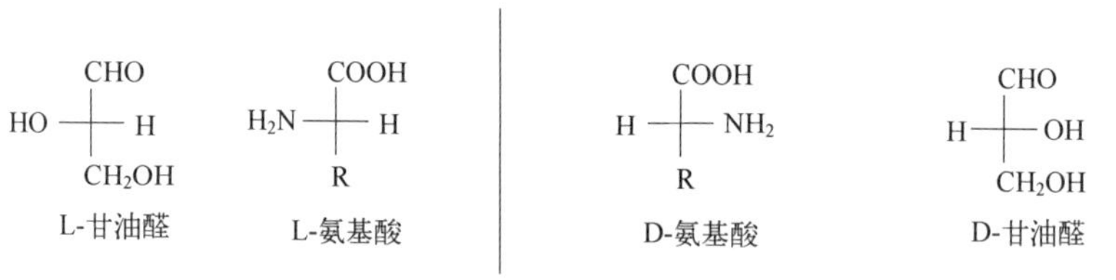

图 4.2　L-氨基酸和 D-氨基酸通式

4.1.1.2　氨基酸的分类

（1）按 R 基团的结构和性质分类　20 种氨基酸的侧链各不相同，R 基团的差异造成了各种氨基酸物理和化学性质的不同。根据氨基酸侧链 R 基团的性质可将其分为非极性脂肪族氨基酸、不带电荷极性氨基酸、芳香族氨基酸和带电荷极性氨基酸。

① 非极性脂肪族氨基酸。此类氨基酸包括甘氨酸（Gly）、丙氨酸（Ala）、缬氨酸（Val）、亮氨酸（Leu）、异亮氨酸（Ile）、脯氨酸（Pro），它们含有非极性侧链，都不能与水分子形成氢键，是非极性氨基酸，呈中性，其疏水性随碳链长度的增加而增加，在水中溶解度较低。其中，Gly 没有手性碳原子，R 基团最小；Pro 是一种亚氨基酸，其侧链与亚氨基形成一个刚性的环。

② 不带电荷极性氨基酸。此类氨基酸包括丝氨酸（Ser）、苏氨酸（Thr）、半胱氨酸（Cys）、蛋氨酸（Met）、天冬酰胺（Asn）、谷氨酰胺（Gln），其侧链带有羟基、巯基、酰胺基等极性基团，在水中不发生电离。Ser 和 Thr 的 R 基团含有极性羟基，Asn 和 Gln 的 R 基团含有极性酰胺基，Cys 和 Met 的 R 基团都含有 S 原子，Cys 含有巯基。

③ 芳香族氨基酸。此类氨基酸包括苯丙氨酸（Phe）、酪氨酸（Tyr）、色氨酸（Trp），其 R 基团都含有苯环，但极性差别较大。Phe 苯环上没有取代基团，非极性最强；Tyr 苯环上含有羟基，可形成氢键，R 基团的极性最强；Trp 的小环上含有氮原子，极性比 Phe 强。

④ 带电荷极性氨基酸。此类氨基酸包括天冬氨酸（Asp）、谷氨酸（Glu）、组氨酸（His）、赖氨酸（Lys）和精氨酸（Arg），其 R 基团在生理 pH 下带电荷，其中，Asp、Glu 侧链均含有一个羧基，因其羧基解离出 H^+而显酸性，为酸性氨基酸；His、Lys、Arg 侧链 R 基团含有氨基或亚氨基（His 含有咪唑基，Lys 含有 ε-氨基，Arg 含有胍基），使得氨基酸在酸性环境中被质子化而带有正电荷，为碱性氨基酸。

（2）按氨基酸 R 基团对水分子的亲和性分类

① 亲水性氨基酸。此类氨基酸包括 Ser、Thr、Tyr、Cys、Asn、Gln、Asp、Glu、His、Arg、Lys，即极性氨基酸，其 R 基团对水分子具有较高的亲和性，一般能和水分子形成氢键。

② 疏水性氨基酸。此类氨基酸包括 Gly、Ala、Val、Leu、Ile、Pro、Met、Phe、Trp，即非极性氨基酸，R 基团对水分子的亲和性不高，但对脂溶性物质的亲和性较高，R 基团呈疏水性。其中 Gly 和 Met 疏水性较其他氨基酸要差，有时也可将它们归类到亲水性氨基酸中。

在水溶液中，疏水性氨基酸位于蛋白质内部，一般对蛋白质功能没有直接贡献，主要起结构蛋白的作用，蛋白质在形成空间结构时需要它们形成疏水性核心来驱动折叠，并稳定三级结构，少数蛋白质会利用它们组装成疏水口袋来结合脂溶性分子；亲水性氨基酸则位于蛋白质的表面，在其侧链上含有各种反应性基团，可让大多数蛋白质行使各种各样的生物学功能。表 4.2 列出了各种蛋白质的氨基酸侧链及其对蛋白质功能的贡献。

表 4.2　各种氨基酸侧链对蛋白质功能的贡献

氨基酸	侧链上的反应性基团	活性或生物功能
Ser、Thr 和 Tyr	羟基（—OH）	参与多种酶的催化，还可发生磷酸化修饰。含有孤对电子，具有亲核性
Cys	巯基（—SH）	参与多种酶的催化，还可发生氧化，形成二硫键。含有孤对电子，具有亲核性
Lys	ε-氨基	参与多种酶的催化，还可发生多种形式的化学修饰，如乙酰化、甲基化、泛酰化、生物素化、ADP-核糖基化等。含有孤对电子，具有亲核性
Arg	胍基	参与一些酶的催化，还可发生多种形式的化学修饰，如甲基化和 ADP-核糖基化等。含有孤对电子，具有亲核性
His	咪唑基	参与多种酶的催化，还可发生磷酸化修饰。含有孤对电子，具有亲核性，在生理 pH 下可作质子受体，又可作质子供体
Asp 和 Glu	羧基	在特定情况下可作质子供体（非解离状态）或受体（解离状态），参与许多酶的催化；解离的时候带有负电荷，可结合金属离子，也可发生磷酸化修饰

（3）按氨基酸的营养价值分类　根据 20 种氨基酸对动物（主要指人体）的营养价值可分为必需氨基酸、非必需氨基酸和半必需氨基酸。

① 必需氨基酸（essential amino acid）。此类氨基酸有 8 种，分别为 Lys、Trp、Phe、Met、Thr、Ile、Leu 和 Val，它们在体内不能合成，但对动物的机体是必不可少的，必须从食物中补充。若缺乏会影响动物机体健康。

② 非必需氨基酸（nonessential amino acid）。此类氨基酸有 10 种，分别为 Ala、Asn、Asp、Gln、Glu、Pro、Ser、Cys、Tyr、Gly，它们在动物体内可自身合成，机体不会缺乏这些氨基酸。

③ 半必需氨基酸（semi-essential amino acid）。此类氨基酸有 2 种，分别为 Arg 和 His，它们在动物体内能合成，但是合成的量有限，在少量需要时是非必需氨基酸，在大量需要时就是必需氨基酸。例如，精氨酸和组氨酸对于青少年、怀孕期妇女就是必需氨基酸。

4.1.1.3　不常见氨基酸（修饰氨基酸）

除了 20 种常见氨基酸外，蛋白质还可能含有由常见残基修饰而形成的不常见氨基酸，例如 4-羟基脯氨酸、5-羟基赖氨酸、γ-羧谷氨酸等。

4.1.2 氨基酸的性质

4.1.2.1 氨基酸的一般物理性质

（1）氨基酸的溶解度　氨基酸不溶或微溶于乙醇，不溶于乙醚，脯氨酸和羟脯氨酸能溶于乙醇，其他氨基酸一般难溶于有机溶剂。各种氨基酸的水溶性不同，它们在水中的溶解度差别较大。例如，酪氨酸难溶于水，但是苏氨酸、丙氨酸、甘氨酸、赖氨酸和精氨酸在水中的溶解度很大。所有氨基酸都能溶于强酸和强碱。

（2）氨基酸的味感　不同氨基酸的呈味效果不同，氨基酸的味道与其立体结构有关。L型氨基酸具有甜、苦、鲜和酸4种不同味感，当氨基酸的侧链基团很小时一般以甜味占优势，如甘氨酸；当侧链基团较大（碳原子数大于3）并带碱基时以苦味为主，如亮氨酸；当侧链基团不大不小时呈现甜味兼苦味，如缬氨酸；当侧链基团属于酸性基团时以酸味为主，如天冬氨酸。L-谷氨酸具有鲜味，其定味基是两端带负电的功能团，助味基是具有一定亲水性的基团。一般D型氨基酸多数带有甜味，甜味最强的是D-色氨酸，甜度可达蔗糖的40倍。

（3）氨基酸的熔点　氨基酸的结构与其熔点密切相关。通常情况下，氨基酸分子中的氨基和羧基会相互作用形成离子键，从而影响氨基酸的熔点。氨基酸的结构类似于离子化合物，因此氨基酸熔点很高，一般为200～300℃，其中精氨酸、赖氨酸和组氨酸的熔点较高，在290℃以上，而谷氨酸、天冬氨酸、丙氨酸、甘氨酸和半胱氨酸的熔点较低，在200℃左右。氨基酸在形成晶体时，其分子排列方式会影响氨基酸的熔点。例如，甘氨酸的熔点为297℃，但在晶体状态下其熔点仅为187℃，这是由于甘氨酸分子在晶体状态下的排列方式不如在熔融状态下的排列方式有序。

（4）氨基酸的晶形　天然氨基酸一般都是无色结晶体，各有特殊的晶形，如L-谷氨酸为四角柱形结晶，D-谷氨酸为菱形片状结晶，因此可依据氨基酸晶型对氨基酸的种类进行鉴别。

（5）氨基酸的旋光性　除了甘氨酸外，其余常见氨基酸均为L-α氨基酸，都具有旋光性。氨基酸分子内部的分子结构、侧链R基性、排列方式、共价键的数量以及其他因素（水溶液pH、温度等）都影响氨基酸的旋光方向和大小。氨基酸的旋光性可受环境条件影响也可通过化学方法改变，如水解、烷基化或电子结构改变。由于各种氨基酸具有不同的分子结构和共价键，它们的旋光性不同，当溶液中氨基酸通过旋光分析仪进行测定时，不同氨基酸会呈现不同的旋光度，从而可以鉴别出溶液中不同的氨基酸。

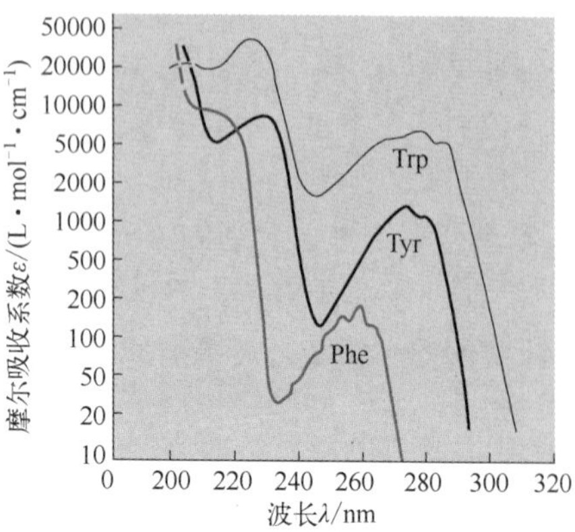

图4.3　氨基酸的紫外吸收

（6）氨基酸的光吸收　20种氨基酸在可见光区均无明显光吸收，但酪氨酸、色氨酸和苯丙氨酸由于其侧链基团含有芳香环，均属于芳香族氨基酸，它们在近紫外230～300nm波长范围内具有强烈的光吸收现象（图4.3），可利用此性质对酪氨酸、色氨酸和苯丙氨酸进行定性、定量分析。苯丙氨酸在近紫外区（260～280nm）也能吸收部分光线；酪氨酸在较大波长范围内（270～290nm）吸收光线，具有一定的荧光特性；色氨酸在近紫外区（300～

350nm）可以吸收紫外线，并发射出荧光光子，具有荧光特性。

4.1.2.2 氨基酸的酸碱性质

（1）氨基酸的两性解离　一个氨基酸分子的内部酸碱反应可使氨基酸同时带有正负两种电荷，这种形式存在的氨基酸称为两性离子（zwitterion）（图 4.4）。游离氨基酸在生理 pH 下主要以两性离子形式存在，氨基酸在溶液中的存在形式主要取决于溶液的 pH 值。当两性离子氨基酸溶于水，向氨基酸溶液中加入酸时，其—COO^-接受质子转变为不带电荷的羧基，这时氨基酸分子主要以阳离子状态存在，电泳时在电场中向阴极移动。若向氨基酸溶液中加入碱，其—NH_3^+释放出质子转化成不带电荷的—NH_2，解离出的 H^+与 OH^-结合成水，这时氨基酸主要以阴离子状态存在，电泳时在电场中向阳极移动。

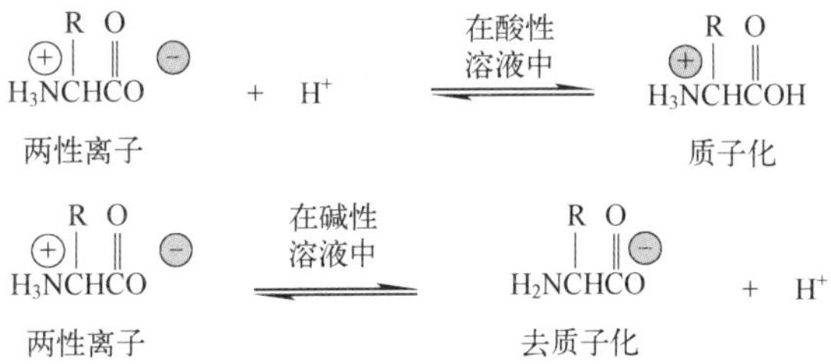

图 4.4　氨基酸的两性解离

（2）氨基酸的等电点　调节氨基酸溶液的 pH 从而使氨基酸分子上的—NH_3^+和—COO^-解离度完全相等，即氨基酸分子中所带正电荷数量和负电荷数量刚好相等，此时氨基酸分子所带净电荷为零，在电场中既不向阴极移动，也不向阳极移动，此时该溶液的 pH 值即为该氨基酸的等电点，用 pI（isoelectric point）表示。pI 是氨基酸的特征常数，对于某种氨基酸而言是个定值。氨基酸在等电点时溶解度最小，容易沉淀出来，因而可利用这一性质来制取某些氨基酸产品。例如，味精的生产就是利用谷氨酸在其等电点时会沉淀而制备的，但是需要注意的是，谷氨酸在不同条件下结晶会形成两种不同的晶型，α 型斜方晶体颗粒大，容易结晶析出，纯度高，另外一种 β 型鳞片状结晶的比重小，不易沉淀分离，纯度较低，因而在等电点法沉淀谷氨酸制备味精时要尽量避免 β 型结晶的形成，从而保证生产出来的味精质量。

氨基酸的等电点可根据氨基酸解离常数的负对数 pK 来计算，具体步骤是：①找出氨基酸分子中所有的可解离基团，并分别注明它们各自的 pK_a；②假定将氨基酸放在极低 pH 值条件下，这时所有可解离基团都处于非解离的质子化状态；③算出氨基酸完全质子化状态下的净电荷，并以此为起点逐步提高溶液 pH 值，各个可解离基团将按照 pK_a 从低到高的顺序依次释放出质子，即 pK_a 越低就越先释放出质子；④写出所有可能的解离形式，并找出净电荷为 0 的形式；⑤将净电荷为 0 的氨基酸两侧的 pK_a 相加后除以 2。一种氨基酸在 pH 值等于 pI 的溶液中，其水溶性最低，因而有些疏水氨基酸在 pH 值等于其 pI 的溶液中会发生沉淀现象。侧链不含可解离基团的单氨基单羧基氨基酸，由于分子中含有两个可电离基团，所以有 pK'_1（α-COOH 解离常数的负对数）和 pK'_2（α-NH_2 解离常数的负对数），其等电点为两者的算术平均值，即 pI=(pK'_1 + pK'_2)/2。酸性氨基酸的侧链中含有可解离羧基，其等电点为：pI=(pK'_1+pK'RCOOH)/2。碱性氨基酸侧链中含有可解离的氨基，其等电点为：

$pI=(pK'_2+pK'RNH_2)/2$。

4.1.2.3 氨基酸的化学反应

（1）由 α-氨基参加的反应

① 与亚硝酸反应。范斯莱克（van Slyke）定氮法测定氨基酸是根据氨基酸与亚硝酸反应来进行的。反应时 α-氨基酸中的 α-NH_2 可定量地与亚硝酸发生反应，产生氮气和羟酸（图 4.5），释放的氮气一半来自氨基酸分子上的 α-NH_2，另一半来自亚硝酸的氮，因此可通过测定释放出的氮气体积来计算出氨基酸含量。α-NH_2 与 HNO_2 反应较快，而 ε-NH_2 与 HNO_2 反应则较慢。亚硝酸只能与游离的氨基反应，当一种蛋白质水解时，会释放游离的氨基酸。由于脯氨酸为亚氨基酸，精氨酸、组氨酸、色氨酸中的氨基氮形成了环结合的氮，这些氨基酸均不与亚硝酸发生反应。采用氨基酸与亚硝酸的反应可判断蛋白质的水解程度，反应过程中释放的氮气越多，表示蛋白质的水解程度越高。

② 氨基酸酰基化反应。氨基酸可与酰氯或酸酐等酰基化试剂反应，使氨基的一个或两个氢原子被酰基取代而被酰化，这类反应多用于人工合成多肽及蛋白质时的氨基保护。常用的酰基化试剂有苄氧甲酰氯、叔丁氧甲酰氯、邻苯二甲酸酐、丹磺酰氯等。反应通式如图 4.6。

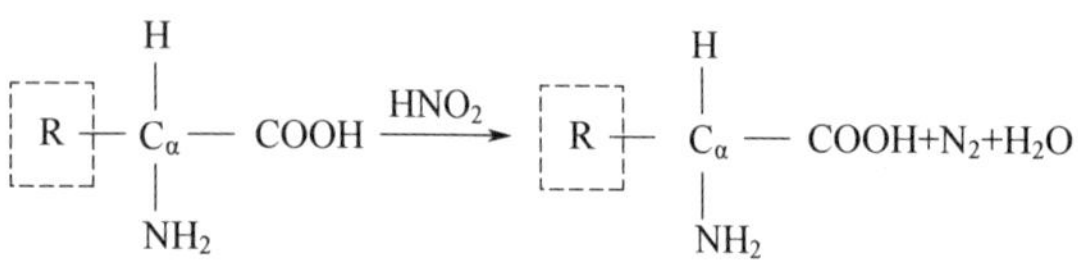

图 4.5 氨基酸与亚硝酸的反应

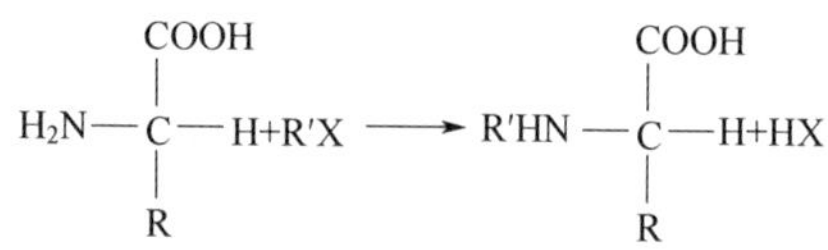

式中，R′为酰基，X 为卤素（Cl 或 F）。

图 4.6 氨基酸的酰基化反应

③ 氨基酸烃基化反应。α-氨基酸氨基上的氢原子可被烃基取代（图 4.7），这对氨基酸的氨基有保护作用。

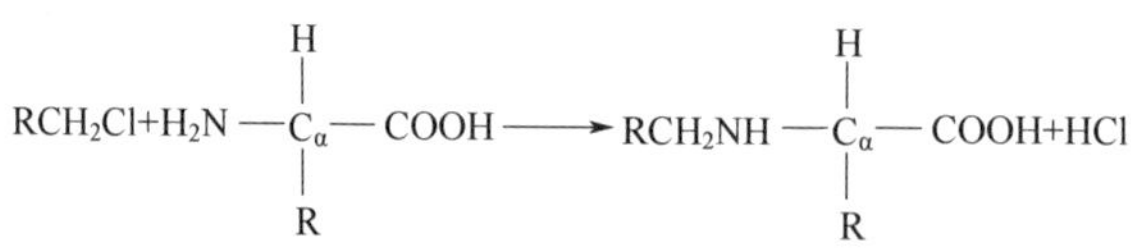

图 4.7 氨基酸的烃基化反应

氨基酸的 α-氨基在弱碱性溶液中（pH8～9）、暗处、室温或 40℃条件下很容易与 2,4-二硝基氟苯（DNFB）起反应，生成稳定的黄色物质 2,4-二硝基苯氨基酸（dinitrophenyl amino acid，DNP-氨基酸），这就是桑格（Sanger）反应（图 4.8）。多肽、蛋白质 N 端游离的 α-氨基均能发生此反应生成 DNP-肽或氨基酸。DNP 与氨基结合牢固，不易被水解，因此当 DNP-多肽被酸水解时，所有肽键均被水解，只有 N-末端氨基酸仍连接在 DNP 上，所以产物为黄色的 DNP-氨基酸和其他氨基酸的混合液。混合液中只有 DNP-氨基酸能溶解于乙酸乙酯，因此可用乙酸乙酯抽提混合液，之后进行色谱分析，以标准 DNP-氨基酸作为对照，鉴定出肽、蛋白质 N 端的氨基酸种类，因此 2,4-二硝基氟苯法可用于鉴定多肽或蛋白质的 N-末端氨基酸。胰岛素两条链的 N 端氨基酸就是 Sanger 采用这种方法测定出来的。

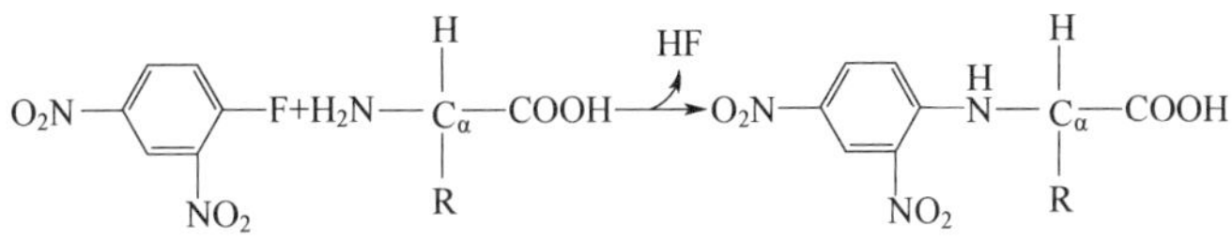

图 4.8 桑格（Sanger）反应

氨基酸的 α-氨基在弱碱性条件下可与异硫氰酸苯酯（PITC）反应生成 PTC-氨基酸，在酸性条件下，PTC-氨基酸会迅速环化，形成稳定的苯乙内酰硫脲氨基酸（PTH-氨基酸），从多肽链上仅使氨基末端残基以氨基酸的苯基乙内酰硫脲衍生物的形态游离出来，然后采用乙酸乙酯抽提，再经高效液相层析，就可以确定出氨基酸的种类，通过这种降解方式，可将构成一条肽链的所有氨基酸都从 N 端依次释放出来，这样就得到该肽链的氨基酸序列（图 4.9），这个反应被称为 Edman 降解反应。该反应就是从多肽链游离的 N 末端测定氨基酸残基序列的过程，N 末端氨基酸残基被异硫氰酸苯酯修饰，然后从多肽链上切下修饰的残基，再经层析鉴定，余下的多肽链（少了一个残基）被回收，再进行下一轮降解循环。Edman 降解反应已经可以自动化，依据此原理已经设计出了氨基酸自动分析仪，该仪器能够可靠地测定肽链的 30 个左右氨基酸残基序列，最多可以分析 50～60 个氨基酸残基。在最好的条件下，每形成一次 PTH-氨基酸，效率可保持在 99%以上。而且此法用量少，一般只用 10～100pmol 的多肽即可测定氨基酸序列。如果对肽链较长的多肽进行分析，可以先将肽链切断成多个小肽，对这些小肽分别进行氨基酸分析，然后再将这些信息拼接起来，就得到起始肽链中的氨基酸序列。

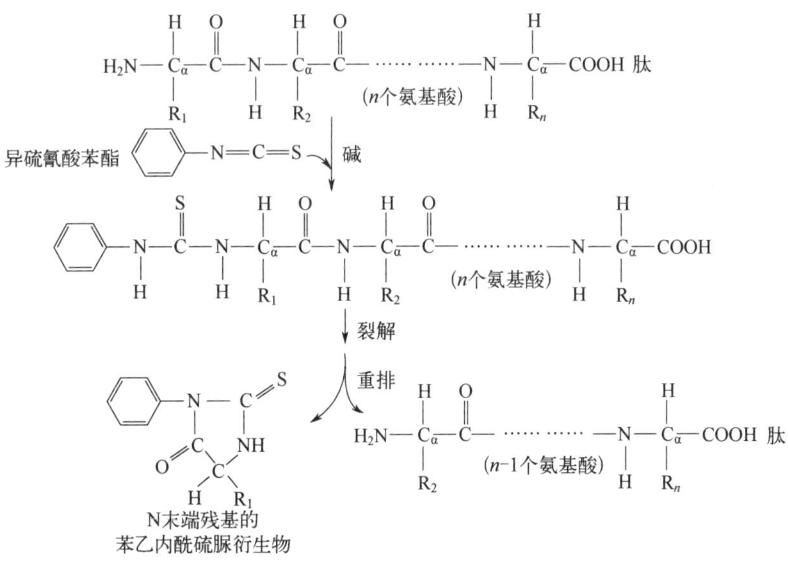

图 4.9 Edman 反应

④ 氨基酸与醛类的反应。氨基酸分子在溶液中是两性离子，但氨基酸分子中的酸性和碱性基团不能直接采用酸、碱滴定方式进行定量测定。原因是氨基酸分子在酸、碱滴定终点时 pH 过高（12～13）或过低（1～2），超出酸碱滴定指示剂的显色范围。而氨基酸氨基与甲醛的反应，降低了氨基的碱性，相对促进了氨基酸氨基的酸性解离，释放出 H^+，使反应终点 pH 从 12～13 下降至 9 附近，因而可以用酚酞指示剂，采用氢氧化钠溶液进行滴定，由所消耗的

氢氧化钠的量就可以计算出氨基的量，即氨基酸的含量，这就是甲醛滴定法测定氨基酸含量的基本原理。氨基酸与甲醛可发生如图 4.10 所示的反应。

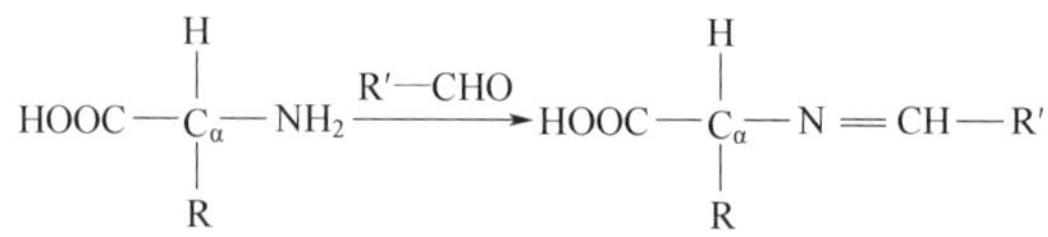

图 4.10　氨基酸与醛类的反应

（2）由 α-羧基参加的反应

① 成盐反应。氨基酸是两性化合物，氨基酸的羧基与碱作用可生成盐，例如谷氨酸与 NaOH 反应可生成谷氨酸钠（如图 4.11）。谷氨酸钠（$C_5H_8NO_4Na$，α-氨基戊二酸一钠）是味精的主要成分，无臭无色晶体，水溶性好，在100℃以上高温会转变为对人体有致癌性的焦谷氨酸钠。

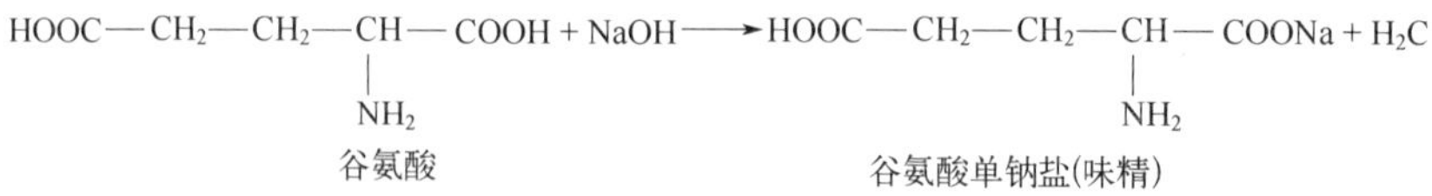

图 4.11　氨基酸与碱的反应

② 成酯反应。氨基酸的羧基与醇作用生成相应的酯，这样可增强其氨基的化学活性，使氨基更容易发生酰化反应。该反应常被用于蛋白质和多肽人工合成过程中的氨基酸活化，如在干燥氯化氢气体存在下，氨基酸可与乙醇作用生成氨基酸乙酯。反应通式如图 4.12：

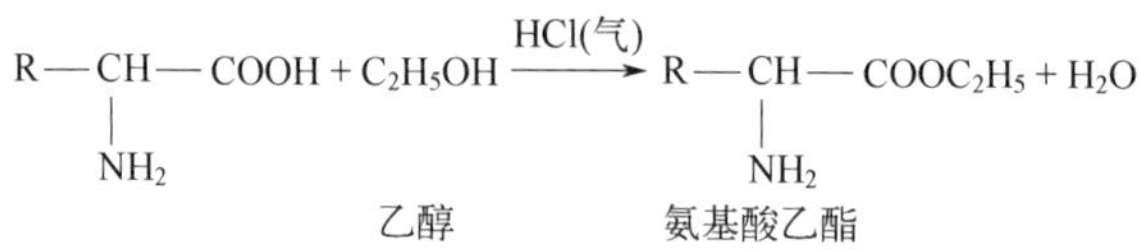

图 4.12　氨基酸与乙醇的反应

③ 成酰氯反应。氨基酸的氨基用适当的保护基团保护后，其羧基可与五氯化磷或二氯亚砜等作用生成相应的酰氯。氨基酸生成相应酰氯后，其羧基很容易与另一个氨基酸的氨基形成肽键，该反应在人工合成多肽过程中经常使用。反应通式如图 4.13。

④ 脱羧基反应。氨基酸脱羧反应在微生物中非常普遍，在高等动植物中也有存在，但不是氨基酸代谢的主要方式。氨基酸经脱羧酶催化反应后可脱去羧基，生成二氧化碳和相应的胺，反应通式如图 4.14。氨基酸脱羧酶专一性很高，一般一种酶只对一种氨基酸起脱羧作用。氨基酸脱羧后生成的胺类有些是组成某些维生素或激素的成分，有些具有特殊生理作用，例如，组氨酸脱羧产物是组胺，可使血管舒张，降低血压；酪氨酸的脱羧产物是酪胺，能使血压上升。

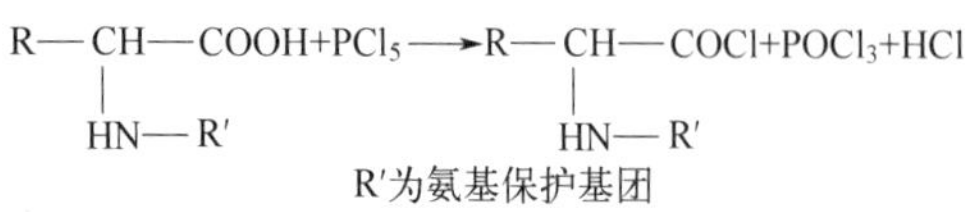

图 4.13　氨基酸的成酰氯反应

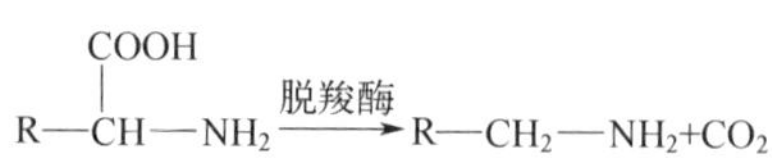

图 4.14　氨基酸的脱羧基反应

⑤ 叠氮反应。氨基酸的氨基通过酰化加以保护，羧基经酯化生成相应的酯，然后与肼和亚硝酸反应生成叠氮化合物。此反应在人工合成多肽过程中常用。反应通式如图 4.15。

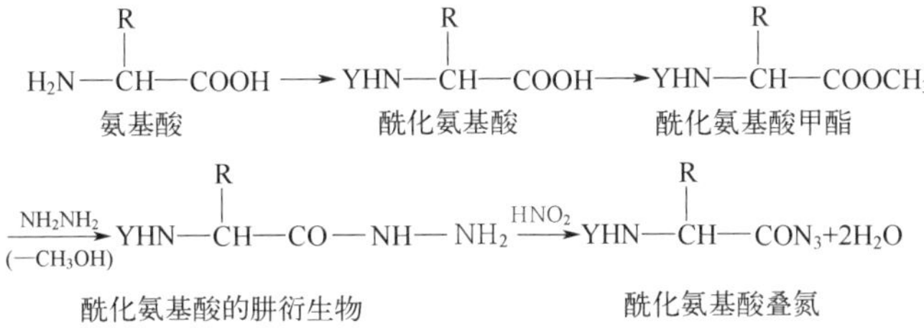

图 4.15　氨基酸的叠氮反应

（3）由 α-氨基和 α-羧基共同参加的反应

① 与茚三酮反应。绝大多数氨基酸与茚三酮在加热及弱酸性条件下反应后可生成蓝紫色或黄色的化合物。该反应分两步进行，首先是氨基酸被氧化，产生 CO_2、NH_3 和醛，而水合茚三酮被还原成还原型茚三酮；第二步是所生成的还原型茚三酮与另一个水合茚三酮分子和氨缩合生成有色物质（图 4.16）。该反应十分敏感，1∶1500000 浓度的氨基酸水溶液也能显示反应，因此可采用该反应对氨基酸进行定性或定量分析。但 β-丙氨酸、氨和许多一级胺化合物等会和茚三酮反应，也呈现类似的阳性反应，因此在进行定性和定量测定中要防止干扰物的存在。该方法已广泛应用于食品、法医、临床诊断等领域，例如，可采用茚三酮显色法测定壳聚糖含量、检测丝氨酸含量等；还可采用茚三酮与手印遗留物中的氨基酸发生反应而显示手印等。

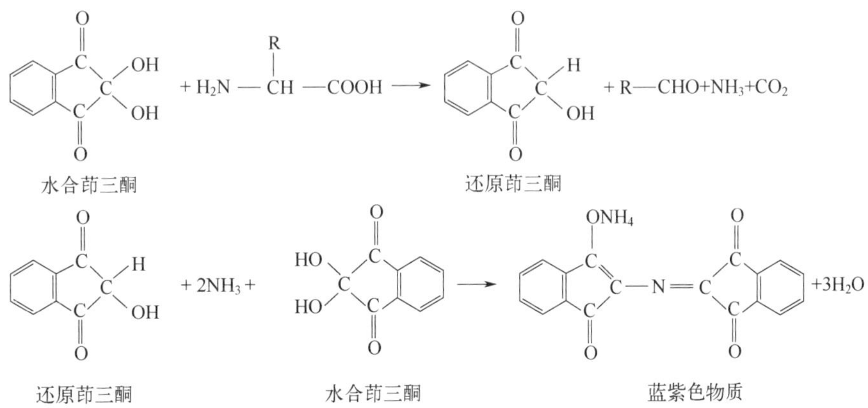

图 4.16　氨基酸与茚三酮的反应

② 成肽反应。两个氨基酸分子在酸或碱存在的条件下加热，一个氨基酸的羧基和另一个氨基酸的氨基通过脱水缩合形成的化合物称为肽，形成的化学键叫肽键（酰胺键），反应通式如图 4.17。通过成肽反应，多种氨基酸分子按照不同的排列顺序以肽键相互结合，形成多种具有不同理化性质和生理活性的多肽链。由两个氨基酸分子脱水后形成的化合物为二肽，二肽还可继续与其他氨基酸分子脱水形成三肽、四肽，以至生成更长链的多肽。

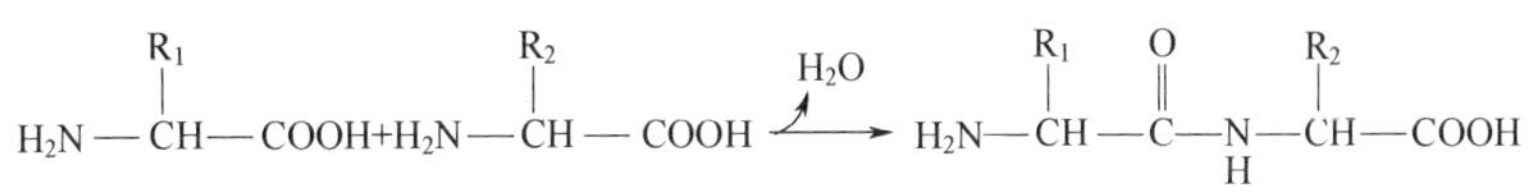

图 4.17　氨基酸的成肽反应

（4）由侧链 R 基参加的反应　部分氨基酸特殊侧链基团参与的反应及用途见表 4.3。

表 4.3　部分氨基酸特殊侧链基团参与的反应及用途

R 基名称	化学反应	用途及重要性
苯环	黄色反应：与硝酸作用产生黄色物质	做蛋白质定性实验，用来鉴定苯丙氨酸和酪氨酸
酚基	米隆反应：与 $Hg(NO_2)_2$、$Hg(NO_3)_2$ 和 HNO_3 反应呈红色 福林酚反应：酚基与还原磷钼酸、磷钨酸生成蓝色物质	用于鉴定酪氨酸，进行蛋白质定性定量测定
吲哚基	乙醛酸反应：与乙醛酸反应生成紫红色化合物；还原磷钼酸、磷钨酸成钼蓝、钨蓝	鉴定色氨酸，做蛋白质定性实验
胍基	坂口反应：在碱性溶液中胍基与含有 α-萘酚及次氯酸钠的物质反应生成红色物质	进行精氨酸的测定
咪唑基	Pauly 反应：与重氮盐化合物结合生成棕红色物质	进行组氨酸及酪氨酸的测定
巯基	在稀碱溶液中与亚硝基亚铁氰酸钠反应生成红色化合物	进行半胱氨酸和胱氨酸的测定
羟基	与乙酸或磷酸作用生成酯	保护丝氨酸及苏氨酸的羟基，用于蛋白质的合成

4.2　肽

4.2.1　肽的结构及肽键

多肽（peptide）是由两个以上的氨基酸通过肽键（酰胺键）连接而形成的线性聚合物。一个氨基酸的氨基与另一个氨基酸的羧基会脱去 1 分子水而形成—CO—NH—结构单元，这个结构单元称为肽键（peptide bond），见图 4.18。

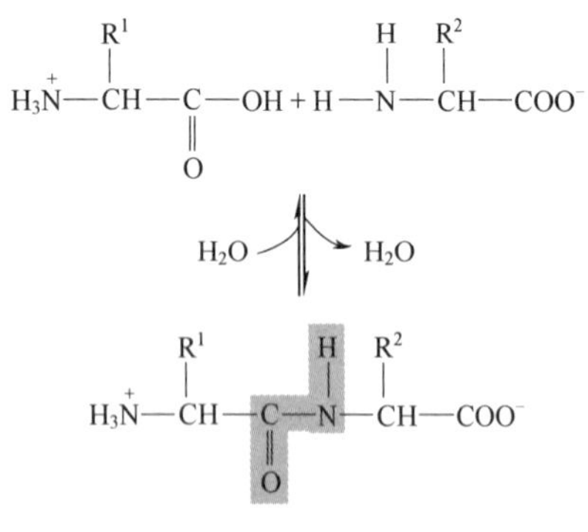

图 4.18　氨基酸通过缩合形成的肽键

由于连接氨基酸残基的所有化学键都由单键组成，理论上每个多肽会因围绕单键旋转而不断发生构象变化，这就会导致蛋白质具有很多种构象。然而，研究发现蛋白质肽键中 C—N 虽然是单键，但肽键中 C—N 距离通常为 0.132nm，介于 C—N 单键（0.149nm）和 C═N 双键（0.127nm）之间，因此肽键具有部分双键特征，不能自由旋转，这导致了多肽主链中有 1/3 的键不能自由旋转，因此多肽构象数量有限，许多多肽只能自发折叠成单一的生物活性形式。形成肽键的 C、H、O、N 四个原子和相邻的 2 个 α-碳原子（α-碳原子和第一个氨基酸的 CO 基团及第二个氨基酸的 NH 基团和一个 α-碳原子）所共处的平面称为肽键平面（图 4.19），肽键平面可以 α-碳原子为原点进行旋转，它是蛋白质形成空间构象时旋转和折叠的单位。

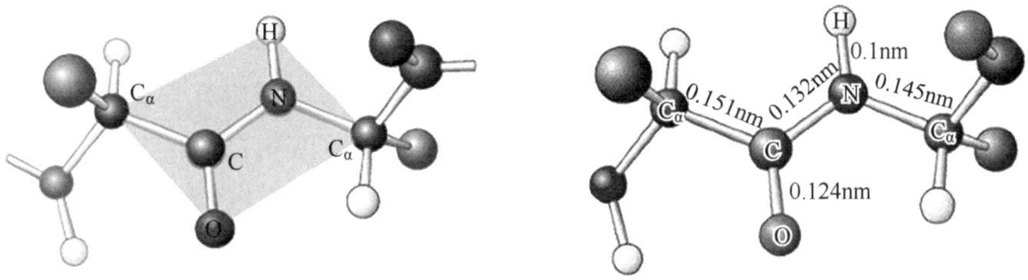

图 4.19　氨基酸分子中的肽键平面

4.2.2　多肽的命名

多肽链末端具有游离 α-氨基的为氨基末端（或 N 端），另一端具有一个游离羧基的是羧基末端（C 端）（图 4.20）。多肽链的 N 端通常书写在左侧，C 端通常书写在右侧，多肽链中的氨基酸从左至右依次读取。

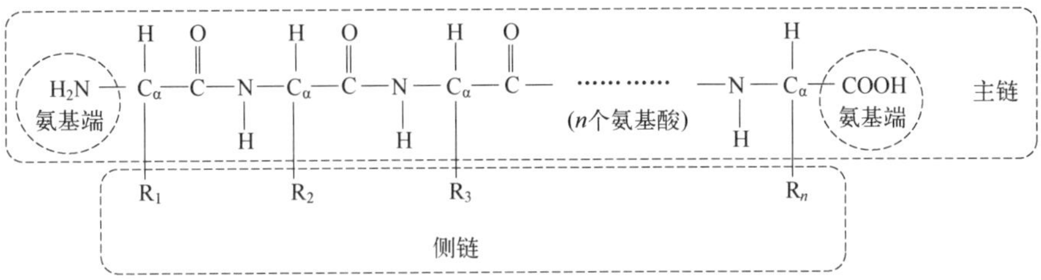

图 4.20　多肽链结构

多肽链命名时遵循以下规则：选择含有完整羧基的氨基酸作为母体，将其名称作为多肽链的名称；将肽链中其它氨基酸的名称中的“酸”字改为“酰”字；将含有 N 端（即氨基端）的氨基酸放在最前面，按照氨基酸的排列顺序依次对多肽链进行命名，直到含有 C 端（羧基端）的氨基酸，例如图 4.21 中的五肽可命名为 Seryl-Gly-Tyr-Ala-Leu。

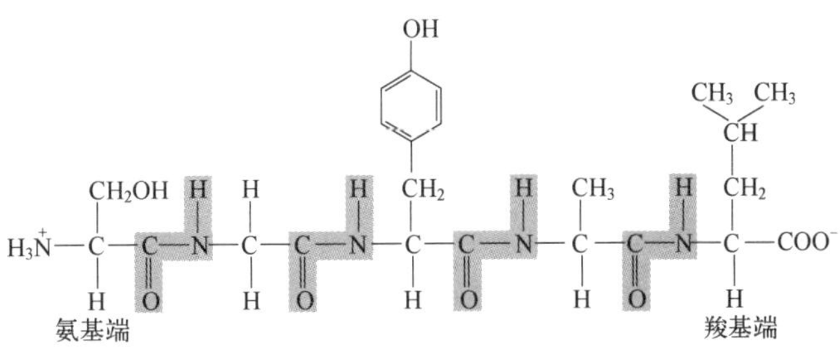

图 4.21　五肽（Seryl-Gly-Tyr-Ala-Leu 或 SGYAL）

4.2.3　多肽的物理和化学性质

4.2.3.1　多肽的熔点

多肽的熔点因分子量和肽链的长短不同而不同。许多多肽的熔点很高，说明短肽晶体是离子晶格，在水溶液中以偶极离子形式存在。例如，谷胱甘肽的分子量为 307.33，熔点为 189～193℃。

4.2.3.2 多肽的旋光性

由于多肽是由具有旋光性的氨基酸组成，因此多肽通常具有旋光性。一般短肽的旋光度约等于组成该肽中各个氨基酸的旋光度总和，但是较长多肽或蛋白质的旋光度则不等于其组成氨基酸旋光度的简单加和，通常会大于组成该多肽的各个氨基酸旋光度之和。蛋白质部分水解后所得的各种多肽，只要水解过程中不对称碳原子不发生消旋，就具有旋光性。

4.2.3.3 多肽与茚三酮的反应

多肽结构中游离 α-氨基、α-羧基和 R 基可以发生与氨基酸中相应基团类似的反应，肽链相应的化学反应也和氨基酸一样，—NH_2 末端氨基酸残基也能与茚三酮发生定量反应，生成呈色物质。在适当条件下，溶液颜色的深浅和氨基酸的浓度成正比，通过与标准溶液比较可进行氨基酸浓度的测定。氨基酸与茚三酮的反应可以广泛应用于氨基酸的定性和定量测定，是一种简单、精确和灵敏的方法。

4.2.3.4 多肽的双缩脲反应

多肽可发生双缩脲反应生成紫红色或蓝紫色络合物，游离氨基酸不存在此反应。一般含有两个或两个以上肽键的化合物都可以与 $CuSO_4$ 碱性溶液发生双缩脲反应。多肽水解加强时氨基酸浓度会升高，双缩脲呈色深度下降，利用这个反应再借助分光光度计可以测定多肽含量，检测多肽的水解程度。

4.2.3.5 多肽的酸碱性质

在 pH 0～14 范围内肽键中酰胺氢不解离，因此多肽的酸碱性质主要决定于多肽链中肽键游离末端 α-NH_2、游离末端 α-COOH 以及侧链 R 基上可解离的功能团。多肽或蛋白质中可解离的基团主要在其侧链上，表 4.4 列出一些常见寡肽的 pK_a 值。

表 4.4 一些常见寡肽的 pK_a 值

肽	α-COOH pK_a	α-NH_3^+ pK_a	R 基 pK_a	pI
Gly-Asp	2.81	8.60	4.45	3.63
Gly-Gly	3.06	8.13	—	5.59
Ala-Gly	3.16	8.24	—	5.70
Gly-Gly-Gly	3.26	7.91	—	5.58
Ala-Ala-Ala-Ala	3.42	7.94	—	5.68
Ala-Ala-Lys-Ala	3.58	8.01	10.58	9.30

4.2.4 重要的多肽

（1）谷胱甘肽（glutathione，GSH） 谷胱甘肽，也叫 γ-谷氨酰-L-半胱氨酸甘氨酸，分子内含有特殊的 γ-酰胺键和巯基，是由谷氨酸、L-半胱氨酸和甘氨酸构成的三肽，广泛存在于动物、植物和微生物细胞中。谷胱甘肽能帮助机体保持正常的免疫系统功能，并具有抗氧化、解毒作用。谷胱甘肽中活性巯基极易被氧化，可保护细胞免受氧化破坏作用，此外还易与某些药物、毒素结合起解毒作用。谷胱甘肽可用于药物及功能性食品基料，在延缓衰老、增强免疫力、抗肿瘤等功能食品中广泛应用。该肽具有还原型（G-SH）和氧化型（G-S-S-G）两种形式，在谷胱甘肽还原酶催化下它们可以相互转变（图 4.22），生理条件下以还原性谷胱甘肽占绝大多数。

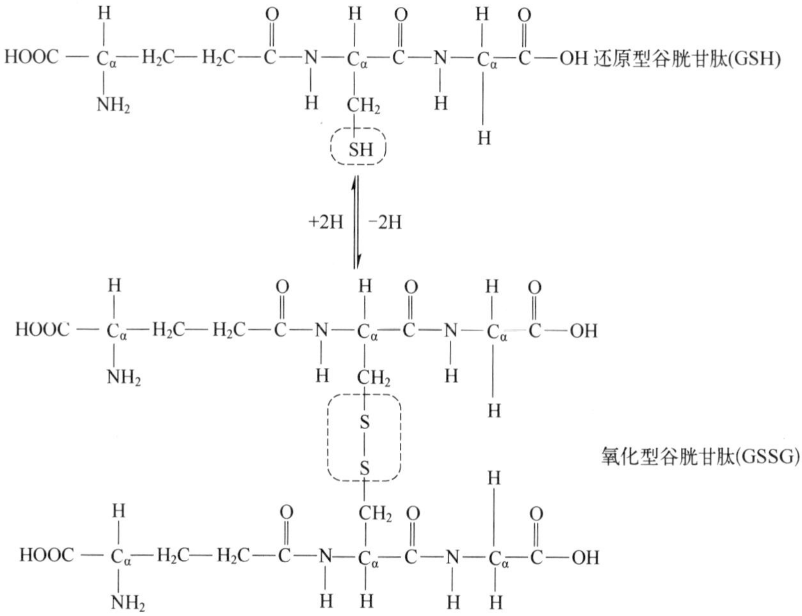

图 4.22　氧化型谷胱甘肽和还原型谷胱甘肽

（2）脑啡肽（enkephalin）　脑啡肽是 1975 年英国的 Hughes 等从猪脑组织中分离出来的由高等动物中枢神经系统产生的一类活性五肽，含有 5 个氨基酸分子，主要有甲硫氨酸脑啡肽、亮氨酸脑啡肽 2 种（图 4.23），这些活性肽与大脑的吗啡受体有很强的亲和力，具有比吗啡更强的镇痛作用。甲硫氨酸脑啡肽和亮氨酸脑啡肽都是中枢神经系统中的类吗啡性神经递质，它们结合于细胞表面受体（类似于阿片结合到阿片受体）。含脑啡肽的神经元主要存在于脑和脊髓灰质中，它在脊髓的主要功能是调节痛的感觉，在脑部的功能不明，但也有镇静和提高痛阈的作用。

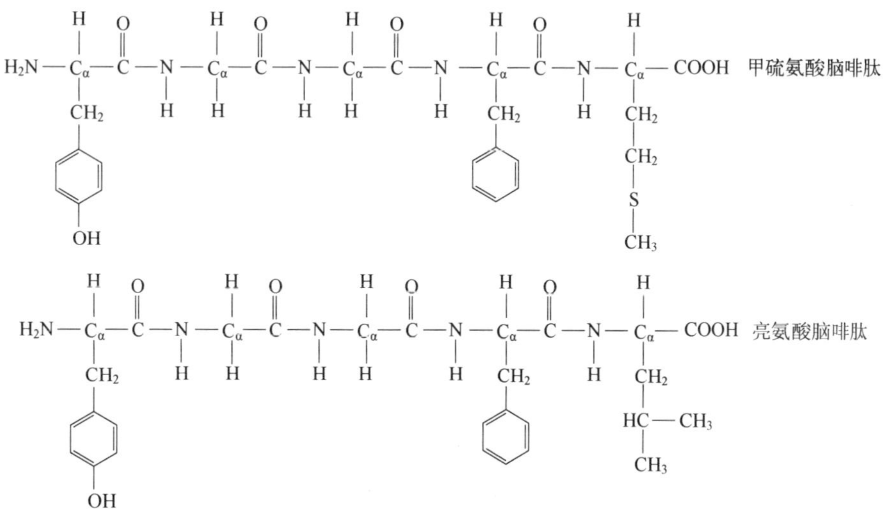

图 4.23　脑啡肽

（3）催产素（oxytocin）和加压素（angiotensin） 加压素与催产素结构相似，都是由 9 个氨基酸残基组成的九肽激素，在第 1 位和第 6 位的半胱氨酸残基以二硫键形成一个 6 肽的环状结构（图 4.24）。催产素由脑垂体后腺分泌，具有刺激乳腺分泌乳汁，在分娩过程中促进子宫平滑肌收缩、催产的作用，还能降低人体内肾上腺酮等压力激素水平，降低血压。加压素（抗利尿激素）具有促进血管平滑肌收缩、升高血压并减少排尿的作用。催产素和加压素的区别仅仅是在第 3 位和第 8 位有 2 个氨基酸的差异，这就导致这 2 种多肽的作用完全不同。

（4）乳酸链球菌肽（Nisin） 乳酸链球菌肽是由乳酸链球菌分泌的多肽抗生素，由乳酸链球菌在受控条件下发酵醪液，再经蒸汽喷射杀菌，由压缩空气泡沫浓缩或酸化、盐析后喷雾干燥而制得。乳酸链球菌肽由34个氨基酸残基组成，是一种窄谱抗菌剂，对许多革兰氏阳性菌有很强的抑制作用，对酵母菌、革兰氏阴性菌和霉菌均无效。我国规定肉制品和乳制品中最大使用量为0.5g/kg，植物蛋白饮料和罐装饮料中最大使用量为0.2g/kg。乳酸链球菌肽的最佳保存温度为 0～15℃，室温大于 30℃可能会导致乳酸链球菌肽产品部分失活。

（5）阿斯巴甜（Aspartame） 阿斯巴甜学名为 L-天冬氨酰-L-苯丙氨酸甲酯，是一种人工合成的二肽甜味剂，结构见图 4.25。阿斯巴甜在室温下呈白色粉末状，甜度高、不易潮解、不致龋齿，糖尿病患者可食用。阿斯巴甜因其热量极低、甜度高，可添加于饮料、药品或无糖口香糖中作为糖替代品，应用十分广泛，但过量使用可能会影响身体健康。

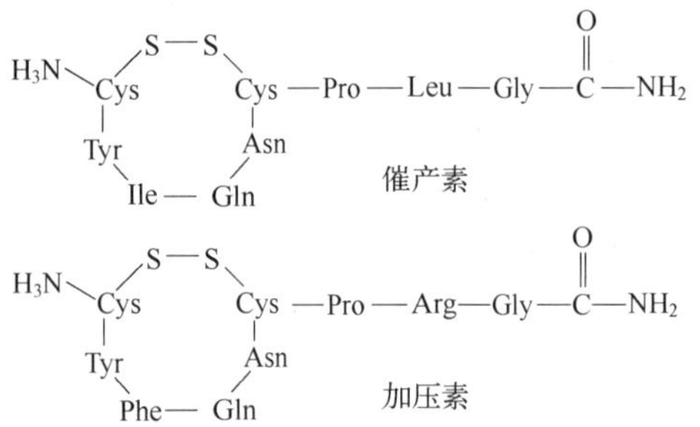

图 4.24 催产素和加压素

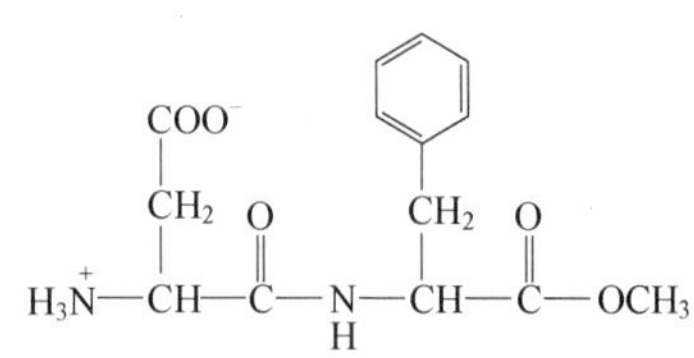

图 4.25 阿斯巴甜结构式

4.3 蛋白质的分子组成和功能

4.3.1 蛋白质的氨基酸组成

蛋白质可由单条多肽链组成，也可由两条或多条多肽链组成，蛋白质的氨基酸组成是高度可变的，20 种常见氨基酸在蛋白质中的含量几乎不相等。表 4.5 显示了牛细胞色素 c 和胰凝乳蛋白酶原的氨基酸组成，它们功能迥异，氨基酸残基数量也差异显著。

表 4.5　牛细胞色素 C 和胰凝乳蛋白酶原的氨基酸组成

氨基酸	牛细胞色素 c		胰凝乳蛋白酶原	
	每个分子的残基数	占总数的百分比/%	每个分子的残基数	占总数的百分比/%
Ala	6	6	22	9
Arg	2	2	4	1.6
Asn	5	5	14	5.7
Asp	3	3	9	3.7
Cys	2	2	10	4
Gln	3	3	10	4
Glu	9	9	5	2
Gly	14	13	23	9.4
His	3	3	2	0.8
Ile	6	6	10	4
Leu	6	6	19	7.8
Lys	18	17	14	5.7
Met	2	2	2	0.8
Phe	4	4	6	2.4
Pro	4	4	9	3.7
Ser	1	1	28	11.4
Thr	8	8	23	9.4
Trp	1	1	8	3.3
Tyr	4	4	4	1.6
Val	3	3	23	9.4
Total	104	102	245	99.7

4.3.2　蛋白质的功能

（1）催化功能　蛋白质酶具有催化功能，在消化、能量捕获和生物合成等过程中具有重要作用，这是蛋白质最主要的功能，能将生化反应速率提高 10^6～10^{12} 倍。

（2）结构功能　结构蛋白通常具有特殊功能。例如，结缔组织（主要成分为胶原蛋白）、蚕丝（主要成分为蚕丝蛋白）均具有显著的机械强度。弹性蛋白是一种在弹性纤维中发现的类似橡胶的蛋白质，存在于血管和皮肤中，对于血管和皮肤的弹性具有重要作用。

（3）运动功能　蛋白质参与所有的细胞运动。细胞骨架蛋白，例如肌动蛋白、微管蛋白及其相关蛋白，在细胞分裂、内吞作用、胞吐作用和白细胞的变形运动中都很活跃。

（4）保护功能　各种各样的蛋白质都有保护作用。脊椎动物的角蛋白有助于保护生物体免受机械和化学伤害。当血管受损时凝血蛋白纤维蛋白原和凝血酶可以防止失血。

（5）免疫功能　激素分子或生长因子与靶细胞上同源受体结合可改变细胞功能。例如，胰岛素和胰高血糖素是调节血糖水平的肽类激素；生长激素刺激细胞生长和分裂；免疫球蛋白可保护机体免受外来生物（如细菌）入侵。

（6）运输功能　许多蛋白质在细胞膜或细胞间充当分子或离子载体。例如膜转运蛋白 Na^+-K^+-ATP 酶可转运 Na^+、K^+；葡萄糖转运蛋白可转运葡萄糖分子；血红蛋白可运输氧气。

（7）储存功能　某些蛋白质是必需营养素的储存库。例如，鸟蛋中的卵清蛋白和哺乳动物牛奶中的酪蛋白是有机氮的丰富来源。玉米蛋白在种子发芽过程中也起着类似的作用。

（8）防御功能　生物体在非生物胁迫下生存的能力由多种蛋白质介导。例如，细胞色素P450可将各种有毒有机污染物转化为毒性较小的衍生物。过高温度和压力会导致生物体产生热休克蛋白，促进受损蛋白质正确折叠，当蛋白质严重受损时，热休克蛋白促进其降解。

4.4　蛋白质的分子结构

蛋白质是生物大分子，具有一定的空间结构，这种结构决定了蛋白质的性质和功能。为研究方便，人为将蛋白质结构分为一级结构、二级结构、三级结构和四级结构（图4.26），其中二级、三级和四级结构统称高级结构，但并不是所有的蛋白质都具有特定的二级、三级或四级结构。

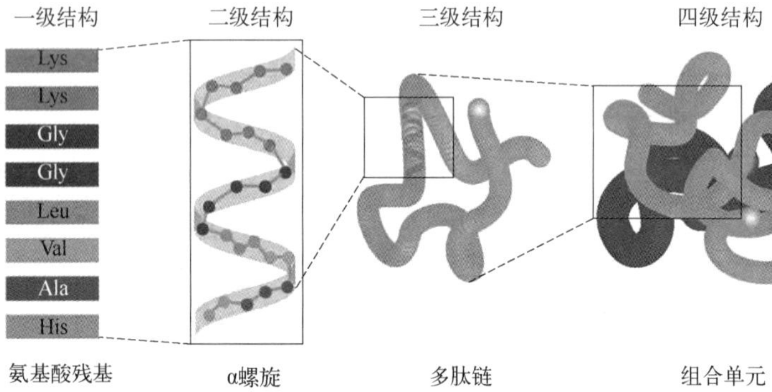

图4.26　维持蛋白质高级结构的作用力

4.4.1　蛋白质构象和维持蛋白质构象的作用力

蛋白质中各原子和基团在三维空间所处的相对位置构成的特定空间结构称为蛋白质构象（conformation），其结构由氢键、疏水作用、离子键、范德华力等次级键维持（图4.27）。

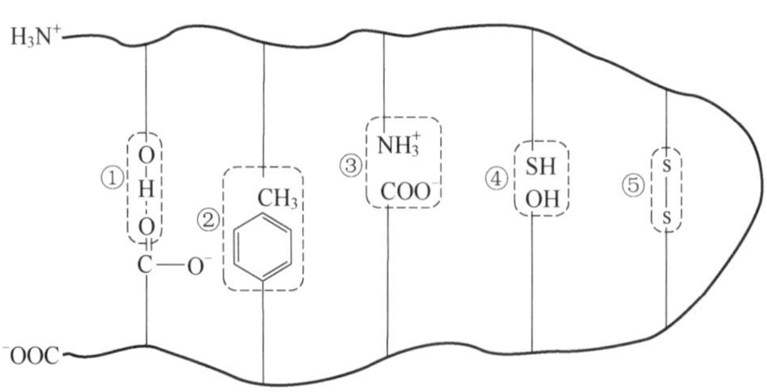

图4.27　维持蛋白质高级结构的作用力

①—氢键；②—疏水作用；③—离子键；④—范德华力；⑤—二硫键

（1）氢键　氢键是维持蛋白质空间构象的主要作用力。蛋白质分子中可参与氢键形成的基团包括肽主链上羰基氧原子和亚氨基上的氢原子，以及侧链上的羟基和羰基（例如丝氨酸、苏氨酸、酪氨酸上的羟基，精氨酸、赖氨酸上的—NH_2^+，天冬氨酸、谷氨酸上的—COO^-等）。

（2）疏水作用　疏水作用指水介质中球状蛋白质的折叠总是倾向于把疏水残基埋藏在分子内部的现象。在蛋白质分子中含有疏水侧链的氨基酸有亮氨酸、异亮氨酸、苯丙氨酸、缬氨酸、丙氨酸和脯氨酸，它们总是趋向于伸向蛋白质内部，而蛋白质分子中含有一些亲水极性基团总是趋向于伸向蛋白质外表，与周围水介质作用形成亲水区。疏水作用及疏水和亲水的平衡在蛋白质的结构与功能中起着重要的作用。

（3）离子键　蛋白质的离子键是由正负电荷之间的相互吸引作用而形成的。蛋白质分子中酸性氨基酸残基（谷氨酸和天冬氨酸）带负电荷，碱性氨基酸残基（赖氨酸和精氨酸）带正电荷，这些正负电荷之间的相互作用可形成稳定的离子键，进而影响蛋白质的结构和功能。

（4）范德华力　范德华力是存在于中性分子或原子之间的一种瞬时弱电性吸引力。当两个非键合原子处于一定距离时，这种力达到最大，其值等于两个原子的范德华半径之和。虽然范德华力较弱，但在蛋白质分子中数量较大，且具有加和性，对于稳定蛋白质结构具有重要作用。

4.4.2　蛋白质一级结构（Primary structure）

蛋白质一级结构指多肽链中氨基酸的组成和排列顺序，维持其结构的化学键主要是氢键，此外还有二硫键。蛋白质多肽链中氨基酸的种类和排列顺序决定了蛋白质的空间结构。最先被确定一级结构的蛋白质是胰岛素分子，它由 51 个氨基酸残基组成，含有两条多肽链，A 链含 21 个氨基酸残基，B 链含 30 个氨基酸残基（图 4.28）。

4.4.3　蛋白质二级结构（secondary structure）

蛋白质二级结构指多肽链主链通过氢键作用在空间盘曲、折叠所形成的构象。这些氨基酸在线性序列中彼此靠近，由氨基酸的N—H和C═O基团之间的氢键形成蛋白质二级结构。常见二级结构类型有 α 螺旋、β 折叠、β 转角和无规卷曲 4 种形式（图 4.29）。

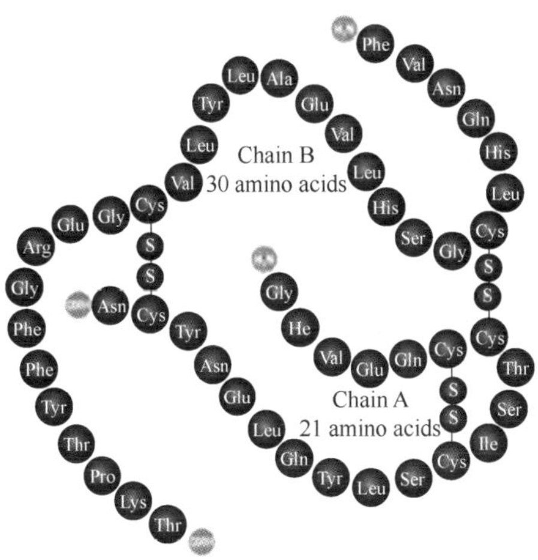

图 4.28　胰岛素分子的一级结构

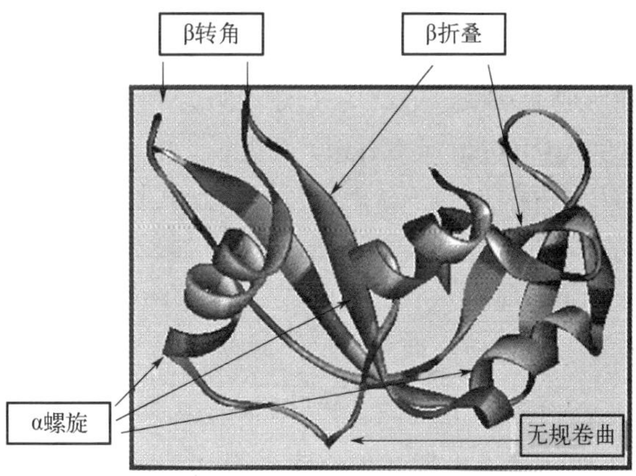

图 4.29　常见的蛋白质二级结构类型

4.4.3.1 α 螺旋（α-helix）

α 螺旋是美国麻省理工学院莱纳斯 • 鲍林（Linus Pauling）和罗伯特 • 科里（Robert Corey）两位化学家 1952 年在研究羊毛、猪毛等纤维状蛋白质时提出的一种刚性棒状结构。α 螺旋呈现一种周期性结构，多肽链主链围绕中心轴盘绕形成呈右手螺旋结构（图 4.30），每个氨基酸 N—H 基团和四个残基之外的氨基酸羰基之间形成氢键，这是维持蛋白质 α 螺旋结构的主要作用力。α 螺旋结构每圈螺旋有 3.6 个氨基酸残基，螺距为 0.54nm，即每个残基旋转 100°，沿中心轴上升 0.15nm。一条多肽链能否形成 α 螺旋以及形成的 α 螺旋结构是否稳定，与它的氨基酸组成和排列顺序有关。此外，侧链 R 基团的大小及电荷性质对多肽链能否形成 α 螺旋也起决定作用。不是所有的氨基酸都能很容易地容纳在 α 螺旋结构中，某些氨基酸不能形成 α 螺旋结构，例如甘氨酸的 R 基团很小，不易形成 α 螺旋结构；脯氨酸含有一个刚性环，可以防止 N—Cα 键旋转，且它的环状结构使它无法适应 α 螺旋。此外，含有大量带电的氨基酸（如谷氨酸和天冬氨酸）和大量 R 基团的氨基酸序列（如色氨酸）也不易形成 α 螺旋结构。

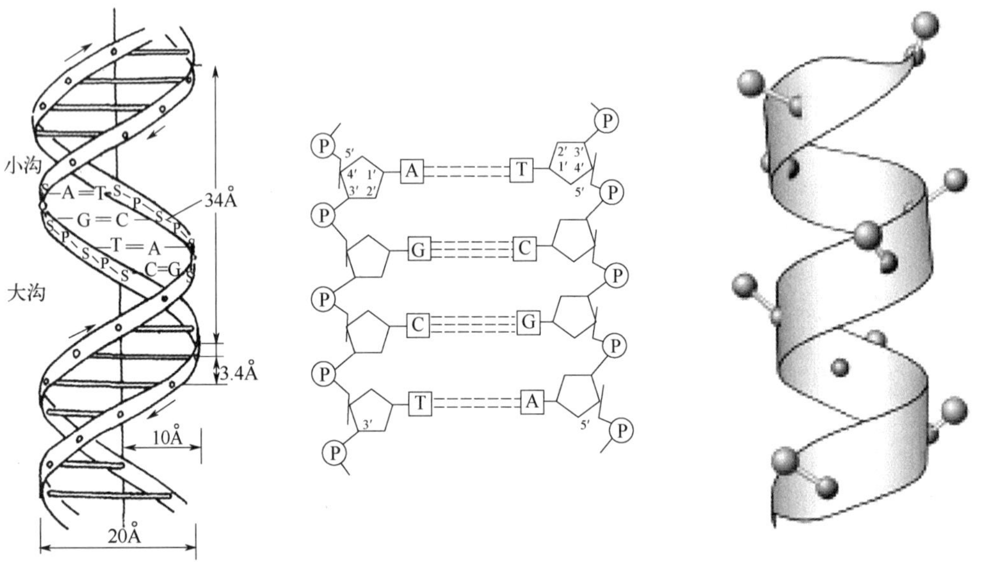

图 4.30　α 螺旋结构

角蛋白是头发、皮肤、指甲等的重要组成部分，蛋白质中两个或多个 α 螺旋可以相互缠绕形成非常稳定的结构（图 4.31），例如头发、羽毛、爪子和角等角蛋白，其长度可以达到 1000Å（100nm 或 0.1μm）或更长。角蛋白中两个 α 螺旋通过弱相互作用（如范德华力和离子相互作用）结合。羊毛可以拉伸到其长度的近两倍，这是由于 α 螺旋拉伸后打破了相邻 α 螺旋之间的弱相互作用，然而共价二硫键未断裂，一旦拉力被释放，纤维就会恢复到原来的状态。蛋白质中二硫键交联数目进一步决定了纤维性能，头发和羊毛的二硫键交联数目少，因而它们很柔韧；而角、爪子和蹄子中二硫键交联数目多，所以它们表现得很坚硬。

4.4.3.2 β 折叠（β-sheet）

β 折叠，也称 β 折叠片、β 片层结构，由相邻两条或多条 β 链通过氢键连接而成，氢键几乎都垂直于伸展的肽链。β 折叠的构象是通过一个肽键的羰基氧和位于同一肽链或相邻肽链的另一个酰胺氢之间形成的氢键维持的（图 4.32）。β 折叠明显不同于 α 螺旋，它由两个或多条多肽链（β 链）组成，β 链几乎完全伸展，而不是像 α 螺旋那样紧紧缠绕。纤维状蛋白质 β 折叠的氢键主要是在两条肽链间形成，而球状蛋白质的 β 折叠既可以在不同肽链间形成，也可在同一条肽链的不同部分之间形成。β 折叠结构中，所有肽键都参与链间氢键交联，氢键与肽链的长轴接近垂直，在肽链的长轴方向上具有重复的单位。

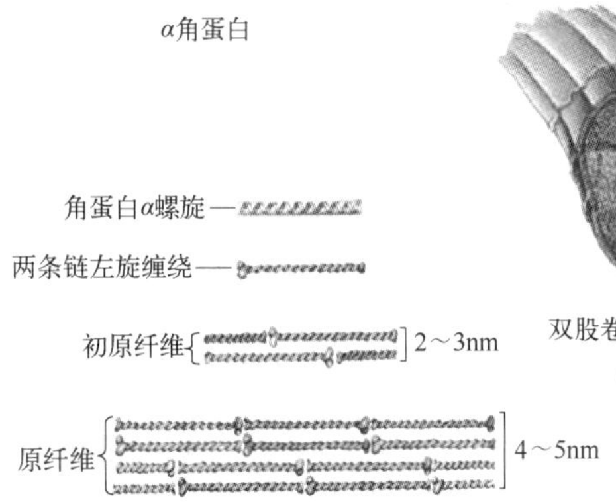

图 4.31　α 角蛋白

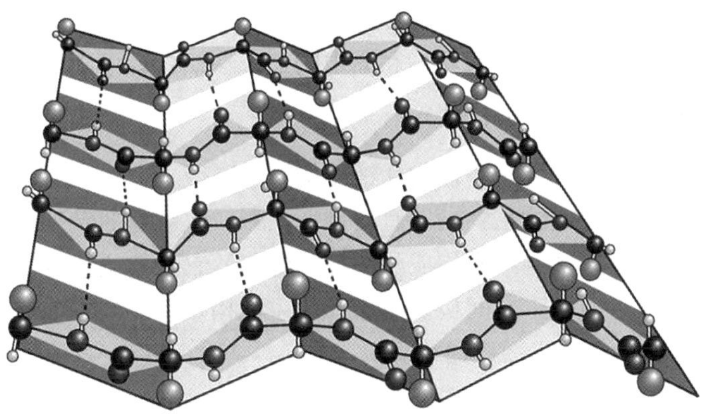

图 4.32　β 折叠结构

β 折叠结构的特点如下：

① 在 β 折叠结构中，多肽链几乎是完全伸展的。相邻的两个氨基酸之间的轴心距为 0.35nm。侧链 R 交替地分布在片层的上方和下方，以避免相邻侧链 R 之间的空间障碍。

② 在 β 折叠结构中，相邻肽链主链上的 C═O 与 N—H 之间形成氢键，氢键与肽链的长轴近于垂直。所有的肽键都参与了链间氢键的形成，因此维持 β 折叠结构的稳定。

③ β 折叠可分为两种类型，一种为平行式 β 折叠，即相邻肽链的 N 末端都在同一端（走向都是由 N 到 C 方向），另一种是反平行式 β 折叠，即相邻肽链的 N 末端和 C 末端排列方向相反（图 4.33）。对于每个氨基酸，其 NH 基团与相邻链上一个氨基酸的 CO 基团形成氢键，而其 CO 基团则与沿链更远的两个残基的 NH 基团形成氢键。平行式和反平行式 β 折叠中两个氨基酸残基间的轴心距分别为 0.325nm 和 0.35nm。从能量角度考虑，反平行式更为稳定。丝心蛋白几乎全部由反平行的 β 折叠组成，纤维状蛋白质中 β 折叠主要是反平行式，球状蛋

白质中平行式和反平行式两种方式几乎同样广泛存在。

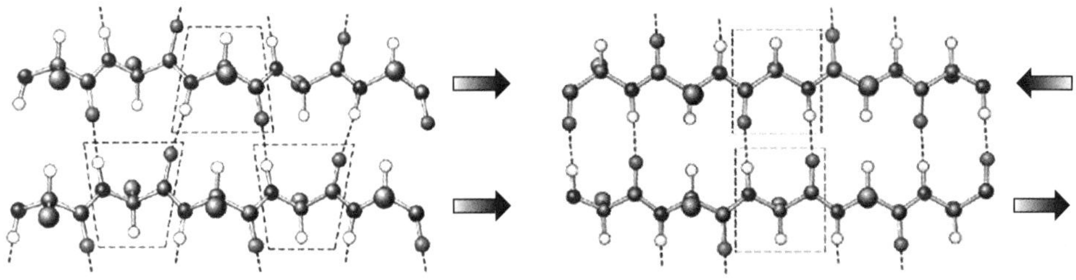

图 4.33　平行式和反平行式的 β 折叠结构

4.4.3.3　β 转角（β-turn）

β 转角是多肽链产生 180°回折形成的一种环形结构（图 4.34）。β 转角没有规则的周期性结构，它可以使多肽链通过反向旋转和循环来改变方向，氢键是稳定β转角的主要作用力。由于 β 转角能使多肽链方向逆转，因此大多数球状蛋白质具有致密的结构。在 β 转角中，第一个氨基酸残基 C═O 与第四个氨基酸残基的 N—H 键键合形成一个紧密的环，使 β 转角成为比较稳定的结构。β 转角的构象在一定程度上取决于氨基酸组成，脯氨酸和甘氨酸经常存在于 β 转角中，甘氨酸的侧链基团较小，在 β 转角中能很好地调整其他残基的空间阻碍，适合形成 β 转角结构，而脯氨酸具有环状结构和固定的角，在一定程度上迫使 β 转角形成。

4.4.3.4　无规卷曲（random coil）

无规卷曲是指多肽链中没有规律性的肽链结构（图 4.35），这些肽段构象比较松散，没有明显的规律，但与球状蛋白质的生物功能有着密切关系。无规卷曲结构不是周期性的，受到侧链相互作用的影响较大，并且经常构成酶活性部位和其它蛋白质特异的功能部位，它和 β 转角是球状蛋白质形成近似球形空间构象所必需的主链构象。无规卷曲与其他 α 螺旋、β 折叠、β 转角等一起形成最终的蛋白质结构。

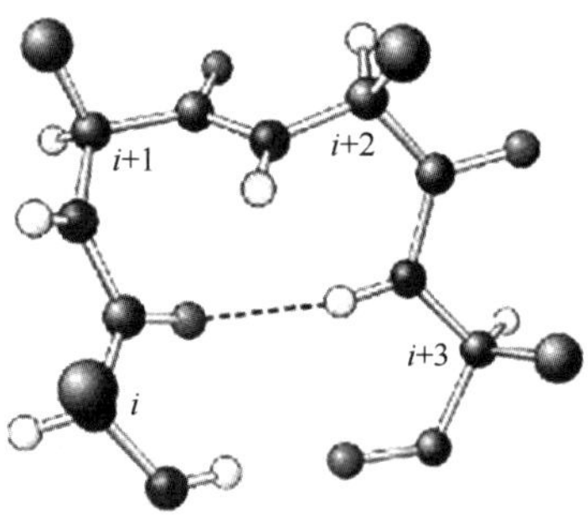

图 4.34　β 转角的结构

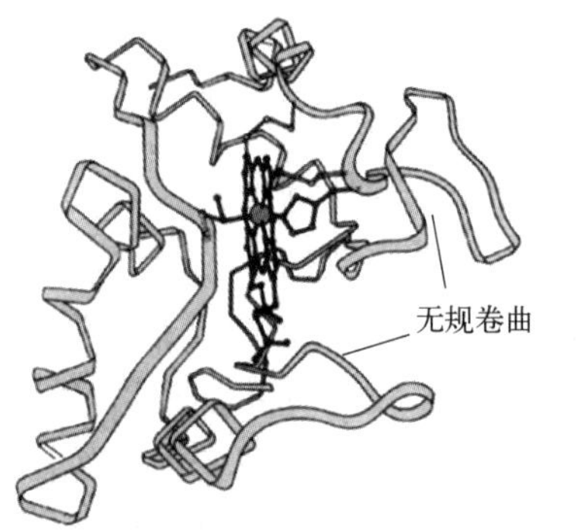

图 4.35　无规卷曲的结构

4.4.3.5　蛋白质的超二级结构和结构域

（1）超二级结构　超二级结构是相互邻近的二级结构在空间折叠中相互靠近，彼此相互作用，形成规则的、空间能够辨认的二级结构聚集体，常分为 βαβ、βββ、αα、β 桶状、希腊钥匙等几种类型（图 4.36）。超二级结构是介于蛋白质二级结构和三级结构之间的一种过渡态结构层次。βαβ 在两段平行式 β 折叠之间用一段 α 螺旋连接起来，可形成 β 曲折和回形拓扑结构。αα 是一种由两股或三股右手 α 螺旋彼此缠绕而形成的左手超螺旋，重复距离约为 14nm，它是 α 角蛋白、肌球蛋白等的一种结构。在 αα 单元（或螺旋-环-螺旋单元）中，由于侧链相互作用，非螺旋环分隔的两个 α 螺旋区域以确定的方式排列。β 转角中两个反平行的 β 折叠由极性氨基酸和甘氨酸连接起来，可产生更突然的方向变化，称为逆转或发夹转弯。当不同的 β 折叠结构折叠起来时可形成 β 桶（Several b-barrel arrangements）。反平行 β 折叠以一种类似于普通希腊陶器设计的图案折叠起来，形成希腊钥匙结构。

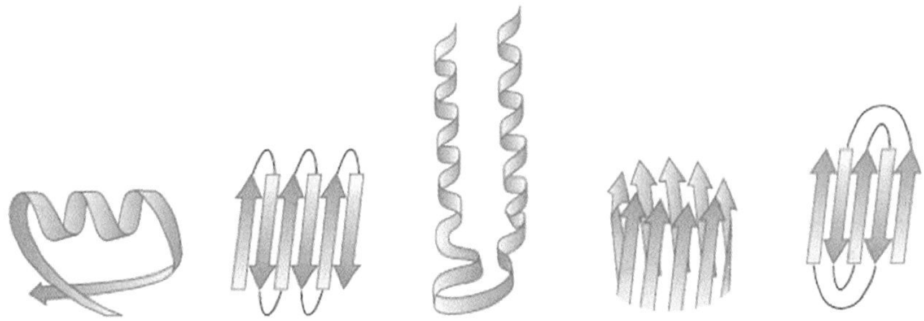

(a)　(b)　(c)　(d)　(e)

图 4.36　超二级结构

（a）βαβ；（b）βββ；（c）αα；（d）β 桶；（e）希腊钥匙

（2）结构域（structuraldomain）　在较大的蛋白质分子或亚基中，多肽链往往形成几个紧密的球状构象，彼此分开，以松散的肽链相连，此球状结构就是结构域。蛋白质结构域是蛋白质分子中具有特异结构和独立功能的区域，是构成蛋白质三级结构的基本单元。这些结构域通常由 100～300 个氨基酸残基组成，具有特异的空间构象，并具有不同的生物学功能。结构域是在蛋白质二级结构内的独立折叠单元，通常由几个超二级结构单元组合而成，这些单元在多肽链上相邻的二级结构基础上卷曲折叠。结构域类型有 α、β、α/β、α+β 等。大多数蛋白质含有两个或更多个结构域，如木瓜蛋白酶包含 2 个不同结构域，DNA 聚合酶 I 具有 3 个不同的结构域（图 4.37）。

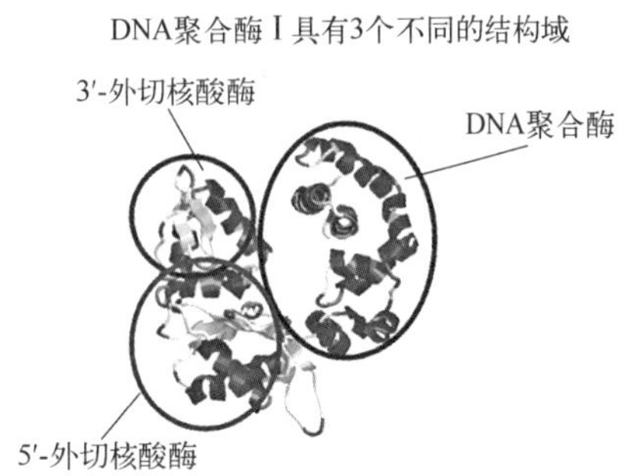

图 4.37　DNA 聚合酶 I 的结构域

4.4.4　蛋白质三级结构（tertiary structure）

蛋白质三级结构是指多肽链上所有原子（包括主链和侧链）在空间的构象。蛋白质三级结构是建立在二级结构、超二级结构和结构域的基础上，肽链进一步盘绕折叠形成的空间结构，稳定其结构的主要作用力是氢键、疏水作用力、离子键和范德华力等（图 4.38）。形成蛋白质三级结构时，蛋白质初级结构中彼此相距很远的氨基酸残基可能靠近在一起，在这个过程中大多数水分子被排出蛋白质内部，使得极性和非极性基团之间的相互作用成为可能；几乎所有的亲水基团都转向分子表面，疏水基团转向分子内部，这样就在球状蛋白质分子内部形成了一个疏水环境，整个蛋白质分子非常紧密结实。但也有例外，如某些脂蛋白的非极性氨基酸在分子表面有较大分布。大的球状蛋白质（即含有超过 200 个氨基酸残基的蛋白质）通常包含几个结构域。例如，纤维连接蛋白包含三个重复结构域 F_1、F_2 和 F_3（图 4.39）。

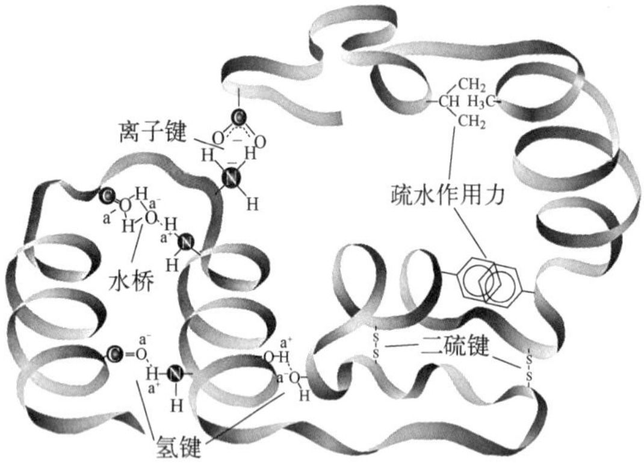

图 4.38　维持三级结构的相互作用

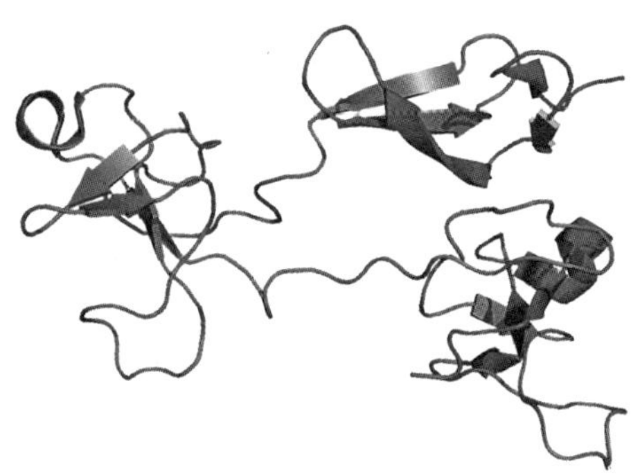

图 4.39　纤维连接蛋白

肌红蛋白（myoglobin）是一种含氧结合蛋白，主要存在于人体心肌和骨骼肌中，分子量小，很容易从坏死的肌肉细胞中释放，当出现急性心肌梗死或骨骼肌受到损伤时，血液中的肌红蛋白水平会升高，因此临床上会通过检测肌红蛋白清除率来评估复合型创伤或横纹肌溶解并发肾衰竭的危险。肌红蛋白是第一个被阐明三级结构的蛋白质分子，由 153 个氨基酸组成，空间结构呈球状分子（图 4.40），结构非常致密，肽段可分成 8 段长度为 7～24 个氨基酸残基组成的 α 螺旋区，拐角处氨基酸主要是脯氨酸和羟脯氨酸。肌红蛋白结合氧的能力主要取决于血红素的存在。肌红蛋白的内部几乎完全由非极性氨基酸残基组成，如亮氨酸、缬氨酸、蛋氨酸和苯丙氨酸，内部唯一的极性残基是两个组氨酸残基，它们在结合铁和氧方面起着关键作用。

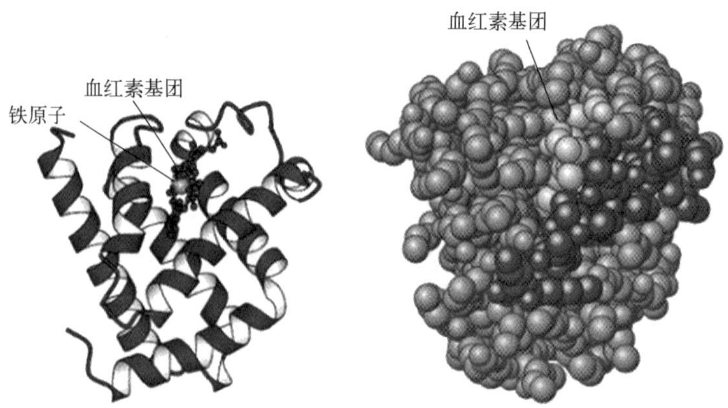

图 4.40　肌红蛋白的三级结构

（a）肌红蛋白三级结构示意图；（b）空间图

4.4.5 蛋白质四级结构（quaternary structure）

蛋白质四级结构是由两条或多条具有三级结构的多肽链按一定的空间排列方式，通过非共价键缔合在一起形成的蛋白质大分子。每一条多肽链都有其完整的三级结构，称为亚基（subunit），亚基与亚基之间呈特定的三维空间分布，并以非共价键相连接，亚基的空间排布及亚基接触部位的布局和相互作用就形成了蛋白质四级结构。亚基之间主要是通过氢键、疏水作用、离子键等次级键形成四级结构，其中最主要的是疏水作用。四级结构中有些蛋白质含有多个相同的亚基，有些蛋白质含有不同的亚基。

血红蛋白（Hemoglobin，Hb）俗称血色素，是一种存在于红细胞中的蛋白质，可使血液呈现红色，主要作用是运输氧气。血红蛋白具有四级结构，它由 2 个 α 亚基和 2 个 β 亚基形成 $\alpha_2\beta_2$ 四聚体（图 4.41）。血红蛋白分子内亚基排列的细微变化可使其以极高的效率将氧气从肺部运送到组织。血红蛋白可作为血常规检测中的重要指标之一，能反映人体生成红细胞的能力，此外还能协助诊断一些血液疾病。不同人群的血红蛋白正常值有所不同，一般成年男性血红蛋白的正常值范围为120～160g/L，成年女性血红蛋白的正常值范围为110～150g/L，新生儿血红蛋白的正常值范围为 170～200g/L。

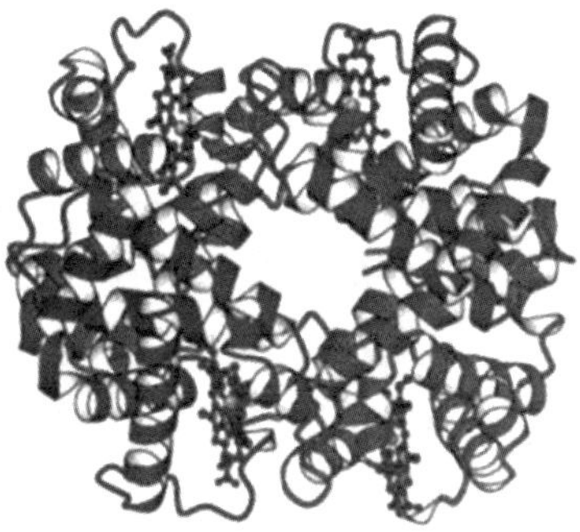

(a)

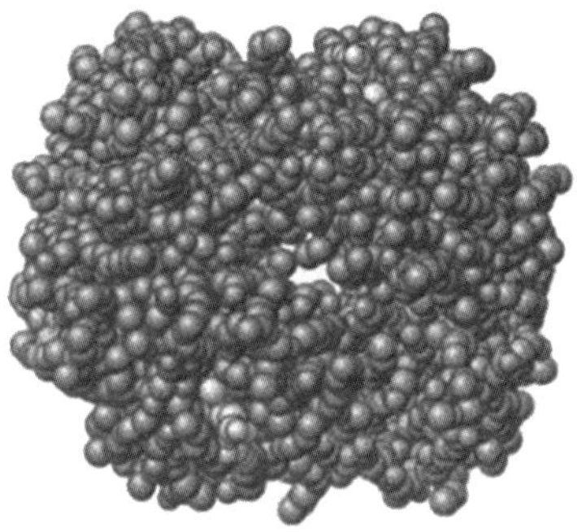

(b)

图 4.41　血红蛋白的四级结构

（a）血红蛋白四级结构示意图；（b）空间图

4.4.6 蛋白质结构与功能的关系

蛋白质分子一级结构和高级结构都与其功能密切相关，蛋白质结构和功能之间既相互依赖又相互制约。蛋白质的生物学功能是其天然构象所具有的属性，同时，生物学功能的发挥又依赖于蛋白质所具有的构象。

4.4.6.1 蛋白质一级结构与功能的关系

（1）蛋白质一级结构是其功能的基础　蛋白质一级结构和功能之间是密切联系的，具有相同功能的蛋白质通常具有相似的氨基酸序列。具有相同生物功能的蛋白质在其一级结构上具有对其功能至关重要的关键区域（即保守序列），这些氨基酸序列不变就不会影响蛋白质功能。因而，同功蛋白质的氨基酸组成可分为两部分，存在于所有种属的同源蛋白质中且排列位置不变的那部分氨基酸称为不变残基（保守残基），它们决定蛋白质的空间结构和功能；剩余部分的氨基酸对不同种属来说有较大差异，称为可变残基，它们不影响蛋白质的功能，但能体现种属差异。例如，不同种属动物的胰岛素分子由51个氨基酸残基组成，其中有22个氨基酸残基位置不变，尤其是决定二硫键位置的半胱氨酸没有变化，它们决定了胰岛素的功能，如果改变保守序列中的22个氨基酸就会影响胰岛素的功能。不同哺乳动物胰岛素氨基酸序列的差异见表4.6。

表4.6 哺乳动物胰岛素氨基酸序列的差异

来源	胰岛素氨基酸残基序号			
	A5	A6	A10	A30
人	Thr	Ser	Ile	Thr
猪	Thr	Ser	Ile	Ala
狗	Thr	Ser	Ile	Ala
兔	Thr	Gly	Ile	Ser
牛	Ala	Gly	Val	Ala
羊	Ala	Ser	Val	Ala
马	Thr	Ser	Ile	Ala

注：A表示A链，A5表示A链第5位氨基酸，其余类推。

（2）蛋白质一级结构与分子病　蛋白质的氨基酸序列与生物功能密切相关，蛋白质一级结构的改变会引起蛋白质构象的变化，进而影响蛋白质的生物功能。人类遗传疾病与缺陷蛋白质有关，缺陷的范围可从氨基酸序列的单一改变到多肽链的大部分缺失。镰刀状细胞贫血病是由单一氨基酸序列的改变导致的病症。镰刀状细胞贫血病人血红蛋白（HbS）和正常人血红蛋白（HbA）仅存在1个氨基酸的差异，即正常β链的第6位谷氨酸被缬氨酸取代，这个一级结构上的细微差别使患者的血红蛋白分子容易发生凝聚，导致红细胞变成镰刀状（图4.42），使其与氧结合能力异常低下，细胞变得脆弱易破裂，导致严重贫血。

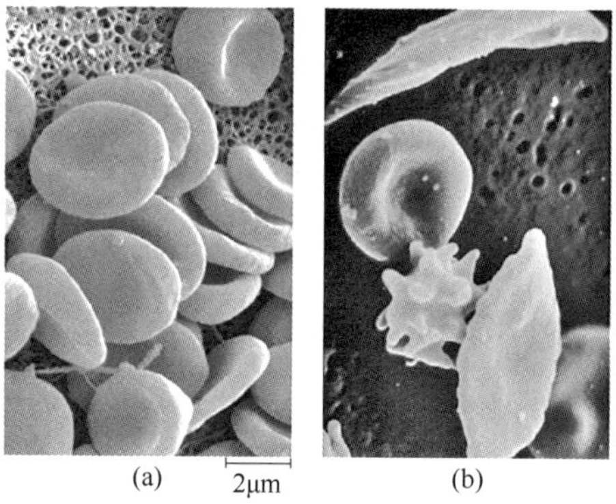

图4.42　正常红细胞与镰刀状红细胞的比较

（a）正常红细胞；（b）镰刀状红细胞

（3）蛋白质一级结构的局部断裂和酶原激活　在生物体内，有些蛋白质在合成时以酶原的形式存在，只有按一定方式裂解除去部分肽链之后才具有生物活性。例如，胰岛素、胰蛋白酶、胰凝乳蛋白酶等都有一个不具备生物活性的前体，它们需要经过专一性蛋白酶作用切去一段肽后才能表现出活性，胰岛素原的酶原激活见图4.43，胰岛素原含有86个氨基酸残基，分为A、B、C三段，不具备胰岛素活性，在胰蛋白酶的作用下切除C肽段后才能变成有活性的胰岛素。

（4）蛋白质一级结构与生物进化　在远亲物种中功能相似的蛋白质在氨基酸序列上可能存在很大差异，具有相似的氨基酸序列和产生于同一祖先基因的多肽被称为同源蛋白质，其中有许多氨基酸的序列是相同的，而其它氨基酸差异较大。同源多肽之间的序列比较已被用于追踪不同物种的遗传关系。例如，大多数生物线粒体氧化还原蛋白细胞色素 c 由 104 个氨基酸残基组成，亲缘关系越近细胞色素 c 氨基酸组成越相似，差异越小，亲缘关系越远则差异越大（图 4.44）。

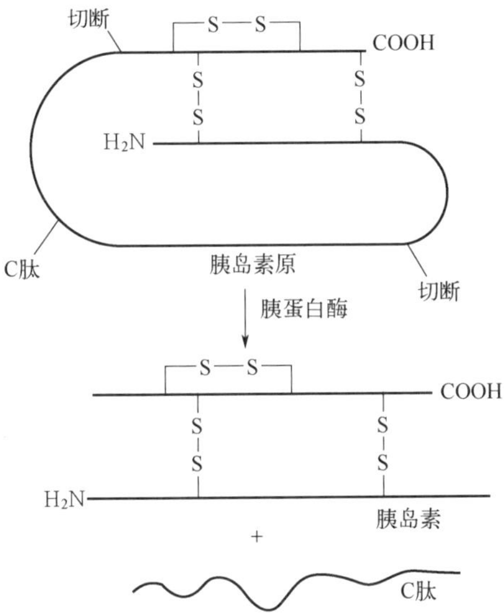

图 4.43　胰岛素原的酶原激活

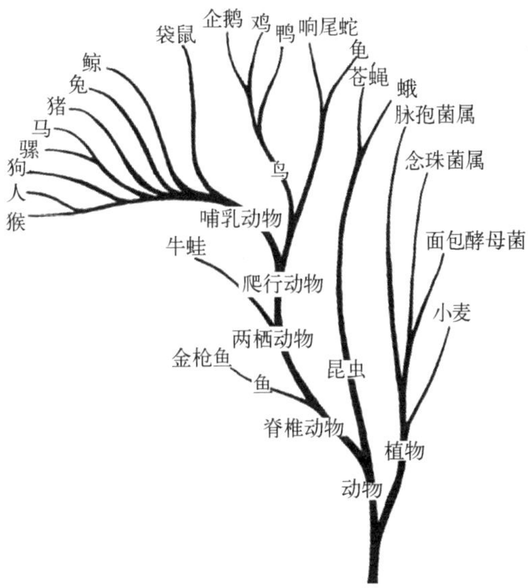

图 4.44　细胞色素 c 的进化树

4.4.6.2　蛋白质空间结构与功能的关系

（1）蛋白质变性与蛋白质变构　蛋白质变性后空间结构会破坏，生物学功能丧失，同时引起蛋白质物理性质和化学性质的变化，但不会破坏蛋白质一级结构。多亚基蛋白质在行使生物功能时，有时候空间结构会发生一定的变化以适应生理功能的需要，这种现象称为蛋白质变构。例如，血红蛋白的氧合曲线呈 S 形，主要是由于血红蛋白与氧结合前后的变构现象导致的。血红蛋白的每个亚基都结合一个亚铁血红素辅基，这决定了血红蛋白结合氧的能力。与氧结合前，血红蛋白构象对氧的亲和力较低，但当血红蛋白中一个亚基和氧结合后，会引起其余 3 个亚基构象发生一系列变化，导致亚基重排，整个分子构象由致密态变成松弛态，使得各亚基都变得适合与氧结合，最终表现为血红蛋白与氧的亲和力大大增强。

（2）蛋白质错误折叠和聚集与某些神经系统疾病　蛋白质一级结构不变，仅仅是蛋白质构象发生改变也能引发疾病，这类疾病称为蛋白质构象病。阿尔茨海默病、帕金森病、亨廷顿舞蹈症、纹状体脊髓变性病和传染性海绵状脑病（朊病毒病）等都与蛋白质的构象发生改变有关。有些蛋白质错误折叠后相互聚集沉积，常形成抗蛋白水解酶的淀粉样纤维沉淀，即淀粉样原纤维或斑块，产生毒性而致病，表现为蛋白质淀粉样纤维沉淀的病理改变，称为淀粉样病变。引发疯牛病的朊病毒是由牛脑中正常的朊蛋白质分子转变而来的。正常牛脑中朊病毒蛋白质的分子质量为 33～35kDa，水溶性很强，对蛋白酶水解敏感，空间结构中含有多个 α 螺旋，在某种未知因素作用下，朊病毒蛋白质中多个 α 螺旋转变为 β 折叠，朊病毒蛋白质对蛋白酶水解不敏感，对热稳定且传染能力强，因此产生了可致病的朊病毒蛋白，导致了疯牛病的发生。

4.5 蛋白质的性质与分类

4.5.1 蛋白质的性质

4.5.1.1 两性解离及等电点

当溶液在某一特定的 pH 时，该蛋白质所带正电荷与负电荷恰好相等，净电荷为零，蛋白质以两性离子形式存在，在电场中既不向阳极移动，也不向阴极移动，这时溶液的 pH 称为蛋白质等电点（isoelectric point，p*I*）。当溶液 pH＜p*I* 时，有利于碱性解离，不利于酸性解离，蛋白质分子上带上正电荷，在电场中向负极移动；当溶液 pH＞p*I* 时，有利于酸性解离，不利于碱性解离，蛋白质分子带上负电荷，在电场中向正极移动（图 4.45）。等电点不是蛋白质的特征常数，它的值受到溶液 pH、离子强度等因素影响，因此蛋白质等电点测定要在一定 pH 和离子强度的溶液中进行。

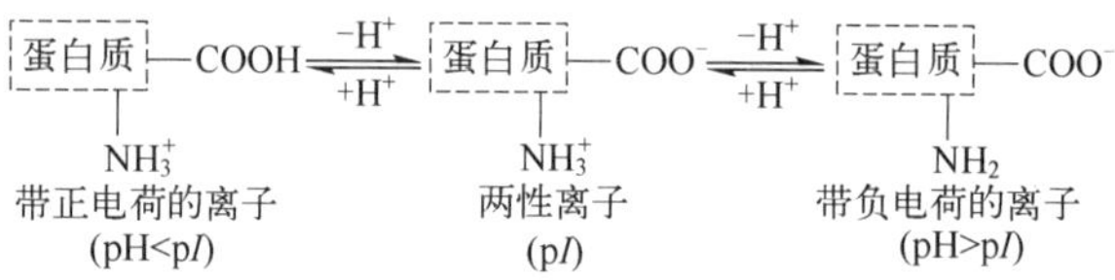

图 4.45 蛋白质两性解离过程示意图

表 4.7 给出了常见蛋白质的等电点。蛋白质处于等电点时，由于分子间斥力消失会凝结成大颗粒而聚集沉淀析出，可利用此性质对蛋白质进行分离、提纯、鉴别等。例如，大豆蛋白质的等电点为 4.5 左右，可调节大豆分离蛋白的 pH 使其从溶液中沉淀出来制备大豆蛋白。加工脱水猪肉时，可调节 pH 使之偏离等电点，使猪肉蛋白质带上电荷后进行干燥，这样可以避免猪肉蛋白质分子间紧密结合，使脱水猪肉容易重新结合水，复水时较易嫩化，提升脱水猪肉品质。乳清粉中不含酪蛋白，只含乳清蛋白，而常规的全脂乳粉、脱脂奶粉以及其他调制奶粉等均含有酪蛋白，将待测样品溶液 pH 调至 4.6，奶粉溶液会有白色絮状凝块沉淀析出，而乳清粉溶液则没有此沉淀反应，这样就可以鉴别奶粉和乳清粉。

表 4.7 一些食品中蛋白质及其等电点

蛋白质	材料	等电点（p*I*）
谷蛋白	面粉	7.0
醇溶谷蛋白	面粉	6.5
乳球蛋白	乳	5.1
酪蛋白	乳	4.6

续表

蛋白质	材料	等电点（pI）
肌球蛋白	肉	5.4
卵清蛋白	蛋	4.6
明胶	骨	4.9

4.5.1.2 胶体性质

胶体溶液的大小范围为 1～100nm，蛋白质分子直径一般为 2～20nm，因此蛋白质是胶体溶液，具有布朗运动、电泳、不能透过半透膜等特性。维持蛋白质溶液胶体性质的因素有 2 个：一是蛋白质分子表面的—NH_2、—COOH、—OH 等各种亲水基团使其分子表面形成一层水化膜；二是蛋白质分子表面带有相同电荷，使得蛋白质颗粒相互排斥，不易聚集而发生沉淀。

利用蛋白质不能透过半透膜的性质可分离提纯蛋白质，例如，透析法可利用肠衣、玻璃纸、羊皮纸等半透膜，让溶液中小分子物质穿过透析膜，而将蛋白质大分子截留在透析膜内，达到分离效果。超滤则是利用外加压力强行使小分子物质透过超滤膜，而蛋白质被截留在膜内达到分离的技术，超滤膜孔径大小决定了截留蛋白质分子的大小。

4.5.1.3 分子量

蛋白质分子量很大，一般在 6000 以上，测定方法有化学组成法、渗透压法、沉降分析法、凝胶过滤法和凝胶电泳法等。表 4.8 列举了一些蛋白质的分子量。

表 4.8 常见蛋白质的分子量

蛋白质	来源	分子量	蛋白质	来源	分子量
胰岛素	胰岛	12000	血红蛋白	人血	64500
乳清蛋白	牛乳	17400	明胶	皮	100000
醇溶谷蛋白	小麦	27500	肌球蛋白	肌肉	475000
玉米醇溶蛋白	玉米	35000	脲酶	刀豆	480000
卵清蛋白	鸡蛋	44000	核组蛋白	牛	23000000

（1）化学组成法　用化学分析方法测定出蛋白质中某一微量元素的含量，并假设蛋白质分子中只有一个铁原子，则可以由此计算出蛋白质最低分子量。例如，肌红蛋白含铁量为 0.335 %，其最低分子量可按下式算出：

$$\text{最低分子量}=\frac{\text{铁的原子量}}{\text{铁的百分含量}}\times 100=\frac{55.8}{0.335}\times 100=16700$$

（2）渗透压法　渗透压是单位体积内溶质质点数的函数，与溶质的性质和形状无关，可利用渗透压的测定来计算蛋白质分子量。对于分子量 10000～100000 的蛋白质，利用渗透压法估算其分子量可给出可靠结果。只有当蛋白质分子处于等电点时，测定渗透压才不受缓冲液中无机离子的影响。渗透压法测定蛋白质分子量实验装置简单，准确度高，但不能区别所测蛋白质溶液中蛋白质分子是否均一。

（3）沉降分析法　沉降分析不仅可以提供关于蛋白质分子量的数据，而且还可以鉴定蛋白质分子的均一性。蛋白质分子在溶液中受到强大离心力作用时，如果蛋白质密度大于溶液密度，蛋白质分子就会沉降，且沉降速率与蛋白质分子大小、分子形状及溶剂的密度和黏度有关。

（4）凝胶过滤法　由于不同排阻范围的凝胶有一特定的蛋白质分子量范围，且分子量的对数和洗脱体积之间呈线性关系。因此，用几种已知大小的蛋白质为标准进行凝胶层析，以每种蛋白质的洗脱体积对它们的分子量对数作图，可绘制出标准洗脱曲线。未知蛋白质在同样条件下进行凝胶层析，根据所用的洗脱体积可求出未知蛋白质分子量大小。

（5）SDS-PAGE 凝胶电泳法　用几种已知大小的蛋白质为标准进行电泳，以每种蛋白质分子量对数对电泳迁移率作图，绘制出标准曲线。未知蛋白质在同样的条件下进行电泳，根据它的迁移率即可求出分子量。

4.5.1.4　沉淀反应

蛋白质胶体溶液的稳定主要依靠水化层和相同电荷间的排斥力维持，如果破坏这两个因素，蛋白质就会从溶液中析出，即为蛋白质沉淀（precipitation）。主要有以下几种沉淀方法：

（1）盐析法　蛋白质溶液中加入低浓度中性盐（如 NaCl、KCl、Na_2SO_4），蛋白质表面电荷吸附盐离子后增大了蛋白质和水的亲和力，促进蛋白质溶解，称为盐溶（salting in）。向蛋白质溶液中加入高浓度中性盐，高浓度盐结合了大量的水，破坏了蛋白质水化层，使蛋白质分子的疏水残基充分暴露，同时高浓度盐也中和了蛋白质所带同种电荷，破坏了双电层，导致蛋白质颗粒相互聚集而沉淀，称为盐析（salting out）。盐析不会破坏蛋白质的活性，不同蛋白质盐析时所需盐浓度不同，这与蛋白质的浓度、颗粒大小、亲水程度及溶液 pH、温度等均有关系，可采用分段盐析法将混合液中的蛋白质分离开来。例如，半饱和硫酸铵可沉淀血浆球蛋白，饱和硫酸铵则可沉淀包括血浆清蛋白在内的全部蛋白质。

（2）有机溶剂沉淀　在蛋白质溶液中加入一定量极性有机溶剂，由于有机溶剂的亲水性比蛋白质分子强，能破坏蛋白质表面水化层，降低介电常数，增加带电质点间的相互作用，使蛋白质处于不稳定状态，聚集形成大颗粒而沉淀析出，称为有机溶剂沉淀法。此方法需在低温下操作，产生沉淀后应立即使蛋白质与有机溶剂分离，避免蛋白质发生变性，失去生物活性。常用与水亲和力较大的甲醇、乙醇和丙酮等有机溶剂。

（3）重金属盐沉淀法　重金属盐常引起蛋白质变性。当溶液 pH 大于蛋白质等电点时，蛋白质颗粒带负电荷，易与带正电荷的金属离子（如 Ag^+、Hg^{2+}、Cu^{2+}、Pb^{2+}等）结合，生成难溶性盐类而沉淀析出。对于误食重金属盐而中毒的患者，可通过口服大量豆浆或牛奶等高蛋白质食物，使蛋白质与重金属盐结合生成不溶性盐，再经催吐将不溶性盐排出体外而进行解毒。

（4）生物碱试剂和某些酸类沉淀法　生物碱是植物组织中有显著生理作用的一类含氮碱性物质。溶液 pH 小于蛋白质等电点时，蛋白质带正电荷，容易与生物碱试剂（单宁酸、苦味酸、钨酸等）和某些酸类（三氯乙酸、磺基水杨酸和硝酸等）的酸根负离子发生反应，从而生成不溶性盐而沉淀。临床检验部门经常采用此方法除去待检样本中干扰测定的蛋白质。

（5）加热变性沉淀法　加热会破坏蛋白质的高级结构，蛋白质发生变性，有规则的肽链结构被打开呈松散状，内部疏水基暴露，破坏蛋白质水化层，导致蛋白质聚集沉淀。几乎所有的蛋白质都会因加热变性而沉淀，豆腐的制作就是将大豆蛋白浓溶液加热，并点入少量盐卤（含 $MgCl_2$）。

（6）等电点沉淀法　当溶液 pH 值达到蛋白质等电点时，蛋白质容易聚集沉淀，这就是等电点沉淀法。利用等电点沉淀法得到的蛋白质不会发生变性。牛奶中存在多种高丰度蛋白质（如酪蛋白）会干扰低丰度蛋白（如乳清蛋白）的表达与鉴别，从而影响蛋白质电泳结果，而采用等电点沉淀法将牛奶中酪蛋白沉淀后，提取得到的乳清蛋白纯度高、电泳效果好。

4.5.1.5　变性与复性

蛋白质变性（protein denaturation）是指天然蛋白质受到一些物理因素（如高温、高压、辐射等）和化学因素（如强酸、强碱、有机溶剂等）的影响，蛋白质高级结构被破坏，生物学活性丧失，同时引起蛋白质某些物理和化学性质发生改变的过程。蛋白质变性的本质是维系蛋白质空间构象的次级键被破坏，并不涉及蛋白质一级结构的变化（图 4.46）。蛋白质变性后生物学活性丧失，疏水基外露，溶解度降低，分子易相互凝集形成沉淀，蛋溶液黏度增大，扩散系数变小，结晶能力丧失，紫外吸收增加，易被蛋白酶水解。

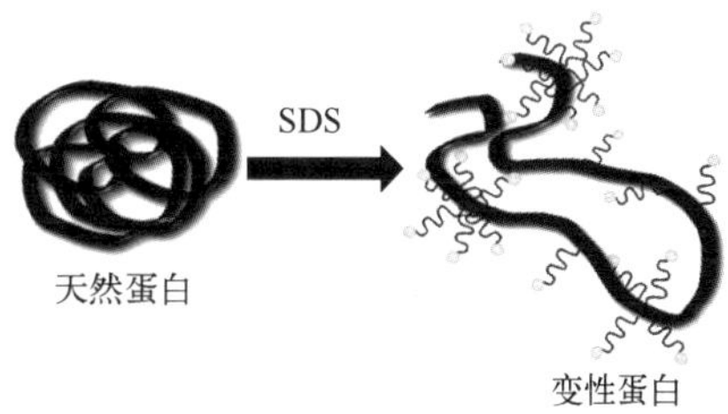

图 4.46　蛋白质变性

蛋白质复性（renaturation）指在适宜条件下变性蛋白质可从伸展态变回到折叠态，恢复生物活性的现象。蛋白质复性是一个十分复杂的过程，蛋白质酶如果在适当的条件下复性，几乎可以恢复所有酶活性及物理和化学性质，然而，剧烈条件下蛋白质将产生不可逆变性，变性因素被解除后，蛋白质空间结构不能重新形成，生物学活性不能恢复。例如，核糖核酸酶在尿素或盐酸胍、β-巯基乙醇等作用下会发生变性，如果通过透析等方法去除尿素或盐酸胍、β-巯基乙醇后，核糖核酸酶会自发重新折叠成空间结构，恢复其催化活性（图 4.47）。生产实际中可利用高温、高压、紫外线及高浓度有机溶剂等促进蛋白质变性，可达到防治病虫害、消毒、灭菌的目的。生产制备各种酶制剂时要防止酶变性失活。

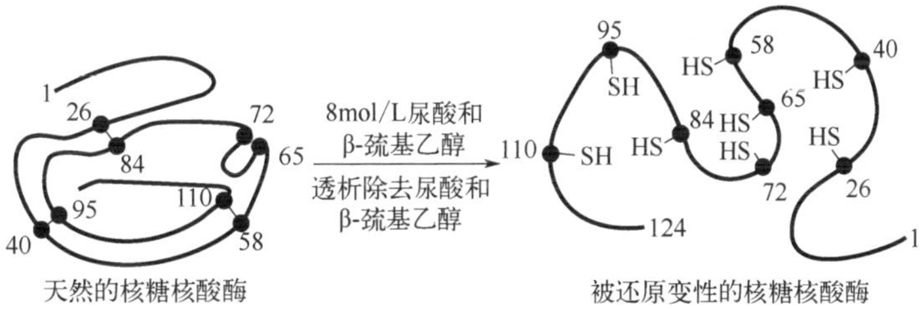

图 4.47　核糖核酸酶的变性与复性

4.5.1.6　紫外吸收

大多数蛋白质都含有酪氨酸和色氨酸残基，因此蛋白质在 280nm 波长处有特征吸收峰，可采用紫外分光光度计法对蛋白质进行定性和定量分析。该方法优点是迅速、简单，不消耗样品，低浓度盐类不干扰测定，在蛋白质和酶的生化制备中被广泛使用；其缺点是当待测的蛋白质中酪氨酸和色氨酸残基含量差别较大时会产生一定的误差，样品中的嘌呤、嘧啶等会对测定结果有较大干扰。

4.5.1.7　显色反应

蛋白质分子中有某些特殊氨基酸，它们可与多种化合物作用产生各种颜色反应，根据这些颜色反应可对蛋白质进行定性、定量分析。蛋白质常见的颜色反应见表 4.9。

表 4.9　蛋白质常见的颜色反应

反应名称	试剂	颜色	反应基团	有此反应的蛋白质或氨基酸
双缩脲反应	NaOH、$CuSO_4$	紫红色	两个以上肽键	所有蛋白质
米伦反应	$Hg(NO)_2$、$Hg_2(NO)_2$混合物	红色	酚基	酪蛋白、酪氨酸
黄色反应	浓硝酸、碱	黄色	苯基	苯丙氨酸、酪氨酸
乙醛酸反应	乙醛酸	紫色	吲哚基	色氨酸
茚三酮反应	茚三酮	蓝色	自由氨基及羧基	α-氨基酸、所有蛋白质
酚试剂反应	碱性硫酸铜、钨酸钠、钼酸	蓝色	酚基、吲哚基	酪氨酸、色氨酸
坂口反应	α-萘酚、次氯酸钠	红色	胍基	精氨酸

4.5.2　蛋白质的分类

4.5.2.1　根据蛋白质分子的化学组成分类

根据蛋白质分子的化学组成可分为简单蛋白和结合蛋白。

（1）简单蛋白（simple protein）　简单蛋白组成成分单一，水解时只产生氨基酸，按照溶解度、盐析和受热凝固等又可分为清蛋白、球蛋白、谷蛋白、醇溶蛋白、硬蛋白、组蛋白和精蛋白等。

① 清蛋白（albumin）。如血清蛋白、乳清蛋白、卵白蛋白、豆白蛋白等，能溶于水、稀盐类、稀酸、稀碱溶液，在饱和硫酸铵中析出，加热凝固，常存在于动植物细胞和体液中。

② 球蛋白（globulin）。如大豆球蛋白、肌球蛋白、β-乳球蛋白等，溶于稀盐、稀酸、稀碱溶液，在半饱和硫酸铵中析出，加热时多数凝固，常存在于动植物细胞和体液中。

③ 谷蛋白（glutelin）。如麦谷蛋白、米胶谷蛋白等，能溶于稀酸、稀碱液，不溶于水、乙醇和中性盐溶液，存在于植物种子中。

④ 醇溶蛋白（prolamine）。如小麦醇溶蛋白、玉米醇溶蛋白，能溶于稀酸、稀碱及 66%～80%的乙醇溶液，其脯氨酸和谷氨酸含量较高，赖氨酸含量较低，常存在于植物种子中。

⑤ 硬蛋白（scleroprotein）。如胶原蛋白、角蛋白、弹性蛋白。一般不溶于各种盐溶液、水、稀酸液、稀碱液，也不被酶分解，常存在于动物组织中。

⑥ 组蛋白（histone）。如核蛋白、红细胞组蛋白、胸腺组蛋白等。能溶于稀酸和水，不溶于氨水。在酸性或中性溶液中加磷钨酸可沉淀，常存在于动物细胞中。

⑦ 精蛋白（protamine）。如鱼类精蛋白，能溶于稀酸和水，不溶于氨水，在酸性或中性溶液中加磷钨酸可沉淀，精氨酸含量高，常存在于成熟的生殖细胞中。

（2）结合蛋白（conjugated protein）　结合蛋白是由蛋白质和非蛋白质成分（如糖、脂、核酸等）结合而成。按其结合物质的不同又可分为核蛋白、糖蛋白、脂蛋白、金属蛋白、色蛋白等，常见结合蛋白见表 4.10。

表 4.10 常见结合蛋白

种类	名称	辅基	典型实例
脂蛋白（lipoprotein）	脂蛋白	磷脂、中性脂、胆固醇	α-脂蛋白、β-脂蛋白
糖蛋白（glycoprotein）	糖蛋白	含糖低于 4%，葡萄糖、半乳糖、甘露糖等	淀粉酶、凝血酶
	黏蛋白	含糖高于 4%，含氨基葡萄糖、半乳糖、甘露糖、鼠李糖	血清黏蛋白、卵类黏蛋白
磷蛋白（phosphoprotein）	磷蛋白	磷酸基团	牛奶酪蛋白、卵黄磷蛋白
核蛋白（nucleoprotein）	脱氧核糖蛋白	脱氧核糖核酸	染色体
	核糖体蛋白	核糖核酸	30S 核糖体
	病毒	DAN 或 RNA	烟草花叶病毒
色蛋白（chromoprotein）	色蛋白	含铁、铜等及有机色素	血红蛋白、肌红蛋白
黄素蛋白（flavoprotein）	黄素蛋白	黄素腺嘌呤二核苷酸	琥珀酸脱氢酶
金属蛋白（metalloprotein）	铁蛋白	铁	铁蛋白、细胞色素 c
	锌蛋白	锌	乙醇脱氢酶
	铜蛋白	铜	质蓝素

4.5.2.2 根据蛋白质分子形状不同分类

（1）球状蛋白质　球状蛋白质呈球形或椭球形空间结构，分子对称性较好。生物体内活性蛋白质绝大多数是球状蛋白质，具有许多生理活性。例如，转运蛋白能介导生物膜内外化学物质及信号交换；胰岛素、促肾上腺激素和胰高血糖素等具有调节机体代谢、生长、发育、繁殖等活动的作用。

（2）纤维状蛋白质　纤维状蛋白质分子类似细棒或纤维，对称性差，在脊椎动物体内含量较高，如机体皮肤、肌腱、软骨等。纤维状蛋白的特点是富含单一类型的二级结构，如 α 角蛋白富含 α 螺旋、丝心蛋白富含 β 折叠。纤维状蛋白可分为可溶性纤维状蛋白质（如肌球蛋白、血纤维蛋白原等）和不溶性纤维状蛋白质（包括胶原蛋白、角蛋白、弹性蛋白、丝心蛋白等）两类。

4.6 常见的具有生物活性的蛋白质

4.6.1 免疫球蛋白

免疫球蛋白（Immunoglobulin，简称 Ig）是一类具有抗体活性、能与相应抗原发生特异性结合的球蛋白。免疫球蛋白不仅存在于血液中，还存在于体液、黏膜分泌液以及 B 淋巴细胞膜中。目前，食物来源的免疫球蛋白主要来自乳、蛋等畜产品。在牛初乳和常乳中 Ig 总含量分别为 50mg/mL 和 0.6mg/mL，其中 80%～86%为 IgG。人乳免疫球蛋白以 IgA 为主，含量为 4.1～4.75μg/g。免疫球蛋白是发挥体液免疫作用的主要物质，与补体结合后可杀死细菌和病毒，可增强机体防御能力。

4.6.2 乳铁蛋白

乳铁蛋白是一种天然蛋白质的降解物，在牛乳和母乳中含量较高，晶体呈红色，是一种铁结合性糖蛋白，由 690 个左右的氨基酸组成，分子量为 77100±1500。乳铁蛋白具有结合并转运铁的能力，到达人体肠道的特殊接受细胞中后再释放出铁，增强铁的吸收利用率，降低有效铁的使用量，减少铁的负面影响。

4.6.3 溶菌酶

溶菌酶（Lysozyme）又称胞壁质酶、N-乙酰胞壁质聚糖水解酶，是一种碱性球蛋白，由 129 个氨基酸组成，分子量 14200，等电点为 10.7～11.0，分子内有 4 个二硫键交联，对热极为稳定，广泛存在于鸟和家禽的蛋清中。母乳中溶菌酶活力比鸡蛋清溶菌酶高 3 倍，比牛乳溶菌酶高 6 倍。溶菌酶对多种微生物有抑制作用，可用于香肠、鱼片、火腿、蔬菜和水果等食品的保藏。溶菌酶对婴幼儿肠道菌群有平衡作用，也可用于婴幼儿食品。

4.6.4 大豆蛋白

大豆球蛋白是存在于大豆籽粒中储藏性蛋白的总称，约占大豆总量的 30%，其主要成分是 11S 球蛋白（可溶性蛋白）和 7S 球蛋白（β-浓缩球蛋白与 γ-浓缩球蛋白），其中可溶性蛋白与 β-浓缩球蛋白约占球蛋白总量的 70%。除了婴儿，大豆球蛋白能满足 2 周岁幼儿至成人对必需氨基酸的需要。

4.7 课程思政

4.7.1 豆腐的发明

豆腐是我国古代劳动人民勤劳和智慧的结晶，有悠久的历史，又有广阔的发展前景。关于豆腐的制作，《辞源》里面有记载。1960 年在河南密县（现新密市）打虎亭东汉墓发现的石刻壁画描绘的是制造豆腐的过程，宋代豆腐已经成为重要的食品。吴自牧《梦粱录》中记载了京城临安的酒铺卖豆腐和煎豆腐。如今豆腐已成为人们的主要食物之一。我国劳动人民的聪明智慧与不断进取的精神可激发学生作为中华儿女的荣耀感以及爱国情怀、民族自豪感。

4.7.2 胰岛素的研究

胰岛素作为机体内唯一能降低血糖的物质，开辟了人工合成蛋白质的时代，同时也推动了人类探索生命奥秘的进程。1889 年，德国学者闵可夫斯基通过切除胰腺的动物试验发现了胰腺和糖尿病之间的关系；1911 年，斯科特研究发现胰岛素提取失败的原因是胰蛋白酶的存在；1921 年，加拿大学者班廷等成功地从狗的胰腺中提取出胰岛素，并证实胰岛素可以降低糖尿病患者的血糖；1923 年，美国开始量产牛胰岛素，并将其用于治疗糖尿病。1965 年，中国首次人工合成了结晶牛胰岛素，这是人类有史以来首次人工合成具有生物活性的蛋白质。通过介绍胰岛素的研究过程，可提高学生的学习兴趣，培养学生的科学探索精神，提高学生的民族自信和文化自信，使其对生命科学研究领域的发展充满信心。

4.7.3 蛋白质含量的测定（酚试剂法）

1922 年吴宪教授在 Journal of Biological Chemistry 上发表了一篇介绍检测血清蛋白质含量的方法——酚试剂法：根据含有非电离的极性氨基酸（酪氨酸）的蛋白质可与酚试剂中的磷钼钨酸反应生成蓝色化合物这一原理可测定溶液中蛋白质含量，这是由中国人率先在世界上发表的研究成果。吴宪作为中国的生物化学工作者特别值得我们自豪，他首创用钨酸除去血液样品中所有的蛋白质，提出蛋白质变性理论。通过学习吴宪对生物化学做出的贡献，可增强学生的民族自豪感，提高学生的学习兴趣、树立自信心。

4.8 拓展与探索

蜘蛛丝是一种多用途的蛋白质纤维，其机械特性保证了蛛网能很容易地吸收冲击能量。蛛网有很多用途，例如古希腊人用蛛网治疗伤口、澳大利亚土著人用蜘蛛丝做鱼线。蜘蛛丝还被用作科学设备等。

4.8.1 蛛丝结构

蛛丝有八种不同的类型，但是没有一种蜘蛛能制造所有类型的蛛丝。拖丝是一种非常坚固的纤维，用于蛛网的框架线和径向线，以及作为安全线（防止坠落或捕食动物的逃脱）。捕获丝是一种有弹性和黏性的纤维，主要用于织网。蜘蛛丝的韧性大约是同等重量高级钢丝的 5 倍，是合成纤维的 2 倍。蜘蛛丝蛋白的氨基酸组成独特，大多数残基是甘氨酸（42%）和丙氨酸（25%），还有少量具有较大侧链的氨基酸（Arg、Tyr、Gln、Ser、Leu、Pro）。拖丝由蜘蛛蛋白 1 和蜘蛛蛋白 2 组成，分子质量为 200～350kDa。这两种蜘蛛蛋白都含有两种主要重复单元：聚丙氨酸序列（5～610 个残基）和富含甘氨酸的基序。在成熟蚕丝蛋白中，聚丙氨酸和聚甘氨酸序列形成反平行的 β 折叠，这种微晶结构赋予蚕丝抗拉强度。

4.8.2 蛛丝的形成过程

如图 4.48 所示，旋转过程开始于蜘蛛腹部的壶腹腺，上皮细胞将蜘蛛素分泌到腺腔中。蛛丝蛋白的浓度可以高达 50%（质量分数）。在这个阶段，蜘蛛素的球状构象（约 30%的 α 螺旋）确保了它在水中的溶解度，防止聚集。蜘蛛丝被分泌到壶腹腺的管腔后，向漏斗移动，在那里进入旋转导管的开端。由于剪切应力和其他作用力，丝浆中的蛛丝通过壶腹腺和连接纺丝管的狭窄漏斗被压缩，并被迫沿它们的长轴排列。当丝聚合物沿着逐渐变细的管道前进时，α 螺旋转变为疏水的 β 折叠。通过阀门后，蛛丝纤维在离开喷丝口之前会通过阀门，通过对管道进行前后加捻，将其移动到打开的阀门中，一旦蛛丝纤维从喷丝口中喷出去，蜘蛛会进一步拉伸纤维导致纤维进一步水分蒸发和分子有序排列，形成强韧的蜘蛛丝。

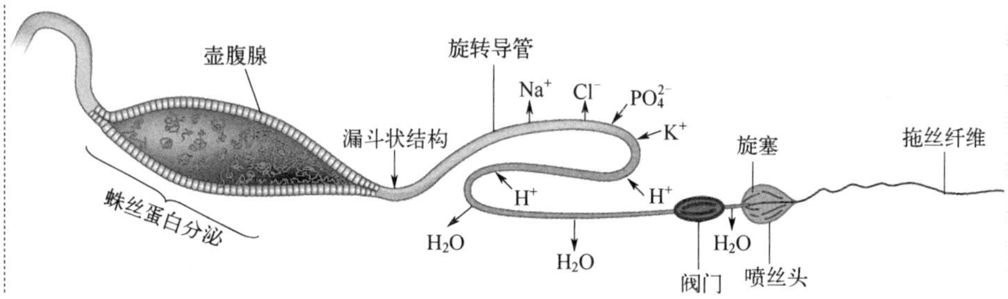

图 4.48　蜘蛛拖丝加工过程示意图

4.8.3　蛛丝的仿生学

解决蛛丝来源不足最简单的方案是养殖蜘蛛，但蜘蛛是同类相食的动物，在近距离内，蜘蛛会互相吞食，单独处理每一只蜘蛛费用很高，所以养殖蜘蛛的方法不可行。另一种策略是人工蜘蛛丝的仿生工业合成，例如，采用重组技术将蛛丝基因插入细菌和酵母中，就可以利用这些生物体生产出人造蜘蛛丝，然而这个方法取得的成功有限。

思考题

1. 构成蛋白质的元素主要有哪些？用凯氏定氮法测得 0.5g 啤酒大麦中含氮量为 8mg，那么该大麦中的粗蛋白含量是多少？

2. 什么是氨基酸的等电点？如果某氨基酸溶于 pH7 的纯水中，所得到的氨基酸溶液的 pH 为 6，那么该氨基酸的等电点大于 6、等于 6 还是小于 6？

3. 简述测定蛋白质分子量的方法及原理。

4. 简述蛋白质的结构层次。

5. 简述蛋白质结构与功能的关系。

第5章
酶

本章提要

酶是由活细胞产生的具有高效催化、高度专一、易失活的生物催化剂。酶根据分子组成可分为简单酶和结合酶两类。酶能通过降低反应活化能而加快反应速度。酶活性中心的底物结合部位决定酶的专一性，催化部位决定酶的高效催化性。酶可分为6大类，有系统名和惯用名。酶促反应动力学研究了酶浓度、底物浓度、pH、温度、激活剂和抑制剂对酶促反应速度的影响。米氏方程是反映底物浓度与反应速度关系的动力学方程。酶活性调节主要有别构调节、共价修饰调节等，酶原激活、同工酶在酶活性调节中也有重要意义。维生素是辅基或辅酶的重要组成成分。

5.1 概述

5.1.1 酶的化学本质

5.1.1.1 酶的概念及研究历史

酶是生物活细胞产生的具有催化作用的生物大分子。各种新陈代谢反应能够在生物体内有条不紊地进行有赖于酶的催化作用。酶的历史很悠久，我国在4000多年前便能利用微生物发酵酿酒，在3000多年前就能够制饴、制酱，这些都离不开酶的作用。

人们对酶的认识经历了一个漫长的过程，夏禹时期，人们初步掌握了酿酒的原理及过程；到了周朝，人们就开始发展酿酒技术；战国时期人们已经知道利用酶制造食品和治疗疾病，但并不知道酶究竟是怎么起作用的。1814年，俄国科学院院士 Ckirchoff K 用少量麦芽提取液在室温下使淀粉转变为糊精和糖，至此开始了酶的研究。1833年，法国化学家佩恩和帕索兹从麦芽水提取物中分离出能将淀粉水解成可溶性糖的物质，称为淀粉酶（diastase），这是第一个无细胞酶制剂。1836年，德国生理学家 Theodor Schwann 在研究消化过程时分离出一种在胃内消化蛋白质的物质，即蛋白酶，可用于制备消化药品。1857年，巴斯德提出酵母中的酶可催化糖发酵生成酒精，且酶依赖于活细胞。1878年，德国科学家库尼乌斯将这类生物催化剂统称为“酶”。1896 年，德国 Buchner 兄弟发现无细胞的酵母提取液也能把糖转化为乙醇，证明了胞外酶也具有催化作用。他把这种能发酵的蛋白质称为酒化酶（Eymase），表明发酵过程并不需要完整的活细胞存在。1896 年，日本高峰让吉发现从米曲霉中制得高峰淀粉酶而用作消化剂，开启了酶应用于生产的时代。随着酶研究的深入，人们逐渐认为酶的化学本质是蛋白质，直到 20 世纪 80 年代具有催化活性的核酶和脱氧核酶的发现打破了酶就是蛋白质的传统观念。20 世纪中、后期，酶学研究突飞猛进，分离纯化得到数千种酶，并阐明了其结构和催化机制，为酶的应用奠定了理论基础。

5.1.1.2 酶的化学本质

1926 年，美国生物化学家 James B. Summer 第一次从刀豆中分离出脲酶，并制备成结晶，首次通过理化分析证明它是蛋白质。随后 3000 多种酶被人们认识和研究，发现这些酶都具有一般蛋白质的理化性质，主要有以下几个方面：①化学组成中氮元素含量约为 16%；②能被蛋白酶水解失去活性；③能发生两性解离并具有等电点；④分子量大，水溶液具有胶体性质，不能透过半透膜；⑤受到某些理化因素（紫外线、加热、强酸、强碱、重金属盐、有机溶剂等）作用时会发生变性；⑥某些酶分子具有一、二、三、四级结构；⑦酶水解的终产物为氨基酸。以上这些理化性质使得人们认为酶的化学本质就是蛋白质。

5.1.1.3 酶的组成

酶按分子组成分类可分为单纯酶和结合酶两大类。单纯酶（simple enzyme）仅由氨基酸分子构成，不含有其它化学成分，此类酶的催化活性仅仅取决于酶蛋白本身，如溶菌酶、淀粉酶、脂肪酶、蛋白酶等。结合酶（conjugated enzyme）除了氨基酸分子外，还需要一些非蛋白质化学成分参与酶的组成，如果没有这些非蛋白质成分酶就没有活性。结合酶中的蛋白质部分称为酶蛋白（apoenzyme），非蛋白质部分称为辅助因子（cofactor）。结合酶中的酶蛋白和辅助因子只有结合后才具有催化作用，酶蛋白和辅助因子形成的复合物统称为全酶（holoenzyme）。在酶促反应中，结合酶中酶蛋白部分决定了酶催化底物的专一性，只有与酶的空间结构相适应的底物分子才能被酶分子催化。结合酶中的辅助因子则是催化反应中电子、原子或某些化学基团的转移者，它决定了酶促反应的性质，如具有辅助因子 NAD^+的酶能够催化氧化还原反应；以四氢叶酸为辅助因子的酶能够催化基团的转移。在结合酶中，一种酶蛋白只能与一种辅助因子结合，如醇脱氢酶需要以 NAD^+为辅酶，当它与 $NADP^+$结合后就丧失了酶的活力；而一种辅助因子可与多种不同的酶蛋白结合则显示出不同的催化作用，如 NAD^+可以与乳酸脱氢酶、醇脱氢酶结合，催化不同的底物脱氢，这也证明了酶的专一性是由酶蛋白决定的。

按照与酶蛋白结合的紧密程度不同，结合酶的辅助因子可分为辅酶（coenzyme）与辅基（prosthetic group）（见表 5.1）。辅酶与酶蛋白结合比较松弛，用简单的透析等方法可以除去，而且不会对酶蛋白造成失活，如 NAD^+、$NADP^+$等；而辅基与酶蛋白结合比较牢固，将辅基与酶蛋白分离常常需要采用剧烈的方法或经过一定的化学处理，这会对酶蛋白的活性造成影响，如 K^+、Na^+、Mg^{2+}、Fe^{2+}、Zn^{2+}等金属离子均属于辅基，它们可以稳定酶蛋白的空间构象。

表 5.1 酶的酶辅因子

类别	酶	辅助因子	辅助因子的作用
含金属离子的辅基	酪氨酸酶、细胞色素氧化酶、抗坏血酸氧化酶、羧肽酶、碳酸酐酶、醇脱氢酶、肽酶、磷酸酶、磷酸激酶、精氨酸酶、磷酸转移酶	Cu^{+}、Cu^{2+}、Zn^{2+}、Mn^{2+}或 Mg^{2+}	连接作用或 转移电子
含铁卟啉的辅基	过氧化物酶、过氧化氢酶、细胞色素氧化酶	铁卟啉	转移电子
含维生素的辅酶	脱氢酶 黄酶 α-酮酸脱羧酶 α-酮酸脱氢酶系 乙酰化酶 转氨酶、氨基酸脱羧酶 羧化酶	NAD 或 NADP FMN 或 FAD 焦磷酸硫胺素 二硫辛酸 辅酶 A 磷酸吡哆醛 生物素	转移质子 转移质子 脱羧 氧化脱羧 转移酰基 转移氨基、脱羧 转移 CO_2
其它	磷酸基转移酶 UDP 葡萄糖异构酶	ATP 二磷酸尿苷葡萄糖	转移磷酸基 异构化

根据酶分子的结构特点，可将其分为单体酶、寡聚酶和多酶复合体。①单体酶（monomeric enzyme）分子量较小（13000～35000），它们通常由一条多肽链组成，仅有一个活性中心，不能解离为更小的单位，例如，蛋白酶、核糖核酸酶、溶菌酶和羧肽酶 A 等。单体酶种类很少，大多数催化水解反应的酶均属于此类。②寡聚酶（oligomeric enzyme）分子量一般在 35000 到几百万，由两个或多个亚基组成，亚基间以非共价键结合，容易被酸、碱或其它变性剂分离。寡聚酶可分为同多聚酶和杂多聚酶。同多聚酶是只含一种亚基的多拷贝聚合体，如丙酮酸激酶、谷氨酰胺合成酶等；杂多聚酶含两种或两种以上的亚基，如乳酸脱氢酶、天冬氨酸转氨甲酰酶等。绝大多数寡聚酶都含偶数亚基，但个别寡聚酶含奇数亚基，如萤光素酶、嘌呤核苷磷酸化酶均含 3 个亚基。相当数量的寡聚酶是调节酶，单独的亚基一般无活性，必须相互结合才有活性，其活性可受多种形式的灵活调节，对代谢过程起重要的调控作用，如糖代谢过程中的很多酶均属于寡聚酶。③多酶复合体（muhienzyme complex）是由 2～6 种酶缔合而成的结构和功能实体，催化一系列代谢反应。例如，丙酮酸脱氢酶复合体由 3 种酶共 60 个亚基组成，在三羧酸循环中催化丙酮酸脱氢、脱羧生成 CO_2 和乙酰 CoA。多酶复合体可以提高酶催化效率，连续反应体系中前一反应的产物为后一反应的底物，反应依次连接，构成一个代谢途径或代谢途径的一部分。由于这一序列反应是在高度有序的多酶复合体内进行，从而提高了酶的催化效率，同时有利于对酶活性进行调节。多酶复合体的分子量很高，例如脂肪酸合成酶复合体分子量为 2.2×10^6，*E.coli* 丙酮酸脱氢酶复合体的分子量为 4.6×10^6。

5.1.2 酶的催化性质

5.1.2.1 酶与一般催化剂相比的共性和特性

共性主要有：

（1）酶用量少，催化效率高，能使反应速率呈指数级增加；

（2）酶仅改变化学反应的速率，缩短化学反应到达平衡的时间，但不改变化学反应平衡点，酶量在反应前后不发生变化；

（3）酶可降低反应活化能，但不改变反应过程中自由能变化（ΔG），能使底物分子转变为活化分子所需的能量降低，活化分子增加，因而加快了酶促反应速率。

特性主要有：

（1）高效性　酶和一般催化剂加快反应速度的机制相同，即降低化学反应的活化能，但是酶的催化效率很高，为非催化反应速率的 10^5～10^{17} 倍。例如，胰凝乳蛋白酶的催化效率是非催化反应速率的 10^{12} 倍，催化尿素水解的脲酶为非催化分解反应速率的 10^{14} 倍。

（2）专一性　酶的专一性是指酶对所作用底物和所催化反应具有选择性，可分为三类：①绝对专一性（absolute specificity），一种酶仅作用于一种底物，进行一种专一的反应，例如脲酶只能催化尿素水解生成氨和二氧化碳，而不能催化甲基尿素发生此类反应。②相对专一性，一种酶可以催化一类结构相似的底物或一类化学键的反应，如胰蛋白酶可作用于所有含有赖氨酰或精氨酰羰基肽键的物质；磷酸酶可水解磷酸和羟基化合物形成磷酸酯键；脂肪酶能水解单酰甘油、二酰甘油和三酰甘油。③立体异构专一性，酶仅作用于互为立体异构体的底物中的一种，而对另一种则无作用，如天 L-冬氨酸氨裂解酶只催化 L-天冬氨酸脱氨基，而不作用于 D-天冬氨酸；L-氨基酸氧化酶只能催化 L-氨基酸氧化，而不作用于 D-氨基酸；L-乳酸脱氢酶只能催化 L-乳酸脱氢反应，而不作用于 D-乳酸脱氢反应。

（3）可调控性　酶可调节机体代谢反应，维持生命活动的正常进行。酶活性与生理条件、环境变化关系密切。细胞内酶活性的调控非常重要，它决定着生物体能量的合理利用和代谢途径的选择。酶对新陈代谢的调节包括酶活性调节和酶量调节。酶活性调节是指通过激活或抑制作用使细胞内已有酶分子的催化能力发生改变，这种调节可分为别构调节和共价调节。酶量调节是指通过诱导或抑制酶的合成，改变原有酶分子的数量。酶活性可受到温度、pH、底物浓度、产物浓度、激活剂、酶抑制剂等调节。

（4）催化条件温和　酶的催化反应是在生物体内进行的，反应条件一般为常温、常压和接近中性 pH，而在高温、高压、强酸、强碱、紫外线等条件下酶会发生变性而失去活性。

（5）酶易失活　生物体内的酶在进化过程中已经逐渐适应了温和的环境条件，因而在温和条件下酶能够保持其结构的稳定性和功能的活性，从而发挥催化作用，维持正常的生命活动，而在一些极端条件下，酶容易失活导致催化效率降低或完全丧失催化效果。

（6）酶的活性与辅因子有关　对于结合酶而言，并非酶自身就可以催化酶促反应，它需要结合一些非蛋白小分子后才能发挥或提高其催化活性，即结合酶的催化活性依赖辅因子，如果缺少辅因子，酶就不能发挥催化作用。常见酶的辅因子可以是无机分子或离子（如金属离子、铁硫簇），也可以是有机化合物（如血红素），也可以是一些分子量不大的有机辅助因子。大多数结合酶中的辅因子都是以非共价键方式与酶结合，也有一些有机辅因子可以与酶以共价键结合（例如丙酮酸脱氢酶中的焦磷酸硫胺素）。

5.1.2.2　酶的催化作用与活化能

活化能指一般分子转变为参加化学反应的活化分子所需的能量。一般增加反应中的活化分子数目可通过以下2种方法：采用加热或光照等增加反应物分子能量；降低反应活化能。酶催化反应效率高就是通过降低反应的活化能而增加活化分子数目实现的。如图 5.1 所示，酶促反应中生成的中间过渡态产物ES的活化能很低，因而降低了反应活化能并加速反应的进行。以 H_2O_2 分解生成 H_2O 和 O_2 为例，如果没有催化剂时该反应的活化能为 75.2kJ/mol，当用 Pd 催化时该反应的活化能为 48.98kJ/mol，当采用过氧化氢酶催化时该反应的活化能小于

8.37kJ/mol，由此可见，酶大大降低了该反应的活化能，这是酶加快反应速度的主要原因。

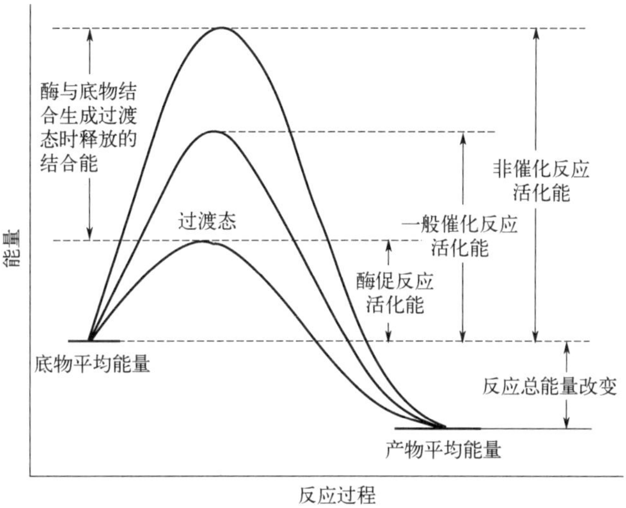

图 5.1　酶促反应过程和能量的关系

5.1.2.3　酶的催化作用的 3 种假说

（1）锁钥学说　1890 年，Emil Fischer 提出锁钥学说，该学说认为酶分子的天然构象是具有刚性的结构，酶和底物的结合就像一把钥匙和锁的配对一样，底物的结构和酶活性中心的结构必须高度吻合才能发生反应（图 5.2）。锁钥学说很好地解释了酶促反应的专一性，即酶只能与特定的底物结合并催化特定的反应，当酶活性部位发生变化或损坏时，底物就不能和其结合，酶就失去了催化能力。但锁钥学说也存在一些局限性，比如无法解释相对专一性和立体异构专一性，无法解释可逆反应（酶与底物结合后能够释放产物并重新与底物结合）等。另外，X 射线衍射证明，有时候酶与底物结合时，酶分子的构象会发生明显变化，这也是锁钥学说不能解释的现象。

（2）诱导契合学说　1958 年，Koshland 提出诱导契合学说（induced fit model），该学说认为酶的活性中心是柔性的、可塑的，底物与酶结合后，酶蛋白能够通过构象的变化来适应不同的底物，使得底物能够更好地与酶结合并发生反应，当反应结束后，酶从底物上脱落下来，酶活性中心原来的构象得以恢复（图 5.3）。诱导契合学说的核心观点是酶活性中心不是固定不变的，而是可通过构象变化来适应不同的底物，这种构象的变化是可逆的，可以恢复。

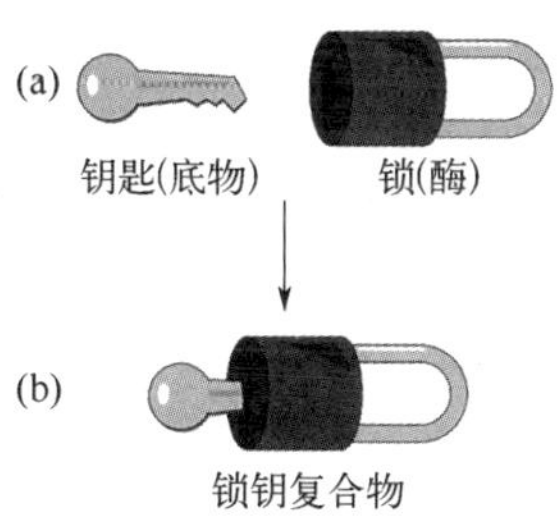

图 5.2　锁钥学说示意图

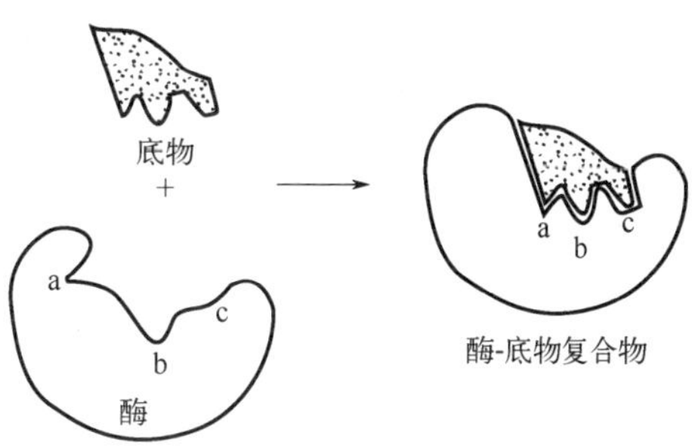

图 5.3　诱导契合学说示意图

（3）中间产物学说　1913 年，生物化学家 Michaelis 和 Menten 提出了酶的中间产物学说。该学说认为酶分子（E）与底物分子（S）先结合，使底物分子内的某些化学键发生极化、扭曲、形变而减弱，形成不稳定的中间产物酶底物复合物（ES），之后中间产物（ES）迅速转变为酶和产物（Product，P），ES 不仅容易生成，而且容易分解出产物和释放出原来的酶，这样就把原来活化能较高的一步反应变成了活化能较低的两步反应，由于反应活化能降低，反应速度大大提高。该学说的关键是酶参与了底物的反应并生成了不稳定的中间产物，这样反应就沿着活化能较低的途径进行。中间产物学说认为的酶促反应如下：

$$E+S \underset{K_{-1}}{\overset{K_1}{\rightleftharpoons}} ES \xrightarrow{K_2} E+P$$

图 5.4　酶促反应

在图 5.4 中，K_1、K_{-1} 和 K_2 为三个假设过程的速度常数。

酶促反应的中间产物很不稳定，很难从反应体系中分离出来，但可通过一些实验证实中间产物的存在。如过氧化物酶催化过氧化氢生成水的反应中，纯的过氧化物酶的吸收光谱出现在 498nm、548nm、583nm、640nm，其溶液为褐色；在体系中加入对可见光无吸收的 H_2O_2 底物，其光谱吸收带变为 530.5nm 和 561nm 两条，溶液也变成红色；如果再加入 AH_2（如焦性没食子酸或抗坏血酸），则生成的中间复合物分解成产物，酶液变为褐色，这时 530.5nm 和 561nm 的两条新谱带消失，而原来的 498nm、548nm、583nm、640nm 四条吸收谱带重新出现，这就证明了在酶促反应过程中有不稳定的中间复合物生成。

5.1.2.4　酶的活性中心

酶与底物直接结合生成产物的反应并不需要整个酶分子的参与，只需要与酶分子中很小的区域作用。在酶分子中与底物特异性结合并催化底物发生反应的区域称为酶的活性中心（active center）（见图 5.5）。酶的活性中心有两个功能部位，即结合部位（binding site）和催化部位（catalytic site），这两个部位分别起着不同的作用。酶活性中心的结合部位决定酶的专一性，由与底物特异性结合的基团组成，一般一种酶具有一个或一个以上的结合部位，每一个结合部位至少结合一种底物。酶活性中心的催化部位决定催化反应的性质，主要由一些参与催化反应的基团组成，底物的敏感键在此处被打断或形成新的键。

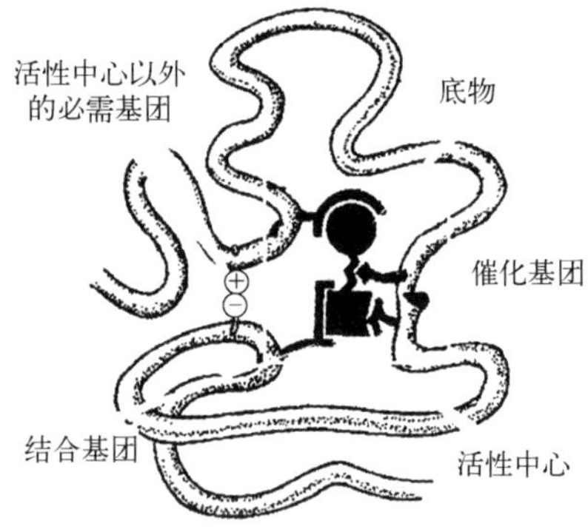

图 5.5　酶的活性中心

酶分子是生物大分子，在行使其催化作用时需要具有一定的空间构象，但酶活性中心通常由几个氨基酸残基组成，只占酶分子很小的一部分（其体积仅为酶的总体积的 1%～2%），往往处于酶分子表面的裂隙处，呈凹穴状。然而，酶活性中心在酶促反应中却具有举足轻重的作用。简单酶的活性部位由酶分子中在三维结构上比较靠近的少数氨基酸残基或者这些残基上的某些基团组成，这些氨基酸分子在一级结构中可能相差甚远，有时在不同的肽链上，但是通过肽链的盘绕折叠会使它们相互靠近，形成特定的空间结构，进而形成酶的活性中心。复合酶的活性中心的形成中也包含辅助因子的参与。

酶分子中存在的各种化学基团并不一定都与酶的活性有关，有些基团会出现在酶的活性中心并参与催化反应，这些基团对于酶的催化作用非常重要，酶行使催化作用所必需的称为必需基团（essential group），例如谷氨酸（Glu）残基的羧基、丝氨酸（Ser）残基的羟基、半胱氨酸（Cys）残基的巯基、天冬氨酸（Asp）残基和组氨酸（His）残基的咪唑基等都是酶的必需基团。此外，在酶活性中心以外还存在一些基团，它们对维持酶分子特定的空间构象也起着重要的作用，称为酶活性中心外必需基团。

5.1.3 酶的命名与分类

5.1.3.1 酶的命名

（1）习惯命名法　酶的习惯命名法一般有3种方式：第一种是采用“底物名称”命名，如蔗糖酶、胆碱酯酶、蛋白酶、淀粉酶等；第二种是采用“底物名称前冠以酶的来源”来命名，如血清丙氨酸氨基转移酶、唾液淀粉酶、胰淀粉酶、胃蛋白酶等；第三种是采用“酶的催化性质”来命名，如脱氢酶、转移酶等；第四种是采用“底物加反应类型”命名，如乳酸脱氢酶、蛋白水解酶、磷酸己糖异构酶等。虽然习惯命名法简单且使用方便，沿用至今，但易出现一酶多名或一名多酶的混乱现象，因而对酶的命名不够准确。

（2）系统命名法　1961 年，国际生物化学学会酶学委员会（Enzyme Commission）提出了酶的系统命名法，该命名法需要明确标识酶的底物与酶促反应性质。如果一种酶催化两个底物反应，在酶的系统名称中要同时写入这两种底物，并用“：”将二者隔开。若底物是水，则水可省略不写。

国际系统命名法使得每种酶都有一个编号，编号由 4 个阿拉伯数字组成，数字间用“.”隔开，即采用“EC.X.X.X.X”表示，其中 EC 是 Enzyme Commission 的缩写。编号的第一位数字 X（1 到 6）指出该酶属于哪一大类，酶按其催化反应的性质可分为 6 大类，分别为 1-氧化还原酶、2-转移酶、3-水解酶、4-裂解酶、5-异构酶、6-合成酶，酶的命名中第一位数字 X（1～6）就指的是这 6 种酶类；第二位数字指该酶属于哪个亚类，也就是根据酶促反应时底物被作用的基团或键的类型将每一大类的酶分成若干亚类；第三位数字指该酶属于哪个亚亚类，即酶促反应的每一亚类又细分为若干亚亚类；第四位数字是指该酶在亚亚类中的编号或流水号。例如，乙醇脱氢酶的编号为 EC 1.1.1.1，第 1 个 1 表示酶属于第一大类，即氧化还原酶；第 2 个 1 表示第一亚类，说明该酶的被氧化基团为 CHOH 基；第 3 个 1 表示第一亚亚类，说明该酶的受体为 NAD^+；第 4 个 1 表示醇脱氢酶在此亚亚类中的顺序号。

5.1.3.2 酶的分类

国际系统分类法根据酶促反应性质可把酶分为氧化还原酶类、转移酶类、水解酶类、裂合酶类、异构酶类、合成酶类六大类。

（1）氧化还原酶类（oxidoreductases）　氧化还原酶能催化底物发生氧化还原作用的酶，包括氧化酶（oxidases）和脱氢酶（dehydrogenase）、过氧化物酶（peroxidase）、羟化酶（hydroxylase）及加氧酶（oxygenase）。氧化酶催化的反应有氧参与，它催化底物（A）上的 H 与 O 结合生成 H_2O 或 H_2O_2，催化反应的通式为：

$$A\cdot 2H+O_2 \rightleftharpoons A+H_2O_2 \text{ 或 } 2(A\cdot 2H)+O_2 \rightleftharpoons 2A+2H_2O$$

脱氢酶催化的反应伴有 H 原子转移，它催化直接从底物脱氢的反应及其逆反应，同时需要辅酶Ⅰ（NAD^+）或辅酶Ⅱ（$NADP^+$）作为氢受体或氢供体参与反应。脱氢酶催化反应的通式为：

$$A \cdot 2H + NAD(P)^+ \rightleftharpoons A + NAD(P)H + H^+$$

（2）转移酶类（transferases） 转移酶类是催化底物之间进行某些基团转移的酶类，反应通式为：

$$AR + B \rightleftharpoons A + BR$$

常见的转移酶类有甲基转移酶、氨基转移酶、己糖激酶等，转移的基团可以为甲基、氨基、醛基、酮基、磷酸基和酰基等。转移酶类在催化转移过程中一般需要辅酶，因而多数转移酶是结合蛋白酶，一般被转移的基团首先与辅酶结合，然后再转移给另一受体。例如，己糖激酶可催化葡萄糖与ATP之间磷酸基团的转移而生成6-磷酸葡萄糖（图5.6）。

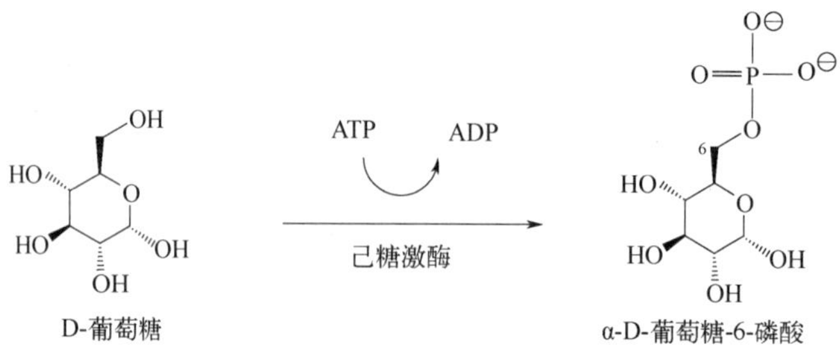

图5.6　D-葡萄糖生成α-D-葡萄糖-6-磷酸

（3）水解酶类（hydrolases） 水解酶是催化底物发生水解反应的酶类，实质上是利用水使共价键分裂的酶，水解酶类所催化的反应多数是不可逆的，反应通式为：

$$AB + H_2O \longrightarrow AOH + BH$$

常见的水解酶有脂酶、蛋白酶、肽酶、淀粉酶、麦芽糖酶、磷酸酶等。例如，酯酶催化甘油三酯水解生成甘油二酯和脂肪酸的反应如下（图5.7）：

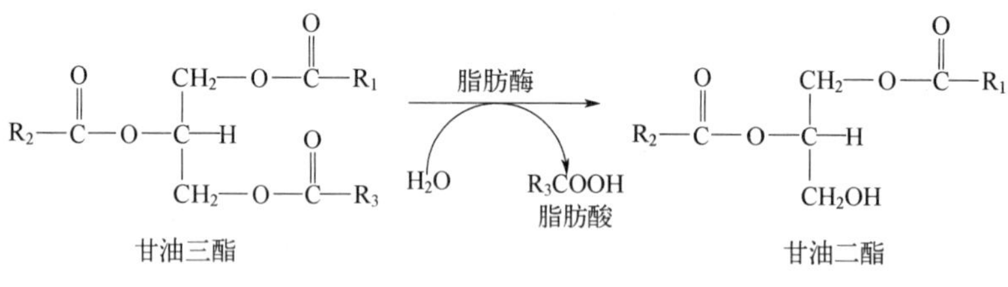

图5.7　酯酶催化甘油三酯的水解反应

（4）裂合酶类（lyases） 裂合酶也称裂解酶，是使一分子底物生成两分子产物或两种化合物加合成一种化合物的酶，反应过程中能催化底物共价键的断裂，常见的裂合酶类有脱羧酶、醛缩酶、脱水酶、脱氨酶等，反应通式为：

$$AB \rightleftharpoons A + B$$

（5）异构酶类（isomerases） 异构酶是催化同分异构体相互转化（即分子内部基团重新排列）的酶，常见的有消旋酶、顺反异构酶、差向异构酶、酮醛异构酶、分子内转移酶等。异构酶催化的反应都是可逆的，其反应通式为：

$$A \rightleftharpoons B$$

（6）合成酶类（ligase） 合成酶又称连接酶，能催化两个分子合成一个分子，同时偶联有 ATP 磷酸键断裂释放能量的酶类，如谷氨酰胺合成酶、丙酮酸羧化酶、氨基酸：tRNA 连接酶等，反应通式为：

$$A+B+ATP \rightleftharpoons AB+ADP$$

5.2 酶促反应动力学

5.2.1 影响酶促反应速率的因素

酶促反应速率可用单位时间内反应物或生成物浓度的改变表示。酶促反应初速度是指酶促反应过程中初始底物浓度被消耗 5%以内的速度。如图 5.8 所示，随着反应的进行，反应物逐渐消耗，分子碰撞的机会逐渐减小，因此，反应速率也随之减慢。当底物过量时，反应速度与酶浓度成正比，可避免产物、反应体系 pH 变化等对酶促反应速度的影响，随着反应时间的延长，酶促反应速度会减小。许多因素影响酶促反应速度，这些因素包括酶浓度、底物浓度、温度、pH、激活剂、抑制剂等。

5.2.1.1 酶浓度对酶促反应速率的影响

如图 5.9 所示，当底物浓度足够大，反应中的底物浓度的变化可以忽略不计，且酶促反应不受其他因素影响时，酶促反应速率 V 与酶浓度$[E]$成正比，即 $V=K[E]$，其中 K 为反应速率常数。通过测定酶促反应速率可以测定酶活力或衡量酶的相对含量。在酶浓度较低时，酶促反应速度很快，取决于酶的浓度，但当酶浓度较大时，反应速度和酶浓度将失去线性关系，底物的扩散会影响酶促反应速度。

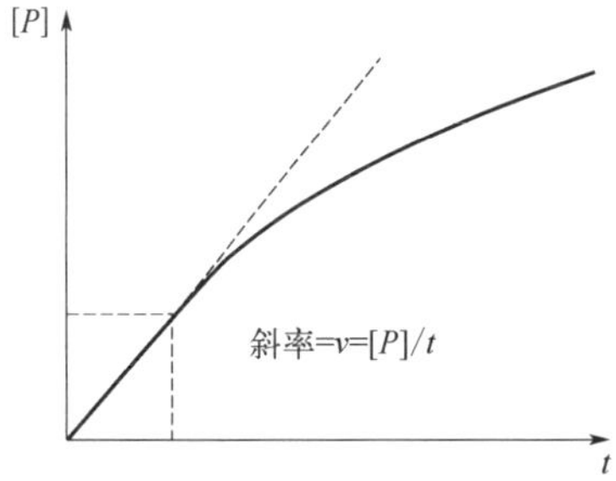

图 5.8 酶促反应时间进程曲线

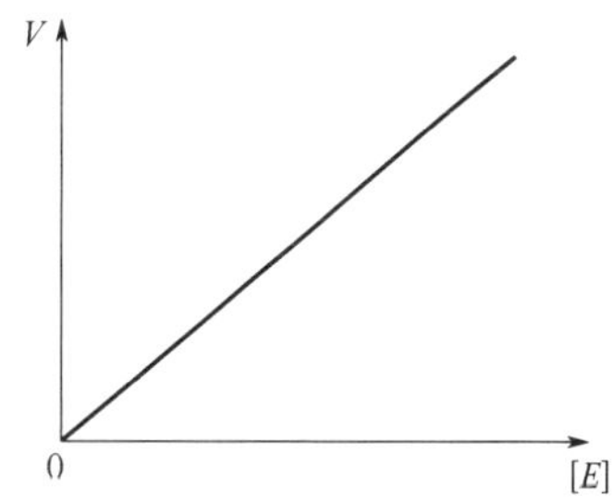

图 5.9 酶浓度对酶促反应速率的影响

5.2.1.2 底物浓度对酶促反应速率的影响

底物浓度对酶的活性不产生影响，只对酶促反应速度产生影响。如图 5.10 所示，如果酶促反应的其它条件恒定，底物浓度对酶促反应速度的影响可分为 3 个阶段：第一阶段，随着底物浓度的增加，酶促反应速度呈直线快速增加，二者之间呈正比关系（一级反应，first order reaction）；第二阶段，随着底物浓度的增加，酶促反应速度也快速增加，但二者不是正比关系（混合级反应，mixed order reaction）；第三个阶段，随着底物浓度的增加，由于所有的酶分子几乎已被底物饱和，即酶分子与底物结合的部位已被占据，此时酶促反应速度基本达到最大值，不再增加（零级反应，zero order reaction）。

5.2.1.3 温度对酶促反应速率的影响

温度对于酶促反应速度的影响具有双重效应，在一定的较低温度范围内，由于温度升高可为反应增加动能和分子碰撞频率，因此酶促反应速率随温度升高而加快。但当温度升高到一定程度时，由于酶的化学本质是蛋白质，较高的温度会导致酶蛋白受热而变性，酶促反应速率反而会降低（图 5.11）。通常将酶促反应速率达到最大时的温度称为酶的最适温度（optimum temperature）。最适温度不是酶的特征性常数，会对酶最适温度产生影响的因素有底物种类、反应时间、pH、离子强度等。一般植物体内酶的最适温度为 40～50℃，动物体内酶的最适温度多为 35～40℃，多数微生物体内酶的最适温度为 30～40℃。然而，对于某些嗜热菌而言，它们体内酶的最适温度高达 90℃，这主要是由于酶最适生存环境的温度相差较大。在较低的温度范围内，酶促反应速率随温度升高而加快，一般酶促反应温度每升高 10℃，酶促反应速率会增加 1～2 倍。当酶促反应温度大于 60℃时，多数酶开始发生变性；当酶促反应温度大于 80℃时，多数酶都会发生不可逆变性。在食品生产中，通过控制温度可以抑制有害酶的活性，进而延长食品保藏期。医学中利用酶在低温下活性降低，随着温度的回升，酶活性逐渐恢复的特性来低温保存酶和菌种等生物制品。

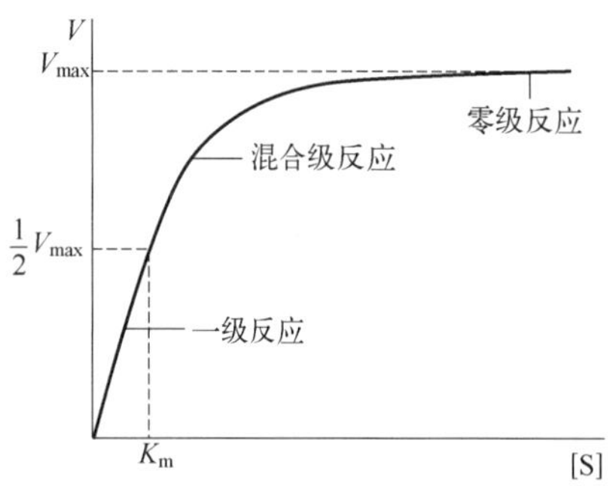

图 5.10 酶反应速度与底物浓度的关系

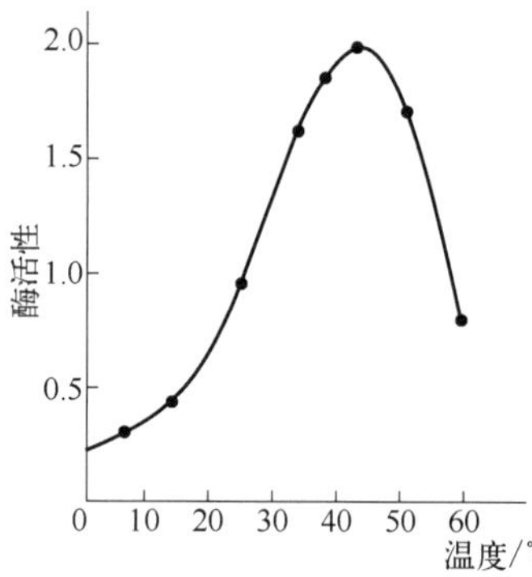

图 5.11 温度对酶促反应速率的影响

5.2.1.4 pH 对酶促反应速率的影响

pH 对酶促反应速率的影响较大，可通过影响酶的电离状态、活性中心结合基团的解离状态、催化基团中质子供体和受体的离子化状态、酶蛋白与底物及辅酶的结合程度等影响酶的催化效率。在某 pH 条件下，酶、底物和辅酶处于最佳解离状态，酶促反应具有最大速率，高于或低于此 pH 可降低酶的活性。酶发挥最佳催化作用时的 pH 称该酶的最适 pH（optimum pH）（图 5.12）。多数酶的最适 pH 在 4.0～8.0。动物来源酶最适 pH 在 6.5～8.0 之间，植物及微生物来源酶最适 pH 在 4.5～6.5 之间，但也有少数酶的最适 pH 不在此范围，如胃蛋白酶的最适 pH 为 1.5，精氨酸酶的最适 pH 为 9.7。需要注意的是，酶的最适 pH 不是固定不变的，受反应时间、温度、酶的种类及浓度、底物的种类及浓度等因素的影响。

5.2.1.5 激活剂对酶促反应速率的影响

酶的激活剂是指在一定条件下使酶从无活性变为有活性，或使酶活性大大增加的物质。在酶促反应体系中加入激活剂可提高酶促反应速度。激活剂大多数是金属离子（Mg^{2+}、Ca^{2+}、K^{+}等），少数为阴离子（Br^{-}、Cl^{-}等），有的激活剂与酶作用结合成复合物而起促进作用，有的参与酶活性中心的构成从而激活酶的活性。酶的激活剂可分为必需激活剂（essential activator）和非必需激活剂（non-essential activator）。必需激活剂对酶促反应是不可或缺的，未加入就检测不到酶的活性，而且它本身在催化过程中也不会转化为产物。非必需激活剂对于酶促反应不是不可或缺的，没有加入非必需激活剂酶也具有活性，但酶的催化效率较低，酶促反应速率慢，当加入非必需激活剂后，酶的催化活性显著增强，例如胆汁酸盐是胰脂肪酶的非必需激活剂。

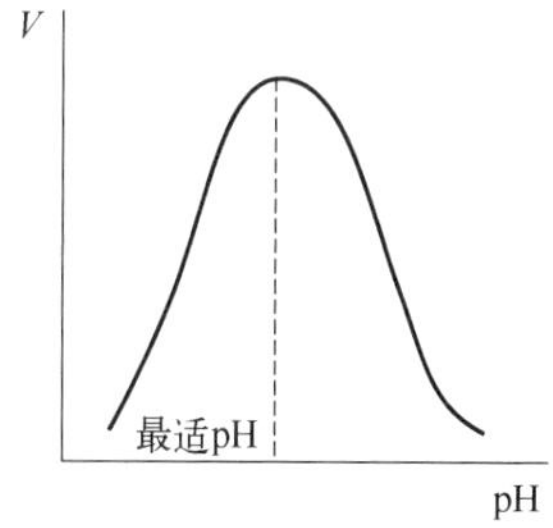

图 5.12 pH 对酶促反应速率的影响

5.2.1.6 抑制剂对酶促反应速率的影响

凡能使酶的催化活性下降而不引起酶蛋白变性的物质统称为酶抑制剂（inhibitor，I）。抑制剂在起作用时首先通过与酶的活性中心基团或必需基团结合，改变酶活性中心，给中间产物的形成或分解造成困难，进而抑制酶的催化活性，降低反应速率。酶的抑制剂主要包括重金属离子、药物、染料、氟化物、氰化物、硫化物等。根据抑制剂与酶作用方式的不同可将抑制作用分为不可逆抑制与可逆抑制两大类。

（1）不可逆抑制作用（irreversible inhibition） 不可逆抑制剂通常以共价键与酶的必需基团进行不可逆结合而使酶丧失活性，这种抑制作用可以通过化学方法将不可逆抑制剂从酶分子上除去。不可逆抑制作用又可分为专一性不可抑制和非专一性不可抑制。专一性不可逆抑制剂以共价键特异地作用于酶的活性中心或必需基团，从而抑制酶的活性。有机磷杀虫剂能专一作用于胆碱酯酶活性中心的丝氨酸残基，使之磷酰化而抑制该酶的活性。当胆碱酯酶被有机磷杀虫剂抑制后，胆碱能神经末梢分泌的乙酰胆碱不能及时分解，过多的乙酰胆碱会导致胆碱能神经过度兴奋。解磷定等药物可与有机磷杀虫剂结合，使酶与有机磷杀虫剂分离而复活。非专一性不可逆抑制剂能与酶分子中的一类或几类基团（必需基团或其他基团）共价结合，由于其中心基团也被抑制剂结合，从而使酶失去催化活性，例如 Pb^{2+}、Cu^{2+}等重金属离子，砒霜等能与酶分子的巯基进行共价结合，使巯基酶失活，从而引起中毒甚至死亡。用二巯丙醇或二巯丁二酸钠等含巯基的化合物可使酶复活。

（2）可逆抑制作用（reversible inhibition） 可逆抑制作用是抑制剂通过非共价键与酶或酶-底物复合物可逆结合，可用透析、过滤等物理方法除去抑制剂而恢复酶活性，即抑制剂与酶的结合是可逆的。可逆抑制作用可分为竞争性抑制作用、非竞争性抑制作用和反竞争性抑制作用 3 种。

① 竞争性抑制作用（competitive inhibition）。竞争性抑制剂的结构与酶作用的底物结构相似，两者对游离酶的结合具有竞争作用，会相互竞争地与酶的活性中心结合，已结合底物的酶不能与抑制剂结合，同样已结合抑制剂的酶不能与底物结合（图 5.13）。竞争性抑制剂作

用的大小取决于抑制剂与底物的浓度比，加大底物浓度可使抑制剂作用减弱，因而竞争性抑制作用可通过增加底物浓度的方法来消除。例如，丙二酸、苹果酸、草酰乙酸等均与琥珀酸结构相似，是琥珀酸脱氢酶的竞争性抑制剂。磺胺药是二氢叶酸合成酶的竞争性抑制剂，可减少菌体内四氢叶酸的合成，使核酸合成障碍，导致细菌死亡。

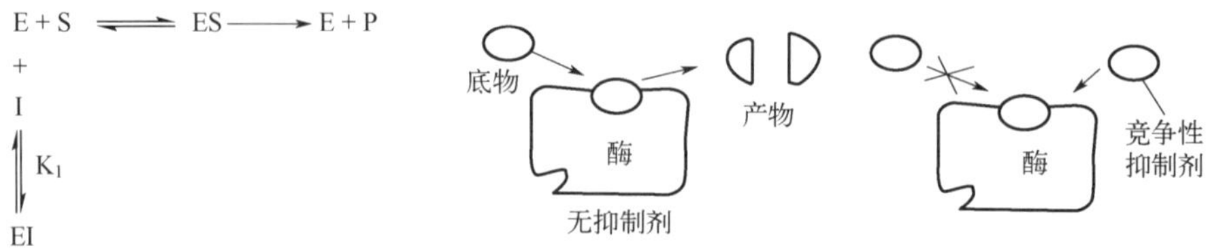

图 5.13 竞争性抑制剂作用示意图

竞争性抑制剂会阻止酶催化反应的进行，有竞争性抑制剂存在时的双倒数曲线见图 5.14，各直线在纵轴上的交点不变，说明其 V_{max} 保持不变，在横轴上的截距逐渐减小，说明竞争性抑制作用并不影响酶促反应的最大速度，而使 K_m 值变大。

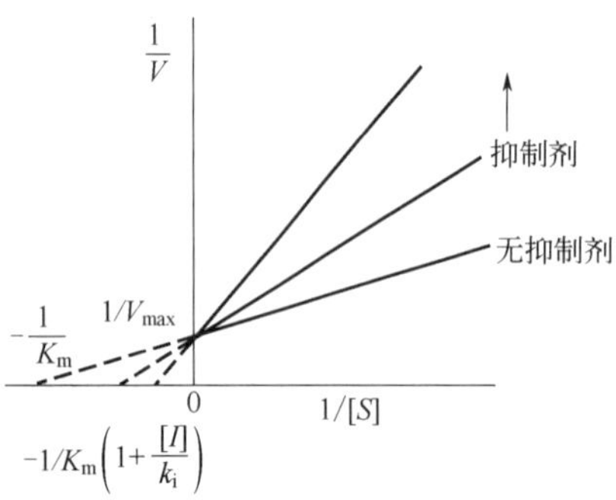

图 5.14 竞争性抑制剂双倒数图

② 非竞争性抑制作用（noncompetitive inhibition）。非竞争性抑制剂的作用特点如下：抑制剂与酶活性中心以外的部位结合，抑制剂不影响酶与底物的结合，同时底物与抑制剂在结构上并不相似，两者之间也无竞争关系，但生成的酶-底物-抑制剂复合物（ESI）不能进一步分解释放出产物，从而导致酶活性降低（图 5.15）。非竞争性抑制作用不能通过增加底物浓度的方法消除。例如，α-淀粉酶在催化淀粉水解反应时，加入麦芽糖会发生非竞争性抑制作用。

图 5.15 非竞争性抑制剂作用示意图

非竞争性抑制作用会阻止酶催化反应的进行，有无非竞争性抑制剂存在时的双倒数曲线见图 5.16，各直线在横轴上的交点不变，说明其 K_m 值保持不变；在纵轴上的截距逐渐增加，说明酶的 V_{max} 逐渐降低，即该抑制作用能使最大反应速度变小。

③ 反竞争性抑制作用（uncompetitive inhibition）。反竞争性抑制剂的特点是：抑制剂不与游离的酶结合，仅与酶促反应的中间产物酶-底物复合物（ES）结合，使酶失活（图 5.17）。一方面，ESI 的形成使中间产物 ES 的量下降，这样不仅使中间产物（ES）转化为产物的量减少，也使中间产物（ES）解离出的游离酶和底物的量减少；另一方面，形成了 ESI 三元复合物后减弱了 ES 离解成 E 和 P 的趋势，反而促进了底物和酶的结合，反竞争性抑制剂对酶促

反应的影响是这两种作用综合的结果。

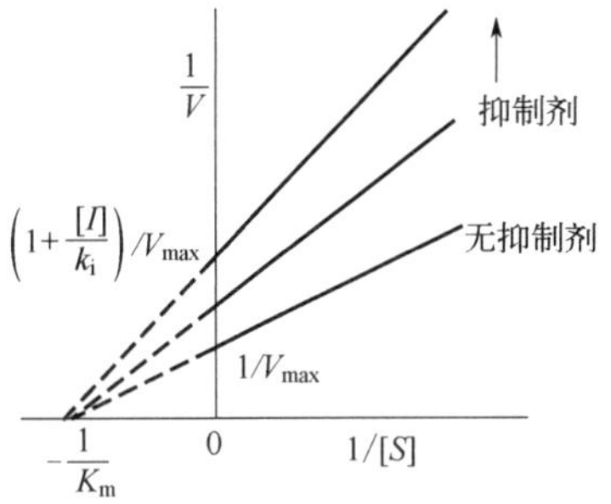

图 5.16　非竞争性抑制剂双倒数图

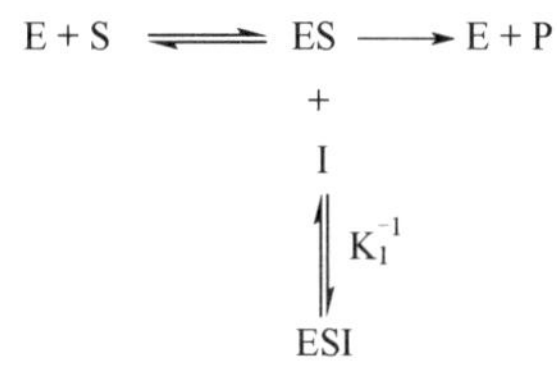

图 5.17　反竞争性抑制剂作用示意图

有反竞争性抑制剂存在时的双倒数曲线见图 5.18。反竞争性抑制作用会导致酶的催化活性降低，使 V_{max} 和 K_m 均减小，但 V_{max}/K_m 的值保持不变。尽管酶活性降低，但酶与底物的亲和力并没有改变。

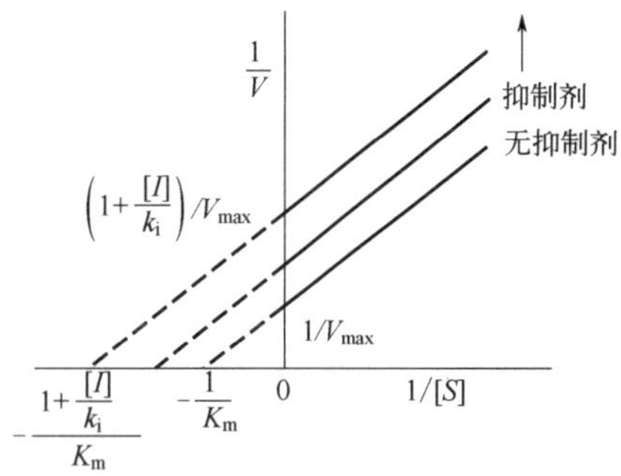

图 5.18　反竞争性抑制剂双倒数图

5.2.2　米氏动力学

Michaelis-Menten 提出了底物浓度与反应速率之间相互关系的方程式，称为米氏方程（Michaelis-Menten equation），它是表示酶促反应的起始速度与底物浓度关系的速度方程，是在假定存在一个稳态反应条件下推导出来的。米氏方程的适用范围：①此方程只表示初速率与底物的关系，即底物[S]消耗小于5%时的速率，此时产物的量很少，可忽略逆反应对酶促反应的影响。②此方程适用于简单酶催化的单底物反应。具体方程如下：

$$V=\frac{V_{max}[S]_1}{[S]+K_m}$$

式中，V 为酶促反应速率，V_{max} 为酶被底物饱和时的最大反应速率，[S]为底物浓度，K_m 为米氏常数。

由此可见，米氏常数 K_m 的物理意义为酶促反应速度达到最大反应速度一半时的底物浓度，单位为 mol/L，只由酶的性质决定，与酶的浓度无关。即当 $V=\frac{1}{2}V_{max}$ 时，则上式可写为：

$$\frac{v_{max}}{2}=\frac{v_{max}[S]}{K_m^{+}[S]}$$

可得到：[S]+K_m=2[S]，即 K_m=[S]。

米氏常数 K_m 具有以下几个特点：①K_m 是酶的特征常数，它只与酶的结构、底物种类、温度、pH 和离子强度有关，而与酶的浓度无关。②可利用 K_m 来鉴别不同的酶，这主要是由于不同酶的 K_m 不同，同一种酶若底物不同，K_m 也不同。③K_m 是酶与底物亲和力的量度，可利用 K_m 来判断酶的最适底物。当酶可催化多个底物时，K_m 越小表示酶与底物的亲和力越大，反之越小，

其中 K_m 最小的底物就是该酶的最适底物。④可通过 K_m 计算底物浓度和相对速率。

采用 Lineweaver-Burk 双倒数作图法可得出酶促反应的 K_m 和 V_{max}（图 5.19）。图中，以 $1/V$ 为纵坐标、$1/[S]$ 为横坐标作图，则得一直线，其斜率为 K_m/V_{max}，X 轴和 Y 轴上的截距分别代表 $-1/K_m$ 及 $1/V_{max}$，这样，就可得到该酶促反应的 K_m 和 V_{max}。

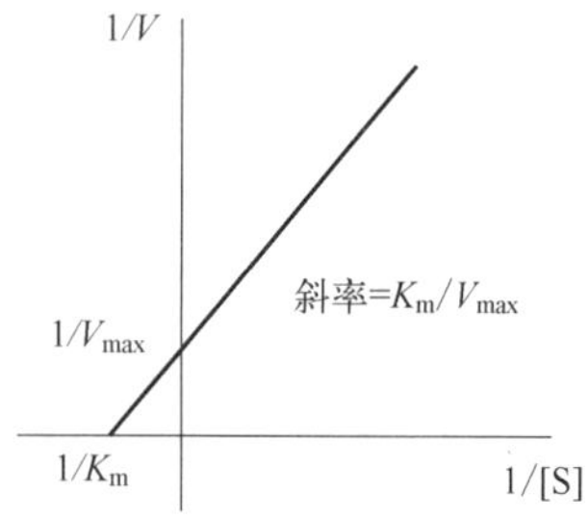

图 5.19 计算 K_m 值的双倒数作图法

5.2.3 别构酶及其动力学

5.2.3.1 别构酶及其生理意义

一些化合物与酶分子中的别构部位可逆结合后，酶分子的构象会发生改变，这会影响酶与底物的结合以及酶的催化作用，进而调节酶促反应速度及代谢过程，称为酶的别构效应。具有这种别构调节作用的酶称为别构酶（allosteric enzyme），一般都是寡聚酶，由两个或多个亚基通过次级键构成，具有四级结构，其分子包括两个中心：一个是与底物结合、催化底物反应的活性中心；另一个是与调节物结合、调节反应速度的别构中心。目前，天冬氨酸转氨甲酰酶（Aspartate transcarbamoylase，ATCase）是了解得最清楚的一个别构酶，它催化嘧啶核苷酸合成途径中的第一个中间产物 N-氨甲酰天冬氨酸的合成，ATCase 受其代谢途径的终产物 CTP 的别构抑制。ATCase 由两个三聚体构成的催化亚基（C3）和三个二聚体构成的调节亚基（r2）组成，当催化亚基和调节亚基混合时能迅速结合。别构酶的酶促反应初速率与底物浓度的关系不符合米氏方程，而是呈 S 形曲线。

别构酶能够快速调节细胞内底物浓度和代谢速率，对维持代谢恒定起重要作用。在 S 形曲线中段，底物浓度略有降低就会导致别构酶活性明显降低，会造成多酶体系催化的代谢途径被关闭；反之，底物浓度稍有增加，酶活性便会迅速上升，多酶体系催化的代谢途径又会被打开，从而起到调节代谢的作用。通常代谢途径中催化第一步反应或处于代谢途径分支点上的一类调节酶都是别构酶，大多数能被代谢终产物抑制，对代谢调控也起着重要的作用。别构酶可通过反馈抑制的方式及时调节整个代谢途径的速率，减少不必要的底物消耗。例如，生命活动的 ATP 由动物体内葡萄糖氧化分解提供，但当 ATP 生成过量时，ATP 会作为别构抑制剂通过降低葡萄糖分解代谢中的己糖激酶、磷酸果糖激酶等调节酶活性，从而抑制葡萄糖的分解。

5.2.3.2 别构酶动力学

别构酶具有协同效应，根据酶结合效应物之后对酶促反应速率的影响，别构酶又分为正协同效应别构酶和负协同效应别构酶。大部分别构酶的酶促反应速率-底物浓度的关系不符合典型的米氏方程，其[S]对 V 的动力学曲线一般为 S 形曲线（正协同），某些别构酶为双曲线（负协同）。别构酶动力学曲线见图 5.20。曲线 1 是典型的非别构酶动力学曲线（呈双曲线），符合米氏方程。曲线 2 是具有正协同效应的别构酶的动力学曲线，正协同效应别构酶能够灵敏地调节酶促反应速率，使酶对底物浓度的变化极为敏感。该曲线两端平坦，中段陡直，当底物浓度很低时，只有少数酶活性中心与底物结合，此时酶对底物的亲和力较低；随着更多的底物与酶结合，酶的构象发生了较大变化，增加了酶对后续底物的亲和性，反应速率会猛增；当底物浓度达到一定水平时，酶促反应速率接近最大反应速率。曲线 3 是具有负协同效应的别构酶的动力学曲线（类似双曲线的表观双曲线），负协同效应使酶对底物浓度变化极不敏感。该曲线比较低、平，表明当底物浓度较低时，酶促反应速率变化很快，但随着底物浓度的继续增加，酶促反应的速率变化较小，这种效应可以保证体内一些重要的反应稳定连续进行。

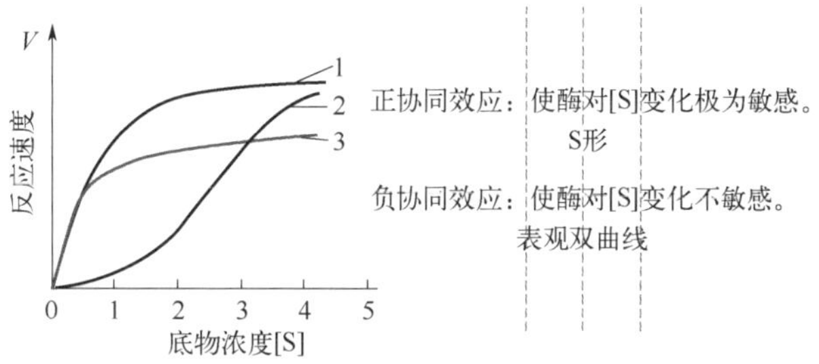

图 5.20 别构酶与非调节酶动力学曲线

1—非别构酶；2—正协同效应别构酶；3—负协同效应别构酶

5.3 酶的催化机制

5.3.1 邻近效应（approximation）与定向效应（orientation）

邻近效应是指底物分子与酶接触时，底物分子会进入酶的活性中心区域，使活性中心区域的底物有效浓度大大提高，从而加快酶的催化反应速率。酶与底物主要通过非共价作用（如氢键、离子键和疏水作用等）结合，使底物分子在酶的活性位点附近发生构象变化。定向效应是指当酶和专一性底物分子相互靠近时，会诱导酶分子构象发生改变，使酶活性中心相关基团和底物反应基团正确定向排列，同时使反应基团之间的分子轨道以正确方向严格定位，使酶促反应易于进行。研究发现，提高酶反应速度最主要的方法是使底物分子进入酶的活性中心区域，提高其有效浓度，此外还需要使反应基团在反应中彼此严格地定向，反应分子才能被作用，迅速形成过渡态（见图 5.21）。

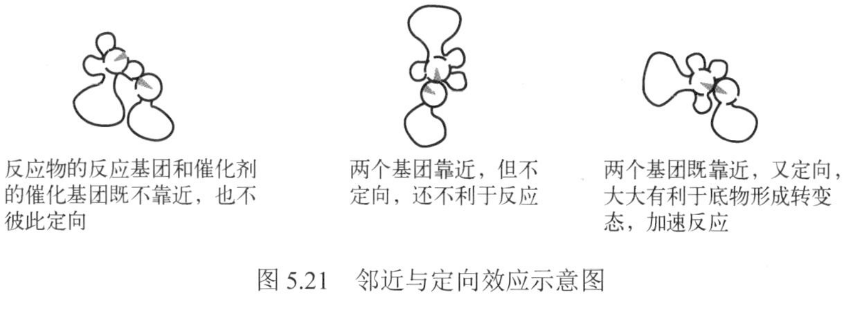

图 5.21 邻近与定向效应示意图

5.3.2 张力或变形

许多酶分子的活性部位与底物并不相适应，当酶与专一性底物相遇时，酶分子的活性部位不得不发生相应的变化，这时底物与酶分子会相互诱导、相互形变（见图 5.22），从而加快反应速度。酶一旦与底物结合，酶分子中某些基团可使底物分子内敏感键中的某些基团的电子云密度增高或降低，从而产生“电磁张力”使底物发生形变，使底物的敏感键更加敏感，更易于形成酶-底物复合物，酶促反应的活化能大大降低，加快酶促反应速率。图 5.22 表明了酶与底物结合使底物形变生成产物的过程。

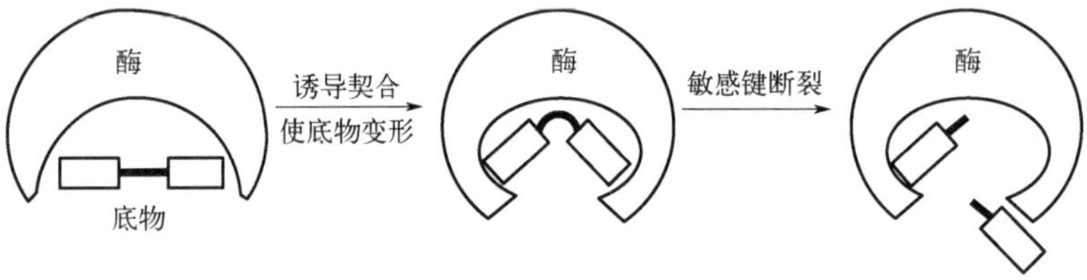

图 5.22　酶与底物结合发生形变的过程

5.3.3 酸碱催化（acid-base catalysis）

酶促反应过程中可通过瞬时对反应物提供（或接受）质子来稳定过渡态，从而加快酶促反应速率，称为酸碱催化。酶的活性中心氨基酸残基包含氨基、羧基、巯基、酚羟基及咪唑基等基团，这些基团有的是质子供体（呈酸性），有的是质子受体（呈碱性），在同一种酶中常常同时含有酸性催化作用和碱性催化作用，这样的协同作用会使酶的催化效率更高，从而加快酶促反应的速度。值得注意的是组氨酸的咪唑基，它既是一个很强的亲核基团，又是一个最有效、最活泼的广义酸碱功能基团。它的解离常数约为 6，接近生物体的生理 pH，可作为质子供体，也可作为质子受体，而且它供出质子和接受质子十分迅速，在酶的酸碱催化中十分活跃。

5.3.4 共价催化（covalent catalysis）

共价催化也称亲核催化、亲电子催化，某些酶能与底物形成一个反应活性很高的共价中间复合物，这个复合物的活化能较低，使反应更容易进行，即为共价催化作用。共价催化的一般形式是催化剂的亲核基团对底物中亲电子的碳原子进行攻击，亲核基团含有多电子的原子，可提供电子。亲核基团很多，酶蛋白分子上至少有 3 种，如丝氨酸的羟基、半胱氨酸的巯基、组氨酸的咪唑基等（图 5.23）。

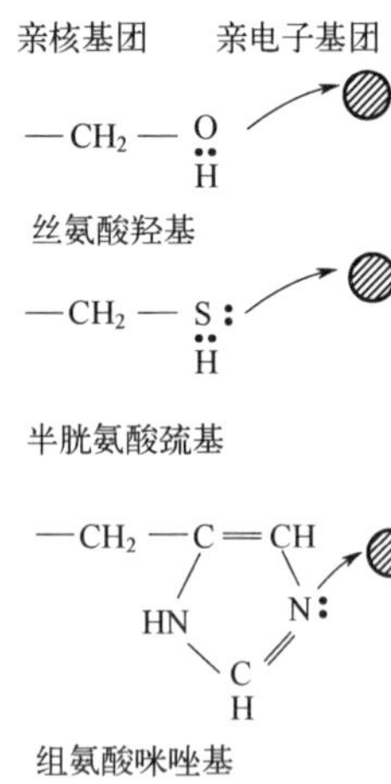

图 5.23　酶蛋白分子上常见的亲核基团

5.3.5 金属催化

金属离子参与的催化称为金属催化。某些酶在行使催化作用时需要有金属离子的参与，这些酶可分为两类：一类为金属酶，一般与过渡金属离子（如 Cu^{2+}、Zn^{2+}、Fe^{2+}、Fe^{3+}、Mn^{2+} 或 Co^{3+}等）紧密结合；另一类为金属激活酶，一般与碱金属或碱土金属离子（如 Na^{+}、K^{+}、Mg^{2+}或 Ca^{2+}等）松散结合。金属离子参与催化的机制是：①稳定过渡态中间物的电荷；②在氧化还原反应中作为电子受体或电子供体；③作为酶结构的一部分；④促进底物的正确定向；⑤作为路易斯酸起作用。

5.3.6　活性部位微环境的影响

酶的活性中心常位于酶分子表面的“凹槽”中，形成一个特殊的疏水环境，疏水环境中介电常数较低，故疏水环境中底物和酶的作用显著加强，从而使酶促反应速度加快。酶活性中心是非极性的，极性的水分子被排斥到穴外，因而酶的催化基团处于低介电环境中。由于没有水分子的屏蔽作用，底物分子的敏感键和酶的催化基团之间就容易发生反应，从而加速反应的进行。

5.4　酶活性的调节

5.4.1　酶活性（enzyme activity）

酶活性的大小可用在一定条件下酶所催化的反应的转化速率来表示，转化速率越快，酶的活性就越高，反之酶活性就越低。因此，测定酶的活性就是测定酶促转化速率，这可以用单位时间内单位体积中底物的减少量或产物的增加量来表示。酶活性还可通过测定酶促反应中某一性质的变化（如溶液黏度的变化）来进行测定。酶活力单位（U）是表示酶活力大小的单位，通常用酶量来表示。1961 年国际酶学会议规定：在特定条件下（25℃，其他为最适条件），单位时间内能转化 1μmol 底物的酶量，或转化底物中 1μmol 有关基团的酶量，称为 1 个酶活力国际单位（U）。1972 年，国际酶学会议又规定 1 个酶活力单位（K_{at}），指在最适条件下每秒钟使 1mol 底物转化为产物所需的酶量（mol/s）。国际单位和 K_{at} 之间的关系为：$1K_{at}=6\times10^{7}IU$；$1IU=16.67\times10^{-9}K_{at}$。

酶的比活力（specific activity）是指每毫克蛋白质所含的某种酶的催化活力（U/mg）。酶的比活力常用来衡量酶的纯度，对同一种酶来说，比活力越大表示酶的纯度越高。

5.4.2　酶活性的几种调节方式

为保证生物体内代谢活动在酶的催化下有条不紊地进行，生物体需通过多种机制和形式对体内的酶活性进行调节，主要包括别构调节、共价修饰调节、酶原激活、同工酶等几种方式。

5.4.2.1　别构调节

别构调节是通过对酶分子结构的影响来改变酶的催化活性。某些代谢物能与变构酶分子上变构部位特异性结合，使酶分子构象发生改变，从而改变酶的催化活性。因别构调节导致酶活性增加的物质称为别构激活剂，因别构调节导致酶活性降低的物质称为别构抑制剂，它们的作用机制见图 5.24。别构酶的 S 形动力学主要有两种假说：①齐变模型（concerted or symmetry，MWC 模型），该模型较好地解释了正协同效应，但不适用于负协同效应。它认为酶分子中所有亚基的构象全部是低活性的紧张态或松弛态，没有杂合状态。当有调节物存在时，紧张态-松弛态的转变对于每个亚基都是同时进行的，调节物使状态间的平衡发生移动，从而改变酶活性。②序变模型（sequential model，KNF 模型），该模型认为当效应物不存在时，别构酶以紧张态存在，对底物的亲和力弱；当酶与效应物结合后，别构酶转化为松弛态，对底物的亲和力增强；酶分子的各个亚基可以杂合存在，别构是由于底物或调节物的诱导，而不是因为平衡的移动。序变模型比齐变模型能更好地解释别构酶的正、负协同效应，但二者都不能圆满地解释别构酶表现出的复杂调节作用和动力学现象。

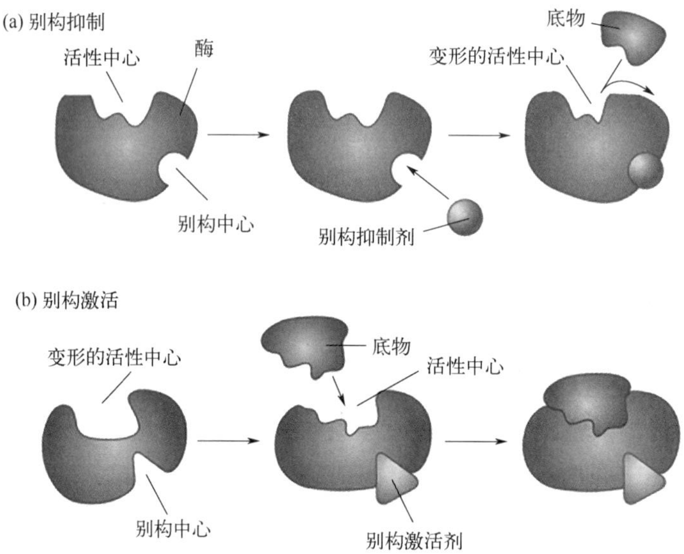

图 5.24　酶的别构抑制或别构激活

5.4.2.2　共价修饰调节

（1）共价修饰的概念　共价修饰（covalent modification）指酶蛋白基团与某些化学基团发生可逆共价结合而改变酶结构和功能，使酶催化活性发生变化的过程。共价修饰酶一般具有无活性与有活性两种形式。

（2）分类　酶的共价修饰主要有磷酸化修饰、乙酰化修饰、甲基化修饰等。

① 磷酸化修饰。酶分子中的磷酸化位点的磷酸化或去磷酸化可以改变酶的结构并影响其催化活性（见图 5.25）。催化蛋白质磷酸化的酶称为蛋白激酶，催化蛋白质去磷酸化的酶称为蛋白磷酸酶。磷酸化通常发生在蛋白质的丝氨酸、苏氨酸和酪氨酸残基上。

② 乙酰化修饰。生物体内存在多种乙酰基转移酶和去乙酰化酶，分别催化乙酰化和去乙酰化反应，可参与多种代谢酶的调节。乙酰化修饰发生在蛋白质赖氨酸的 ε-氨基上（见图 5.26）。

③ 甲基化修饰。不同的甲基转移酶催化不同蛋白质发生甲基化，甲基化所需甲基主要来

源于S-腺苷甲硫氨酸。蛋白质的赖氨酸和精氨酸残基可发生甲基化修饰。胞嘧啶的甲基化修饰见图5.27。

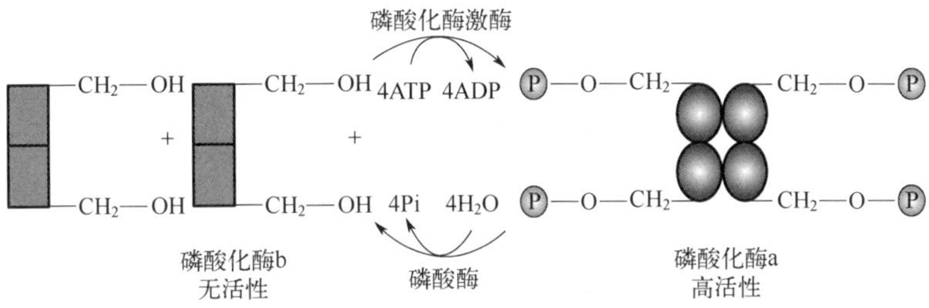

图5.25 酶的磷酸化及去磷酸化

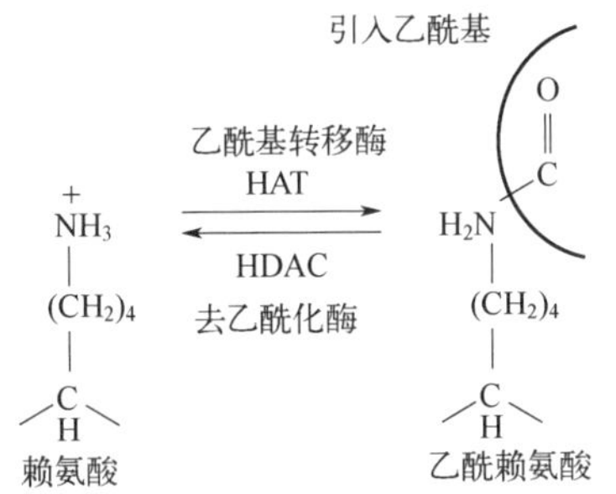

图5.26 赖氨酸的乙酰化及脱乙酰化

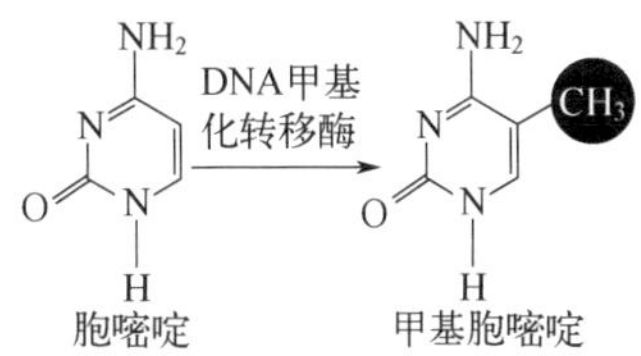

图5.27 胞嘧啶的甲基化反应

5.4.2.3 酶原激活

有些酶在细胞内刚合成或初分泌时以没有活性的酶原形式存在，在一定条件下酶原被水解掉部分肽段，并使剩余肽链构象改变而转变成有活性的酶，这个过程称为酶原激活(zymogen activation)。酶原激活实质就是通过肽键的断裂或水解作用使酶原失去一段或几段短肽，使酶分子构象改变并形成或暴露出酶活性中心。消化道内的许多消化酶在刚合成时都是以酶原的形式存在，通过酶原激活作用转变成有活性的酶。例如，胰蛋白酶原含有244个氨基酸残基，受肠激酶催化切去N端的六肽，剩余的肽链盘绕、折叠，形成活性中心区域，进而转变为有活性的胰蛋白酶（图5.28）。

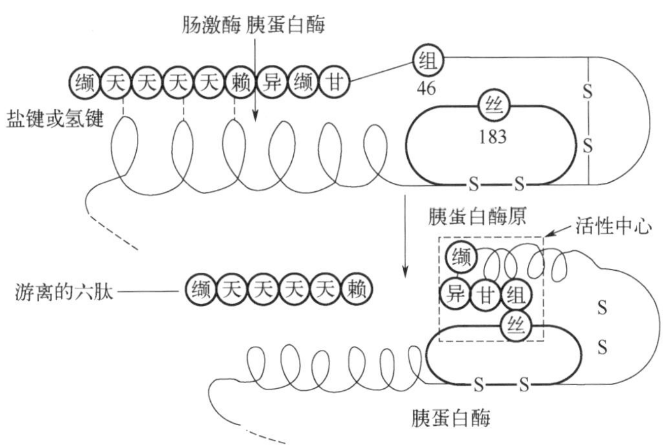

图5.28 胰蛋白酶原的激活过程

酶原激活具有重要的生理意义，可避免细胞产生的酶对细胞进行自身消化，并使酶在特定的部位和环境中发挥作用，从而维持机体正常的新陈代谢。例如，胰蛋白酶原在初分泌直至进入小肠前是不具有活性的，一旦胰蛋白酶原在胰脏中提前活化就会消化自身的胰腺细胞，导致胰腺破裂出血。

5.4.2.4 同工酶（isozyme 或 isoenzyme）

同工酶是指催化相同的化学反应，但蛋白质分子结构、理化性质和免疫性能等方面都存在明显差异的一组酶。同工酶存在于同一个体的不同组织中，也可以存在于同一组织、同一细胞的不同亚细胞结构中。乳酸脱氢酶（lactate dehydrogenase，LDH）是目前研究最多的同工酶，分子量约 140×10^3，由两种不同结构基因编码的肌肉型（M）和心肌型（H）蛋白亚基构成了 5 种同工酶（见图 5.29），它们都能催化乳酸的脱氢反应。

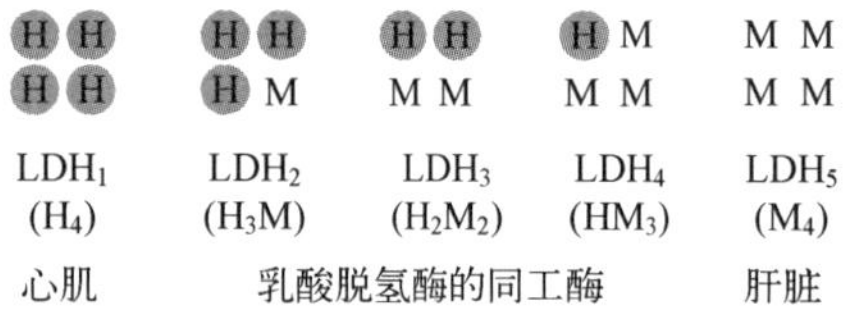

图 5.29 乳酸脱氢酶同工酶

5.5 辅酶和维生素

维生素（vitamin）是机体内维持正常生理活动的一类小分子有机化合物，对于机体的生长、代谢、发育等过程具有重要的作用。机体代谢过程中，很多酶的辅酶和辅基都与维生素密切相关。维生素能参与体内生化反应，调节机体代谢，如果摄入不足则会导致机体代谢失衡，引发各种疾病。根据溶解性不同，维生素可分为脂溶性维生素（fat-soluble vitamin）和水溶性维生素（water-soluble vitamin）两大类。

5.5.1 脂溶性维生素

5.5.1.1 维生素 A

维生素 A 是由 β-白芷酮环和两个异戊二烯单位缩合成的不饱和一元醇，有视黄醇和 3-脱氢视黄醇两种，其结构见图 5.30。维生素 A 只存在于动物性食品中，但很多植物食品（胡萝卜、菠菜、辣椒等）含有维生素 A 原（β-胡萝卜素），可被小肠黏膜或肝脏中的酶裂解为视黄醇。

维生素 A 的主要生理功能有：

（1）维持各种上皮组织的完整和健全，促进细胞生长和分化，阻止角蛋白合成　体内维生素 A 过少会导致皮肤干燥、增生及角质化，尤其是对眼部、消化道、呼吸道等上皮细胞影响显著。缺乏维生素 A 时泪腺分泌受阻，导致角膜、结膜干燥而产生干眼症，因此维生素 A 又称抗干眼症维生素。

（2）与人的视觉关系密切　眼睛对弱光的感光能力取决于视紫红质浓度，只有维生素 A 供应正常视紫红质浓度才能正常。视网膜的感光物质由视黄醛构成，视黄醛作为视蛋白的辅基参与了视觉形成，故缺乏维生素 A 视紫红质不能合成，表现为暗适应丧失或缓慢，即为夜盲症。

（3）促进人体的生长、发育　维生素 A 对人体细胞的增殖和生长具有重要作用，特别是儿童生长和胎儿的正常发育。一旦缺乏维生素 A 就可能会出现生长停滞。维生素 A 摄入不足，骨骼就可能停止发育，因而维生素 A 对身高也有一定的影响。

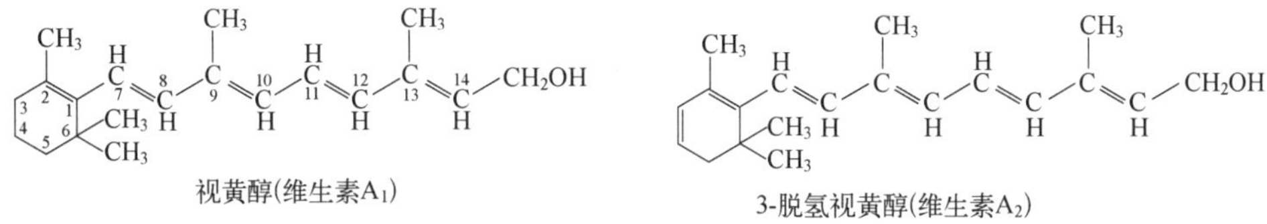

图 5.30　视黄醇和 3-脱氢视黄醇

5.5.1.2　维生素 D

维生素 D 是类固醇衍生物，含有环戊烷多氢菲结构，其结构见图 5.31。维生素 D 在鱼肝油、蛋黄、牛奶、肝、肾等中含量丰富。动物组织都含有维生素 D，但植物体内不含维生素 D。胆固醇可转变为 7-脱氢胆固醇，在紫外线照射下转变为维生素 D_3。酵母和植物油中麦角固醇是维生素 D_2 原，可在紫外线照射下转变为维生素 D_2。

维生素 D 的主要生理功能有：

（1）促进小肠对钙和磷的吸收，维持血液中钙和磷的正常浓度。维生素 D_3 的活性形式是 1,25-二羟胆钙化醇，它可诱导钙结合蛋白合成和促进 Ca-ATP 酶活性，能促进肾小管对钙、磷重吸收。

（2）促进骨骼和牙齿的钙化。婴儿缺乏维生素 D 可导致骨骼和牙齿不能正常发育，严重的会导致佝偻病，因此维生素 D 又称抗佝偻病维生素。成年人若缺乏维生素 D 会导致软骨病。

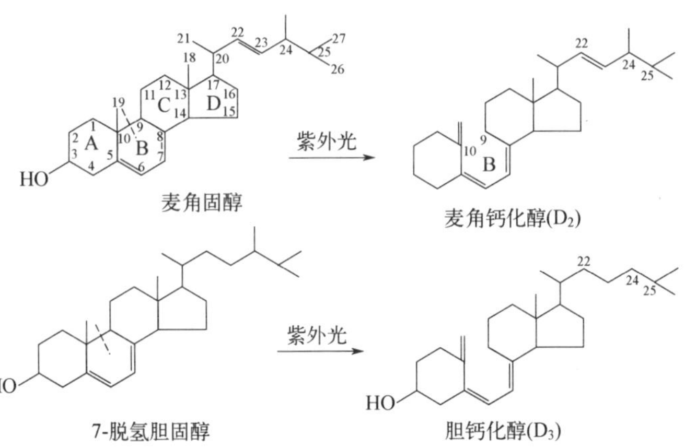

图 5.31　维生素 D 分子结构式及转化生成

5.5.1.3　维生素 E

又称生育酚，主要有 α-、β-、γ-和 δ-生育酚四种，均为苯骈二氢吡喃的衍生物，其中 α-生育酚的生理活性最高，β-生育酚和 γ-生育酚的活性仅为 α-生育酚的 40%和 8%。维生素 E 的结构见图 5.32。维生素 E 在麦胚油、棉籽油、大豆油、玉米油等中含量丰富。由于食品中维生素 E 含量丰富，人体一般不缺乏维生素 E，但特殊人群（如孕妇及新生儿）需补充维生素 E。

维生素 E 的主要生理功能有：

（1）作为强抗氧化剂，保护细胞膜免受氧化损伤，保护红细胞完整　维生素 E 还可添加到化妆品中起抗衰老作用。

（2）可调节某些酶活性，参与机体生物氧化反应　例如，维生素 E 在呼吸链中可稳定辅酶 Q，协助将电子传递给辅酶 Q；可抑制蛋白激酶 C 活性，激活磷蛋白磷酸酶 2A 等。

（3）抗不孕不育及其他作用　体内若缺乏维生素 E，则动物生殖器官发育不全，甚至不育。维生素 E 还可促进血红素代谢。临床上可用维生素 E 治疗流产、贫血、动脉粥样硬化、肌营养不良等病症。

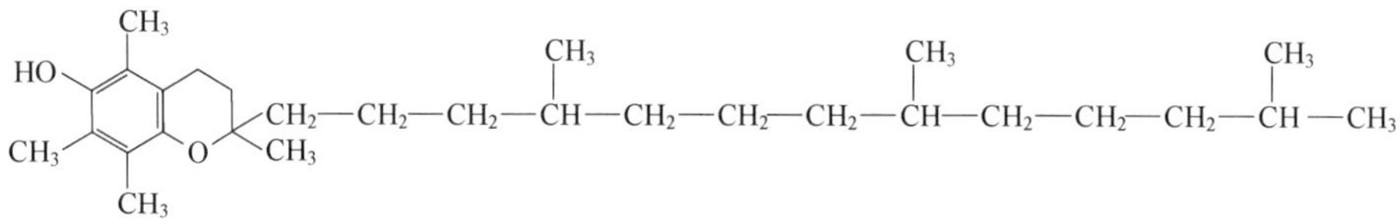

图 5.32　维生素 E 的结构

5.5.1.4　维生素 K

维生素 K 是具有异戊二烯类侧链的萘醌类化合物，有维生素 K_1、维生素 K_2、维生素 K_3 和维生素 K_4 四种，其结构见图 5.33。维生素 K 主要存在于绿色蔬菜、肝脏、鱼肉、牛奶、麦麸、大豆等食物中。人体一般不缺乏维生素 K，若食物中缺乏绿色蔬菜或长期服用抗生素影响肠道微生物生长，则可造成维生素 K 缺乏。

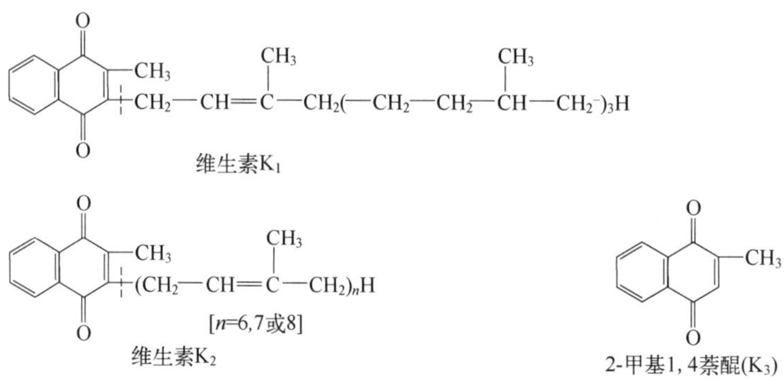

图 5.33　维生素 K 的结构

维生素 K 的主要生理功能有：

具有凝血活性，若机体缺乏维生素 K，则表现为出血或凝血时间延长，服用维生素 K 可提高机体凝血功能，故维生素 K 又称为凝血维生素，人工合成的 2-甲基萘醌（即维生素 K_3）在临床中应用最为常见。

5.5.2　水溶性维生素

5.5.2.1　维生素 B_1 与焦磷酸硫胺素

维生素 B_1 又称硫胺素（thiamine），化学结构中具有含硫的噻唑环和含氨基的嘧啶环（见

图 5.34），主要存在于瘦肉、酵母、豆类和种子的外皮及胚芽中，尤其是在糠麸中含量丰富。维生素 B_1 易被小肠吸收，在胞内酶作用下生成焦磷酸硫胺素（thiamine pyrophosphate，TPP），它是体内维生素 B_1 的活化形式，占体内硫胺素总量的 80%。维生素 B_1 易溶于水，在酸性溶液中较稳定，在中性或碱性溶液中易被破坏。煮粥、蒸馒头时加入大量的碱，食品经过精加工等都会造成维生素 B_1 破坏。

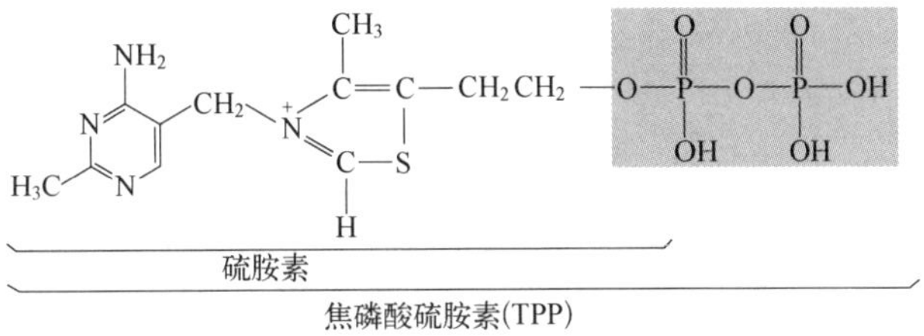

图 5.34 维生素 B_1 及其衍生的辅酶（TPP）的化学结构

维生素 B_1 的主要生理功能有：

（1）TPP 作为脱羧酶的辅酶参与 α-酮酸的脱羧反应 TPP 是体内催化 α-酮酸氧化脱羧酶的辅酶，也是磷酸戊糖途径中转酮酶的辅酶，噻唑环上的碳负离子直接作为亲核试剂参与催化作用。

（2）对于神经传导起一定作用 乙酰辅酶 A 是合成神经递质乙酰胆碱的原料，而乙酰辅酶 A 来自丙酮酸的氧化脱羧。维生素 B_1 对乙酰胆碱酯酶有抑制作用，缺乏维生素 B_1 会导致乙酰胆碱酯酶活性增强，加剧乙酰胆碱水解，神经传导受到影响，表现出胃肠蠕动缓慢、消化液分泌减少、食欲缺乏和消化不良等症状。

（3）与糖代谢关系密切，在体内供能代谢中具有重要作用 TPP 是磷酸戊糖途径中转酮醇酶的辅酶，参与转糖醛基反应。当维生素 B_1 缺乏时，TPP 合成不足，α-酮酸的氧化脱羧以及磷酸戊糖途径会发生障碍，糖代谢受阻，导致体内丙酮酸、乳酸等在神经组织中积累，此时以糖类有氧分解供能为主的神经组织供能不足及神经细胞膜髓鞘磷脂合成受阻，导致慢性末梢神经炎和其他神经肌肉变性病变，临床上称为脚气病（beriberi），严重的会导致水肿、四肢无力、手足麻木、心力衰竭、心脏扩大等多发性外周神经炎的症状，因此维生素 B_1 也称为抗神经炎维生素（又名抗脚气病维生素）。

缺乏维生素 B_1 会得脚气病。

5.5.2.2 维生素 B_2 与 FAD、FMN

维生素 B_2 是核醇与 7,8-二甲基异咯嗪缩合成的糖苷化合物，氧化的形式呈黄色，又名核黄素（riboflavin）。核黄素在体内经磷酸化后可转变为黄素单核苷酸（FMN）和黄素腺嘌呤二核苷酸（FAD），在体内主要作为各种黄酶和黄素蛋白的辅基参与生物氧化反应。维生素 B_2、FMN 和 FAD 的结构见图 5.35。维生素 B_2 对热和酸稳定，在碱性溶液中不耐热，对光（尤其是紫外线）敏感，易降解为无活性的物质。维生素 B_2 广泛存在于动植物中，在乳制品、谷物、绿叶蔬菜、肉类、蛋黄中含量丰富，缺乏后易得口角炎、舌炎、眼结膜炎、脂溢性皮炎等。

维生素 B_2 的主要生理功能有：

（1）FMN 和 FAD 在氧化反应中起递氢体的作用。它们参与氧化呼吸链、脂肪酸和氨基酸的氧化及三羧酸循环，促进糖类、脂类和蛋白质代谢。异咯嗪环的 N_1 和 N_{10} 之间有共轭双键，很易发生可逆的加氢或脱氢反应，核黄素的主要生理功能与此直接相关。

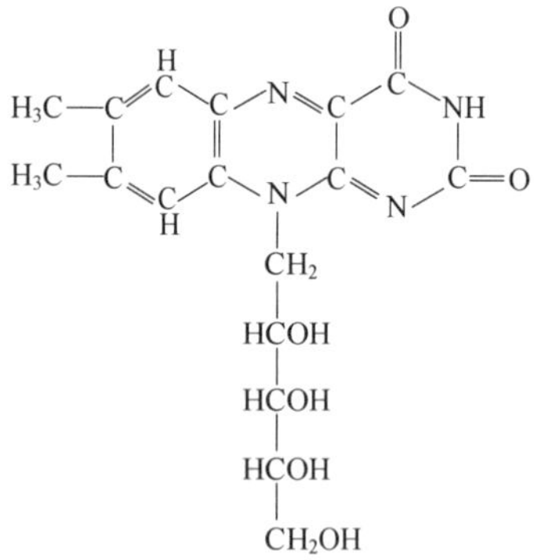

核黄素(维生素B_2)

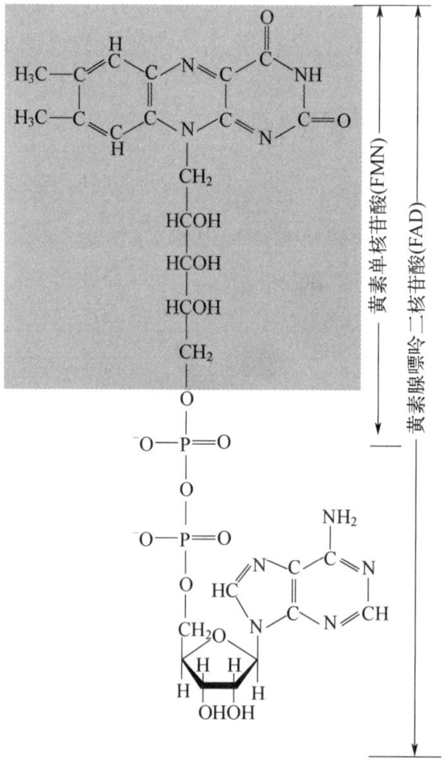

图 5.35 维生素 B_2 及其衍生的辅酶（FAD 和 FMN）的化学结构

（2）广泛参与体内多种氧化还原反应，能促进糖、脂肪和蛋白质代谢，对维持皮肤、黏膜和视觉的正常机能均有一定作用。缺乏维生素 B_2 时，组织呼吸减弱，代谢强度降低，易引发机体炎症。

5.5.2.3 维生素 PP 与 NAD^+、$NADP^+$

维生素 PP 包括烟酸（nicotinic acid）和烟酰胺（nicotinamide）两种结构形式，均为吡啶衍生物，在体内可以相互转变。烟酰胺在体内的两种活性形式分别是烟酰胺腺嘌呤二核苷酸（NAD，辅酶Ⅰ）和烟酰胺腺嘌呤二核苷酸磷酸（NADP，辅酶Ⅱ），其结构见图 5.36。NAD 及 NADP 都有氧化型（NAD^+、$NADP^+$）及还原型（NADH、NADPH）两种形式，具有可逆的加氢和脱氢特性，因此可参与生物氧化反应。由于机体中转变为烟酸的量有限，不能满足需要，因此需要从食物中摄取。大多数蛋白质都含有色氨酸，一般食物中也富含烟酸，所以机体一般不会缺乏维生素 PP。维生素 PP 缺乏时主要表现为癞皮病（pellagra），补充维生素 PP 可治疗和预防癞皮病，因此维生素 PP 也被称为抗癞皮病维生素。

维生素 PP 的主要生理功能有：

（1）NAD^+和 $NADP^+$在体内参与氧化还原反应，是多种不需氧的脱氢酶的辅酶，作为重要的递氢体在各种酶促氧化-还原反应中起着重要作用。呼吸链中代谢物脱下的氢先传递给 NAD^+，使之转变成 NADH 和氢，再通过呼吸链传递，最后传递给氧。

（2）NAD^+也是 DNA 连接酶的辅酶，为形成 3′,5′-磷酸二酯键提供所需要的能量。

5.5.2.4 泛酸与辅酶 A

泛酸是 α,γ-二羟-β,β-二甲基丁酸与 β-丙氨酸通过肽键结合而成的酸性化合物，广泛分布于动植物组织中，故称为泛酸、遍多酸。泛酸在体内与焦磷酸、巯乙胺、3′-磷酸腺苷酸结合生成辅酶 A（coenzyme A，CoA），其结构见图 5.37。泛酸在酵母、肝、肾、蛋、小麦、米糠、花生和豌豆中含量丰富，机体一般不会缺乏维生素 B_5。辅酶 A 可用于白细胞减少症、原发性血小板减少性紫癜、功能性低热、脂肪肝、肝炎、冠心病等的辅助治疗。

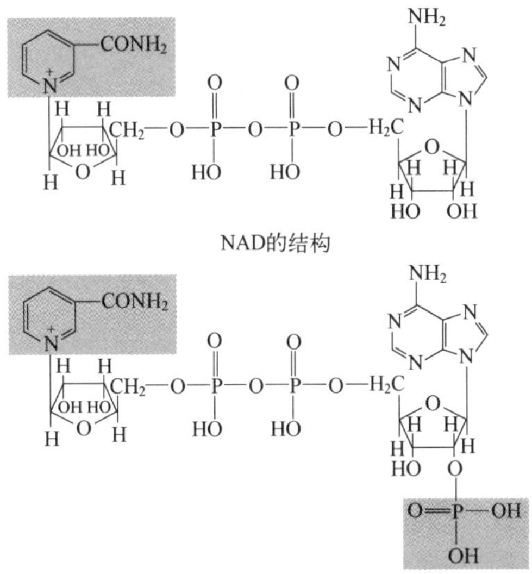

NAD的结构

NADP的结构

图 5.36　维生素 PP 及其衍生的辅酶（辅酶Ⅰ和辅酶Ⅱ）的化学结构

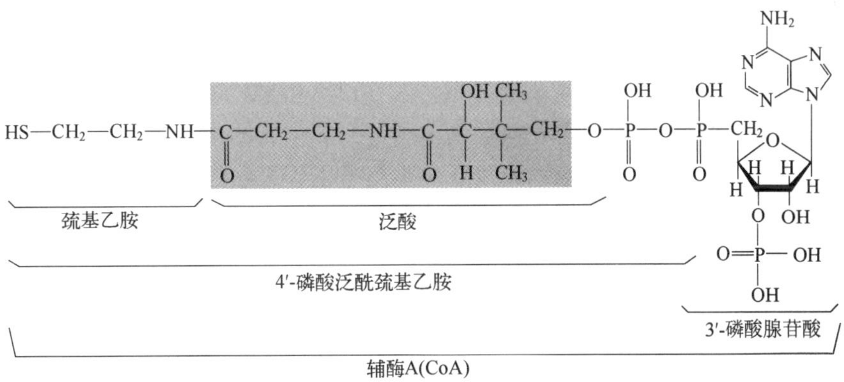

图 5.37　泛酸及辅酶 A 的化学结构

泛酸的主要生理功能有：

（1）泛酸的主要活性形式是辅酶 A，其主要作用是传递酰基，是各种酰化酶的辅酶。例如，糖代谢中辅酶 A 可作为硫辛酰基酶的辅酶参与丙酮酸的氧化脱羧等反应；脂代谢中辅酶 A 可与脂肪酸结合生成脂酰 CoA 进行 β-氧化。

（2）泛酸的另一种活性形式是酰基载体蛋白（ACP），它与脂肪酸的合成关系密切。

5.5.2.5 维生素 B_6 与磷酸吡哆醛

维生素 B_6 包括吡哆醇（pyridoxine）、吡哆醛（pyridoxal）和吡哆胺（pyrodixamine），它们在体内可以相互转变，结构见图 5.38。磷酸吡哆醛主要存在于肌肉中，并与糖原磷酸化酶相结合，约占体内维生素 B_6 的 80%。维生素 B_6 在动植物中分布广泛，在蛋黄、酵母、肝脏、肉类、全麦、豆类、坚果等含量丰富，肠道菌群也能合成维生素 B_6，目前人类尚未发现单纯的维生素 B_6 缺乏症。

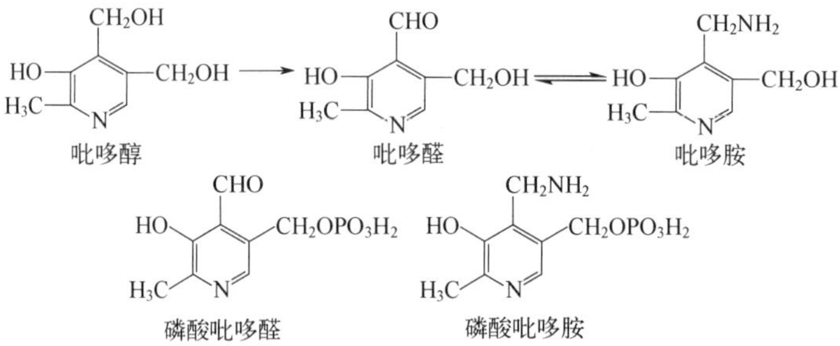

图 5.38　磷酸吡哆醇、磷酸吡哆醛、磷酸吡哆胺的化学结构

维生素 B_6 在体内的活性形式主要是磷酸吡哆醛和磷酸吡哆胺，它们的主要作用有：

（1）在转氨基反应中作为转氨酶的辅酶参与反应。磷酸吡哆醛先接受氨基酸上的氨基形成磷酸吡哆胺，然后再把氨基转移到另一个酮酸上生成新的氨基酸。

（2）在氨基酸脱羧反应中作为脱羧酶的辅酶参与反应。氨基酸脱羧的反应机理还没有完全弄清楚，可能磷酸吡哆醛的醛基与 α-氨基先形成希夫碱中间产物，后者有利于从氨基酸转移出 CO_2 生成胺。

（3）在转一碳基团的反应中作为丝氨酸转羟甲基酶的辅酶参与基团转移。

5.5.2.6 生物素（维生素 B_7）

生物素又称维生素 B_7、维生素 H，由带有戊酸侧链的噻吩环和尿素结合形成，其结构见图 5.39。生物素在动植物组织中分布很广，在肝、蛋类、酵母、牛奶、花生、鱼类等中含量多，肠道细菌也能合成生物素，是生物体固定二氧化碳的重要因素。一般很少发生生物素缺乏病，长期生吃鸡蛋可导致生物素缺乏，主要是由于未熟的鸡蛋清中有一种抗生物素的蛋白（亲和素），它与生物素高度亲和，可妨碍人体对生物素的吸收。缺乏生物素的主要症状有鳞状皮炎、精神抑郁、脱发、食欲减退等。

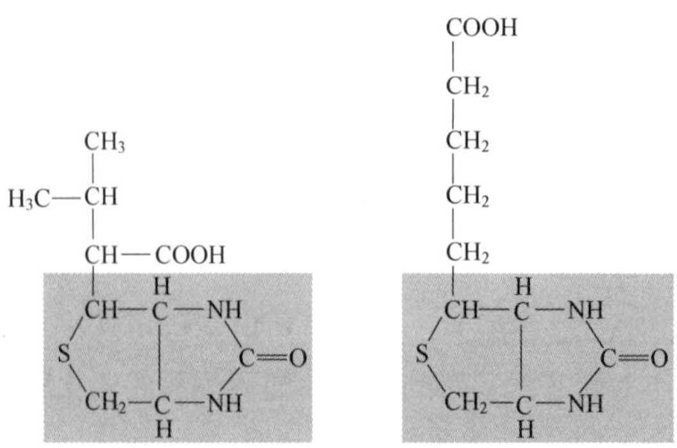

图 5.39　生物素结构（左边 α 型，右边 β 型）

生物素的主要生理功能有：

（1）生物素是多种羧化酶的辅酶，参与细胞内固定 CO_2 反应。例如，作为丙酸羧化酶、乙酰辅酶 A 羧化酶等的辅酶，参与二氧化碳的固定。

（2）生物素能增强机体免疫反应和感染抵抗力，维持体液免疫、细胞免疫，并影响细胞因子分泌。

（3）生物素可维持机体正常生长发育。生物素缺乏会导致机体生殖功能衰退，骨骼生长不良，胚胎和幼儿生长发育受阻。生物素还可用于治疗动脉硬化、中风、脂代谢失常、高血压、冠心病等疾病。

5.5.2.7 叶酸与四氢叶酸

叶酸又称蝶酰谷氨酸，其母体化合物由蝶啶、对氨基苯甲酸和谷氨酸组成，其活性形式为四氢叶酸，结构见图 5.40。叶酸广泛存在于绿叶蔬菜、酵母、肉类、水果中，肠道细菌也能合成叶酸，故一般不易缺乏。在吸收不良、代谢失常或长期使用抗生素或叶酸拮抗药等情况下可造成叶酸缺乏。叶酸为黄色晶体，微溶于水，不溶于乙醇，在酸性溶液中易被破坏，对热不稳定，见光极易被破坏。

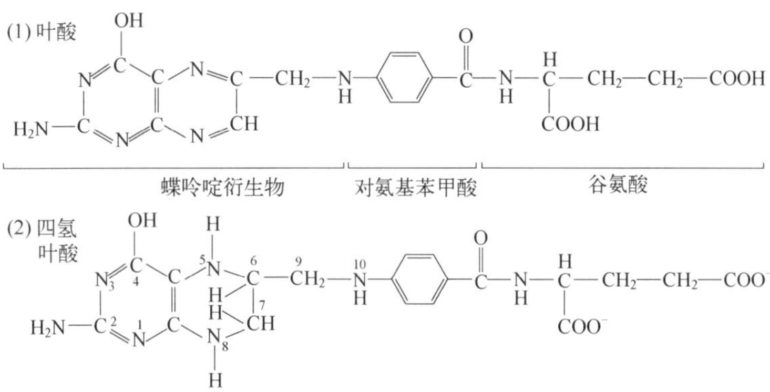

图 5.40　叶酸及四氢叶酸的化学结构

叶酸的主要生理功能有：

（1）叶酸参与体内一碳单位的转移。叶酸在细胞内的辅酶形式为 5,6,7,8-四氢叶酸，可充当甲基、亚甲基、甲酰基等基团的载体，参与体内很多重要物质的合成。

（2）叶酸与核苷酸的合成有密切关系。体内缺乏叶酸时会导致一碳基团转移发生障碍，核苷酸合成减少，使得幼红细胞分裂速度明显下降，幼红细胞因分裂障碍而体积增大，形成巨幼红细胞，最终导致巨红细胞性贫血。氨甲蝶呤、氨蝶呤等抗癌药的结构与叶酸相似，能通过抑制二氢叶酸还原酶活性而减少四氢叶酸生成，抑制体内胸腺嘧啶核苷酸的合成，具有抗癌作用。

5.5.2.8 钴胺素（维生素 B_{12}）

钴胺素（维生素 B_{12}）结构复杂，含有类似卟啉环的咕啉环结构，分子中含有金属元素钴和若干酰胺基，故又称钴胺素，其结构见图 5.41。维生素 B_{12} 的活性形式主要有 5′-脱氧腺苷钴胺素和甲基钴胺素。植物和动物均不能合成维生素 B_{12}，只有某些微生物（如细菌和古菌）能合成。维生素 B_{12} 在动物肝、肾、鱼、肉和蛋类等中含量丰富，人的肠道细菌能合成维生素 B_{12}，因此一般不会发生缺乏症。个别缺乏症常见于有严重吸收障碍疾病的人及长期素食者。

钴胺素的主要生理功能有：

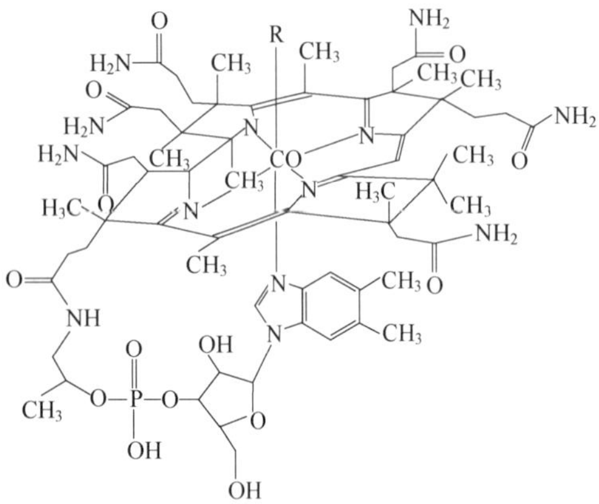

图 5.41　钴胺素的结构

（1）参与体内一碳基团的代谢和脂肪酸的合成　体内叶酸约 80 %以 N_5-甲基四氢叶酸状态存在，必须通过钴胺素将其恢复为四氢叶酸，使它能用于携带一碳基团。维生素 B_{12} 是 N_5-CH_3-FH_4 转甲基酶的辅酶，能催化同型半胱氨酸甲基化生成甲硫氨酸。缺乏时，N_5-CH_3-FH_4 上的甲基不能转移造成一碳单位代谢受阻，核酸合成障碍从而产生恶性贫血。同型半胱氨酸积累还可增加动脉硬化、高血压的风险。

（2）作为变位酶的辅酶参加异构化反应　如作为甲基丙二酸单酰 CoA 变位酶的辅酶，参加催化 L-甲基丙二酸单酰 CoA 与琥珀酰 CoA 互变。

（3）参与 DNA 合成　维生素 B_{12} 对红细胞成熟有重要作用，缺少维生素 B_{12} 时会导致核酸合成发生障碍，影响细胞分裂，巨红细胞 DNA 合成受阻，不能分化成红细胞，发生恶性贫血。

5.5.2.9　维生素 C

维生素 C 又称 L-抗坏血酸，是一种含有内酯结构的酸性多羟基化合物，广泛存在于水果、蔬菜中，呈酸性，易被氧化，加热、光照、金属离子等都会导致其被破坏，在加工中损失较为严重。维生素 C 可氧化生成脱氢维生素 C，两者能可逆转化，在氧化还原反应中起递氢体作用，其结构及化学变化见图 5.42。人体不能自身合成维生素 C，缺乏会导致坏血病，需要通过食物摄取。维生素 C 具有保护易氧化物质、降低食品加工中酶促褐变等作用，在食品中应用较为广泛。

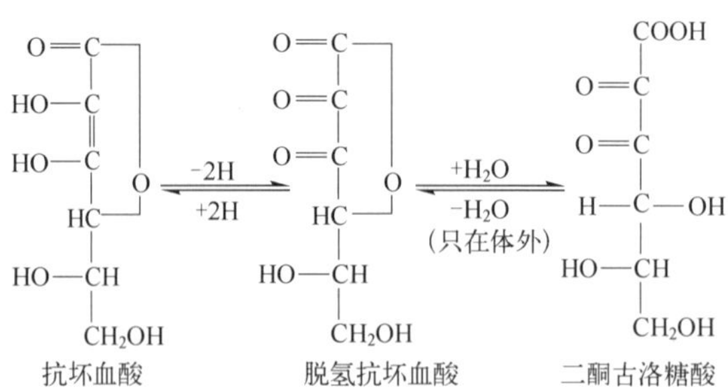

图 5.42　维生素 C 的化学结构

维生素 C 的主要生理功能有：

（1）抗氧化作用　维生素 C 可防止巯基酶中—SH 被氧化，维持巯基酶活性。维生素 C 在谷胱甘肽还原酶的作用下，将氧化型谷胱甘肽转变为还原型，其能清除细胞膜脂质过氧化物，保护细胞膜。维生素 C 能作为还原剂维持体内多种化合物的还原态，如四氢叶酸等。

（2）可促进羟化酶活性，参与体内羟基化反应　许多需要维生素 C 的含铁羟化酶参与蛋白质翻译后的修饰工作。例如，胶原脯氨酸羟化酶和赖氨酸羟化酶分别催化胶原分子中脯氨酸和赖氨酸残基的羟化，促进成熟胶原分子的生成。维生素 C 缺乏时胶原蛋白不能正常合成。

（3）维生素 C 缺乏导致坏血病　血管壁的强度和维生素 C 有很大关系，当体内维生素 C 缺乏时，微血管容易破裂，在皮肤表面易产生淤血、紫癍等，在体内易引起疼痛和关节胀痛，严重时可导致胃、肠道、鼻等出血现象。维生素 C 能治疗坏血病，因而被称为抗坏血酸。

（4）其他功能　预防牙龈萎缩、出血；预防动脉硬化，促进胆固醇的排泄；保护其他抗氧化剂，防止自由基对人体的伤害；治疗贫血，使难以吸收的三价铁离子还原成二价铁离子，促进铁的吸收，有助于治疗缺铁性贫血；提高机体免疫力等。

5.6 课程思政

5.6.1 酶催化特性

2021 年世界纤维级聚酯产能 11111.4 万吨，瓶级聚酯产能 3270.4 万吨，使用量巨大，但自然界存在的酯酶无法对其催化降解，聚对苯二甲酸乙二醇酯（PET）自然降解需上百年，大量使用会严重破坏生态平衡。另外，聚乙烯、聚丙烯、聚苯乙烯等塑料也同样由于酶催化的专一性而无法在自然界中分解。这些材料满足了人类发展需求，但极大破坏了生态平衡。然而，酯酶对广泛使用的聚酯塑料如 PET 不具有催化酯键分解的能力，这主要是由于聚酯塑料的结构不符合酯酶作用的底物结构，这体现了酶催化作用的专一性。目前推广使用的两种可降解塑料产品是聚己二酸丁二醇酯-共聚对苯二甲酸丁二醇酯（PBAT）和聚乳酸（PLA），它们可进行生物降解。通过了解可降解塑料，让学生意识到科学技术创新对社会发展的巨大作用，帮助学生树立科技创新意识，激发学生的创新思维，提高学生的创新能力。

5.6.2 酶竞争性抑制剂

青霉素的发现者是生物学家弗莱明。1922 年弗莱明无意中将鼻涕滴到培养细菌的琼脂平板上，第二天鼻涕周围出现了抑菌圈，他针对这个现象进行了研究，最终发现了一种可以溶解细菌的酶，并证明这种酶存在于鼻涕、眼泪、唾液中。通过这个名人故事可让学生学习科学家弗莱明持之以恒、不懈探索的科研精神，让学生了解科研过程中在偶然性中包含着必然性的哲学思维，培养学生善于观察生活中细节的能力，激发学生执着追求真理的精神。

磺胺类药物与合成细菌 DNA 的底物对氨基苯甲酸结构相似，可以和对氨基苯甲酸竞争二氢叶酸合成酶的活性中心，干扰细菌核酸合成，发挥抑菌作用，这是磺胺类药物的作用机制。通过对该机制的学习，可引导学生思考抑制剂与底物浓度的关系，减量和超量使用抗生素造成的影响；将酶的竞争性抑制的理论与临床实践相结合，培养学生运用所学知识解决实际问题的能力。此外，滥用抗生素容易导致耐药，甚至引发超级细菌感染，通过学习磺胺类药物的作用机制可引导学生合理使用抗生素，维护自身健康。

5.7 拓展与探索

5.7.1 淀粉酶（amylase）

淀粉酶分布广泛，可水解淀粉糖苷键，主要有α-淀粉酶、β-淀粉酶、葡萄糖淀粉酶、异淀粉酶四类。

（1）α-淀粉酶　又称1,4-α-D-葡聚糖水解酶，广泛存在于动物（唾液、胰脏等）、植物（麦芽、山萮菜）及微生物中。α-淀粉酶溶于水，不溶于有机溶剂，属于内切酶，可从底物分子内部随机切开α-1,4-糖苷键。α-淀粉酶不能作用于α-1,6-糖苷键，因此最终水解生成麦芽糖、少量葡萄糖、麦芽寡糖和一系列具有α-1,6-糖苷键的极限糊精及低聚糖。α-淀粉酶用途广泛，可用于水解淀粉制造饴糖、葡萄糖和糖浆，作为甜味剂应用于饮料和糖果工业；可用于啤酒、黄酒、酒精、酱油、醋等的酿造生产；可用于降低面团黏度、加速发酵进程、延缓面包老化等。

（2）β-淀粉酶　β-淀粉酶在大麦、小麦、甘薯、大豆等高等植物中广泛存在，属于外切型糖化酶，能从α-1,4-糖苷键的非还原性末端顺次切下一个麦芽糖单位，并转变为β-麦芽糖。β-淀粉酶不能水解支链淀粉中α-1,6-糖苷键，淀粉在β-淀粉酶作用下降解不完全，最多能水解产生50%～60%的麦芽糖，其余部分为极限糊精。β-淀粉酶最适pH一般为5.0～6.5，热稳定性明显低于α-淀粉酶，温度超过70℃便可失活。不同来源的β-淀粉酶最适温度不同，大麦β-淀粉酶的最适温度为50～55℃，大豆β-淀粉酶的最适温度约为60℃，细菌β-淀粉酶的最适温度则低于50℃。

（3）葡萄糖淀粉酶　又称糖化酶（α-1,4-葡萄糖水解酶），溶于水，不溶于乙醇、氯仿和乙醚，属于外切酶，能催化水解α-1,4-糖苷键和α-1,6-糖苷键，水解产物为葡萄糖。葡萄糖淀粉酶来源于微生物，如根霉、黑曲霉、拟内孢霉等真菌，它的最适温度为50～60℃，最适pH为4.0～4.5。葡萄糖淀粉酶与α-淀粉酶共存时，水解淀粉的能力可提高3倍。该酶广泛用于啤酒、黄酒等生产，可提高出酒率，降低成本。

（4）异淀粉酶　又称淀粉解支酶（淀粉-1,6-糊精酶），广泛存在于植物（如大米、蚕豆、马铃薯等）、动物（如肝脏、肌肉）及微生物（酵母、细菌和霉菌）中。该酶只水解糖原或支链淀粉分支点的α-1,6-糖苷键，切下整个侧支，形成直链淀粉。异淀粉酶与其他淀粉酶共存时可使淀粉水解完全，可用于制造糯米纸和饴糖。

5.7.2 脂肪酶（lipase）

脂肪酶在植物油料种子（如蓖麻籽、油菜籽等）、高等动物的胰脏和脂肪组织等中含量较高，根霉、黑曲霉、展青霉和白地霉等可用来生产脂肪酶。脂肪酶的最适温度为 30～40℃，最适 pH 为 8～9。脂肪酶可将脂肪水解为脂肪酸、甘油一酯、甘油二酯和甘油。脂肪酶水解会导致水解酸败及氧化酸败，这是含脂食品如牛奶、奶油等产生不良风味的原因。脂肪酶在食品工业中的用途主要有：可将乳脂分解释放出风味前体和风味化合物而改善产品风味；可促使脂肪释放甘油一酯和甘油二酯来阻止焙烤食品变味；可作为发面用改良剂促进面筋蛋白的网络结构，增加面条筋度。

5.7.3 蛋白酶（protease）

（1）植物蛋白酶　食品工业中常用的植物蛋白酶有木瓜蛋白酶、菠萝蛋白酶等，均属内切酶。木瓜蛋白酶广泛存在于番木瓜的根、茎、叶和果实内，属于碱性蛋白质，最适 pH 一般为 5.0～8.0，耐热性较强，最适温度 60～65℃。该酶主要用于肉类嫩化，也可用于啤酒澄清。菠萝蛋白酶主要存在于菠萝果茎、叶、皮中，其等电点为 9.35，最适 pH 为 6～8，最适温度 55℃，可用于澄清苹果汁、生产软糖、肉类嫩化等。

（2）动物蛋白酶　常见的动物蛋白酶有胃蛋白酶、胰蛋白酶和凝乳酶等。动物蛋白酶来源较少，价格昂贵，在食品工业中应用较少。胃蛋白酶最适 pH 为 1～2，温度高于 70℃会失活，主要水解芳香族氨基酸或酸性氨基酸的氨基所形成的肽键。胰蛋白酶是动物胰脏中的一种丝氨酸蛋白水解酶，最适 pH 为 7～9，只能水解赖氨酸和精氨酸的羧基所形成的肽键。凝乳酶最适温度为 42℃，常用于干酪制作。

（3）微生物蛋白酶　微生物是食品工业获得蛋白酶的最有效途径，不会破坏动物和植物资源，还可降低生产成本。食品生产所用的微生物蛋白酶来源于非致病且不分泌毒素的细菌、酵母菌和霉菌。微生物蛋白酶常用于啤酒酿造、薄脆饼干制作、肉类嫩化、酱油或豆酱生产、面团改良等。

5.7.4 纤维素酶（cellulase）

纤维素酶是一种复合酶，是降解纤维素生成葡萄糖的酶类。外切 β-葡聚糖酶可水解 β-1,4-糖苷键，每次从纤维素链非还原端切下一个纤维二糖分子，生成小分子纤维素；内切 β-葡聚糖酶作用于纤维素分子内部的非结晶区或羧甲基纤维素，随机水解 β-1,4-糖苷键，将长链纤维分子截断，产生纤维二糖或二糖等低聚糖；β-葡萄糖苷酶水解纤维二糖和短链纤维寡糖生成葡萄糖。生产纤维素酶的微生物多数为真菌，在我国生产中应用最为广泛的是木霉。

纤维素酶在食品工业中的主要用途有：酒精发酵时纤维素酶可以提高原料利用率，提升酒质；在淀粉加工中用纤维素酶处理谷物可减少淀粉提炼时间，提高收率；大豆蛋白制作过程中用纤维素酶处理大豆，可提高优质水溶性蛋白质和油脂的得率；果汁加工中用纤维素酶可破坏细胞壁促进果汁提取和澄清等。

5.7.5 果胶酶

果胶酶（pectase）可分解植物果胶，通过影响细胞壁果胶结构来改变细胞壁多糖的聚合度。常见果胶酶包括聚半乳糖醛酸酶（polygalacturonase，PG）、果胶甲酯酶（pectinesterase，PME）、β-半乳糖苷酶（β-galactosidase，β-Gal）、果胶裂解酶（pectate lyase，PL）等。PME 可将半乳糖醛酸聚糖链上的甲酯基脱掉，为 PG 提供底物。PG 可作用于 α-1,4-D-半乳糖苷键，水解产生低聚半乳糖醛酸使果胶物质进一步降解。β-Gal 能从 β-D-半乳聚糖非还原性末端切除 β-D-半乳糖残基，对果胶与半纤维素均有水解作用。果胶裂解酶（Pectin lyase）能催化果胶半乳糖醛酸残基 C_4 和 C_5 位上发生氢的消去反应，完成糖苷键裂解。

果胶酶在食品工业中的用途主要有：果酒酿造中，果胶酶可用于压榨、澄清和过滤工序，提高酒的收率和成品酒的稳定性；果汁加工中，果胶酶可加速果汁过滤，提高出汁率，促进澄清，使果汁更加稳定；果胶酶也可用于橘子脱囊衣、莲子去内皮等。

思考题

1. 酶的哪些结构特征与酶的催化能力有关？
2. 影响酶催化能力的因素有哪些？各因素如何影响酶的催化能力？
3. 酶在食品工业上有哪些应用？简单举例说明。
4. 生物体内存在哪两类酶？在组成上各自有何特点？
5. 已知某酶的 EC 编号，如何判断该酶催化哪种类型的反应？
6. 什么是酶的活性中心？请谈谈你对它的理解。

第6章
脂 类

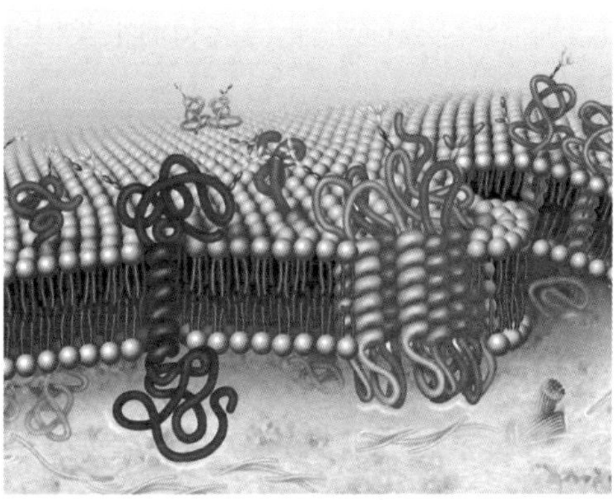

达成目标：

（1）理解并掌握脂质的类别、特性及基本功能；

（2）掌握单纯脂、复合脂以及衍生脂的结构、性质及功能；

（3）理解甘油三酯的化学性质及在食品中的应用；

（4）了解功能性脂质的功能特性及研究进展。

6.1 概述

脂类（lipid）或称脂质，是一大类易溶于乙醚、氯仿、丙酮、苯等非极性溶剂而不溶于水的生物有机分子，包括脂肪、磷脂、糖脂、固醇和蜡等，是一类混合有机化合物。大多数脂类的化学本质是脂肪酸和醇形成的酯类及其衍生物。脂类的元素组成主要为碳、氢、氧，有的还含有氮、硫、磷。

脂类的化学结构各不相同，但均有以下共同特征：①不溶于水；②溶于非极性溶剂，如乙醚和氯仿。脂类的功能是多种多样的，是机体代谢所需能量的储存形式和运输形式；磷脂是构成生物膜的重要成分，几乎细胞所含的磷脂都集中在生物膜中；脂类物质也可为动物机体提供溶解于其中的必需脂肪酸和脂溶性维生素、某些萜类及类固醇物质，具有营养、代谢和调节功能，膳食中补充长链 ω3 脂肪酸被认为对许多慢性疾病有益，包括心血管疾病、类风湿性关节炎和痴呆症；机体表面的脂类物质具有防止机械损伤与防止热量散发等保护作用；脂类作为细胞的表面物质，与细胞识别、种特异性和组织免疫等有密切关系。此外，具有生物活性的某些维生素和激素也是脂类物质。所以，脂类物质在生物体内具有非常重要的作用。

6.1.1 脂类的分类

根据不同的分类依据，脂类可以有多种分类方法。

（1）脂类根据化学组成可分为简单脂质、复合脂质和衍生脂质。

① 简单脂。由脂肪酸和一元醇结合而成的酯类，包括脂肪（脂肪酸和甘油所形成的酯）和蜡（脂肪酸与非甘油醇所形成的酯）。

② 复合脂。含有多种成分，除了脂肪酸和醇外，还含有其他物质。如磷脂含有脂肪酸、醇、磷酸及含氮碱；糖脂含有脂肪酸、氨基醇和糖；脂蛋白即脂类和蛋白质的复合体。

③ 衍生脂。是上述各种脂类的水解产物，包括类固醇、萜类化合物、脂溶性维生素、前列腺素等。

（2）根据生理功能不同脂类也可分为脂肪和类脂。脂类可看作是脂肪（在人体储存脂类中占 95%左右）和类脂的总称，人们吃的动物油脂（如猪油、奶油等）、植物油（如豆油、花生油等）和医药工业中用的蓖麻油和麻仁油等都属于脂类物质。类脂指与脂和油很类似的化合物，种类很多，主要有磷脂、糖脂、类固醇等。

另外，按照脂类能否被皂化可分为可皂化脂和不可皂化脂两类，还可以根据脂质在水中和水界面上的性质分为非极性脂和极性脂两大类。

6.1.2 脂类的生物学功能

脂类的生物学功能多种多样，可以概括为以下几方面。

（1）能量贮存形式　脂肪是生物体内储存能源的主要物质，称储存脂质。储能和供能是脂肪最重要的生理功能，1g 油脂含热量平均达 38kJ，是食物中能量最高的营养素。当机体摄取的营养物质超过正常需要量时，大部分要转化成脂肪并在适宜的组织中积累下来；当营养不够，如人体禁食、饥饿时，又可以进行分解供给生物体能量。

（2）生物膜的组成成分　脂类是生物体的结构成分，称为结构脂质。磷脂是生物膜脂质双分子层的重要组成部分。磷脂又名磷酸甘油酯，是一种复合脂类，广泛存在于动物、植物、微生物中，特别是在细胞的膜结构中，是细胞膜特有的主要组分。磷脂与生物膜特有的半透性、柔软性、高电阻性都有关。参与脂双层构成的还有胆固醇和糖脂。这些膜脂都具有亲水性的极性头部和疏水性的非极性尾部，极性头部有磷酸基、醇基、含氮碱，疏水尾部主要是脂肪酸烃链。

（3）激素和维生素的前体　胆固醇是机体合成维生素 D_3、胆汁酸的重要原料及各种类固醇激素的前体。

（4）溶剂作用　有些生物活性物质必须溶解到脂质中才能在有机体中运输，并被机体吸收利用，例如一些脂溶性维生素溶解于脂肪，不易被排泄，可储存于体内，不需每日供给。脂类还能作为脂溶性维生素的溶剂或载体，协助脂溶性维生素的吸收。

（5）保温和保护作用　某些动物贮存在皮下的脂肪不仅能储能，还能作为抗低温的绝缘层，防止热量散失。例如，南北极的动物，皮下脂肪很多很厚，起到保温作用；脊椎动物的某些皮肤腺可以分泌蜡以保护毛发和皮肤，使之柔韧、润滑并防水；人和动物皮下和肠系膜部分的脂肪起填充物的防震作用；组织器官表面的脂质是很好的润滑剂，可防止机械损伤，有一定的保护功能。另外，植物的蜡质可以防止水分蒸发。

（6）活性脂质　有些脂质具有专一的生物活性，被称为活性脂质。活性脂质不同于结构脂质和储存脂质，是少量的细胞成分，包括类固醇和萜类（类异戊二烯）。如类固醇中的类固醇激素包括雄性激素、雌性激素和肾上腺皮质激素，是人体中重要的代谢调节物质，能调节人体的代谢。有些脂质及其衍生物参与组织细胞间信息传递，调节多种细胞代谢活动，例如前列腺素、白三烯、甘油二酯等。

6.2 简单脂

由脂肪酸和醇类所形成的酯称为简单脂，主要包括甘油三酯和蜡。

6.2.1 脂肪酸

脂肪酸是构成天然脂肪的脂肪族一元羧酸，通式为R-COOH，R代表碳氢链尾巴（图6.1）。微生物、植物和动物中大约存在着100多种脂肪酸，这些脂肪酸的主要区别表现在烃链的长度、不饱和度（碳-碳双键的数目）和双键的位置。

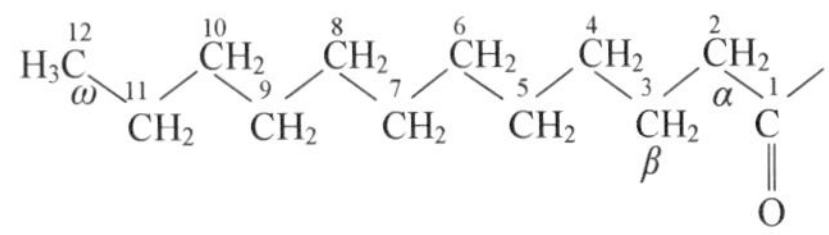

图6.1 脂肪酸的结构

（1）脂肪酸的分类

① 脂肪酸按照碳链的长度分为短链脂肪酸（2～4C，如丙酸、丁酸等）、中链脂肪酸（含6～10C，如辛酸等）、长链脂肪酸（12～26C，如花生四烯酸、油酸、亚油酸等）。

② 脂肪酸按照其双键数目分为饱和脂肪酸和不饱和脂肪酸。饱和脂肪酸碳氢链上没有双键等不饱和键，如软脂酸（C16∶0）、硬脂酸（C18∶0）等。不饱和脂肪酸是分子中含有双键或三键的脂肪酸，根据其含有双键数目的多少又可分为单不饱和脂肪酸（含有一个双键的脂肪酸，如油酸等）和多不饱和脂肪酸（含有两个或两个以上双键的脂肪酸，如DHA、EPA、AA等）。

③ 脂肪酸按照双键的位置分为ω-9系列脂肪酸[如油酸（C18∶1）]、ω-7 系列脂肪酸[棕榈酸（C16∶1）]、ω-6系列脂肪酸[AA（C20∶4）]、ω-3系列脂肪酸[如DHA（C22∶6）]。

④ 脂肪酸按照能否满足机体需要分为必需脂肪酸和非必需脂肪酸。必需脂肪酸是维持人体正常生长所必需而体内又不能合成的脂肪酸，主要有亚油酸、亚麻酸和花生四烯酸，其中亚油酸是最主要的必需脂肪酸。非必需脂肪酸是人体能够自身合成，可以不从食物中直接摄取的脂肪酸。非必需脂肪酸主要是饱和脂肪酸。虽然饱和脂肪酸为非必需脂肪酸，摄入过量会增加体内血脂的含量，但由于它对人体特别是对人的大脑发育起着不可替代的作用，如果长期摄入不足，势必会影响大脑的发育。

（2）脂肪酸的命名

① 习惯命名法。根据脂肪酸所含碳原子数目或其来源命名，如丁酸、棕榈酸、月桂酸等。

② 系统命名法。有两种系统命名法，一是△-编码命名法，是从羧基端开始计算双键位置；二是ω-编码命名法，是从甲基端开始计算双键位置。

6.2.2 甘油三酯

甘油三酯也叫真脂或中性脂，是由三分子脂肪酸分别与甘油的三个羟基脱水缩合所形成的酯。根据在室温下的物理状态不同又分为油和脂：室温下呈液态者称为油，呈固态者称为脂。前者含有不饱和脂肪酸和短链脂肪酸较多，后者含饱和脂肪酸较多。

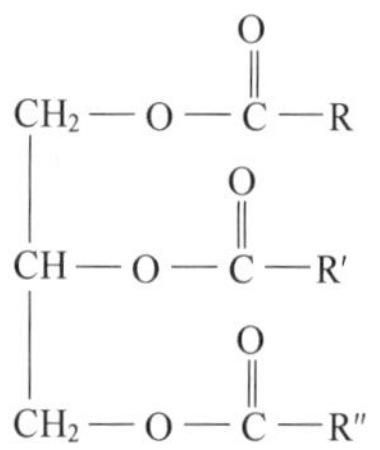

图 6.2 甘油三酯的结构

（1）甘油三酯的分类　甘油三酯的结构通式如图 6.2 所示，如果 R、R′、R″相同，则称为单纯甘油酯；不相同则称为混合甘油酯。天然油脂中单纯甘油酯很少见，一般为混合甘油酯。当 R 和 R″不相同时，中间的碳原子具有手性，在表示构型时可采用 L-或 R-表示。自然界中的油脂多为混合三酰基甘油酯，且构型多为 L-型。

（2）甘油三酯的理化性质　甘油三酯的物理性质：

① 色泽与气味。甘油三酯是无色、无臭、无味的液体或固体。天然脂肪（尤其是植物油）因含有维生素和色素而带有特殊气味或有颜色。此外，溶于脂肪中的低级脂肪酸的挥发性气味也是脂肪气味的原因。

② 熔点和沸点。甘油三酯的熔点与脂肪酸的种类及其排布方式有关，如可可脂。一般油脂的熔点在 40～45℃，而且与组成的脂肪酸有关。油脂的沸点一般在 180～200℃，也与组成的脂肪酸有关。

③ 相对密度、溶解性与折光率。脂肪的相对密度一般与其分子量成反比，与不饱和度成正比。除个别（腰果籽壳油）外，脂肪的密度都小于 1。脂肪不溶于水，易溶于乙醚、石油醚、苯、氯仿、丙酮及热酒精等有机溶剂。脂肪的折光率随组成中脂肪酸的碳原子数、双键数的增加而增大，尤其是共轭双键的影响更显著。因此，折光率是鉴定脂肪类别、纯度和酸败程度的重要物理常数。

④ 油性、黏性和塑性。油性是指液态油脂能形成润滑薄膜的能力；液态油有一定的黏性，这是由酰基甘油分子侧链之间的引力引起的。油脂的塑性是指在一定压力下固体脂肪具有的抗应变能力。

⑤ 油脂的晶体特性。高级脂肪酸甘油三酯一般都存在 3～4 种晶型。熔融的甘油三酯迅速冷却，得到玻璃质固体，玻璃质固体经缓慢加热，就会转变成 α 型、β′型和 β 型（稳定型）。同一种物质具有不同固体形态的现象称为同质多晶现象。固态油脂有同质多晶现象。同质多晶现象在巧克力加工中具有重要意义。

甘油三酯的化学性质：

① 水解与皂化。所有的甘油三酯都能在酸、碱或脂酶的作用下发生水解，水解产物是脂肪酸和甘油。甘油三酯在碱液中水解，1 分子甘油三酯可水解生成 1 分子甘油和 3 分子脂肪酸盐（俗称皂）。脂肪在碱性条件下的水解反应称为皂化作用（皂化反应）。

② 氢化和卤化。脂肪分子中的不饱和脂肪酸的双键非常活泼，能起加成反应，主要有氢化和卤化两种。当甘油三酯中含有不饱和脂肪酸时，其双键在催化剂存在下可以加氢被还原，称为氢化。液态的油氢化后可变为固态的脂肪，加氢后的油脂叫氢化油或硬化油。硬化油因双键减少，不易酸败，且固化后便于储藏和运输。人造奶油和起酥油就是植物油经氢化得到的。当甘油三酯中含有不饱和脂肪酸时，其双键也可以直接与溴或碘发生加成反应而成饱和卤化物，此过程称为卤化。

③ 氧化与酸败。脂肪分子中因含有碳-碳双键、酯键等不稳定因素，所以久置于潮湿、闷热的空气中，可以发生氧化、水解等反应，生成低级的醛、醛酸和羧酸等物质而产生难闻

的气味，这个过程称为酸败作用，俗称油脂酸败。杂质、水、高温、光照及空气是引起油脂酸败的原因，主要体现在以下三方面：

a. 油脂的自动氧化（氧化型酸败）。油脂中不饱和烃链被空气中的氧所氧化，生成过氧化物，过氧化物继续分解产生低级的挥发性醛、酮和酸的混合物，这些反应产物使脂肪产生令人不愉快的嗅感和味感，这是含油脂食品及油脂最主要的酸败原因。

b. 微生物的作用（酮型酸败）。在微生物作用下，脂肪水解为甘油和脂肪酸。甘油继续氧化生成具有臭味的 1,2-内醚丙醛。脂肪酸则经一系列酶促反应产生挥发性的 β-酮酸，然后脱羧生成具有苦味和臭味的低级酮类化合物。而一些低级脂肪酸本身就有臭味。

c. 酶作用下的水解型酸败。此类酸败多发生在含低级脂肪酸较多的油脂中。在酶的作用下，油脂水解出 C10 以下的游离脂肪酸，产生汗臭气和苦涩味。人造黄油、奶油等乳制品易发生这种酸败。

6.2.3 蜡

蜡是高级脂肪酸（16 个 C 或以上）与高级一元醇（大于 6 个 C）或固醇形成的酯。天然蜡是多种蜡酯的混合物，在天然蜡中尚混有少量游离的脂肪酸、醇及饱和烃类。如蜂蜡的主要组分是长链一元醇（C_{26}～C_{36}）的棕榈酸酯。羊毛蜡是很复杂的混合物，含有酯蜡、醇和脂肪酸，纯化后称为羊毛脂，是羊毛固醇的脂肪酸酯。巴西棕榈蜡是一种重要的植物蜡，它的主要成分为蜡酸蜡酯。

蜡常温下为固态，具有可塑性，不溶于水，可溶于二硫化碳和苯。蜡在温度稍高时变软，温度下降时又变硬。

蜡在人及动物消化道中不能被消化，故无营养价值。蜡按来源分为植物蜡和动物蜡两类。其生物功能是作为生物体对外界环境的保护层，存在于动物的皮肤、毛皮、羽毛、植物叶片、果实，以及许多昆虫的外骨骼表面。植物的蜡质可防止水分的蒸发以及细菌侵害。

6.3 复合脂

复合脂类是指其分子中，不仅存在醇与脂肪酸所形成的酯，而且还结合了其他成分，主要有磷酸、糖或硫酸，它们也分别被称为磷脂、糖脂和脂蛋白。另外，脂蛋白也属于复合脂。

6.3.1 磷脂

磷脂（phospholipid）广泛分布于动植物体内，是生物膜的重要组成成分，主要参与细胞膜系统的组成，少量存在于细胞的其他部位。机体中主要含有两大类磷脂，由甘油构成的磷脂称为甘油磷脂；由神经鞘氨醇构成的磷脂，称为鞘磷脂。

磷脂共同的结构特征是：具有由磷酸相连的取代基团（含氨基或醇类）构成的亲水头和由脂肪酸链构成的疏水尾。如图 6.3 所示，当磷脂悬浮在水中时，它们会自发地重新排列成有序的结构。所以，磷脂是重要的两亲物质，也是乳化剂和表面活性剂。

（1）甘油磷脂　甘油磷脂由甘油、脂肪酸、磷酸和 1 分子氨基醇（如胆碱、乙醇胺、丝氨酸或肌醇）组成，是机体内含量最多的一类磷脂。各类甘油磷脂有一个共同的结构特点，即以磷脂酸为基础，其中磷酸再与氨基醇（如胆碱、乙醇胺或丝氨酸）或肌醇结合，从而形成不同的甘油磷脂（图 6.4）。

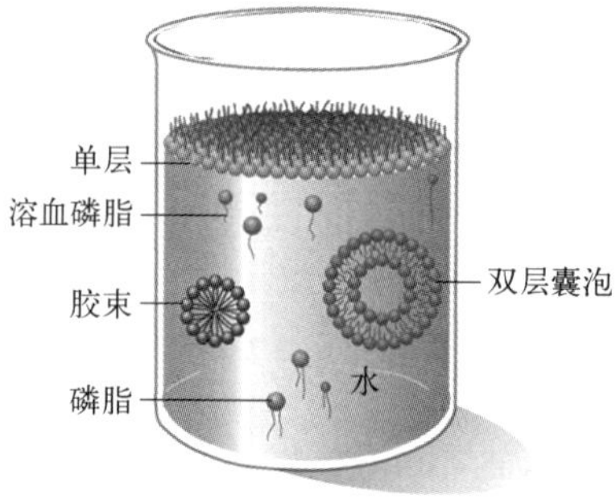

图 6.3　水溶液中的磷脂分子

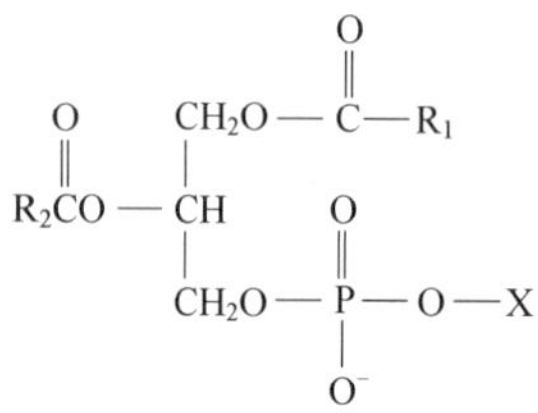

X-OH的名称	X取代基 X的分子式	磷脂的名称
水	$—H$	磷脂酸
胆碱	$—CH_2CH_2\overset{+}{N}(CH_3)_3$	磷脂酰胆碱(卵磷脂)
乙醇胺	$—CH_2CH_2\overset{+}{N}H_3$	磷脂酰乙醇胺(脑磷脂)
丝氨酸	$—CH_2—CH(\overset{+}{N}H_3)COO^-$	磷脂酰丝氨酸
甘油	$—CH_2CH(OH)CH_2OH$	磷脂酰甘油
磷脂酰甘油	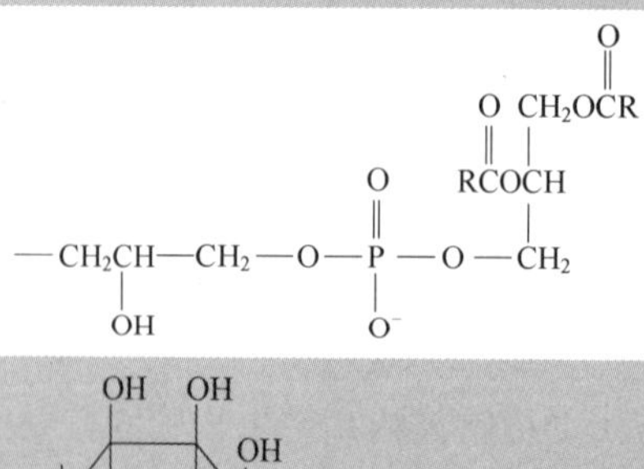	双磷脂酰甘油(心磷脂)
肌醇	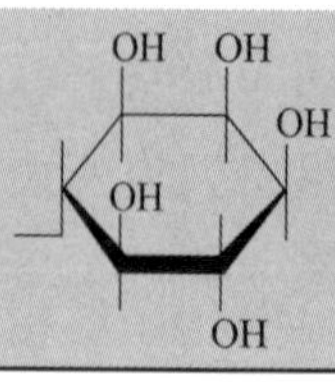	磷脂酰肌醇

图 6.4　几种常见甘油磷脂的极性头基及其结构

纯的甘油磷脂为白色蜡状固体。暴露于空气中，由于多不饱和脂肪酸的过氧化作用，磷脂颜色逐渐变暗。甘油磷脂没有清晰的熔点，随着温度升高而软化成液滴，但在这样的温度下，甘油磷脂很快分解。甘油磷脂能溶于大多数含少量水的非极性溶剂，但难溶于无水丙酮，用氯仿-甲醇混合液可从细胞和组织中提取磷脂。磷脂属于两亲脂质，分子中既含有亲水基团也含有疏水基团，在水油两相之间具有强烈的乳化作用，也是成膜分子，在水中能形成双分子层的微囊。

不同磷脂的区别在于与磷酸结合的基团不同。自然界中最常见的甘油磷脂有磷脂酸、心磷脂、磷脂酰胆碱、磷脂酰乙醇胺、磷脂酰丝氨酸和磷脂酰肌醇。天然存在的甘油磷脂都是L-构型。

① 磷脂酸。磷脂酸是最简单的甘油磷脂，是其他甘油磷脂的母体化合物。磷脂酸在生物膜上含量不多，但它是合成其他磷酸甘油酯的前体，其磷酸基团再与其他分子结合形成多种磷脂。磷脂酸分子含有甘油骨架，甘油的 1 号位羟基被饱和脂酰基取代，2 号位羟基被不饱和脂酰基取代，3 号位羟基则被磷酸基团取代。

② 磷脂酰胆碱。磷脂酰胆碱是由磷脂酸与胆碱结合而成，俗称卵磷脂。卵磷脂在蛋黄（8%～10%）和大豆中含量特别丰富，各种动物组织、脏器中都含有相当多的磷脂酰胆碱，是动植物组织中最常见的磷脂。动物体内，磷脂酰胆碱有协助运输脂肪的作用，可控制肝脂代谢，防止脂肪肝的形成。当肝脏合成磷脂酰胆碱不足时，肝合成的脂肪外运发生障碍，造成脂肪在肝脏堆积，形成脂肪肝。此外，卵磷脂还具有重要功能：健脑、补脑、消除大脑疲劳、增强智商、提高人体记忆力；降低人体血液胆固醇、调节血脂、防止动脉粥样硬化；防止胆结石。在食品工业中卵磷脂广泛用作乳化剂、抗氧化剂和营养添加剂。

③ 磷脂酰乙醇胺。磷脂酰乙醇胺是由磷脂酸与乙醇胺结合而成，俗称脑磷脂。脑磷脂以脑和神经组织含量最高，参与血液凝结。在生物界所存在的磷脂中，磷脂酰乙醇胺的含量仅次于卵磷脂，在大肠菌中其约占总磷脂的 80%。

④ 磷脂酰丝氨酸。由天然大豆榨油剩余物中提取，是细胞膜的活性物质，尤其存在于大脑细胞中。其功能主要是改善神经细胞功能，调节神经脉冲的传导，提高大脑机能，帮助修复大脑损伤。它与卵磷脂、乙醇胺磷脂之间可互相转化。

⑤ 磷脂酰甘油。磷脂酰甘油是一种非 pH 敏感的阴离子脂质体，为可电离脂质提供平衡电荷，作为核心辅料广泛应用于脂质体药物、脂质纳米颗粒（LNP）药物递送系统以及小干扰核糖核酸（siRNA）药物等。

⑥ 心磷脂。心磷脂是由甘油的 C_1 和 C_3 与两分子磷脂酸结合而成。心磷脂是线粒体内膜和细菌膜的重要成分，而且是唯一具有抗原性的磷脂分子。

（2）鞘磷脂　鞘磷脂即鞘氨醇磷脂，与甘油磷脂的不同之处在于它含有鞘氨醇而不是甘油，由鞘氨醇、脂肪酸、磷酸、胆碱或乙醇胺组成（图 6.5）。鞘磷脂存在于大多数动物细胞膜中，在神经细胞的髓鞘中含量最高。鞘氨醇磷脂是非甘油衍生物，但与甘油磷脂相似，它也有两个非极性尾部（其一为鞘氨醇的不饱和烃链）和一个极性头部（磷脂酰胆碱或磷脂酰乙醇胺）。

6.3.2 糖脂

糖脂是糖类通过其还原末端以糖苷键的形式与脂类结合形成的一类化合物。广泛分布于动物、高等植物、藻类和微生物中，是生物细胞膜的重要组成部分，但含量较少。糖脂也分为两大类：糖基甘油和鞘糖脂。鞘糖脂又分为中性鞘糖脂和酸性鞘糖脂。

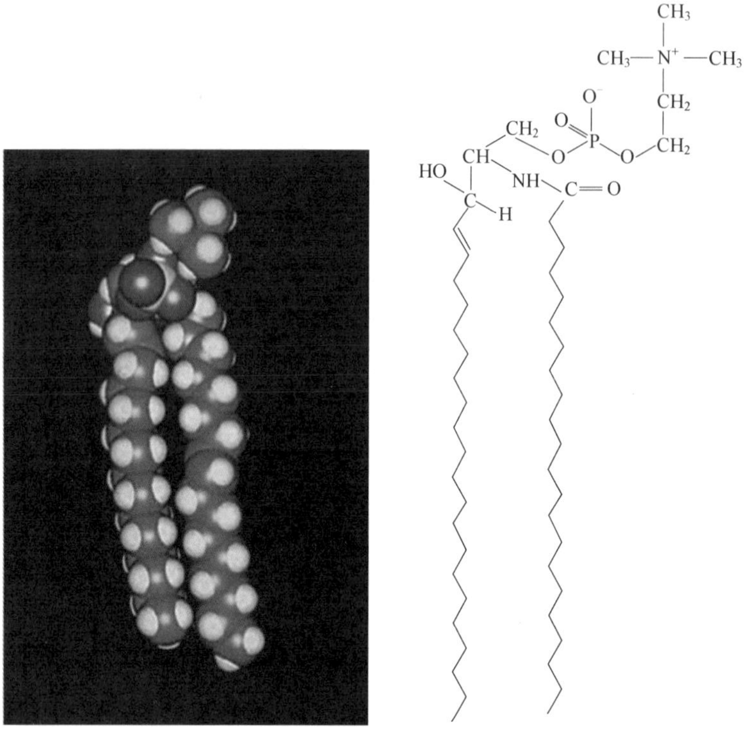

(a) (b)

图 6.5 鞘磷脂的两种表示形式

（a）空间填充模型，碳原子、氧原子和氢原子分别为绿色、红色和白色；（b）鞘磷脂结构

糖基甘油结构与磷脂类似，主链是甘油，含有脂肪酸，但不含磷及胆碱等，取而代之的是葡萄糖、半乳糖及唾液酸，脂肪酸多为不饱和脂肪酸。

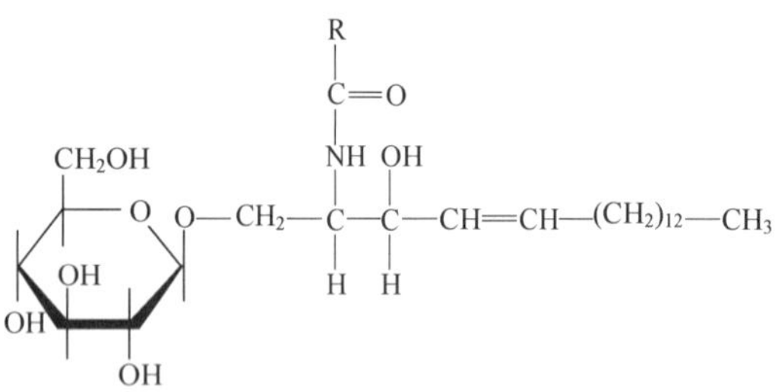

图 6.6 脑苷脂的结构式

鞘糖脂又称糖鞘脂，其分子母体结构是神经酰胺，脂肪酸连接在长链鞘氨醇的 C_2 氨基上，构成的神经酰胺糖类是糖鞘脂的亲水极性头，但它们与鞘磷脂的不同之处在于它们不含磷酸盐。最重要的糖脂类是脑苷脂（如图 6.6）、硫酸酯和神经节苷脂。含有一个或多个中性糖残基作为极性头的鞘糖脂类称为脑苷脂，主要存在于神经组织和脑组织的细胞膜中。脑苷脂不溶于水和石油醚，能溶于热酒精、热丙酮中，性质稳定，不能被皂化，整个分子呈中性。

6.3.3 脂蛋白

脂蛋白是脂质和蛋白质结合在一起形成的脂质-蛋白质复合物，广泛存在于细胞和血浆中，因此分为细胞脂蛋白和血浆脂蛋白。

（1）细胞脂蛋白　生物膜是脂蛋白的重要存在场所。典型膜含脂质近 40%，含蛋白质约 60%。细胞质脂蛋白主要存在于线粒体和微粒体中。

（2）血浆脂蛋白　血浆脂蛋白是由蛋白质和脂质组成的水溶性聚集体（如图 6.7），作为三脂酰甘油和胆固醇的转运载体。脂蛋白中蛋白质和脂质以非共价键结合并形成球形微团结构。磷脂和蛋白质围绕在由三脂酰甘油和胆固醇组成的核心周围。通常依据血浆脂蛋白的密度将它分为乳糜微粒、极低密度脂蛋白、低密度脂蛋白、高密度脂蛋白和极高密度脂蛋白 5 类。血浆脂蛋白是运输脂类的载体。

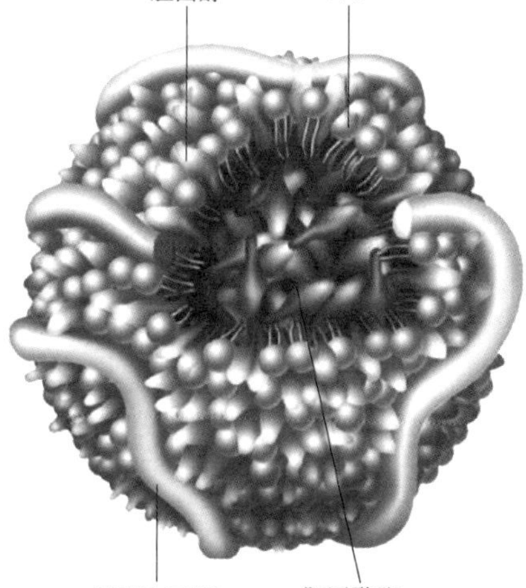

图 6.7　广义脂蛋白的表示形式

① 乳糜微粒是小肠上皮细胞合成的，其主要成分来自食物脂肪，含有少量蛋白质。由于它的颗粒大，使光散射呈乳浊状。存在于血液和淋巴中，并起着从肠道运输脂肪的作用，是一种密度很低的脂蛋白。

② 极低密度脂蛋白（VLDL，very low-density lipoprotein）是肝细胞合成的，其主要成分也是脂肪，当血液流经脂肪组织、肝和肌肉等的毛细血管时，乳糜微粒和 VLDL 为毛细血管管壁脂蛋白脂酶所水解，所以在正常人空腹血浆中几乎不能检查出乳糜微粒和 VLDL。

③ 低密度脂蛋白（LDL，low-density lipoprotein）来自肝脏，富含胆固醇，磷脂含量也不低。

④ 高密度脂蛋白（HDL，high-density lipoprotein）也来自肝脏，其颗粒最小，主要脂类组分为磷脂和胆固醇，分别约占总血浆脂类的 45%和 38%。

⑤ 极高密度脂蛋白（VHDL，very high-density lipoprotein）由清蛋白和游离脂肪酸构成。清蛋白由肝脏合成，VHDL 在脂肪组织中合成。

6.4　衍生脂

固醇类化合物和萜类物质与前述各类脂质不同，不含脂肪酸，属于不可皂化脂质，但在生物体内这两类脂质也是以乙酸为前体合成的。它们在生物体内含量虽然不多，但不少是重要的活性脂质。

6.4.1　类固醇

类固醇也称甾类，是环戊烷多氢菲（图 6.8）的羟基衍生物，由 A、B、C、D 四个稠环组成环形核，其中三个环是六碳环（A、B、C 环），一个环是五碳环（D 环）。根据其羟基数量及位置不同可分为固醇（如胆固醇、羊毛固醇、谷甾醇、豆固醇、麦角固醇）和固醇衍生物（胆汁酸、类固醇激素、强心苷等）两类。

（1）固醇　固醇或称甾醇，是类固醇中的一大类化合物，其结构特点是在甾核的 C_3 上有一个 β 取向的羟基，C_{17} 有一个含 8～10 个碳原子的烃链。在生物体内以游离态或与脂肪酸成酯的形式存在。按来源分为动物固醇、植物固醇和菌固醇。典型的有动物固醇中的胆固醇，植物固醇中的豆固醇、麦固醇等，菌固醇中的麦角固醇和酵母固醇等。

① 胆固醇。胆固醇又称为胆甾醇（如图 6.9），是最常见的一种动物固醇。以游离或酯的形态存在于一切动物组织中，在脑和神经组织中含量较高。

胆固醇是生物膜的重要成分，其羟基极性端分布于膜的亲水界面，母核及侧链深入膜双层，控制膜的流动性，阻止磷脂在相变温度以下时转变成结晶状态，保证膜在低温时的流动性及正常功能。

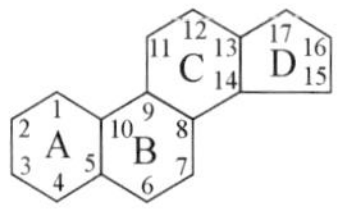

图 6.8　环戊烷多氢菲结构

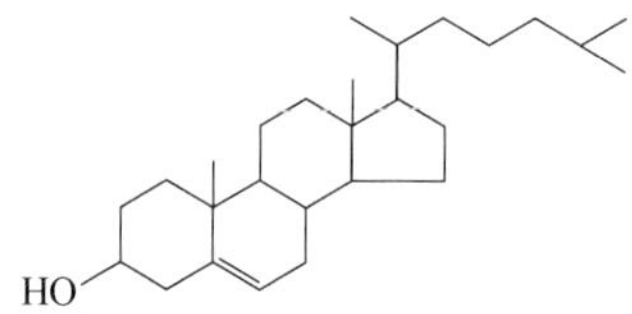

图 6.9　胆固醇结构

胆固醇是合成胆汁酸、类固醇激素、维生素 D 等生理活性物质的前体。胆固醇是体内其他各种类固醇化合物的合成原料：在肝脏合成胆汁酸，胆汁酸参与肠道脂类吸收；在肾上腺皮质合成肾上腺皮质激素；在性腺中合成性激素；在肠黏膜转变为维生素 D 原（7-脱氢胆固醇），后者在皮下经紫外线照射转变成维生素 D_3（图 6.10）。

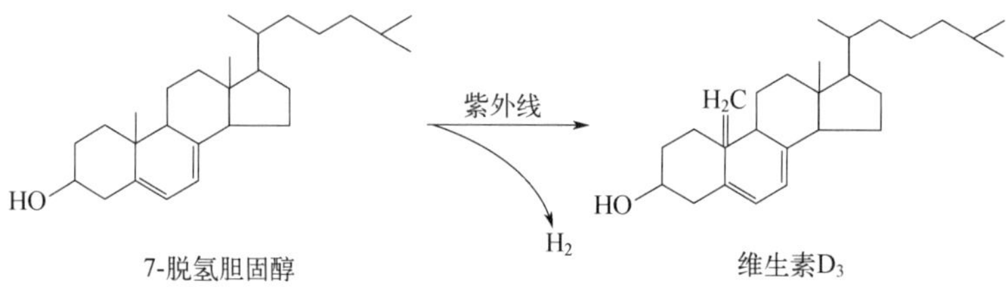

图 6.10　7-脱氢胆固醇转化为维生素 D_3

胆固醇是生理必需的，但在体内过多时又会引起某些疾病，如血清中胆固醇含量升高，会增加患心血管疾病的可能性；胆结石症的结石几乎全是胆固醇的晶体。因此必须控制膳食中的胆固醇含量。

② 植物固醇。植物固醇主要有大豆中的豆固醇、麦芽中的麦固醇等。研究表明植物固醇具有降胆固醇作用，由于植物固醇具有和胆固醇相似的结构式，可能通过与膳食胆固醇在肠道竞争吸收位点实现降低胆固醇的作用。

③ 菌固醇。存在于酵母菌、毒菌中，其含量以麦角固醇最多，经日光和紫外线照射可以转化成维生素 D_2（图 6.11）。

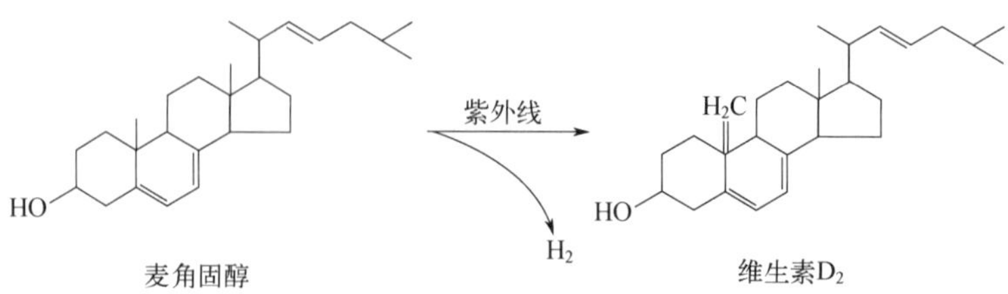

图 6.11　麦角固醇转化为维生素 D_2

（2）固醇衍生物

① 胆汁酸。胆汁酸在肝中合成，可自胆汁中分离得到。胆汁酸有游离胆汁酸（胆酸、脱氧胆酸、鹅去氧胆酸）和结合胆汁酸（多为胆汁酸与甘氨酸或牛磺酸结合）两种存在形式，胆汁酸在碱性胆汁中以钠盐或钾盐形式存在，称为胆汁酸盐。胆汁酸盐具有亲水和疏水两个侧面，是很好的乳化剂。对脂肪的消化吸收及胆汁中胆固醇保持溶解状态都起着重要作用，故为强乳化剂。

② 类固醇激素。类固醇激素又称甾类激素。根据其来源不同，可分为肾上腺皮质激素和性激素两大类。肾上腺皮质激素具有升高血糖浓度和促进肾脏保钠排钾的作用。性激素分为雌性激素和雄性激素，雌性激素主要包括雌激素和孕激素，其中雌激素又分为雌酮和雌三醇两种类型；雄性激素包括二氢睾酮（DHT）、睾酮（TES）、雄烯二酮（A2）和脱氢表雄酮（DHEA）四类，它们都是由性腺和肾上腺中的胆固醇合成。

③ 强心苷。许多种属的植物含有强心烷交酯的衍生物，也属于类固醇化合物，通常以糖苷形式存在于自然界。药用的强心苷有洋地黄毒素、地高辛等，其作用是加强心肌收缩力，使心率减慢，用于控制心力衰竭。

6.4.2 萜类物质

萜类化合物是由异戊二烯的碳骨架相连构成的链状或环状化合物。根据萜类化合物中含有的异戊二烯碳骨架，可将其分为单萜（含有两个异戊二烯单位骨架的萜类）、倍半萜（含有三个异戊二烯单位骨架的萜类）、双萜（含有四个异戊二烯单位骨架的萜）、三萜、四萜等。此外，按萜类化合物是否含有环状结构还可将其分为无环萜、单环单萜、双环单萜、四环三萜等。

萜类化合物广泛存在于自然界，是构成某些植物香精、树脂、色素的主要成分，如柠檬油、玫瑰油、胡萝卜素、松脂等都含有多种萜类化合物。另外，某些动物的激素、维生素 A、维生素 E、维生素 K 也属于萜类化合物。

6.4.3 前列腺素

前列腺素结构为一个五环和两条侧链构成的 20 碳不饱和脂肪酸。按其结构，前列腺素分为 A、B、C、D、E、F、G、H、I 等类型，属于前列腺素 E 系列的分子在 C9 上有一个羰基，而 F 系列分子在相同的位置上有一个羟基。不同类型的前列腺素具有不同的功能，如前列腺素 E 能舒张支气管平滑肌，降低通气阻力；而前列腺素 F 的作用则相反。前列腺素对内分泌、生殖、消化、血液、呼吸、心血管、泌尿和神经系统均有作用。

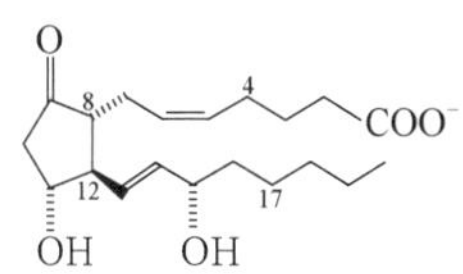

图 6.12 前列腺素 E_2

前列腺素在体内由花生四烯酸合成，首先花生四烯酸被环氧合酶转化为前列腺素 H2（前列腺素的前体），前列腺素 H2 通过前列腺素内过氧化物酶异构酶转化为前列腺素 E2（图 6.12）。阿司匹林（乙酰水杨酸）是众所周知的解热、镇痛、消肿和抗感染药，其作用是通过抑制前列腺素 H2 合酶，抑制由花生四烯酸合成前列腺素、前列环素和凝血噁烷的反应，起到解热、镇痛和消炎的作用。

6.5 食品中脂类生物活性物质

6.5.1 ω-3 多不饱和脂肪酸

ω-3 多不饱和脂肪酸为人体必需脂肪酸，主要膳食来源是鱼类，包括 α-亚油酸、硬脂酸、二十碳五烯酸、二十二碳五烯酸、二十二碳六烯酸，与维生素和矿物质一样，是人体的必需品，其中，DHA 和 EPA 是对人体最重要的两种 ω-3 多不饱和脂肪酸。ω-3 多不饱和脂肪酸可参与多个生物过程，并已证明可改善机体的免疫功能、神经肌肉功能、脂质分布和炎症水平。欧洲肠外肠内营养学会《肿瘤营养治疗指南》推荐：对接受放疗、化疗并存在体重下降或营养不良风险的肿瘤晚期患者，建议补充 ω-3 多不饱和脂肪酸或鱼油以改善食欲、瘦体组织和体重。研究表明，富含 ω-3 多不饱和脂肪酸的营养补充剂可以改善肿瘤患者机体的免疫水平、降低炎症水平等；ω-3 多不饱和脂肪酸对大脑结构和功能也发挥重要作用，已被提倡用于治疗多种神经发育障碍，包括情绪障碍、精神分裂症、注意力缺陷、多动障碍；ω-3 多不饱和脂肪酸对室性心律失常、心脏猝死及心房颤动等有一定的治疗作用。ω-3 多不饱和脂肪酸具有预防心血管疾病和神经性疾病、抑制动脉粥样硬化、降血脂、抗炎、抗癌及改善Ⅱ型糖尿病等生理功能。

6.5.2 磷脂

磷脂广泛存在于生物体内，是各种生物膜的重要组成部分，在调控机体代谢等方面起着至关重要的作用。磷脂具有丰富的生物活性和保健功能，如在预防心脑血管疾病方面，可以降血脂、促进血液循环，具有保护或促进血管生成的作用，如增加不饱和脂肪酸的摄入可以改善临床病理性血管生成减弱的现象，溶血磷脂酰胆碱对血管平滑肌细胞具有增殖作用。研究表明，来自大豆、蛋黄和南美白对虾虾头的磷脂可明显促进体节间血管和肠下静脉受损斑马鱼的血管生成。

6.5.3 胆汁酸

胆汁酸是脊椎动物的肝脏细胞中以胆固醇为原料合成的一类 24 碳胆烷酸羟基衍生物的总称，呈弱酸性。胆汁酸一般以钠盐或钾盐的形式存在，如甘氨胆酸钠、牛磺胆酸钠，称为胆汁酸盐，简称胆盐。胆汁酸在机体的胆固醇代谢平衡，脂类和脂溶性维生素的消化、吸收、转运中发挥着重要的作用，而且还是一种非常重要的信号分子，可与多种受体结合，提高脂肪酶活性、抗炎、提高免疫以及调控糖脂代谢。动物胆汁作为传统中药，在临床上应用已有千年历史，《本草纲目》《唐新修本草》《中华本草》等经典古籍中均收载了大量胆汁类药物，如鸡胆、猪胆、牛胆、熊胆、蛇胆已成为临床常用的胆类代表药，具有明目、化痰、止痉、消肿、清热解毒、平肝镇静、明目去翳、润肠通便及滋阴润燥等功效，常用于急慢性气管炎、小儿肺炎、百日咳、黄疸、肠炎、消化不良等疾病。现代研究表明，胆汁酸有多种生理功能，包括促进脂类和脂溶性物质的消化吸收、维持胆固醇动态平衡、舒肝护胆、抗应激、抑制肠道致病菌。猪去氧胆酸呈白色或类白色粉末，无臭或微腥，味苦，易溶于乙醇和冰醋酸，微溶于丙酮，难溶于醋酸乙酯、乙醚或氯仿，几乎不溶于水，熔点 197℃。临床上用于高脂血症、高血压、冠心病、气管炎以及由肝胆疾病引起的消化不良，对百日咳菌、白喉杆菌、金黄色葡萄球菌等有抑制作用，可用作消炎药，治疗慢性支气管炎、病毒性上呼吸道炎症等。猪胆酸呈白色针状结晶，溶于甲醇、乙醇、碱液，不溶于石油醚、苯和水。熔点 188～189℃。经研究发现，猪胆酸与血糖水平呈负相关性，血清中猪胆酸水平的降低与超重/肥胖 2 型糖尿病（T2DM）患者血脂异常、胰岛 β 细胞功能受损以及胰岛素抵抗密切相关；相比其他种类胆汁酸，猪胆酸能最有效地刺激胰高血糖素样肽-1（GLP-1）的分泌，从而增加胰岛素的生成，以调节血糖水平。猪胆酸在临床上主要用于降低血糖浓度，治疗 2 型糖尿病。

6.6 课程思政

6.6.1 地沟油事件

“地沟油”，又称“潲水油”，泛指生活中存在的各类劣质油，如回收的食用油、反复使用的炸油等，长期食用可能会引发癌症，对人体的危害极大。自《南方都市报》1998 年消费者日推出的调查报道“从潲水提炼花生油并销往餐厅、食肆的新闻事实”开始，民间盛行已久且极为隐蔽的在地沟里收集潲水提炼食用油的制假、贩假现象被完全揭开。此后，全国各地媒体纷纷根据《南方都市报》的这篇报道对地沟油的新闻事实穷追猛打。中国警方也全力追踪并破获大量“地沟油”制售案，如 2011 年 9 月 13 日成功破获眉山市某食品有限公司制售“地沟油”案，抓获涉案人员 12 人；2011 年 9 月 17 日吉林省公安厅治安总队组织长春市公安机关对制售“地沟油”的某饲料油脂厂进行查处；2011 年 9 月 19 日江苏省淮安市公安局淮阴分局根据排查掌握的线索成功侦破淮安市某饲料油脂有限公司制售“地沟油”案。

作为食品行业从业人员和食品专业学生，应该认识到自己所承担的社会责任，认识到任何时候都不能以任何理由做出违背职业道德、有损人民健康的事情，要牢记职业道德和使命。

——摘自宋为威，戴云龙，解永娟.“地沟油”问题浅析及其检测鉴定和回收利用[J].化工管理，2013（20）：219.

6.6.2 关于树立大食物观，我们能做些什么

“大食物观”不仅包含数量安全，更包含质量安全，其出发点和落脚点是更好地满足人民美好生活需要，让人民吃得更好、吃得更健康。现阶段，我国居民饮食存在营养不足与过剩并存、微量营养素缺乏、部分人群油脂等高热量食物摄入过多等问题。一些功能性油脂，如多饱和脂肪酸、磷脂等，在人的健康饮食方面具有非常重要的影响，学习及不断探索功能性脂质的类别及其发挥功能活性的作用机理，一方面可促进健康饮食，另一方面对于我国国民的饮食健康具有非常重要的作用。

——摘自叶华，李占明，钟建军，张晓伟.“大食物观”视域下“食品化学”课程思政建设路径与思考[J].现代面粉工业，2023，37（04）：40-42.

6.7 拓展与探索——地沟油的危害及检测方法

6.7.1 什么是地沟油，有哪些危害？

地沟油，泛指生活中存在的各类劣质油，如回收的食用油、反复使用的炸油等。地沟油的最大来源为城市大型饭店下水道的隔油池。有不法分子对其进行加工，摇身变成餐桌上的“食用油”。他们每天从那里捞取大量暗淡浑浊、略呈红色的膏状物，仅仅经过数日的过滤、加热、沉淀、分离，就能让这些散发着恶臭的垃圾变身为清亮的“食用油”，最终通过低价销售，重返人们的餐桌。这种被称作“地沟油”的“三无”产品，其主要成分仍然是甘油三酯，却又比真正的食用油多了许多致病、致癌的毒性物质。长期食用可能会引发癌症，对人体的危害极大。

地沟油是一种不能食用的油类物质，在生产制作过程中，出现水分超标、酸败等情况，一旦人们长期食用，则会破坏白细胞和消化道黏膜，引起食物中毒，甚至致癌。常见的主要症状及其危害有：①导致消化不良等。在生产和制作地沟油时，经过分解、氧化以及酸败后的油脂，会产生大量的有毒元素，如砷，该物质一旦被大量食用，则会导致人们出现乏力、头晕、消化不良等。②引发长期腹泻。在生产和制造地沟油过程中，其卫生情况非常恶劣，导致微生物、细菌等大量出现，它们一旦进入人体肠道，就会导致腹泻，严重时会引发肠胃疾病。③导致腹痛。地沟油内含大量超标的有毒物质，如含铅量等都超出了规定的安全标准，人们一旦长期食用该类油或用其做成的食品，就容易出现中毒、贫血等症状。④导致胃癌与肠癌。在炼制地沟油过程中，其内部毒素非常容易产生。通常地沟油中会含有苯并芘、黄曲霉毒素等，这些物质会导致小肠、卵巢、乳腺等肿瘤的发生。

6.7.2 地沟油的检测方法有哪些？

国务院办公厅于 2010 年 7 月发布文件，决定组织开展“地沟油”等城市餐厨废弃物资源化利用和无害化处理试点工作。2011 年 9 月 13 日，中国警方全环节破获特大利用“地沟油”制售食用油案。2011 年 12 月，卫生部向社会公开征集“地沟油”检测方法，并于 2012 年 5 月初步确定了 4 种仪器法和 3 种可现场使用的快速检测法。

以下是我们在日常生活中鉴别地沟油的基本常识，通过物理感官的方式对其鉴别：①在看的过程中，普通植物油通常不含任何杂质。②在闻的过程中，不同油所具有的气味不同，可以将油抹在手上，通过两只手摩擦使其发热，然后再闻气味，如果闻到异样的气味，则说明该油质量存在问题，极有可能是地沟油。③在尝的过程中，如果油的味道呈现出酸苦，则有可能是不合格的油，出现腐败味的油极有可能是地沟油。④通过听的方式来判断，在一张纸上涂抹油层，将其点燃，如果燃烧过程中发出的声音比较正常，则该油的质量有保障，如果燃烧过程中声音为吱吱声，则极有可能是地沟油，因为该油中的水分超出了标准，导致燃烧时出现异样的声响。同时，在购买时要对油的来源进行询问，并索要正规发票，避免购买不良品质油。

第 7 章

新陈代谢总论与生物氧化

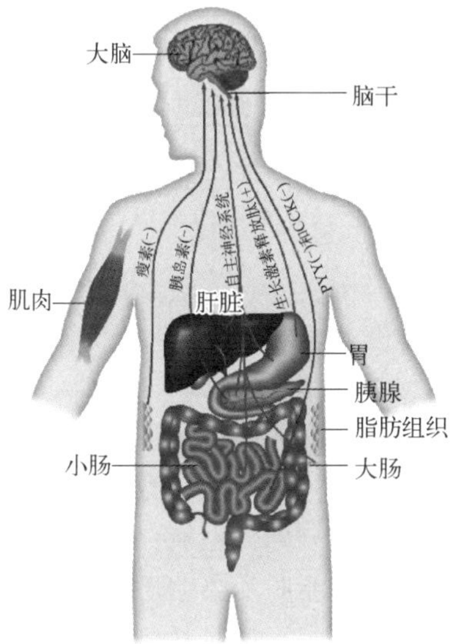

达成目标：

（1）理解新陈代谢的意义；代谢稳态对生命活动的作用；生物体能量利用和储存的原则及意义。

（2）掌握生物氧化的概念和特点；呼吸链的概念、组成和排列顺序；氧化磷酸化的定义、偶联部位；底物水平磷酸化的概念。

（3）应用本章所学掌握代谢稳态对机体健康的影响。

7.1 概述

生物体维持生命是一个非常复杂的过程，需要通过新陈代谢不断地更新机体，在此过程中进行的所有化学反应的统称为新陈代谢。狭义地讲，新陈代谢是指细胞内所发生的酶促反应过程，也称中间代谢。中间代谢是代谢活动的主体，也是代谢研究的主要内容。广义地讲，新陈代谢是生物与外界环境进行物质与能量交换的全过程，即生物体内所经历的一切化学变化，包括消化吸收、中间代谢及代谢产物排泄等阶段。

新陈代谢的功能可以概括为如下五个方面：①从周围环境中获得营养物质；②将从环境中获得的营养物质转变为自身特有的结构元件，即组成大分子的前体物质；③将结构元件装配成自身的生物大分子；④合成或降解生物体特殊功能需要的分子；⑤提供一切生命活动所需的能量。

7.1.1 新陈代谢的分类

新陈代谢按照不同的分类方法，可以分为不同的类别。

（1）分解代谢和合成代谢　新陈代谢包括分解代谢和合成代谢两个方面。分解代谢指机体将来自环境或细胞内所储存的有机营养物质分子（如糖、蛋白质、脂肪），通过多步反应降解成较小、简单的终产物（如二氧化碳、乳酸、乙醇等）的过程，又称呼吸作用或异化作用。分解代谢过程中，有机大分子的化学键断裂，释放出能量，常以腺苷三磷酸（ATP）形式捕获，部分化学能以 NADH 和 NADPH 的形式保存下来。合成代谢又称生物合成或同化作用，是从小分子合成较大分子的过程。这一过程通常需要由分解代谢产生的 ATP 提供能量。分解代谢和合成代谢通常采用不同的途径进行，但有时会共用一些环节，称为共用代谢途径。

分解代谢与合成代谢是代谢过程的两个方面，缺一不可，两者对立统一、相辅相成。分解代谢是合成代谢的能源来源，合成代谢是分解代谢的物质基础。

（2）物质代谢和能量代谢　生物大分子的合成和分解过程中所发生的各种生理活性物质的转换，称为物质代谢；伴随物质代谢进行的各种能量间转化称为能量代谢。能量代谢和物质代谢是同一过程的两个方面，能量转化寓于物质转化过程之中，物质转化必然伴有能量转化。

7.1.2　新陈代谢的特点

（1）新陈代谢的整体性　生物体内同时进行着各种营养物质（如糖、蛋白质、脂、无机盐、水、维生素等）的代谢，它们之间不是孤立的，而是一个高度协调的整体，彼此之间相互依存、相互制约、相互转变。例如，刚进食后，体内的血糖浓度升高，其中一部分葡萄糖转化为糖原储存起来，这时糖原的分解就会受到抑制。另一部分葡萄糖氧化分解，提供合成蛋白质、核酸、多糖、磷脂的能量和元件，同时机体会降低对脂肪和蛋白质的分解利用。

（2）新陈代谢具有共同的代谢池　新陈代谢的整体性决定了无论是从体外摄入的物质还是体内各组织细胞合成的物质，最终都会不分彼此地进入各种共同的代谢池中。以血糖的来源为例，食物中的糖可被吸收、消化成葡萄糖，是血糖的主要来源。饥饿时，肝脏储备的肝糖原可分解成葡萄糖进入血液。此外，蛋白质、脂肪及乳酸等非糖物质可通过糖异生途径转化为葡萄糖。这些不同来源的葡萄糖构成了血糖代谢池，血糖又被运输到各个组织，参与代谢。

ATP 是能量代谢的通用货币，糖、脂、蛋白质在体内氧化分解产生的能量，大部分储存在 ATP 的高能磷酸键中，为各项生命活动如生物大分子的合成、运动、生长、发育、繁殖提供能量。

生物体内的还原力也具有统一性，主要是 NADH 和 NADPH 两种，其中 NADH 主要用于呼吸链起始物质的还原，NADPH 用于生物合成中提供还原力，它们是偶联合成代谢和分解代谢的特殊功能分子。如葡萄糖经磷酸戊糖途径（HMP）产生的大量 NADPH 可为脂肪酸、胆固醇及氨基酸的合成提供还原力。

（3）代谢途径的多样性　体内的代谢途径主要有三种形式。线形途径，如葡萄糖到丙酮酸的 EMP 途径、谷氨酸族氨基酸的合成；环状途径，如 TCA 循环、尿素循环和腺嘌呤核苷酸循环；螺旋途径，如脂肪酸的生物氧化及合成。

（4）代谢的可调节性　代谢途径中的某一化合物往往可以进入合成代谢途径，也可以进入分解代谢途径产生不同的产物。该化合物代谢的方向、强度和速度并不是一成不变的，而是随着内外环境和生理功能状态不断变化，这就是代谢的可调节性，这种现象在生物界普遍存在，是生物的重要特征。

（5）代谢的组织、器官特异性　肝脏是体内物质代谢最活跃的器官，肺、肾、肠道也有生物转化的作用。机体各组织、器官分化的结构不同，各种酶系的种类和含量也有差异，因此它们除了具有一般的基本代谢特点外，还具有各自不同的代谢特点。比如肝脏中的氨基酸，特别是芳香族氨基酸代谢很活跃，这是因为肝脏中有关氨基酸代谢的酶（如催化多种氨基酸转氨基、脱氨基、转甲基、脱硫及脱羧基等作用的酶）含量丰富、活性很高。当肝脏有严重病变时，芳香族氨基酸在肝内代谢障碍，使芳香族氨基酸在血中的浓度明显升高。

7.2　生物氧化

糖、脂、蛋白质等有机物质在活细胞内氧化分解，产生 CO_2、H_2O 并放出供给生物一切活动所需要的能，这种作用称为生物氧化。生物氧化实际上是需氧细胞呼吸作用中的一系列氧化还原反应。生物氧化在活细胞内进行，而且必须在有酶参加和适宜的温度、pH 值等条件下进行，放出的能量主要以 ATP 及磷酸肌酸的形式储存起来，供需要时使用。

7.2.1　生物氧化的特点

生物氧化与非生物氧化（体外燃烧）的化学本质是一样的，都是电子得失的过程，最终都产生 CO_2 和 H_2O，且所释放的能量也相等，但二者进行的方式和过程有很大的区别。与体外燃烧相比，生物氧化有以下特点：

① 生物氧化是在体温（37℃）、近中性的含水环境中由酶催化完成的。

② 在酶等的催化作用下，能量逐步释放并以 ATP 形式捕获能量，从而保证机体不会因能量骤然大量释放而损伤，同时又可提高释放能量的有效利用率。

③ 生物氧化中 CO_2 是有机酸脱羧生成的。根据脱羧基的位置不同，可分为 α-脱羧和 β-脱羧。

④ 生物氧化中代谢物经脱氢酶激活脱落下来的氢经过一系列的传递体传递后与氧结合而生成水。

⑤ 生物氧化有严格的细胞定位，分为线粒体氧化体系（真核生物）和非线粒体氧化体系（原核生物在细胞膜上进行）。

7.2.2　生物氧化的方式

生物氧化的方式有失电子氧化、脱氢氧化、加氧氧化和加水脱氢氧化等。

① 失电子氧化。生物氧化通过电子的得失来实现，如细胞色素 b 和细胞色素 c1 之间的电子传递。

② 脱氢氧化。如苹果酸脱氢生成草酰乙酸。

③ 加氧氧化。有机物直接加氧，如脂肪酸在单加氧酶的催化下直接加氧生成 α-羟脂酸。

④ 加水脱氢氧化。加水的同时伴有脱氢氧化，如延胡索酸加水后脱氢氧化为草酰乙酸。在生物氧化中，脱氢氧化和加水脱氢氧化是生物氧化的主要方式。

7.2.3 生物氧化的产物

生物氧化的主要产物就是 CO_2 和 H_2O，同时释放的能量被 ADP 捕获，生成 ATP。现主要介绍一下 CO_2 和 H_2O 在生物体中是如何产生的。

（1）生物氧化中二氧化碳的生成　生物氧化中二氧化碳是由糖、脂、蛋白质等有机物转变为含羧基化合物后，由脱羧作用产生的。根据脱羧反应的性质，可分为直接脱羧和氧化脱羧两大类，根据脱去的羧基在有机分子中的位置，每一类又可区分为 α-脱羧和 β-脱羧两类。

① 直接脱羧。直接由底物脱去羧基生成，如图 7.1：

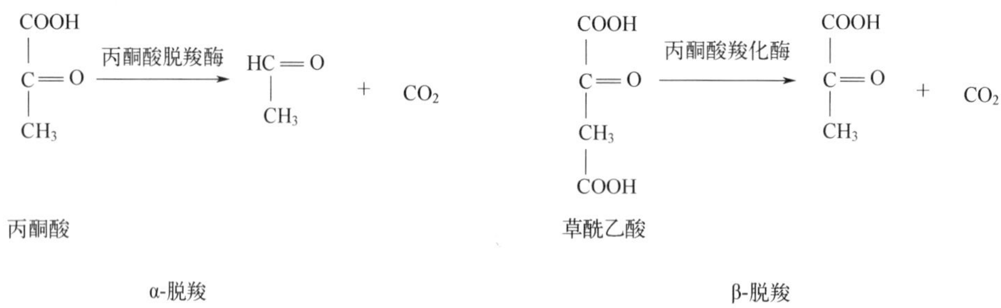

图 7.1　直接脱羧

② 氧化脱羧。在脱羧过程中伴有氧化反应发生，如图 7.2：

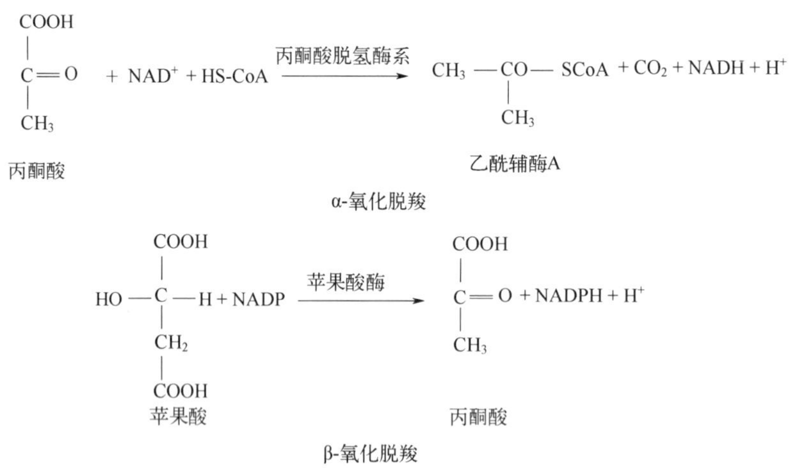

图 7.2　氧化脱羧

（2）生物氧化中水的生成　生物氧化过程中水的生成大致可分为两种方式：直接由底物脱水和通过呼吸链生成水。动物体内的水主要是由呼吸链生成的。

① 底物直接脱水。在代谢过程中有机物直接脱水，这种脱水方式在生物体中只占少数（图 7.3）。如在糖代谢过程中，甘油酸-2-磷酸生成烯醇式丙酮酸磷酸。

② 呼吸链生成水。生物氧化中所生成的水主要是代谢物脱下来的氢，经过呼吸链的传递

最后与氧结合生成的，这也是生物体内水生成的主要途径。

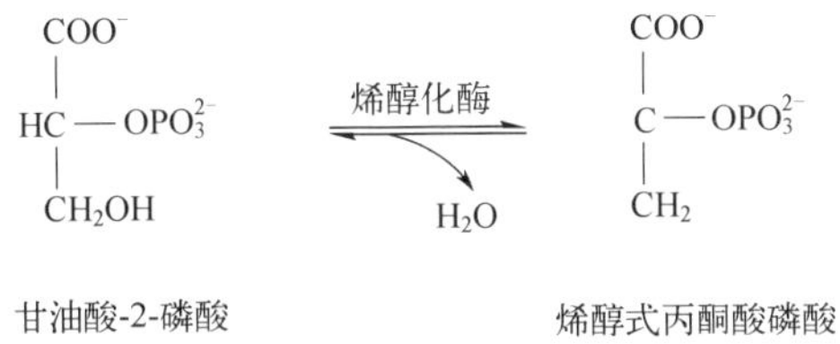

图 7.3　底物直接脱水

7.2.4　呼吸链

生物氧化生成水和二氧化碳不是直接目的，最终是通过氧化释放能量，而能量的释放和水的生成主要就是反应过程中脱下来的氢通过呼吸链传递后生成，在传递过程中通过氧化与磷酸化的偶联生成 ATP。

呼吸链又叫电子传递体系或电子传递链，是指存在于线粒体内膜上一系列氢和电子的传递体系，即在生物氧化过程中代谢物上的氢原子被脱氢酶激活脱落后，经过一系列的传递体，最后传递给被激活的氧原子，生成水的全部体系。

在真核生物细胞内，它位于线粒体内膜上；但在原核生物中，它位于细胞膜上。真核生物中，根据接受代谢物上脱下来的氢初始受体的不同，典型的呼吸链有两种，即 NADH 呼吸链和 $FADH_2$ 呼吸链（图 7.4）。糖类、脂类、蛋白质三大类物质分解代谢中的脱氢反应大多数以 NAD 为氢载体，通过 NADH 呼吸链来完成氢的氧化；少数脱氢酶以 FAD 为氢载体，通过 FADH，呼吸链使氢氧化。

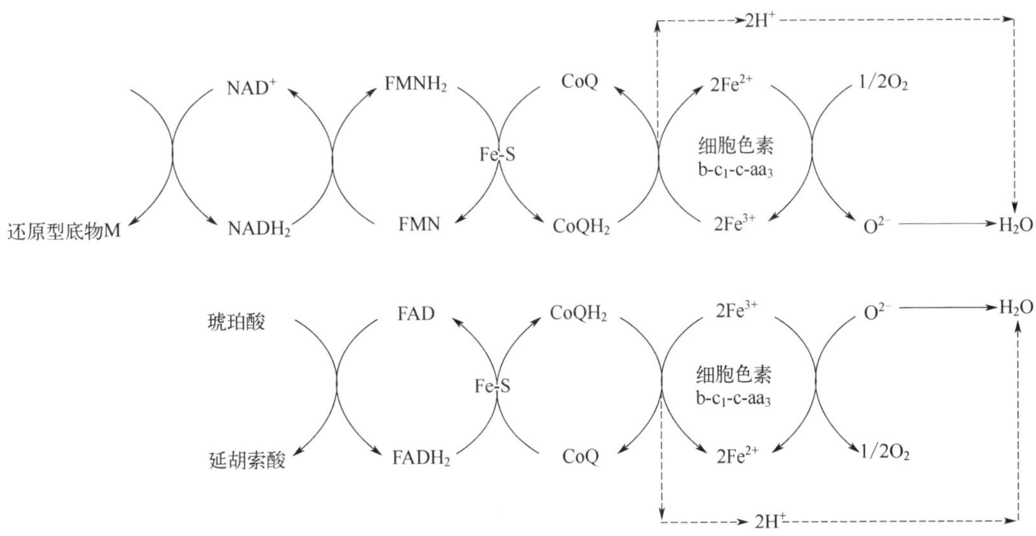

图 7.4　NADH 呼吸链和 $FADH_2$ 呼吸链

（1）呼吸链组成　两类典型呼吸链由线粒体内膜上几个蛋白质复合物组成：NADH 脱氢酶复合物（也称 NADH-CoQ 还原酶或复合物Ⅰ）、细胞色素 bc 复合物（也称 CoQ-Cytc 还原酶或复合物Ⅲ)、细胞色素氧化酶(也称复合物Ⅳ)及琥珀酸-CoQ 还原酶复合物(也称复合物Ⅱ)。各复合物在呼吸链中的顺序如图 7.5 所示。

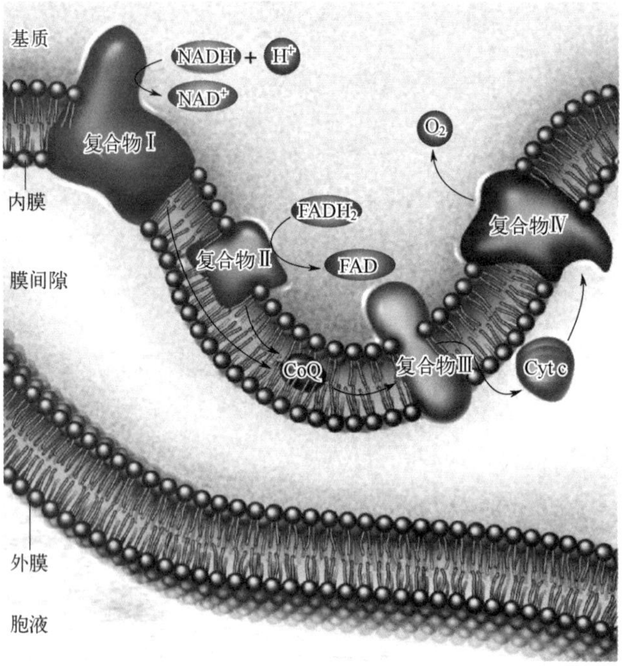

图 7.5 典型呼吸链中各复合物

呼吸链由许多组分组成，参加呼吸链的氧化还原酶可分为烟酰胺脱氢酶类、黄素蛋白类、铁硫蛋白类、细胞色素类、辅酶 Q 类五类。

① 烟酰胺脱氢酶类。烟酰胺脱氢酶类是以 NAD^+或 $NADP^+$为辅酶，不需要氧的脱氢酶类，目前已经知道的有 200 多种。此类酶催化脱氢，其辅酶先和酶的活性中心结合，然后再脱下来，与代谢物脱下的氢结合生成 $NADH+H^+$或 $NADPH+H^+$。当有受 H 体存在时，就脱下 H 形成氧化型 NAD^+或 $NADP^+$。

以 NAD^+为辅酶的酶代谢途径主要是进入呼吸链，将质子和电子传递给氧；而以 $NADP^+$为辅酶的酶代谢途径主要是将代谢中间产物脱下的质子和电子传递给需要质子和电子的物质，进行生物合成，如参与脂肪酸的生物合成。

② 黄素蛋白类。黄素蛋白类是以黄素单核苷酸(FMN)或黄素腺嘌呤二核苷酸(FAD)作为辅基，不需要氧的脱氢酶。现已证明，黄素核苷酸与酶蛋白的结合是较牢固的。黄素蛋白类催化脱氢时，是将代谢物上的一对氢原子直接传给 FMN 或 FAD 的异咯嗪环的 N_1 和 N_{10} 两个氢原子而形成 $FMNH_2$ 或 $FADH_2$。

生成的 $FMNH_2$ 与 $FADH_2$ 先把两个氢质子释放入溶液中，两个电子则经由铁硫蛋白传递给泛醌，此后还原型的 $FMNH_2$ 与 $FADH_2$ 又转变为氧化型的 FMN 与 FAD。

③ 铁硫蛋白类(Fe-S)。铁硫蛋白(也称硫中心)在微生物、动物组织中都存在，在线粒体内膜上常和黄素酶或细胞色素结合成复合物而存在，铁原子都是配位连接到无机硫原子和蛋白质中半胱氨酸侧链的硫原子上。在从 NADH 到氧的呼吸链中，有多个不同的铁硫中心，如复合物Ⅱ有三个 Fe_2S_2 中心。

铁硫蛋白内含有非卟啉铁与对酸不稳定的硫，主要借铁的变价进行电子传递。实验室接受电子时，由 Fe^{3+}转变为 Fe^{2+}，当电子转移到其他电子载体时，Fe^{2+}又恢复为 Fe^{3+}状态。

铁硫蛋白有数种，概括为三类：主要以 2Fe-2S-4Cys［图 7.6（a)］或 4Fe-4S-4Cys［图 7.6（b)］形式存在，还有 1Fe-0S-4Cys 的简单形式。

④ 辅酶 Q 类。辅酶 Q 广泛存在于生物界，属于醌类化合物，所以又称为泛醌。它是存在于线粒体内膜上的脂类小分子，也是电子传递链中唯一的非蛋白电子载体。它在电子传递链中处于中心地位，可以接受氧化还原酶脱下来的氢原子和电子，成为还原型的辅酶 Q（结构见图 7.7)。

⑤ 细胞色素类。细胞色素（cytochrome，Cyt）是一类以铁卟啉为辅基，通过辅基中铁的化合价变化来传递电子的色素蛋白。这种铁原子处于卟啉结构中心的化合物称为血红素。细胞色素都是以血红素为辅基，且这类蛋白质都具有红色。

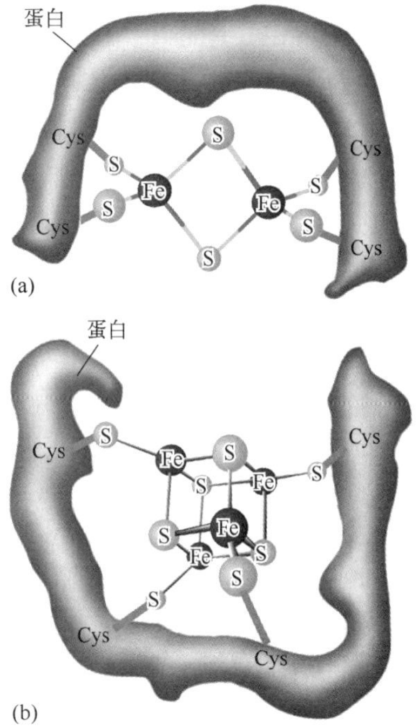

图 7.6　铁硫蛋白结构示意图

细胞色素广泛存在于需氧生物中，有多种类型。在高等动物的线粒体内膜上常见的细胞色素有 5 种：Cyt b、Cytc、Cyt c_1、Cyt a 和 Cyt a_3。线粒体中绝大部分细胞色素与内膜结合紧密，只有 Cyt c 结合较松，易于分离纯化，结构也比较清楚。不同种类的细胞色素的辅基结构及与蛋白质连接的方式也是不同的，细胞色素 b、c_1、c 的辅基都是血红素，但细胞色素 a、a_3 的辅基是血红素 A（8 位上是甲酰基，2 位上是 17 个 C 的异戊二烯聚合物)。

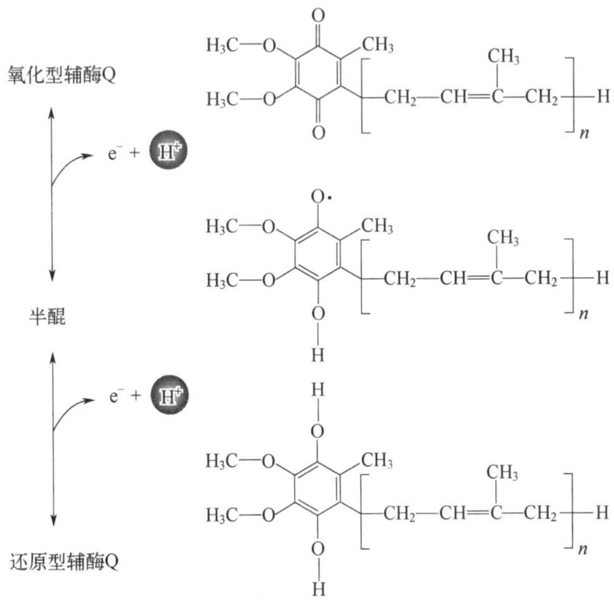

图 7.7　辅酶 Q 结构示意图

细胞色素 a 和 a_3 结合紧密，以复合物的形式存在。细胞色素 a 和 a_3 除了有铁原子外，还有铜原子，电子传递到细胞色素 a_3 时，通过其血红素 A 的铁及铜原子将电子传递给氧，氧原子接受 2 个电子后还原成 O^{2-}，与介质中的 $2H^+$结合生成水。

典型的线粒体呼吸链中细胞色素的顺序是：b-c_1-c-aa_3-1/$2O_2$。

（2）呼吸链的电子传递　呼吸链中氢和电子的传递有严格的顺序和方向，这些顺序和方向是根据各种电子传递的标准氧化还原电位（E_0'）的数值，并利用特异的抑制剂切断其中的电子流后，再测定电子传递链中各组分的氧化还原状态等实验得到的结论。

① 利用标准氧化还原电位确定呼吸链各组分的顺序。各组分在链上的位置顺序与其得失电子趋势的强弱有关。电子总是从低氧化还原电位向高的电位上流动。E_0'的数值越低，即供电子的倾向越大，越易成为还原剂，而处在呼吸链的前面。根据 E_0'值，可以确定典型呼吸链的各组分的顺序就是图 7.2 所示顺序。

② 利用特异性呼吸链的抑制剂研究呼吸链组分的顺序。电子传递链上的特异性抑制剂能为研究呼吸链各组分的顺序提供有用信息。例如，来自植物体的鱼藤酮可切断 NADH 到 CoA 之间的电子流，所以鱼藤酮可作为植物来源的杀虫剂，有极强的毒性。另外，安密妥可切断 NADH 到 CoA 之间的电子流，抗霉素 A 可切断细胞色素 b 到 c_1 的电子流，氰化物、一氧化碳可阻断细胞色素 a、a_3 到氧的电子传递，萎锈灵可阻断 $FADH_2$ 与 CoQ 之间的电子流。

7.2.5　氧化磷酸化

氧化磷酸化是指在细胞内利用有机物生物氧化过程中释放的能量促使 ADP 与无机磷酸结合生成 ATP 的过程。一切生命活动都需要能量来驱动，而 ATP 是生物体内主要的能量载体。

（1）氧化磷酸化类型　根据生物氧化方式，可将氧化磷酸化分为底物水平磷酸化和电子传递体系磷酸化（植物体中还有光合磷酸化）。

① 底物水平磷酸化。底物水平磷酸化是指直接由一个代谢中间产物（如高能磷酸化合物磷酸烯醇式丙酮酸）上的高能磷酸基团转移到 ADP 上生成 ATP 的反应。底物水平磷酸化的作用特点就是在 ATP 形成时不需要氧的参与，故而在有氧或无氧的情况下均可进行，也不利用线粒体 ATP 酶的系统，所以这种方式生成 ATP 的速度较快，但量不多。

② 电子传递体系磷酸化。电子传递体系磷酸化也称为氧化磷酸化，是指电子由 NADH 或 $FADH_2$ 经呼吸链传递给氧，最终在消耗水的过程中伴有 ADP 磷酸化生成 ATP 的过程。此磷酸化方式需要有氧的参与，需要利用线粒体 ATP 酶系统产生 ATP。这种方式是生物体产生 ATP 的最主要方式，生物体内约 95%的 ATP 是通过此种方式产生的。

（2）电子传递与 ATP 的生成　呼吸链与 ATP 生成量有重要关系，在电子传递过程中氧化释放的能量与 ATP 合酶共同作用促使磷酸和 ADP 生成 ATP。呼吸链的复合物和 ATP 合酶均嵌合在线粒体内膜上，在 NADH 呼吸链中通过复合物Ⅰ、复合物Ⅲ和复合物Ⅳ传递电子，并将质子泵出内膜，释放的能量较多，通过自由能的变化计算其释放的能量分别是 70.44kJ/mol、38.60kJ/mol 和 100.35kJ/mol。合成 1mol ATP 所需的能量为 30.52kJ，这三个部位所产生的能量均超过合成 1mol ATP 所需要的能量。$FADH_2$ 呼吸链中，只有复合物Ⅲ和复合物Ⅳ通过传递释放的能量超过合成 ATP 所需要的能量。并且两种典型呼吸链上共有三处释放能量比较多的地方，这三个地方也是传递链上被特异性抑制剂切断的地方，且在该处电位有较大的“跳动”，基本在 0.2V 以上。

研究氧化磷酸化最常用的方法是测定线粒体或其制剂进行氧化时的 P/O 值。P/O 值是指每消耗 1mol 氧所消耗无机磷酸的物质的量。根据所消耗的无机磷酸的物质的量可间接测出 ATP 生成量。已经用实验确定了 NADH 和 $FADH_2$ 的 P/O 值分别是 2.5 和 1.5，由此推算脱下来的氢质子经 NADH 和 $FADH_2$ 呼吸链的传递生成 1mol 水后生成的 ATP 数量分别是 2.5mol 和 1.5mol。

（3）氧化磷酸化的机制　关于氧化磷酸化产生 ATP 的作用机制，主要有三个学说：化学偶联学说、构象变化学说和化学渗透学说。

① 化学偶联学说。1953 年，E.Slater 最先提出化学偶联学说。他认为电子传递和 ATP 生成的偶联是通过在电子传递中形成一个高能共价中间物，随后裂解将其能量供给 ATP 的合成。这一假说可以解释底物水平磷酸化，但在电子传递体系磷酸化中尚未找到高能中间共价化合物。

② 构象变化学说。1964 年，P.Boyer 提出构象变化学说。他认为是电子传递使线粒体内膜的蛋白质分子发生了构象变化，从而推动了 ATP 的生成。1994 年，J.Walke 等发表了 0.28nm 分辨率的牛心线粒体 F_1-ATP 酶的晶体结构。高分辨率的电子显微镜研究表明，ATP 合酶含有球状的 F_1 头部和横跨线粒体内膜的基底 F_0 及将二者连接起来的柄部（图 7.8）。

ATP 合酶的分子量为 480000，球状的头部 F1 分子量约为 380000，有 5 种亚基（α_3、β_3、γ、δ、ε 亚基），是水溶性蛋白。其单独存在时不具有合成 ATP 的功能，但能使 ATP 水解成 ADP 和 Pi，故单独存在的 F_1 又称 ATP 酶。在完整线粒体上，F1 的功能是催化 ADP 和 Pi 合成 ATP，催化的亚基是 β 亚基。F_1 的 3 个 α 亚基和 3 个 β 亚基交替排列，γ 和 ε 亚基结合在一起，$\alpha_3\beta_3$ 位于中央，构成可以旋转的“转子”，F_1 的 3 个 β 亚基均有与腺苷酸结合的部位，且呈不同的构象。在催化 ATP 合成时，质子流引起 3 个 β 亚基构象不断变化，从而促使 ATP 的合成。

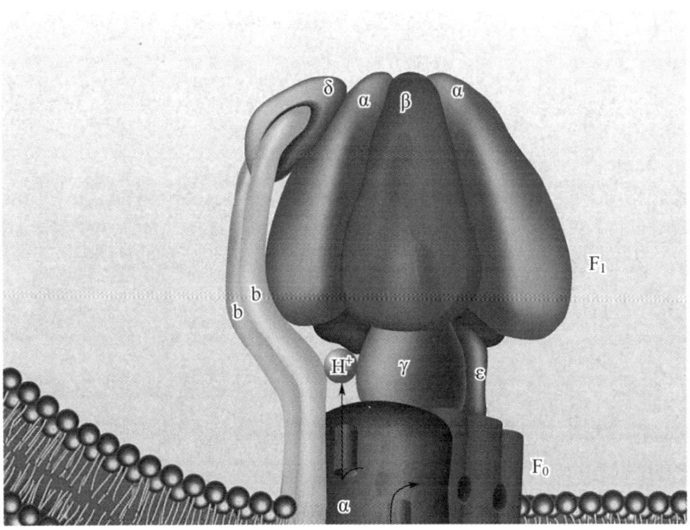

图 7.8　ATP 合成酶示意

F_1与F_0之间由柄部相连，柄部有一种寡霉素敏感性授予蛋白，它是一种碱性蛋白质，本身没有催化活性，但它使F_1对寡霉素敏感。因此，寡霉素通过干扰质子梯度而抑制 ATP 的合成。

构象变化学说可以解释 ATP 生成的机制，P.Boyer 和 J.Walke 由此荣获了 1997 年的诺贝尔化学奖。

③ 化学渗透假说。化学渗透假说是由英国生物化学家 Peter Mitchell 于 1961 年首先提出，后经大量的研究、充实，目前得到了多数人的赞同，但仍有一些问题尚待解决，图 7.9 是该假说的示意图。化学渗透假说的要点如下：呼吸链存在于线粒体内膜上，当氧化进行时，呼吸链起质子泵的作用，质子被泵出线粒体内膜的外侧，形成了线粒体膜内外两侧间跨膜的化学势和电位差，跨膜的电化学能被膜上的 ATP 合成酶所利用，使 ADP 与 Pi 合成 ATP，具体要点包括：呼吸链中的递氢体和递电子体在线粒体上都有特定的位置和顺序，形成有方向性的质子转移氧化还原系统；当递氢体接受从线粒体内膜内侧传来的氢后，即将电子传给位于其后的邻近电子传递体，同时将 H^+泵出线粒体内膜；泵到内膜外侧的 H^+不能自由返回膜内侧，因而造成了线粒体内膜外侧的H^+浓度高于内侧，形成了H^+浓度的跨膜梯度，从而使线粒体内膜两侧形成电位差；利用这种电位差的动力，在 H^+通过 ATP 合酶返回线粒体基质的时候，ATP 合成酶利用其所释放的自由能使 ADP 与 Pi 合成 ATP。

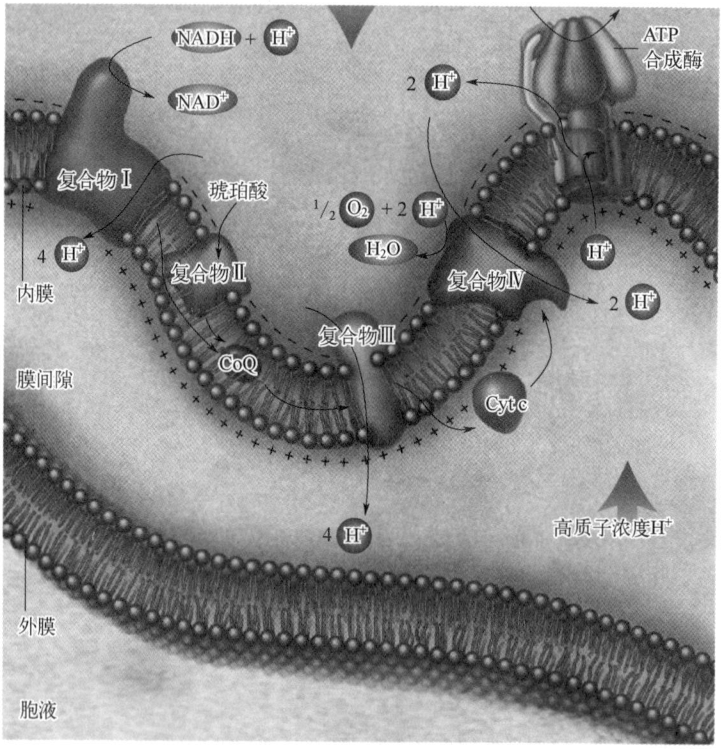

图 7.9 化学渗透学说

化学渗透学说解释了电子传递过程中形成的线粒体内膜两侧的质子梯度是合成 ATP 的推动力，这对氧化磷酸化的机理作了一定的阐明，也得到了一些实验的支持，因此，P.Mitchell 于 1978 年获得了诺贝尔化学奖。但化学渗透学说没有说明 H^+是如何被泵到线粒体内膜外侧的，也没有说明 H^+流回基质时 ATP 是怎样合成的。故 20 世纪 70 年代以来，该学说虽一直比较流行，但目前已面临严重的挑战，成为生物能研究中大家关注的问题。

（4）氧化磷酸化的解偶联和抑制　正常情况下，电子传递和磷酸化是紧密结合的。在有些情况下，电子传递和磷酸化作用可被解偶联。

① 特殊试剂的解偶联作用。不同的化学试剂对氧化磷酸化作用的影响方式不同，根据它们的不同影响方式可划分为 3 大类，一类称为解偶联剂，另一类称为氧化磷酸化抑制剂，第三类称为离子载体抑制剂。a. 解偶联剂：解偶联剂的作用是使电子传递和 ATP 形成的两个过程分离，它只抑制 ATP 的形成过程，不抑制电子传递过程，使电子传递产生的自由能都变为热能。这种试剂使电子传递失去正常的控制，即不能形成线粒体膜内外的氢离子梯度，结果造成氧和底物过分地利用而能量得不到贮存。典型的解偶联剂是弱酸性亲脂试剂 2,4-二硝基苯酚。解偶联剂只抑制氧化磷酸化的 ATP 形成，对底物水平的磷酸化没有影响。b. 氧化磷酸化抑制剂：氧化磷酸化抑制剂的作用特点是既抑制氧的利用又抑制 ATP 的形成，但不直接抑制电子传递链上载体的作用，这一点和电子传递抑制剂不同。氧化磷酸化抑制剂的作用是直接干扰 ATP 的生成过程，寡霉素就属于这类抑制剂。c. 离子载体抑制剂：离子载体抑制剂是一类脂溶性物质，能与某些离子结合并作为它们的载体使这些离子能够穿过膜，它和解偶联试剂的区别在于它是除 H^+以外其他一价阳离子的载体。

② 激素控制褐色脂肪线粒体氧化磷酸化解偶联机制。褐色脂肪组织又称褐色脂肪，其含有甘油三酯和大量线粒体，线粒体内的细胞色素使脂肪呈褐色，褐色脂肪的产热机制是线粒体氧化磷酸化解偶联的结果。褐色脂肪线粒体内含有一种激素称为产热素，是由两个亚基形成的二聚体蛋白质，这种激素只存在于褐色脂肪线粒体中，它控制着线粒体内膜对质子的通透性。

（5）线粒体外 NADH 的氧化磷酸化作用　线粒体内 NADH 可以直接进入呼吸链被氧化，细胞液内的 NADH 无法透过线粒体内膜进入线粒体内氧化，通过两种“穿梭”途径可以解决胞液内 NADH 氧化的问题：一种称为 α-磷酸甘油穿梭途径，另一种称为苹果酸-天冬氨酸穿梭途径。

① α-磷酸甘油穿梭途径。由糖无氧分解过程产生的 NADH 虽不能穿过线粒体内膜，但是 NADH 上的氢和电子却可以进入线粒体内膜，在这里起电子载体作用的是 α-磷酸甘油。后者可以容易地穿梭于线粒体的内膜，起到穿梭搬运的作用（图 7.10）。穿梭作用的第 1 步是氢和电子从 NADH 转移给磷酸二羟丙酮形成 α-磷酸甘油，催化这一反应的酶称为 α-磷酸甘油脱氢酶，该反应是在细胞液中进行的。α-磷酸甘油借助线粒体内膜上的 α-磷酸甘油脱氢酶，将电子转移到线粒体内膜上 α-磷酸甘油脱氢酶的辅基 FAD 分子上，α-磷酸甘油转变为磷酸二羟丙酮，FAD 还原为 $FADH_2$（酶-$FADH_2$），磷酸二羟丙酮能够通过线粒体内膜扩散到细胞液中，这就使 α-磷酸甘油完成了携带 NADH、氢和电子进入线粒体内的使命。

α-磷酸甘油穿梭途径将 NADH 的氢和电子转移进入电子传递链进行氧化磷酸化所利用的电子传递载体是 FAD 而不是 NAD^+，这就使从 1 分子 NADH 脱下的电子通过氧化磷酸化最后生成 1.5 个 ATP 分子。

② 苹果酸-天冬氨酸穿梭途径。心脏和肝细胞液内，NADH 的电子进入线粒体是通过苹果酸-天冬氨酸穿梭途径完成的。在细胞液中，NADH 的电子由苹果酸脱氢酶催化传递给草酰乙酸使之转变为苹果酸，同时 NADH 被氧化为 NAD^+。苹果酸通过苹果酸-α-酮戊二酸载体穿过线粒体内膜并在线粒体基质内由苹果酸脱氢酶催化转变为草酰乙酸，NAD^+在线粒体基质内形成 NADH。线粒体基质内的草酰乙酸并不易透过线粒体内膜，由草酰乙酸经过转氨基作用形成的天冬氨酸，通过谷氨酸-天冬氨酸载体透过线粒体膜转移到细胞液，随后再通过转氨基作用

又转变为草酰乙酸。这条途径的最终结果是将细胞液中 NADH 所带的氢和电子转移到线粒体基质内，随后进入电子传递链并产生 2.5 个 ATP 分子。苹果酸-天冬氨酸穿梭途径见图 7.11。

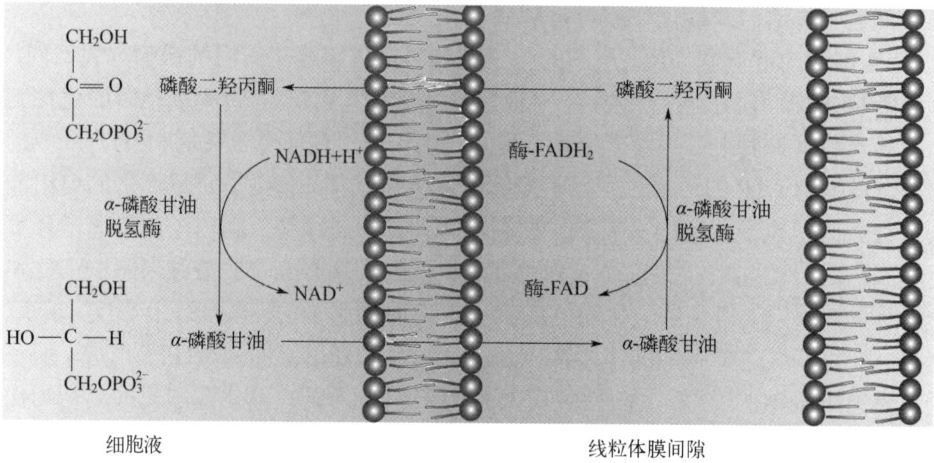

图 7.10　α-磷酸甘油穿梭系统

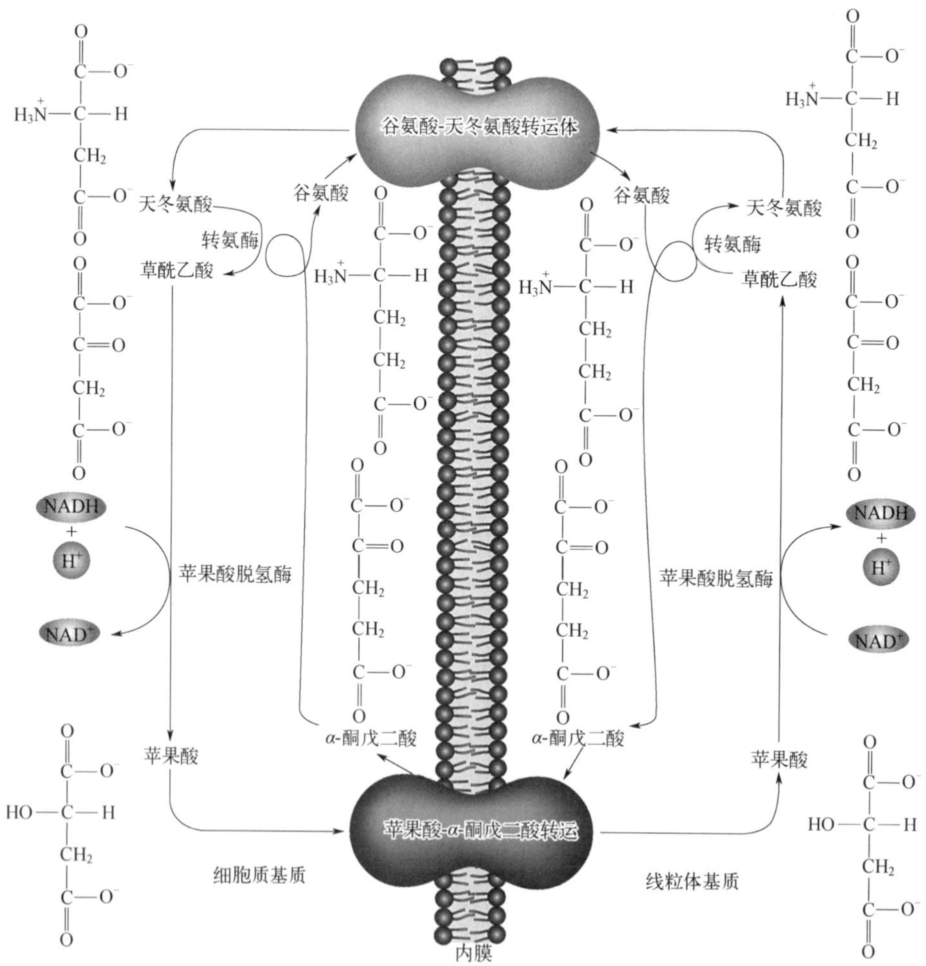

图 7.11　苹果酸-天冬氨酸穿梭

7.3 代谢紊乱造成疾病

新陈代谢，包括物质代谢、能量代谢和信息代谢，都必须按规律有条不紊地进行，任何代谢物的缺失，任何代谢途径的酶发生缺乏，或代谢途径之间的不协调都会造成代谢紊乱，导致疾病。

7.3.1 糖尿病与胰岛素

糖尿病是一种较常见的糖代谢紊乱疾病，其主要特征是高血糖。在临床上主要可分为两类：Ⅰ型糖尿病（胰岛素依赖型糖尿病）；Ⅱ型糖尿病（非胰岛素依赖型糖尿病）。从患病机制上来看，Ⅰ型糖尿病是由于胰岛素产生和分泌不足造成的；Ⅱ型糖尿病是由于胰岛素作用受阻，因而Ⅱ型糖尿病又称为胰岛素抵抗糖尿病。

Ⅰ型糖尿病多见于年轻人，在糖尿病中所占比例较少，该病起因大多为自身免疫破坏 β 细胞导致胰岛素合成不足。

Ⅱ型糖尿病多见于老人，比例较高，发病缓慢，早期易被忽视。该病常伴有肥胖、高血脂、高血压、动脉粥样硬化等并发症。其起因有多种：胰岛素突变失效、受体突变失效或胰岛素信号途径某环节失效，现已发现多与有关基因（如胰岛素基因、胰岛素受体基因、葡萄糖激酶基因等）突变有关。糖代谢紊乱的病因很复杂，有时可能并非胰岛素的原因，例如胰高血糖素分泌过量，其他因素也能造成高血糖。因此，糖尿病的治疗不能单纯依赖胰岛素，还要从多方面考虑。

Ⅰ型或Ⅱ型糖尿病患者都不能有效吸收利用血液中的葡萄糖，因此血糖升高。任何时间血糖超过 11.1mmol/L、空腹血糖超过 7.0mmol/L、餐后 2 小时血糖超过 11.1mmol/L 即可以判断为糖尿病。当血液中葡萄糖浓度超过肾糖阈（8.9～10.0mmol/L），葡萄糖就会从尿中排出。

血液中葡萄糖不能被很好地利用，脂肪酸就成为主要能源物质，从而使糖尿病患者肝中脂肪酸过量且不能完全氧化。由于脂肪氧化产生高[NADH]/[NAD^+]值，从而抑制了柠檬酸循环，乙酰-CoA 不能完全经柠檬酸循环彻底氧化，由此造成乙酰-CoA 积累，并形成酮体（β-羟丁酸、乙酰乙酸和丙酮）。丙酮具有挥发性，使某些糖尿病患者呼出的气体带有类似醉酒的气味。血液中含有过量酮体时称为酮血症，酮体出现在尿中称为酮尿症。酮体具有酸性，过量时会造成酮症酸中毒，必须及时采取措施予以缓解和治疗。

7.3.2 肥胖病与脂代谢紊乱

当前，超重和肥胖在我国乃至全球都是一个威胁健康的严重问题。摄入超过所需热量的食物，多余热量就会以脂肪形式贮存在体内。常常用体重指数（BMI）来衡量人体重量是否正常，BMI=体重（kg）/身高平方（m^2）。正常人群 BMI 应为 18.5～25kg/m^2，BMI 在 25～30kg/m^2 为超重，30kg/m^2 以上即为肥胖。肥胖往往会带来许多疾病，例如 2 型糖尿病、心血管疾病、中风以及某些癌症。

脂肪组织主要分布在皮下、腹腔、内脏周围、颈部和肩胛等部位。脂肪组织不仅是分解、合成和贮存脂肪的组织，而且具有重要的内分泌功能。进食行为和脂类代谢都受到激素和中枢神经系统的调节。20 世纪 90 年代初最早发现瘦素，其后进一步发现脂肪组织可以产生肽类激素，如脂肪素等。脂肪素可通过自分泌、旁分泌或内分泌，将脂肪组织贮存了足够数量脂肪的信息传递给有关组织，以抑制食欲、增加耗能、减少贮存。瘦素由 167 个氨基酸组成，可作用于下丘脑以抑制食欲。破坏小鼠瘦素基因，小鼠即变得进食无节制，躯体肥胖；注射瘦素后，小鼠食欲下降，躯体消瘦。瘦素受体主要在下丘脑调节进食行为的区域中表达，瘦素带来脂肪充足的信息，于是脑部释放厌食神经肽，并通过迷走神经系统增加血压和心率，促进棕色脂肪组织线粒体解偶联产热。

7.4 课程思政

Paul Boyer 提出构象变化假说的历程。

Paul Boyer 1918 年 7 月出生在美国犹他州 Provo 市，父亲是一名整骨医师，母亲操持家务，他有五个兄弟姊妹。1933 年，Boyer 的 15 岁生日刚过，母亲便因艾迪森氏症（原发性慢性肾上腺皮质功能减退）去世了。Boyer 在自传中写道："肾上腺素可以救她的命，但肾上腺素发现得太迟了。母亲的离世促成了我后来研究生物化学的兴趣"。

1939 年，Boyer 从家乡的杨百翰大学毕业，进入威斯康星大学学习生物化学，并于 1941 年获硕士学位，1943 年获博士学位。彼时正值二战时期，Boyer 来到斯坦福大学做博士后，从事战时医学研究委员会资助的血浆蛋白研究。1945 年，他受聘至明尼苏达大学做助理教授。在那里，他拥有了独立的实验室，开始引入动力学、同位素及其他化学方法来研究酶的作用机制。至此，Boyer 正式开启了他独立的研究生涯。

ATP 是生命活动的能量"货币"，它主要通过"印钞机" ATP 合酶催化而成。ATP 合酶广泛存在于真核生物的线粒体、叶绿体以及原核生物（如细菌）的膜上。Boyer 曾经说过："所有的酶都很美妙，但 ATP 合酶是其中最绚烂和最重要的一种"。谈到有关 ATP 合酶的工作机制，首先不得不提到 1961 年 Peter Mitchell（1978 年独得诺贝尔化学奖）提出的化学渗透假说，也就是关于氧化磷酸化的机理。化学渗透假说的核心是电子传递链在线粒体内膜中不对称分布，当电子传递时所释放的能量转化为跨膜质子电势差，然后通过 ATP 合酶催化形成 ATP。化学渗透假说是 20 世纪伟大的生物学发现之一，1961 年被提出时几乎没有人相信，经过十多年的反复论证最终为大多数学者接受。

1997 年获得诺贝尔奖之后，Boyer 为诺贝尔奖官网撰写了一份个人传记，文章记录了他对科学、社会、教育的思考，体现了这位伟人的品格与胸怀。

7.5 拓展与探索

7.5.1 ATP 合酶作用新机制

ATP 合酶利用跨膜离子（主要是质子）梯度提供的能量，催化由 ADP 和 Pi（磷酸）合成

ATP 的反应。已有证据表明，这种催化反应通过 ATP 合酶内部亚基之间的相对旋转而实现。然而，现有的基于整合在细胞膜内的 c 环及附着于其上的中心杆（由 e 和 g 亚基组成）转动的 ATP 合酶旋转模型存在多方面的理论缺陷，也与某些实验数据不符。

来自北京大学生命科学学院的昌增益教授等提出了一种新的 ATP 合酶旋转催化模型，其中发生旋转的是 $\alpha_3\beta_3$ 六聚体。具体而言，质子的跨膜转运引起 c 环的周期性构象改变，从而使得附着在 c 环上的中心杆产生往复运动，这种往复运动驱动 $\alpha_3\beta_3$ 六聚体连续转动。这种工作模式与按压式圆珠笔中推杆的往复运动驱动凸轮连续转动的工作机理十分相似。新模型不仅避免了现有模型的理论缺陷，而且更好地解释了已有实验数据。

ATP 合酶是一种由多个亚基组装而成的存在于所有生物体内的关键能量转换装置，它利用细胞膜两侧的离子（通常是质子）浓度差以及电势差所储存的化学能，合成细胞内的“能量货币”——ATP 分子。ATP 合酶是一种分子尺度的马达，催化反应通过一种独特的内部亚基之间的相互旋转机制实现。ATP 合酶的工作机制一直是生命科学研究的一个热点问题。

尽管 ATP 合酶的一种传统旋转催化模型已经进入了生物化学的教科书，但具体究竟哪部分相对于其所附着的生物膜在旋转一直未能确定。传统模型认为，当质子通过通道发生跨膜转运时，将驱动 c 亚基环在细胞膜内连续转动，进而驱使附着在 c 环上的 $\gamma\varepsilon$ 中心杆转动，后者的转动引起 $\alpha_3\beta_3$ 中的活性中心发生周期性构象改变，从而催化 ATP 的合成。然而，该传统模型不仅存在诸多理论缺陷，而且与通过 X 衍射等方法获得的该蛋白质复合体的结构信息不符。

7.5.2 鱼藤酮生物活性及与线粒体损伤的关系

鱼藤酮是一种具有杀虫活性的物质，其与除虫菊、烟草并称为三种传统的植物性杀虫剂。鱼藤酮主要存在于豆科植物中，人们早期从鱼藤属中分离得到。它有多种作用方式，包括触杀作用、拒食作用、胃毒作用和熏蒸作用等。鱼藤酮对 15 个目 137 科的 800 多种害虫都有一定的杀虫作用。由于其杀虫谱广，对作用于果树、粮食、蔬菜等的上百种害虫均有良好的防治效果。鱼藤酮被认为是一种安全、高效、不污染农业生态环境和农产品的“天然农药”，对哺乳动物毒性低，对农作物和害虫的天敌也在安全范围内，故其在综合治理害虫方面是一种比较理想的杀虫剂，广泛用于园林、果树和蔬菜等害虫的防治。近年来，为了满足绿色食品的发展需求，鱼藤酮产品在我国的发展非常迅速。1991 年，我国开始注册鱼藤酮产品，且鱼藤酮产品的注册数量逐年增加。截至 2017 年底，鱼藤酮产品在中国的注册数量高达 24 种。可以看到，鱼藤酮在我国有很大的市场需求。

鱼藤酮的杀虫作用谱广，对多种害虫都有一定的防治作用，其中对蚜虫类害虫的作用效果尤为明显。Nawrot 等在室内分别对鱼藤酮及其衍生物对害虫的拒食作用进行了测定。研究结果显示，鱼藤酮的拒食作用可对储粮类害虫产生一定的影响。Bloszyk 等为了对储粮类害虫进行防治，分别使用 6 种具有较高拒食活性的化合物用于食品包装物。结果表明，在 6 种化合物中，鱼藤酮的拒食活性最高。

多种因素可对鱼藤酮的生物活性产生影响。研究发现，对不同时期的致倦库蚊幼虫进行鱼藤酮敏感性测定时，幼虫对鱼藤酮的敏感性随着龄期的升高逐渐降低，其中 1 龄幼虫最敏感，蛹最不敏感。

鱼藤酮是具有极强亲脂性的化合物，可轻易进入消化道和皮肤，进入机体后，可以很容易地通过生物膜穿透血脑屏障。进入细胞后，它会聚集在线粒体等细胞器周围，发挥很强的毒性作用。因此，鱼藤酮可对害虫的胃产生较强的毒性作用，其作用机制是通过对害虫神经、肌肉组织的细胞呼吸进行抑制，最终导致害虫麻痹而死亡。研究表明，鱼藤酮的作用方式和类除虫菊酯类似，但鱼藤酮的活性和持久性比类除虫菊酯要强。

研究证实，鱼藤酮可通过抑制细胞呼吸链对氧的利用，主要是抑制 NADH 脱氢酶的活性，导致内呼吸抑制性缺氧，使细胞窒息甚至死亡，发挥细胞毒性作用。

因为鱼藤酮对细胞的抑制作用是普遍存在的，所以其可对所有细胞造成损害。生物细胞内许多物质如 NADH 脱氢酶、甘露醇合成酶、线粒体内相关成分等对鱼藤酮均有一定的敏感性。研究发现，鱼藤酮可通过对细胞中甘露醇合成酶的活性进行抑制，间接地对生物体产生影响。此外，鱼藤酮还可对细胞中纺锤体微管的组装进行抑制，体外实验表明，鱼藤酮可抑制微管的形成。莫美华等研究了鱼藤酮及其合剂对蔬菜害虫的毒性作用。结果表明，鱼藤酮及其合剂不仅可对蔬菜害虫的呼吸产生抑制作用，还可破坏昆虫的肠道以及多功能氧化酶的活性，使昆虫局部变黑，药剂不能准确有效地作用于靶器官，从而导致昆虫中毒死亡。

目前，鱼藤酮的毒性研究主要集中在线粒体功能障碍、PD 症状等线粒体相关的神经退行性疾病上。鱼藤酮对多巴胺神经元的毒性机制，特别是线粒体膜相关基因和蛋白的变化仍是鱼藤酮毒性研究的重点。线粒体是重要的细胞器，可在细胞内产生能量，在调节能量代谢和细胞凋亡中起关键作用。线粒体产生能量主要依赖于线粒体呼吸链的电子传递。同时，线粒体呼吸链也是体内产生自由基的主要场所，其任何部位的损伤均可引起体内自由基生成的增加。研究表明，由于鱼藤酮与线粒体复合物Ⅰ有极高的亲和性，线粒体复合物Ⅰ可被鱼藤酮抑制，使得线粒体活性减弱，从而抑制 ATP 合成，提示鱼藤酮诱导的线粒体功能损伤可能是帕金森病的诱发因素。有研究发现，使用低剂量鱼藤酮处理小鼠原代神经元，可导致 caspase 凋亡通路被激活、线粒体去极化，以及 DNA 断裂等。此外，鱼藤酮与线粒体复合物Ⅰ相互作用，可导致线粒体膜电位降低、凋亡，提示线粒体功能受损可能是鱼藤酮所致神经毒性因素之一。

第 8 章
糖类代谢

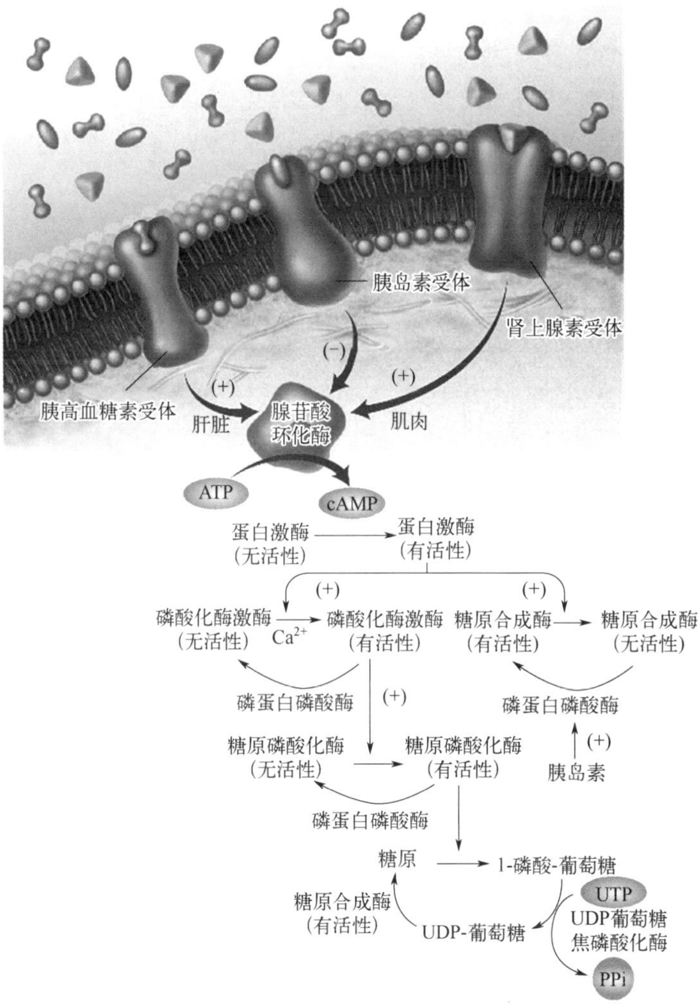

达成目标：

（1）了解糖的分类、消化吸收、生理功能及在体内的代谢概况；掌握糖酵解、三羧酸循环、磷酸戊糖途径、糖原合成与分解、糖异生、血糖及激素对血糖的调节。

（2）糖类代谢与人体健康之间的密切关系；了解糖代谢食品保藏、生产及食品安全中的应用。

（3）通过糖类代谢过程中物质变化，明晰糖代谢各种途径内在的逻辑关系以及各途径之间的相互关系，进而应用到食品营养和生产中去。

8.1 概述

糖类在生物体的代谢过程中起着至关重要的作用，是人体生命活动的主要能量来源，机体中所需能量的70%来自糖分解，体内葡萄糖含量过多时，多余部分将以糖原的形式贮存。当体内缺乏糖时，肝糖原再转化为葡萄糖被利用。因此，糖代谢在能量的产生、利用和贮存中起着非常重要的作用。糖可为体内多种物质的生物合成提供碳素、碳架、还原当量和能量。糖代谢途径中的一些中间代谢物，如甘油、丙酮酸、α-甘油磷酸、草酰乙酸、乙酰辅酶A等物质，可以充当氨基酸、脂肪酸、核苷合成的前体物。同时，这些代谢物也是糖、脂、蛋白质等多种物质彼此联系和相互转变的枢纽，通过这些共同的中间代谢物，糖代谢与蛋白质、脂类等物质的代谢途径相互联系、相互制约，共同构成了生物体新陈代谢的统一整体。

食物中的糖是机体中糖的主要来源，多糖和低聚糖在酶的催化下彻底降解，水解成单糖后，经血液运输到各组织细胞进行糖的合成代谢和分解代谢。糖的分解代谢指大分子糖经酶促降解生成小分子单糖后，进一步分解成二氧化碳和水的过程。糖的分解主要包括无氧情况下的酵解、有氧情况下的有氧分解及糖的另外一种分解途径——戊糖磷酸途径等。糖的合成代谢包括绿色植物和光合微生物利用太阳光能、水和二氧化碳合成葡萄糖，并将葡萄糖进一步合成其他复杂多糖的过程；对于人和动物，则包括糖原合成、糖异生及其他糖的生成等。

8.2 多糖和低聚糖的酶促降解

多糖和低聚糖分子大，不能透过细胞膜，所以在生物利用之前必须水解成单糖；另外，多糖和低聚糖要彻底降解，也必须先在酶的催化下水解成单糖才能进入分解途径。生物体内不同的多糖和低聚糖的水解方式有所不同，但水解都需要酶的催化。

8.2.1 淀粉的酶促降解

淀粉的直链由葡萄糖单元α-1,4-糖苷键连接，分支部分由α-1,6-糖苷键连接。淀粉在细胞外的降解主要是一种加水分解的过程，需要多种糖苷酶催化来水解，主要包括α-淀粉酶、β-淀粉酶、α-1,6-糖苷酶等。淀粉是由葡萄糖以α-1,4-糖苷键和α-1,6-糖苷键组成的，所以水解的过程其实就是水解α-1,4-糖苷键和α-1,6-糖苷键的过程。

α-淀粉酶广泛存在于动物、植物和微生物中，可以随机水解淀粉任何部位的α-1,4-糖苷键，所以属于内切酶。该酶如果水解直链淀粉，则产物是葡萄糖、麦芽糖、麦芽三糖及低聚糖的混合物；若是支链淀粉，则产物是葡萄糖、麦芽糖、麦芽三糖及含有α-1,6-糖苷键的低聚糖（极限糊精）的混合物。

β-淀粉酶主要存在于高等植物的种子中，在大麦芽中尤为丰富，只能从淀粉的非还原端开始逐个水解下一个麦芽糖单位，所以属于外切酶。

α-1,6-糖苷酶也称脱支酶或R-酶，专门水解α-1,6-糖苷键，但不能直接水解支链淀粉内部的α-1,6-糖苷键，支链淀粉经过水解后，极限糊精经α-1,6-糖苷键脱支，然后再由α-淀粉酶和β-淀粉酶作用进一步降解成葡萄糖和麦芽糖。

淀粉在以上3种酶的作用下最终会被降解为葡萄糖和麦芽糖的混合物。

8.2.2 纤维素的酶促降解

纤维素是由 β-D-葡萄糖以 β-1,4-糖苷链连接而成的多糖，没有分支。纤维素组成单位是葡萄糖，不能被人体吸收和利用，但是能促进人肠胃的蠕动，起到增加消化、减少便秘、降低直肠癌概率的作用。纤维素可以被微生物和反刍动物利用，原因是人体消化道中没有水解纤维素的酶，很多微生物如真菌、细菌、放线菌等能产生水解纤维素的酶，反刍动物本身也不能产生水解纤维素的酶，但反刍动物胃里有能产生水解纤维素酶的微生物。

纤维素的降解需要纤维素酶和纤维二糖酶共同作用，纤维素酶首先把纤维素降解为纤维二糖，然后在纤维二糖酶的作用下彻底水解为葡萄糖。

8.2.3 双糖的酶促水解

双糖主要有麦芽糖、蔗糖、乳糖和纤维二糖等，双糖的酶水解主要在双糖酶的催化下进行。双糖酶主要有麦芽糖酶、蔗糖酶、乳糖酶和纤维二糖酶，它们都属于糖苷酶，广泛存在于植物、微生物和动物的小肠液中。

8.2.4 单糖的吸收

食物中的糖类被消化成单糖后，在小肠上段（十二指肠和空肠）被黏膜上皮细胞吸收，先经门静脉进入肝脏，再经肝静脉进入血液循环，随血液转运到全身各组织处供组织氧化利用。所有的单糖都可以被吸收，但由于吸收机制不同，各种单糖的吸收速率不相同。各种单糖的相对吸收率大小顺序如下：D-半乳糖＞D-葡萄糖＞D-果糖＞D-甘露糖。

小肠黏膜上皮细胞采用继发性主动转运的方式吸收葡萄糖和半乳糖，吸收过程中依赖于特定的载体，同时伴有 Na^+的同向转运，这类载体被称为 Na^+依赖型的葡萄糖转运蛋白，主要存在于小肠黏膜上皮细胞和肾小管上皮细胞中。具体过程为：①葡萄糖经转运蛋白转运进入小肠黏膜上皮细胞，伴随 Na^+的同向转运。②在小肠黏膜上皮细胞基底侧膜上，由 ATP 水解提供能量，Na^+、K^+-ATP 泵将 Na^+泵出，以维系 Na^+的电化学梯度。③细胞内的葡萄糖通过易化扩散的方式出细胞，进入血液。进入血液后的葡萄糖，首先需要进入各组织细胞，这一过程由葡萄糖转运蛋白 2（GLUT2）介导。

人和动物摄入的多糖和低聚糖在消化道降解后的单糖除了葡萄糖外，还有果糖、半乳糖等，这些单糖进入血液后广义上来说都称作血糖，但临床上血糖专指血液中的葡萄糖。血糖是一项重要的生化指标，每一种动物血糖的正常值都是相对恒定的，如人体空腹血糖的正常值为 3.9～6.1mmol/L（70～110mg/dL）。

8.3 糖的分解代谢

8.3.1 糖酵解

在生物体处于相对缺氧的情况下，葡萄糖等经一系列酶促反应，分解为两分子丙酮酸，并伴随着生成 ATP 的过程，称为糖酵解（glycolysis）。糖酵解几乎是所有具有细胞结构的生物所共有的主要代谢途径，其主要生理意义在于，糖酵解可在无氧、缺氧条件下为机体迅速提供能量。糖酵解全过程的揭示，浸透着许多科学家的心血，尤以生物化学家 G.Embden、O.Meyerhof、J.K.Parnas 等的贡献最大，故糖酵解途径又叫 Embden-Meyerhof-Parnas 途径，简称 EMP 途径。

8.3.1.1 糖酵解途径的反应过程

糖酵解过程是在细胞质基质中进行的，不需要氧气参与，从葡萄糖开始到生成丙酮酸的全过程分为两个阶段（如图 8.1）。第一阶段的反应消耗 2 分子 ATP，为耗能过程，葡萄糖或

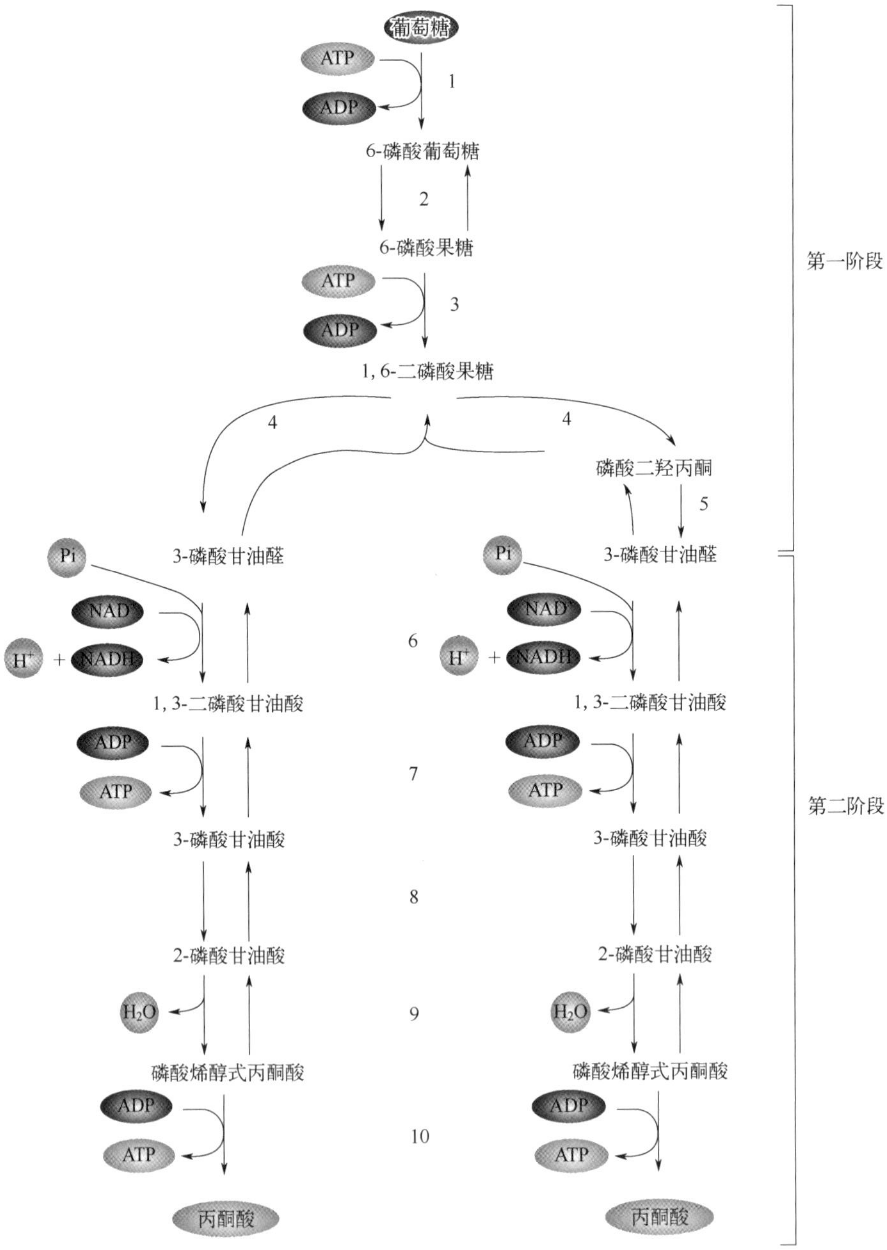

图 8.1 糖酵解途径

糖原通过磷酸化作用为其分解代谢做好准备，然后再裂解为三碳糖，即 3-磷酸甘油醛。第二阶段的反应生成 4 分子 ATP，为释能过程。两个阶段共 10 步反应，每一步反应步骤都由特异的酶催化，其总反应式如下：

$$C_6H_{12}O_6 + 2\ NAD^+ + 2ADP + 2H_3PO_4 \rightarrow 2NADH + 2C_3H_4O_3 + 2ATP + 2H_2O + 2H^+$$

（1）葡萄糖的磷酸化　葡萄糖首先在第 6 位碳上被磷酸化生成 6-磷酸葡萄糖，磷酸根由 ATP 供给，这一过程不仅活化了葡萄糖，同时也使进入细胞的葡萄糖不再逸出细胞。催化此反应的酶是己糖激酶，它能催化葡萄糖、甘露糖、氨基葡萄糖、果糖进行磷酸化反应，生成相应的 6-磷酸酯，己糖激酶催化的反应不可逆（$\triangle G^{0'}$=−13.81kJ/mol），是糖氧化反应过程的限速酶，反应需要消耗 ATP，Mg^{2+}是反应的激活剂，6-磷酸葡萄糖是己糖激酶的反馈抑制物（图 8.2）。

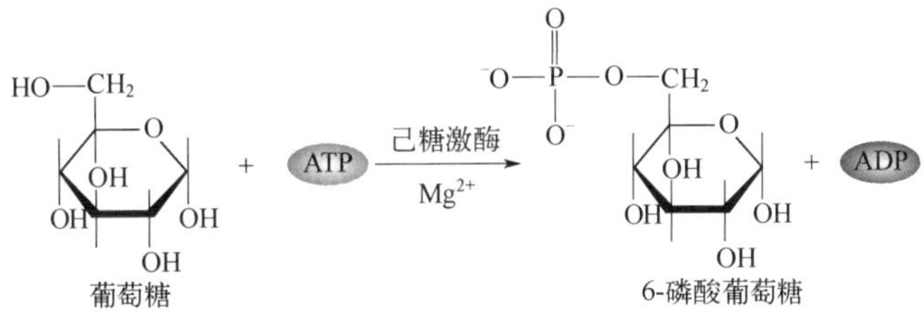

图 8.2　葡萄糖的磷酸化

（2）6-磷酸葡萄糖的异构反应　在磷酸己糖异构酶的催化下，6-磷酸葡萄糖分子结构发生异构化，羰基从 C-1 位转移到 C-2 位，使得醛式结构的葡萄糖转变为酮式结构的果糖，生成的 6-磷酸果糖 C-1 上的自由羟基有利于下一步磷酸化（图 8.3）。这一反应的标准自由能变化极其微小，因此反应是可逆的。6-磷酸葡萄糖和 6-磷酸果糖的存在形式以环式为主，但异构化是在开链的形式下进行的。

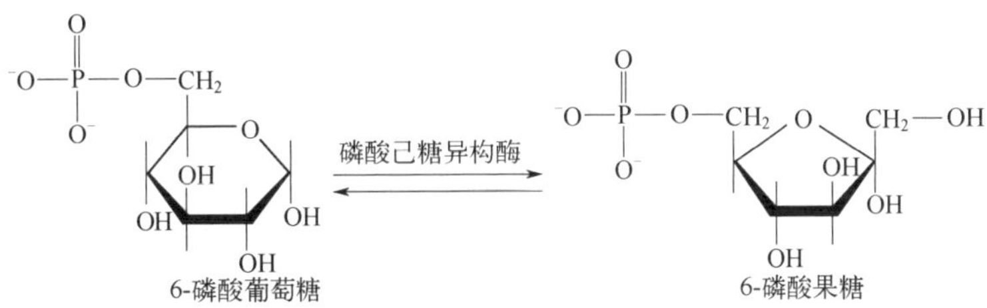

图 8.3　6-磷酸葡萄糖的异构反应

（3）6-磷酸果糖的磷酸化　6-磷酸果糖第一位上的 C 进一步磷酸化生成 1,6-二磷酸果糖，磷酸根由 ATP 供给，是糖酵解过程中的第二个磷酸化反应，催化此反应的酶是磷酸果糖激酶（图 8.4）。

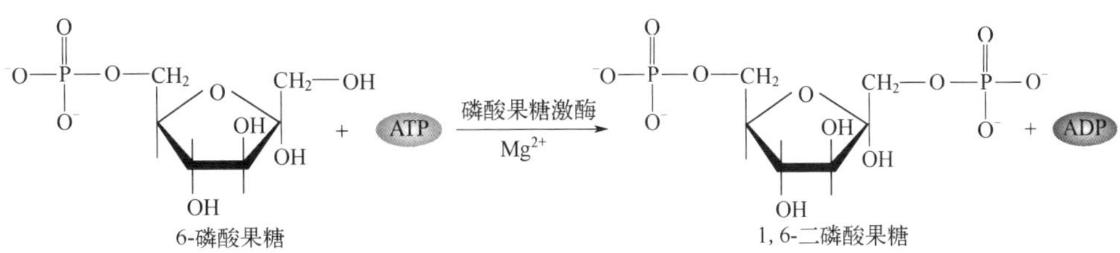

图 8.4　6-磷酸果糖的磷酸化

磷酸果糖激酶是一种变构酶，催化的反应是不可逆反应，它是糖酵解过程中最重要的限速酶，糖酵解的速率严格依赖于它的活力水平。ATP、H^+等是其变构抑制剂，ADP、AMP、2,6-二磷酸果糖等是变构激活剂，胰岛素可诱导它的生成。

（4）1,6-二磷酸果糖裂解反应　在醛缩酶催化下，1,6-二磷酸果糖分子在第 3 和第 4 碳之间断裂，生成两分子三碳化合物——磷酸二羟丙酮和 3-磷酸甘油醛，此反应是可逆的（图 8.5）。

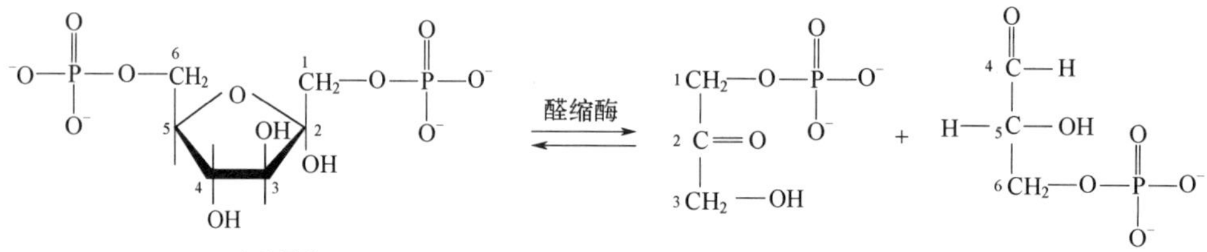

图 8.5　1,6-二磷酸果糖裂解反应

（5）磷酸二羟丙酮的异构反应　3-磷酸甘油醛在糖酵解途径的主线上，磷酸二羟丙酮不能继续进入糖酵解途径，但可以很快转化成 3-磷酸甘油醛。这两种化合物互为异构体，可在磷酸三碳糖异构酶的催化下相互转化（图 8.6）。

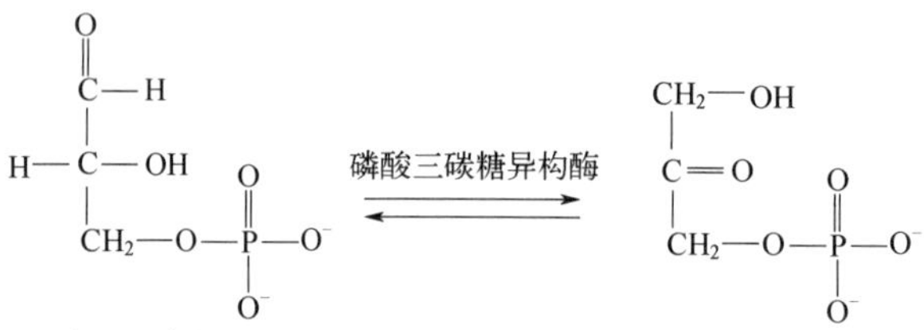

图 8.6　磷酸二羟丙酮的异构反应

这个反应是一个快速的可逆反应，达到平衡时，磷酸二羟丙酮占 96%。但由于 3-磷酸甘油醛被后面的反应有效利用，因此该反应仍然向着生成 3-磷酸甘油醛的方向进行。

至此，1 分子葡萄糖裂解生成 2 分子 3-磷酸甘油醛，通过两次磷酸化作用消耗 2 分子 ATP。

（6）3-磷酸甘油醛氧化反应　3-磷酸甘油醛在有 NAD^+和无机磷酸（Pi）时，被 3-磷酸甘油醛脱氢酶所催化，氧化脱氢并磷酸化转变为含 1 个高能磷酸键的 1,3-二磷酸甘油酸（图 8.7）。

图 8.7　3-磷酸甘油醛氧化反应

此反应既是氧化反应，又是磷酸化反应，是糖酵解中最复杂的一步反应。在这步氧化还原反应中有高能磷酸化合物形成。3-磷酸甘油醛 C-1 的醛基被转化成酰基磷酸，这是由磷酸和羧酸形成的混合酸酐，它具有转移磷酸基的高势能，形成这种酐所需要的能量来自醛基的氧化。NAD^+为该续氧化反应的电子受体，被还原后形成 1 分子 NADH。

（7）1,3-二磷酸甘油酸的高能磷酸键转移反应　在磷酸甘油酸激酶催化下，1,3-二磷酸甘油酸生成 3-磷酸甘油酸，同时其 C-1 位上的高能磷酸根转移给 ADP 生成 ATP，这种底物氧化过程中产生的能量直接将 ADP 磷酸化生成 ATP 的过程，称为底物水平磷酸化（图 8.8）。

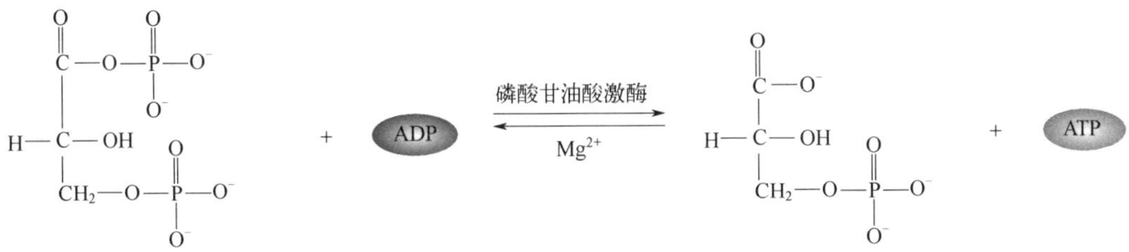

1, 3-二磷酸甘油酸　　3-磷酸甘油酸

图 8.8　1,3-二磷酸甘油酸的高能磷酸键转移反应

（8）3-磷酸甘油酸的变位反应　在磷酸甘油酸变位酶催化下，3-磷酸甘油酸 C-3 位上的磷酸基转移到 C-2 位上，生成 2-磷酸甘油酸，此反应是可逆的（图 8.9）。

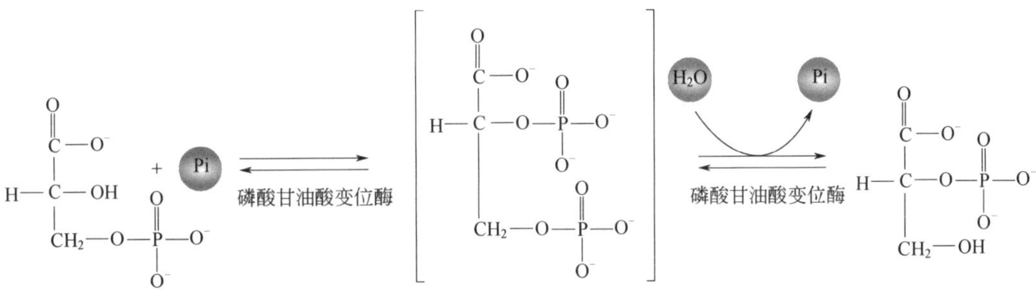

3-磷酸甘油酸　　2, 3-二磷酸甘油酸　　2-磷酸甘油酸

图 8.9　3-磷酸甘油酸的变位反应

（9）2-磷酸甘油酸的脱水反应　在烯醇化酶的催化作用下，2-磷酸甘油酸 C-1 和 C-2 的碳原子之间脱去 1 分子水，在脱水的过程中，分子内部的能量重新分配，生成高能磷酸化合物——磷酸烯醇式丙酮酸。该反应被 Mg^{2+}激活，被氟离子抑制（图 8.10）。

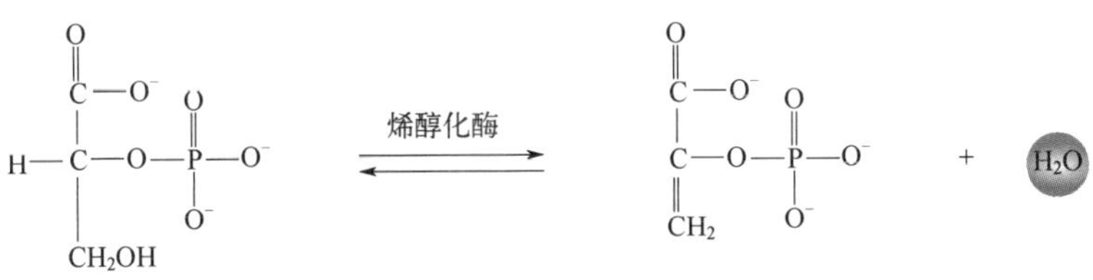

2-磷酸甘油酸　　磷酸烯醇式丙酮酸

图 8.10　2-磷酸甘油酸的脱水反应

（10）磷酸烯醇式丙酮酸的磷酸转移　这是糖酵解的最后一步反应。在 Mg^{2+}或 K^+的参与

下，丙酮酸激酶催化磷酸烯醇式丙酮酸的磷酰基转移给 ADP，形成烯醇式丙酮酸和 ATP。因为烯醇式丙酮酸很不稳定，它迅速重排形成丙酮酸，这一步反应不需要酶的参与（图 8.11）。

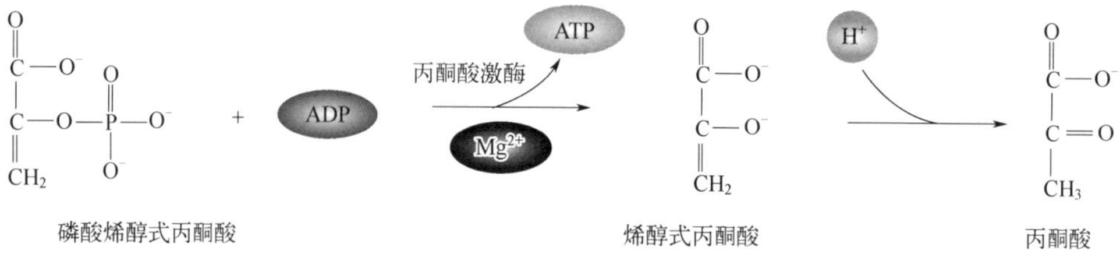

图 8.11　磷酸烯醇式丙酮酸的磷酸转移

这是糖酵解过程中第二次产生能量的反应，ATP 生成的方式也是底物水平的磷酸化反应，反应是不可逆的。

8.3.1.2　丙酮酸的去路

糖酵解生成的终产物是丙酮酸，丙酮酸的去路关键取决于氧的有无。在无氧条件下，丙酮酸不能进一步氧化，而是依据生物的种类及生物体所处的条件进行乳酸发酵或酒精发酵生成乳酸或乙醇。在有氧条件下，丙酮酸先氧化脱羧生成乙酰 CoA，再经三羧酸循环和电子传递链彻底氧化为 CO_2 和 H_2O，并释放 ATP（图 8.12）。

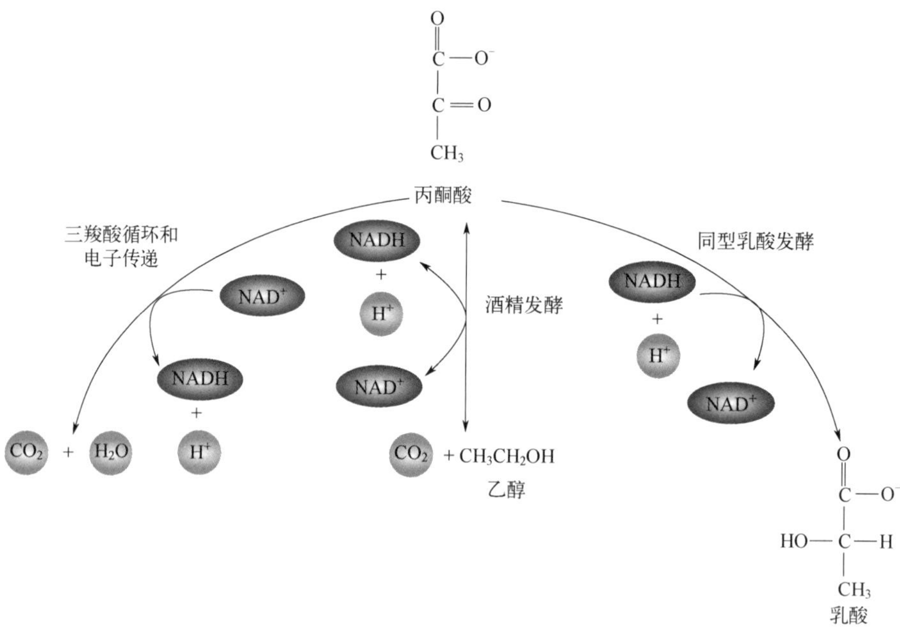

图 8.12　丙酮酸的去路

（1）还原成乳酸　在无氧条件下，丙酮酸不能进一步氧化，只能进行乳酸发酵或乙醇发酵，降解为乳酸或乙醇。人、动物和一些微生物可将丙酮酸还原为乳酸。在高等生物的细胞中，当供氧不足时，缺氧的细胞必须用糖酵解产生的 ATP 分子才能暂时满足对能量的需要。为了使 3-磷酸甘油醛继续氧化，必须提供氧化型的 NAD^+。丙酮酸作为 NADH 的受氢体，使细胞在无氧条件下重新生成 NAD^+，于是丙酮酸的羧基被还原，生成乳酸。丙酮酸被 NADH

还原为乳酸是由乳酸脱氢酶催化的，反应式如图 8.13 所示。

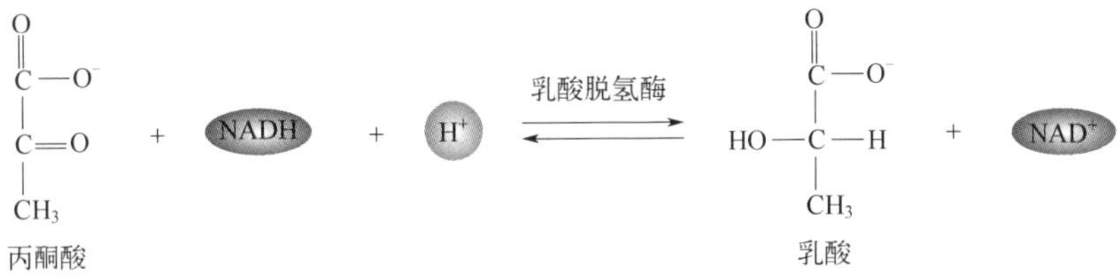

图 8.13　还原成乳酸

（2）还原成乙醇　无氧条件下，丙酮酸在丙酮酸脱羧酶的催化下失去 CO_2 生成乙醛，后者被糖酵解中3-磷酸甘油醛脱下的氢还原生成乙醇（图 8.14），此过程主要在酵母菌等微生物中进行。

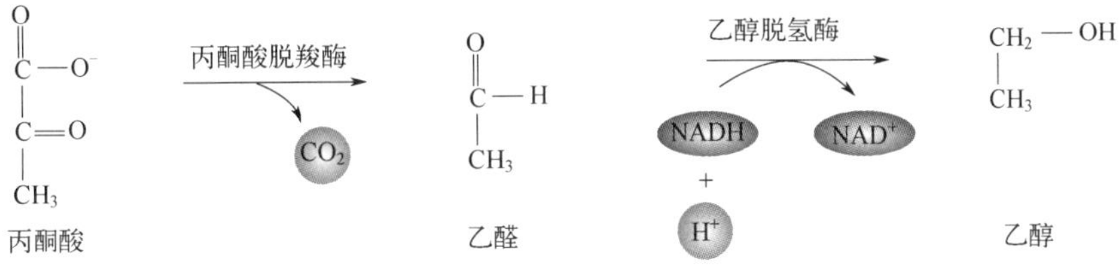

图 8.14　还原成乙醇

（3）彻底氧化分解　葡萄糖生成丙酮酸后，在有氧条件下，丙酮酸可进一步氧化分解生成乙酰辅酶 A（CoA）。CoA 进入线粒体内，经三羧酸循环途径和氧化呼吸链，最后氢与氧结合生成 CO_2 和 H_2O，在氢的传递过程中释放能量，形成 ATP。

8.3.1.3　糖酵解的能量变化

糖酵解是放能过程，在糖酵解途径中，1 分子葡萄糖在不需氧的条件下产生 2 分子丙酮酸。1mol 葡萄糖降解至丙酮酸净生成 2mol ATP（表 8.1）。

表 8.1　1mol 葡萄糖糖酵解产生的 ATP 的摩尔数

反应过程	ATP 摩尔数
葡萄糖 ⟶ 6-磷酸葡萄糖	−1
6-磷酸葡萄糖 ⟶ 1,6-磷酸葡萄糖	−1
1,3-二磷酸甘油酸 ⟶ 3-磷酸甘油酸	+1×2
磷酸烯醇丙酮 ⟶ 丙酮酸	+1×2
1mol 葡萄糖 ⟶ 1mol 丙酮酸	2

8.3.1.4　糖酵解的调节

糖酵解途径有双重作用：一是使葡萄糖降解产生 ATP；二是为合成反应提供含碳单元。为适应细胞的代谢需求，葡萄糖转化为丙酮酸的速率是受到严格调节的。调节的步骤常常是不可逆反应步骤。糖酵解中，己糖激酶、磷酸果糖激酶和丙酮酸激酶催化的反应是不可逆的，这些酶除具有催化功能外，还有调节功能。它们的活性调节是通过变构调节或共价修饰来实现的。此外，这些关键酶的量还可以随着转录调节而变化。

（1）磷酸果糖激酶的别构调节　磷酸果糖激酶是糖酵解途径中最重要的一个限速酶，它是别构酶，由 4 个亚基组成，其活性受很多代谢物的影响。高浓度的 ATP、柠檬酸、脂肪酸、NADH 是磷酸果糖激酶的变构抑制剂，ADP、AMP、2,6-二磷酸果糖是该酶的激活剂。

ATP/AMP 的比值对该酶有重要的调节作用，ATP 可降低该酶对 6-磷酸果糖的亲和力，当 ATP 浓度较高时，该酶几乎丧失活性，糖酵解受抑制。

H^+的浓度可抑制果糖激酶的活性，生物体内的这种抑制作用可以阻止整个糖酵解途径的继续进行，以避免乳酸过量生成而引起血液酸中毒。

（2）丙酮酸激酶活性调节　丙酮酸激酶是糖酵解过程的第二个调节点，1,6-二磷酸果糖是此酶的别构激活剂，而 ATP 是该酶的别构抑制剂，ATP 能降低该酶对底物磷酸烯醇式丙酮酸的亲和力；乙酰辅酶 A 及游离长链脂肪酸也是该酶的抑制剂，它们都是产生 ATP 的重要物质。

（3）己糖激酶活性的调控　己糖激酶是一种别构酶，其催化活性受自身反应产物 6-磷酸葡萄糖的反馈抑制，即 6-磷酸葡萄糖积累浓度升高时，己糖激酶活性降低，糖酵解速度减缓。但是在复杂的代谢途径中，6-磷酸葡萄糖也是其他代谢途径的中间物，可以转变为糖原或戊糖，因此己糖激酶对糖酵解的调节是相对的。

8.3.2　三羧酸循环

葡萄糖经过糖酵解途径生成丙酮酸后，有氧条件下，丙酮酸从细胞质进入线粒体，在线粒体膜上丙酮酸脱氢酶复合体的催化下，进行氧化脱羧转变成乙酰辅酶 A（CoA）（反应的 $\Delta G_0'= -39.5$kJ/mol，反应不可逆，生成 1 分子 NADH+H^+，放出 1 分子 CO_2）。CoA 进入线粒体内，经三羧酸循环途径和氧化呼吸链，最后氢与氧结合生成 CO_2 和 H_2O，在氢的传递过程中释放能量，形成 ATP。

8.3.2.1　三羧酸循环的过程

三羧酸循环也称柠檬酸循环，具体是指乙酰 CoA 的乙酰基经一系列氧化、脱羧，最终生成 CO_2 的酶促反应循环过程。该循环的第一步反应产物是含有 3 个羧基的柠檬酸，故称三羧酸循环（tricarboxylic acid cycle，简称 TCA 循环）。三羧酸循环不仅是糖、脂肪、氨基酸等有机物生物氧化的共同通路，也是各代谢途径连接的枢纽。三羧酸循环的过程如图 8.15 所示，全部反应可划分为 8 个步骤：

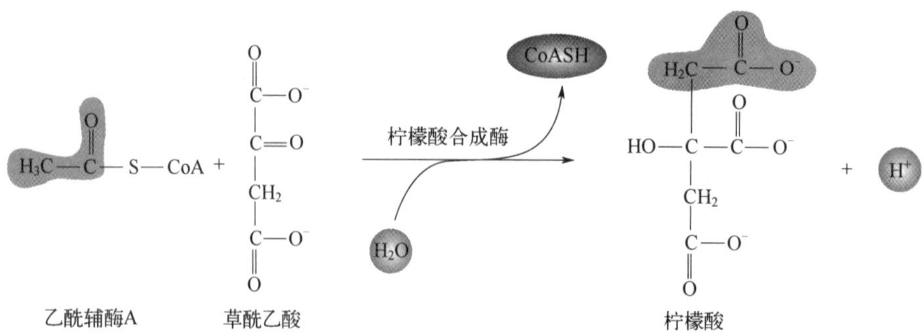

图 8.15　乙酰辅酶 A 与草酰乙酸合成柠檬酸

（1）乙酰辅酶 A 与草酰乙酸缩合成柠檬酸　乙酰辅酸 A 在柠檬酸合成酶催化下，与草酰乙酸缩合成柠檬酰辅酶 A，后者很快水解生成柠檬酸和 CoA。此反应在生理条件下是不可逆的。

（2）柠檬酸转变成异柠檬酸　柠檬酸在顺乌头酸酶催化下，先脱水转变为顺乌头酸，再加水，通过羟基位置的转移，异构生成异柠檬酸，异柠檬酸的仲醇结构有利于进一步氧化，两步反应都是可逆反应（图 8.16）。

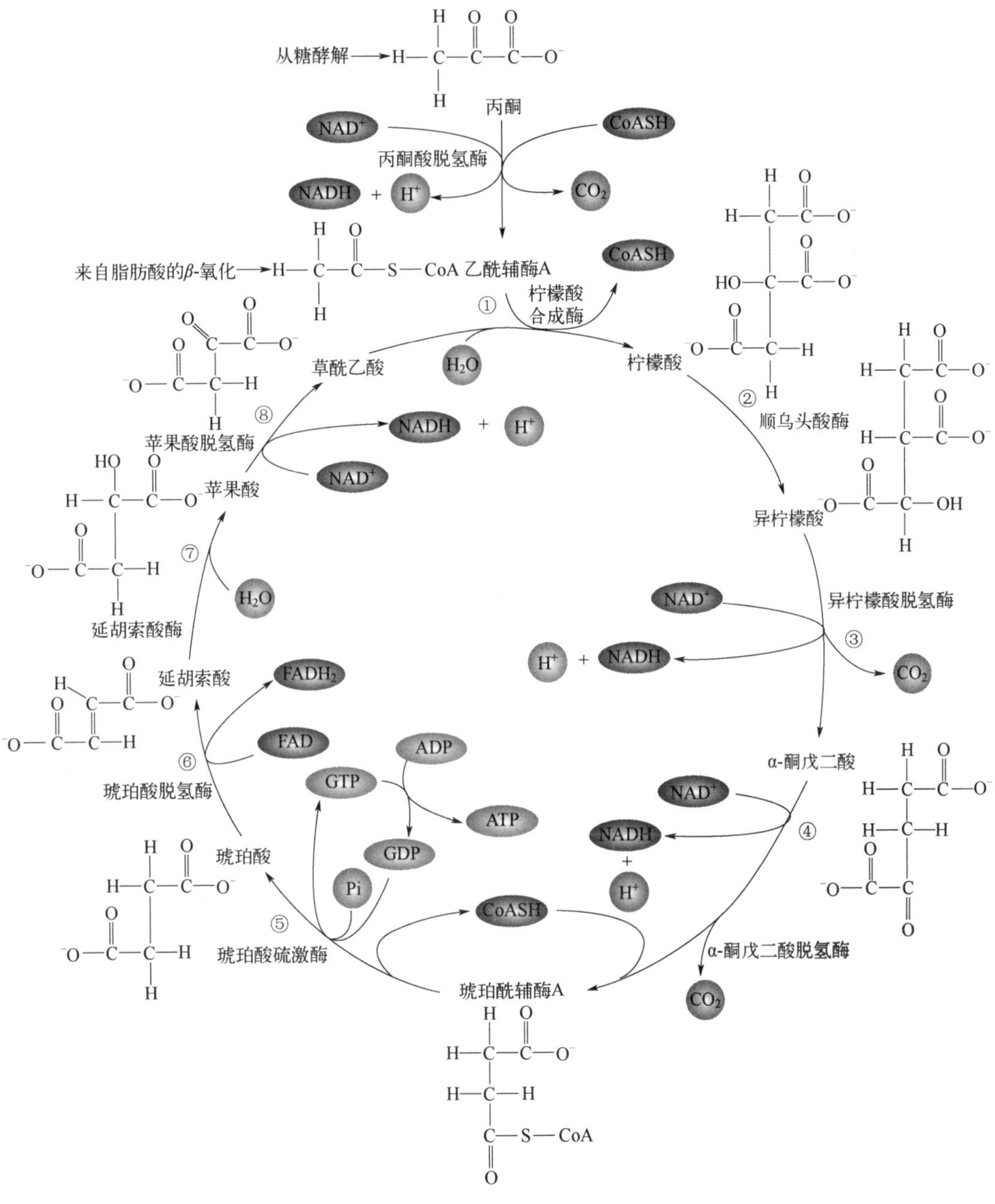

图 8.16　三羧酸循环

（3）异柠檬酸氧化脱羧生成 α-酮戊二酸　在异柠檬酸脱氢酶的催化作用下，异柠檬酸脱氢生成草酰琥珀酸，再脱去1个羧基生成α-酮戊二酸（图8.17）。

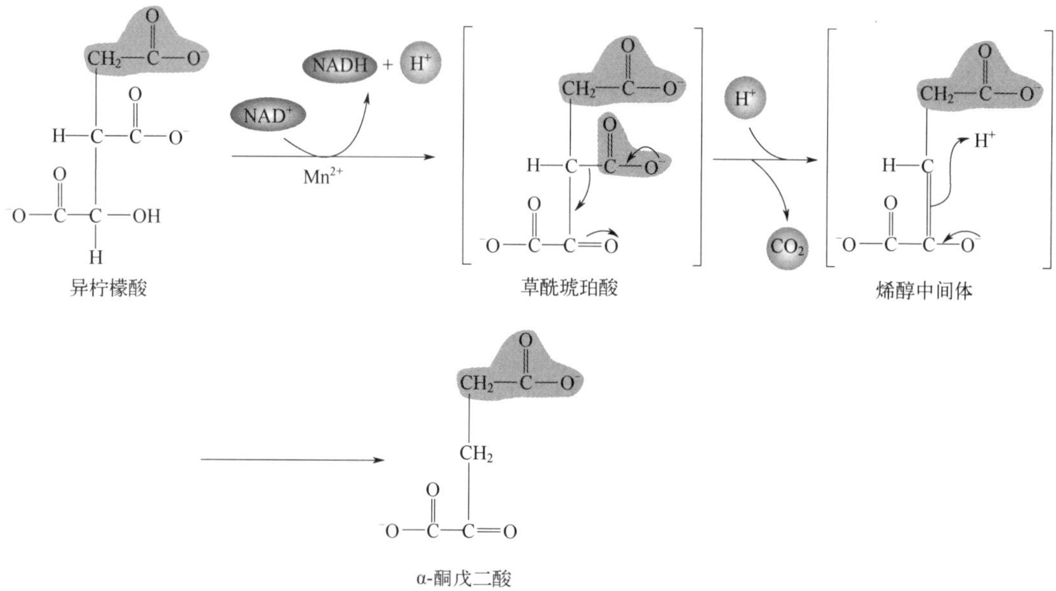

图8.17 异柠檬酸氧化脱羧生成α-酮戊二酸

上述反应的标准自由能变化$\Delta G_0'=-20.92$kJ/mol，表明反应易于向氧化脱羧方向进行。此反应是三羧酸循环中的第一次氧化脱羧反应。此步反应是一个分界点，三羧酸循环自此进入二羧酸代谢阶段。

（4）α-酮戊二酸氧化脱羧生成琥珀酰辅酶A　这是三羧酸循环中第二次氧化脱羧，α-酮戊二酸在α-酮戊二酸脱氢酶的催化作用下脱羧形成琥珀酰辅酶A、CO_2及NADH各1分子（图8.18）。

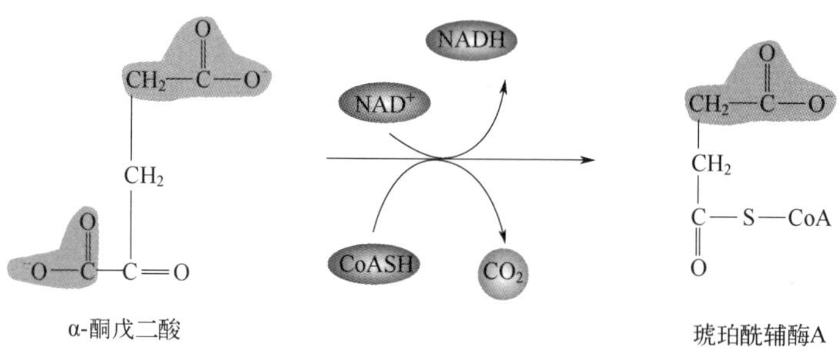

图8.18 α-酮戊二酸氧化脱羧生成琥珀酰辅酶A

此反应由α-酮戊二酸脱氢酶复合体（由α-酮戊二酸脱氢酶、硫辛酸琥珀酰转移酶、二氢硫辛酸脱氢酶组成）催化α-酮戊二酸生成琥珀酰CoA，其催化机制与丙酮酸转化为乙酰CoA的反应相似，受产物NADH、琥珀酰CoA及ATP、GTP反馈抑制，但不受磷酸化调节，反应不可逆。

（5）琥珀酰辅酶A转化为琥珀酸　在琥珀酸硫激酶催化作用下，琥珀酰辅酶A转移其高能硫酯键至鸟苷二磷酸（GDP）上生成鸟苷三磷酸（GTP），同时生成琥珀酸。随后，形成的GTP在二磷酸核苷激酶的催化下，将高能磷酸基团转移给ADP生成ATP。这是三羧酸循环中唯一一次直接生成高能磷酸键化合物的反应（图 8.19）。

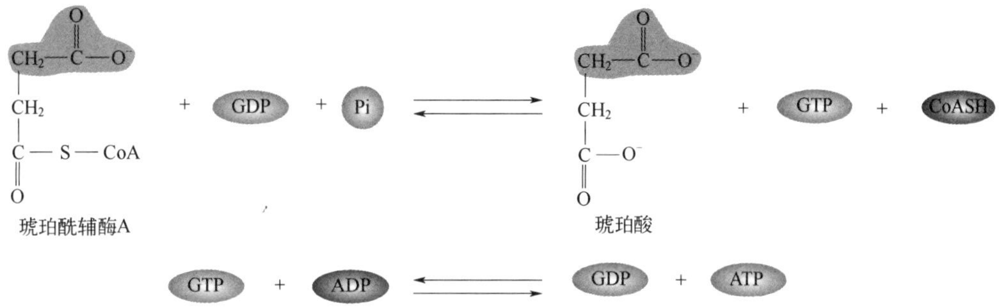

图 8.19　琥珀酰辅酶 A 转化为琥珀酸

（6）琥珀酸脱氢转变为延胡索酸　琥珀酸的两个中间碳原子各脱去一个氢原子形成反式丁烯二酸，即延胡索酸（图 8.20）。

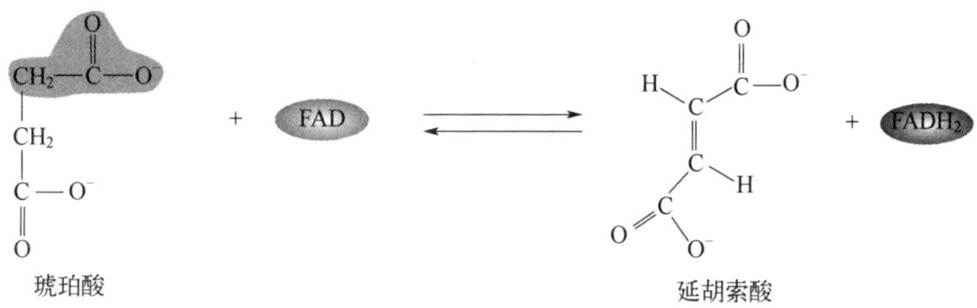

图 8.20　琥珀酸脱氢转变为延胡索酸

反应由位于线粒体内膜上的琥珀酸脱氢酶催化，该酶含有铁硫中心，其辅酶是黄素腺嘌呤核苷酸（FAD）。从琥珀酸分子上脱下的氢，通过 $FADH_2$ 进入呼吸链，后者直接将电子传递至铁硫中心，氢的最终受体是氧。

（7）延胡索酸水合形成苹果酸　催化延胡索酸水合反应的酶是延胡索酸酶，该酶具有严格的立体专一性。在水合反应中，—OH 只能严格加到延胡索酸的一侧，因此形成的苹果酸只有一种，即 L-苹果酸（图 8.21）。

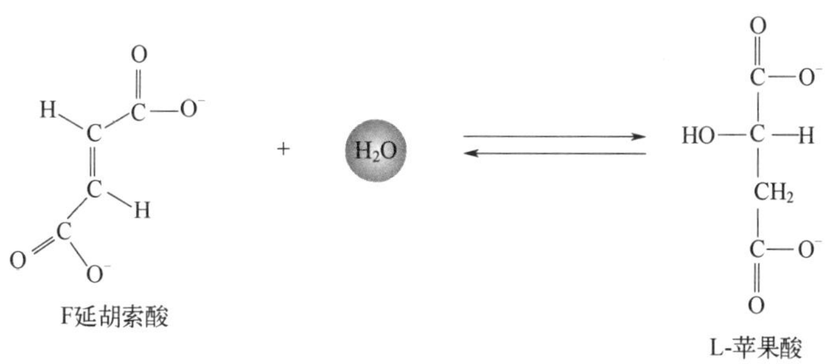

图 8.21　延胡索酸水合形成苹果酸

（8）苹果酸脱氢生成草酰乙酸　这是三羧酸循环的最后一步反应，在苹果酸脱氢酶的催化作用下，苹果酸分子的羟基脱氢氧化成羰基，生成草酰乙酸，脱下的氢转移至 $NADH+H^+$。细胞中草酰乙酸不断地用于柠檬酸的合成，所以这一可逆反应向生成草酰乙酸的方向进行（图 8.22）。

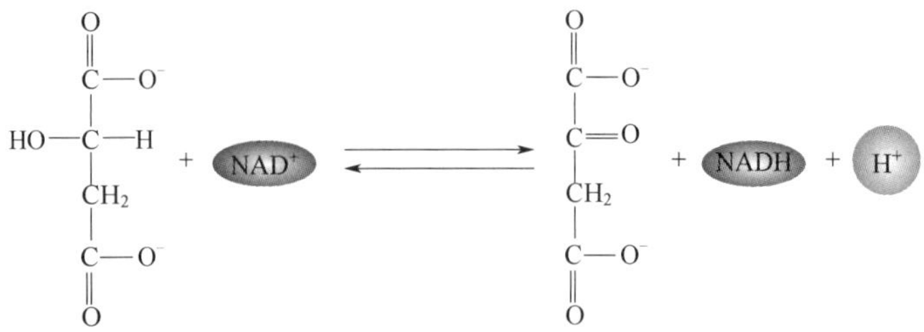

图 8.22 苹果酸脱氢生成草酰乙酸

至此，草酰乙酸重新被合成，又可以和乙酰辅酶 A 缩合形成柠檬酸，进入新一轮三羧酸循环。三羧酸每循环一次，纳入 1 个乙酰辅酶 A 分子，并以 CO_2 的形式脱羧消耗掉 2 个碳单位，而其他三羧酸、二羧酸并不因参加循环而有所减少，因此，理论上循环可以不断进行下去。

8.3.2.2 三羧酸循环的能量变化

按 1mol 葡萄糖算，本阶段参与反应的是 2 分子乙酰辅酶 A。总反应为：2 乙酰辅酶 A+ $3NAD^+$+FAD+GDP+Pi+$2H_2O$→$2CO_2$+3NADH+$FADH_2$+GTP+$2H^+$+2CoA-SH，1 次循环可产生 1mol GTP（ATP）、3mol NADH 及 1mol $FADH_2$，由柠檬酸循环形成的 NADH 和 $FADH_2$ 将通过电子传递链被氧化，平均算下来，每分子 NADH 将产生 2.5 分子 ATP，每分子 FADH 将产生 1.5 分子 ATP，加上柠檬酸循环中每个酰基单位直接产生的一个高能磷酸键，一分子酰基单位彻底氧化，将产生 10 分子 ATP（2.5×3+1.5×1+1）。若从丙酮酸脱氢氧化开始计算，则可产生 4×2.5+1×1.5+1=12.5 分子 ATP。每分子葡萄糖可产生 2 分子丙酮酸，根据 NADH +H^+ 进入线粒体内方式的不同，此过程可生成（2+1.5×2）或（2+2.5×2）分子 ATP。所以，每分子葡萄糖彻底氧化为 H_2O 和 CO_2，共能产生：5（或 7）+12.5×2=30（或 32）分子 ATP。

8.3.2.3 三羧酸循环的调节

柠檬酸循环的速度和其他代谢途径一样，受到精确的调节以适应细胞对能量的需要，以及满足某些生物合成对底物的需要。柠檬酸循环可概括地看作来自两个方面的调节：

（1）柠檬酸循环本身制约系统的调节 在柠檬酸循环中，虽有 9 种酶参加反应，但在调节循环速度中起关键作用的为 3 种酶：柠檬酸合成酶、异柠檬酸脱氢酶和 α-酮戊二酸脱氢酶复合体。柠檬酸循环中酶的活性主要受提供底物的情况影响，并受其生成产物浓度的抑制。循环中最关键的是底物乙酰辅酶 A、草酰乙酸和产物 NADH。

乙酰 CoA 和草酰乙酸在细胞线粒体中的浓度并不能使柠檬酸合成酶达到饱和。因此，该酶对底物催化的速度随底物浓度的变化而变化，也就是酶的活性受底物供给情况控制。乙酰 CoA 来源于丙酮酸，所以它还受到丙酮酸脱氢酶活性的调节。草酰乙酸来源于苹果酸，它与苹果酸的浓度保持一定的平衡关系。而且[NADH]/[NAD^+]也保持一定的平衡关系。当呼吸速度加快时，线粒体中的 NADH 浓度下降，结果使草酰乙酸的浓度上升，又促使柠檬酸合成酶的活性增强。柠檬酸合成酶活性的强弱直接关系到柠檬酸的合成。一般情况下，细胞对柠檬酸的利用速度总是高于柠檬酸的合成速度。而柠檬酸的利用速度又被以 NAD^+为辅因子的异柠檬酸脱氢酶所控制，异柠檬酸脱氢酶和乌头酸酶的活性是保持平衡的。异柠檬酸脱氢酶又受到它的产物之一 NADH 的强烈抑制。柠檬酸合成酶也受 NADH 的抑制，但异柠檬酸脱氢酶对浓度变化的敏感程度高于柠檬酸合成酶。

柠檬酸是柠檬酸合成酶的竞争性抑制剂，柠檬酸浓度的下降又促进了柠檬酸的合成。α-酮戊二酸脱氢酶也受产物 NADH 和琥珀酰辅酶 A 的抑制。如果 NADH 的浓度下降，α-酮戊二酸脱氢酶的活性也必然升高。琥珀酰辅酶 A 和乙酰辅酶 A 结构相似，对柠檬酸合成酶有竞争性反馈抑制作用。

（2）ATP、ADP 和 Ca^{2+}对柠檬酸循环的调节　机体活动增加需要消耗更多的 ATP。随着 ATP 的水解，ADP 浓度增加。ADP 是异柠檬酸脱氢酶的变构促进剂，从而增加了该酶对底物的亲和力。机体活动处于静息状态时，ATP 的消耗下降、浓度上升，对该酶产生抑制效应。

Ca^{2+}在机体内的生物功能是多方面的，它对柠檬酸循环也间接地起着重要作用。它刺激糖原的降解、启动肌肉收缩，还对许多激素的信号起中介作用。在柠檬酸循环中，它对丙酮酸脱氢酶复合体和 α-酮戊二酸脱氢酶复合体都有激活作用。

8.3.3　磷酸戊糖途径

磷酸戊糖途径是葡萄糖氧化分解的另一条重要途径，指机体以 6-磷酸葡萄糖为起始物，在 6-磷酸葡萄糖脱氢酶催化下形成 6-磷酸葡萄糖酸，进而代谢生成磷酸戊糖为中间代谢物的过程。磷酸戊糖是该途径的中间产物，故称为磷酸戊糖途径。除糖酵解以外，磷酸戊糖途径是 6-磷酸葡萄糖的另外一条代谢途径，因此又称磷酸己糖支路。

磷酸戊糖途径是在细胞溶胶中进行，广泛存在于动植物细胞内，在人体中肝脏、脂肪、甲状腺、肾上腺皮质、性腺、红细胞等组织中比较活跃。磷酸戊糖途径的主要功能不是产生 ATP，而是生成细胞所需的具有重要生理作用的特殊物质，如 NADPH 和 5-磷酸核糖等。

8.3.3.1　磷酸戊糖途径的生化过程

磷酸戊糖途径是一个比较复杂的代谢途径：葡萄糖经磷酸戊糖途径降解为 CO_2 和 5-磷酸核糖，并伴有 NADPH+H^+的生成，其中不产生 ATP。全部反应可以用下式表示：

$$6G\text{-}6\text{-}P+12NADP^++7H_2O\rightarrow 5G\text{-}6\text{-}P+6CO_2+12NADPH+12H^++Pi$$

磷酸戊糖途径的全过程可分为两个阶段：氧化阶段（图 8.23）和非氧化阶段（图 8.24）。氧化阶段是指 6-磷酸葡萄糖经氧化脱羧生成

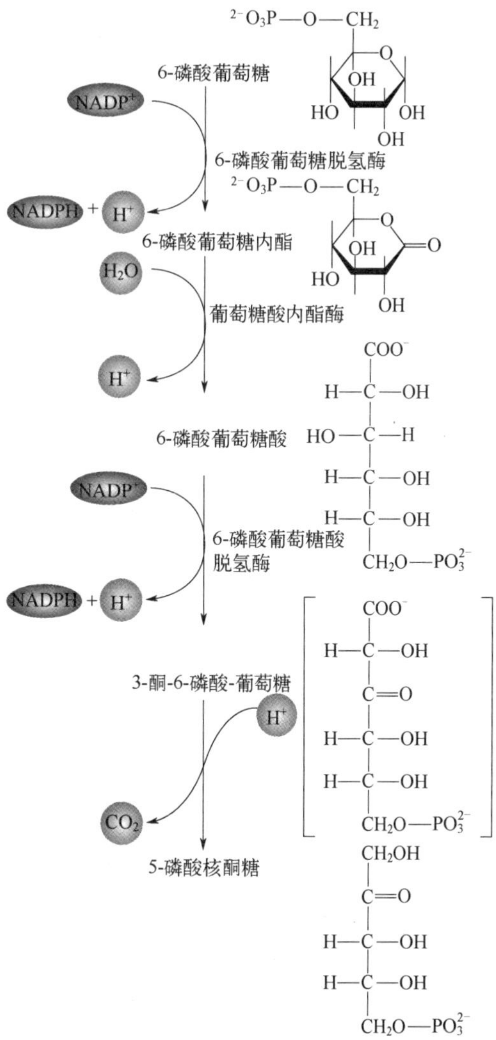

图 8.23　磷酸无糖途径的氧化阶段

5-磷酸核糖和 NADPH 的过程；非氧化反应阶段是指 5-磷酸核糖经一系列基团转移反应转化为 3-磷酸甘油醛和 6-磷酸果糖的过程。

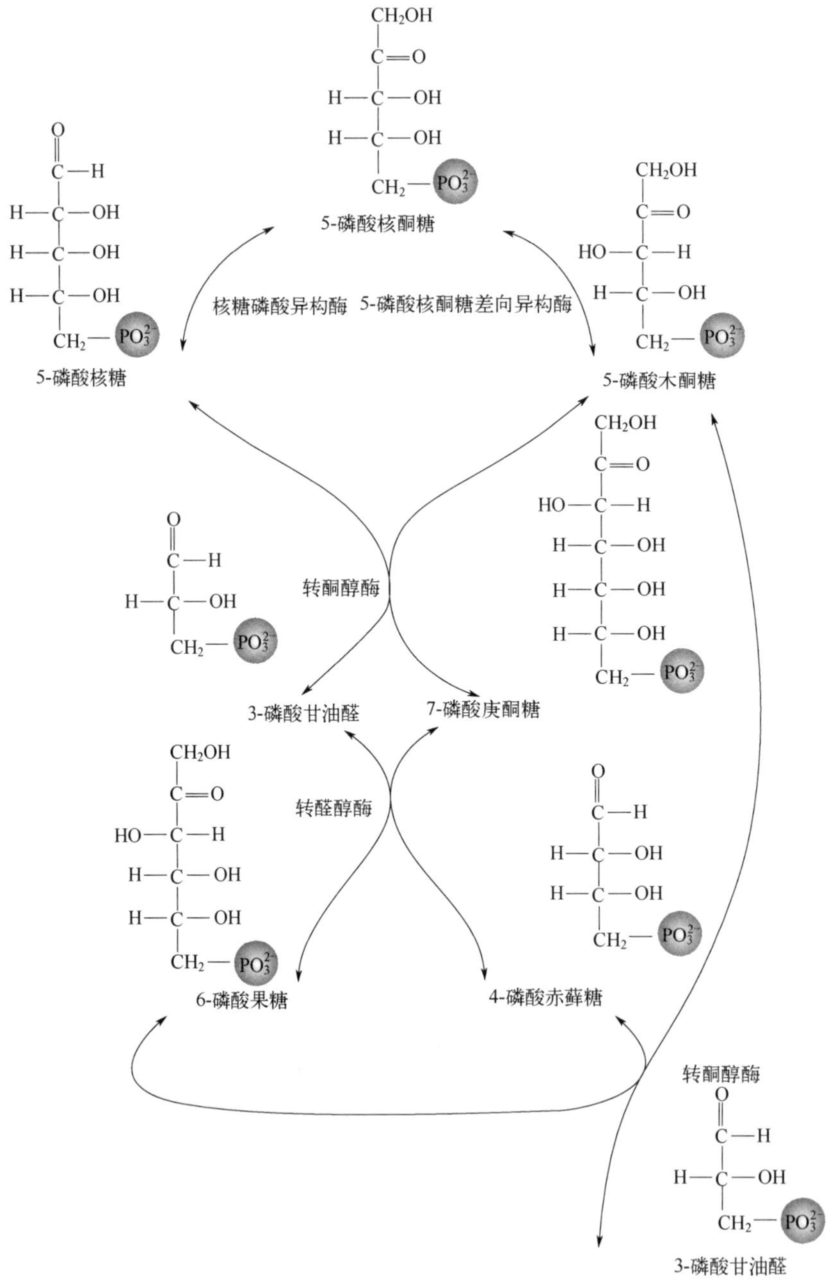

图 8.24　磷酸无糖途径的非氧化阶段

（1）氧化阶段

① 6-磷酸葡萄糖脱氢反应。在 6-磷酸葡萄糖脱氢酶的催化作用下，6-磷酸葡萄糖 C-1 位的羧基与 C-5 位的羟基之间发生酯化反应，生成 6-磷酸葡萄糖酸内酯。催化过程中需要辅酶Ⅱ（$NADP^+$）作为辅酶（图 8.25）。

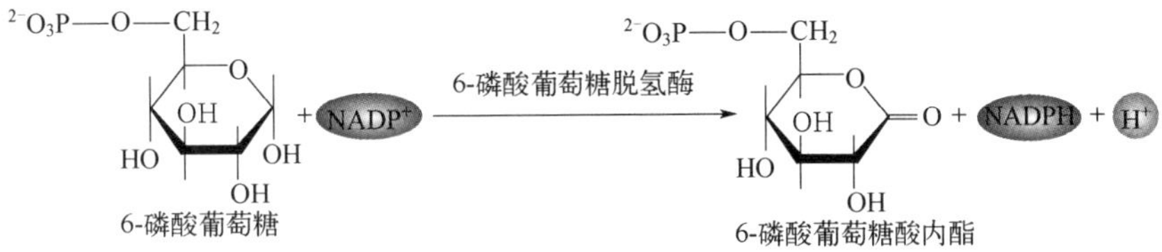

图 8.25　6-磷酸葡萄糖脱氢反应

② 6-磷酸葡萄糖酸内酯水解生成 6-磷酸葡萄糖酸（图 8.26）。

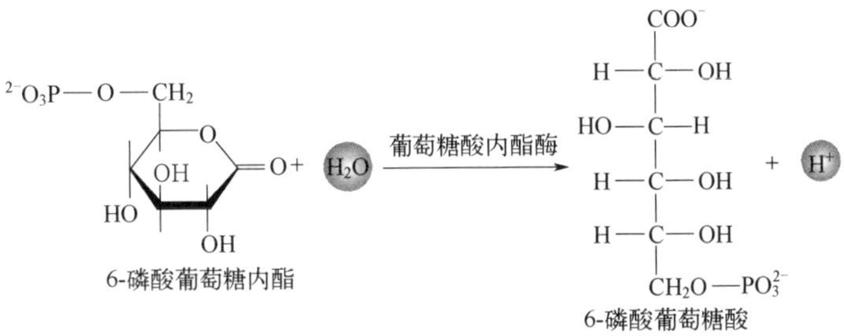

图 8.26　6-磷酸葡萄糖内酯水解生成 6-磷酸葡萄糖酸

③ 6-磷酸葡萄糖酸脱氢氧化形成 5-磷酸核酮糖（图 8.27）。

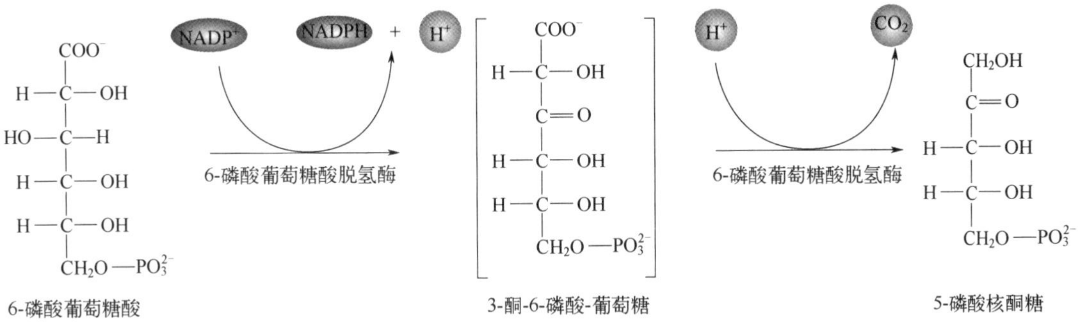

图 8.27　6-磷酸葡萄糖脱羧氧化形成 5-磷酸核酮糖

（2）非氧化阶段

① 戊糖磷酸的异构化反应。5-磷酸核酮糖分别在 5-磷酸核酮糖异构酶和差向异构酶的催化作用下，异构形成 5-磷酸核糖和 5-磷酸木酮糖（图 8.28）。

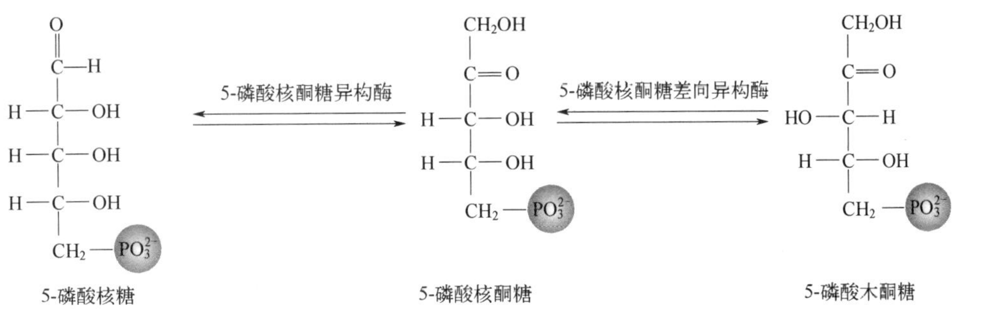

图 8.28　戊糖磷酸的异构化反应

② 7-磷酸景天庚酮糖的生成。在转酮醇酶的作用下，木酮糖将一个二碳单位转移至5-磷酸核糖而转变成3-磷酸甘油醛，同时形成七碳化合物7-磷酸庚酮糖（图8.29）。

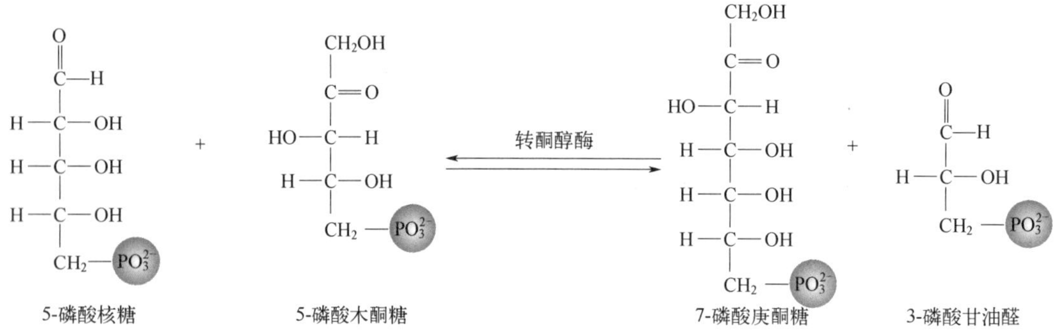

图8.29　7-磷酸景天庚酮糖的生成

③ 醛基转移反应。在转醛醇酶的催化下，7-磷酸庚酮糖的二羟丙酮基团转移给3-磷酸甘油醛，生成四碳糖和六碳糖（图8.30）。

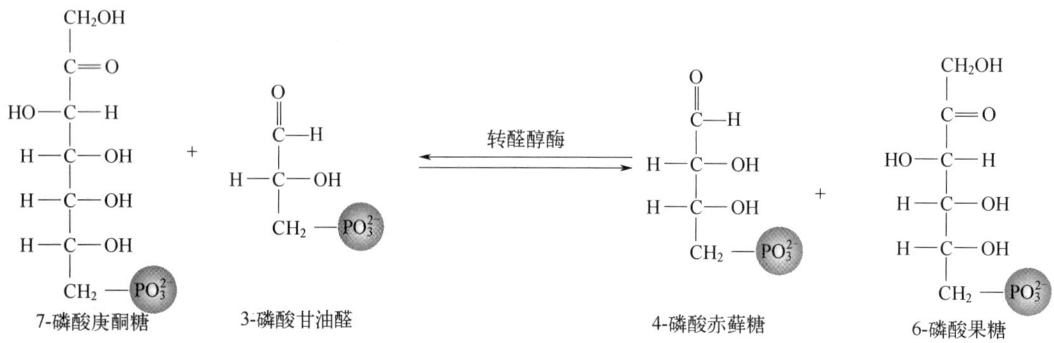

图8.30　醛基转移反应

④ 四碳糖的转变。在转酮醇酶的作用下，5-磷酸木酮糖的羟乙醛基团转移至4-磷酸赤藓糖上，再次生成6-磷酸果糖和3-磷酸甘油醛（图8.31）。

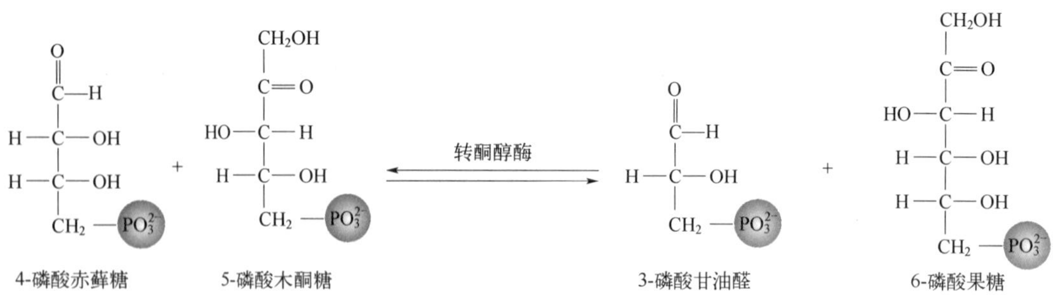

图8.31　四碳糖的转变

至此，6分子6-磷酸葡萄糖经磷酸酯、五碳、三碳、四碳、七碳等，最终生成6分子CO_2、5分子6-磷酸果糖和12分子NADPH。其中，4分子6-磷酸果糖和2分子3-磷酸甘油可沿糖异生途径再生为5分子6-磷酸葡萄糖，再次进入磷酸戊糖途径，使得戊糖循环得以继续进行。同时，6-磷酸果糖和 3-磷酸甘油也可直接进入有氧氧化或糖酵解途径。

8.3.3.2　磷酸戊糖途径的生物学意义

（1）磷酸戊糖途径是细胞产生还原力（NADPH）的主要途径

① NADPH 与 NADH 不同，它携带的氢不是通过呼吸链氧化磷酸化生成 ATP，而是作为还原力参与许多代谢反应，具有多种不同的生理意义。

② NADPH 是体内许多合成代谢的供氢体。例如，脂肪酸、胆固醇和类固醇激素的生物合成，都需要大量的 $NADPH+H^+$，因此磷酸戊糖通路在合成脂肪及固醇类化合物的肝、肾上腺、性腺等组织中特别旺盛。

③ NADPH 是谷胱甘肽还原酶的辅酶，对维持还原型谷胱甘肽（GSH）的正常含量起重要作用。GSH 是细胞中重要的抗氧化物质，有清除 H_2O_2 和过氧化物、保护细胞中含巯基的酶和蛋白质免遭氧化破坏的作用，以维持细胞结构和功能的完整。缺乏 6-磷酸葡萄糖脱氢酶的人，因 $NADPH+H^+$缺乏、GSH 含量过低、红细胞易于破坏而发生溶血性贫血。

④ NADPH 参与肝脏生物转化反应。肝细胞内质网含有以 NADPH 为供氢体的加单氧酶体系，参与激素、药物、毒物的生物转化过程，它是加单氧酶系的组成成分，参与激素、药物、毒物的生物转化过程。

（2）磷酸戊糖途径产生大量中间产物，为其他代谢提供原料　磷酸戊糖途径是三碳糖、四碳糖、五碳糖、六碳糖及七碳糖互相转换的途径，是细胞内合成各种生物分子的碳骨架来源，为核酸的合成提供 5-磷酸核糖。磷酸戊糖途径是葡萄糖在体内生成 5-磷酸核糖的唯一途径，故命名为磷酸戊糖通路。5-磷酸核糖是合成核苷酸辅酶及核酸的主要原料，故损伤后修复、再生的组织（如梗死的心肌、部分切除后的肝脏）此代谢途径都比较活跃。核酸中核糖的分解也是通过磷酸戊糖途径进行。

（3）磷酸戊糖途径与糖的其他途径相联系　磷酸戊糖途径产生的中间产物 3-磷酸甘油醛是糖三种代谢（糖酵解、有氧氧化、磷酸戊糖途径）的枢纽点，如磷酸戊糖途径由于某种因素不能进行，可通过磷酸甘油醛进入有氧或无氧途径，以保证糖的分解代谢仍然能够继续进行。另外，6-磷酸葡萄糖是磷酸戊糖途径与糖酵解、糖原合成与分解、糖醛酸途径等代谢途径的交汇点。

8.4　糖的合成代谢

自然界中糖的基本来源是绿色植物及光能细菌的光合作用(Photosynthesis)把无机物 CO_2 和 H_2O 合成的糖类。但异养生物不能从无机物合成糖，所以糖类主要从食物中获得。本部分主要介绍动物体内非糖类有机物如何合成葡萄糖，以及以葡萄糖为原料在植物体内如何合成蔗糖和淀粉、在动物体内如何合成糖原。

8.4.1　糖异生作用

糖异生（gluconeogenesis）泛指细胞内非糖物质如甘油、丙酮酸、乳酸及某些氨基酸等合成葡萄糖或糖原的过程，这对饥饿和剧烈运动时血糖水平的保持是重要的。它主要是在动物肝脏（约 80%）和肾脏（约 20%）中完成，是动物细胞自身合成糖的唯一途径。

8.4.1.1 糖异生的主要途径

糖异生可通过糖酵解的逆过程和柠檬酸循环的部分过程完成，但糖异生途径又非糖分解的简单逆转。在糖分解过程中，由己糖激酶、磷酸果糖激酶和丙酮酸激酶催化的反应是不可逆的，若以另一些酶代替，这三步反应即可逆转。下面列出糖异生所特有的反应，整个糖异生途径及其与糖酵解的关系如图 8.32 所示。

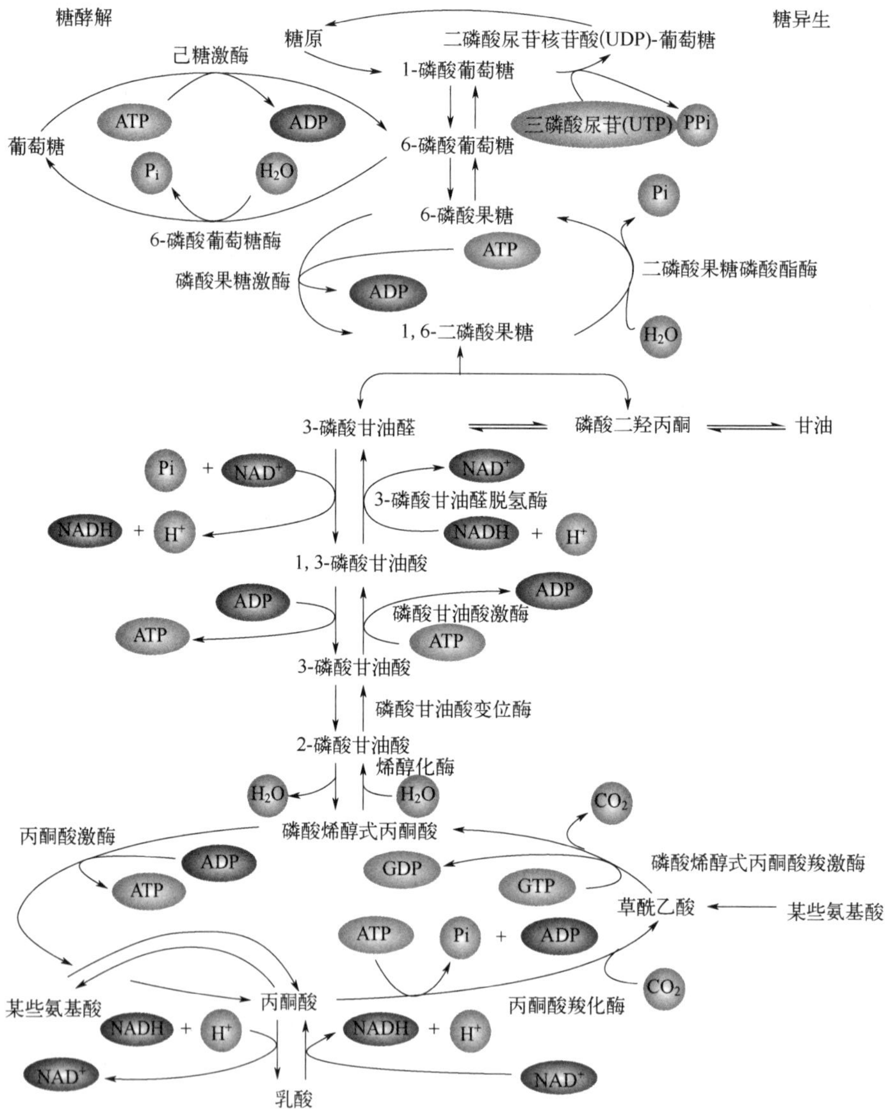

图 8.32 糖酵解和糖异生

糖异生过程基本上是糖酵解过程的逆过程，如果从丙酮酸开始进行糖异生，只需要克服糖酵解过程三种酶（己糖激酶、果糖磷酸激酶和丙酮酸激酶）催化的不可逆反应，然后再利用酵解过程的其他酶作用即可进行糖异生。

（1）丙酮酸转变为磷酸烯醇式丙酮酸　这个反应是糖酵解过程中丙酮酸激酶催化磷酸烯醇式丙酮酸生成丙酮酸的逆反应。包括丙酮酸羧化酶和磷酸烯醇式丙酮酸羧激酶催化的两步反应，构成一条所谓的“丙酮酸羧化支路”。丙酮酸羧化酶的催化需要生物素作辅基，还需要 Mg^{2+}、乙酰辅酶 A 和 ATP。磷酸烯醇式丙酮酸羧激酶的催化需要 GTP，这个过程需要消耗 2 个高能磷酸键（1 个来自 ATP，另一个来自 GTP）。

① 丙酮酸羧化生成草酰乙酸。此反应由丙酮酸羧化酶催化，辅酶是生物素，ATP、Mg^{2+}（Mn^{2+}）参与羧化反应，CO_2 通过生物素的载体作用使丙酮酸羧化生成草酰乙酸（图 8.33）。

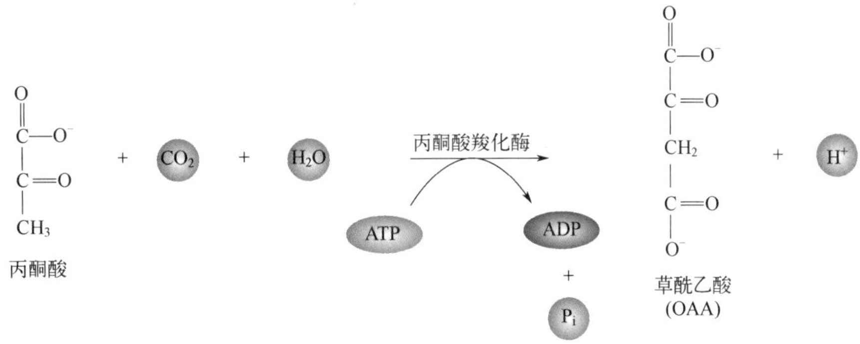

图 8.33　丙酮酸羧化生成草酰乙酸

② 草酰乙酸脱羧生成磷酸烯醇式丙酮酸。在磷酸烯醇式丙酮酸羧激酶催化下，由三磷酸鸟苷（GTP）提供能量和磷酸基，草酰乙酸脱羧生成磷酸烯醇式丙酮酸（图 8.34）。

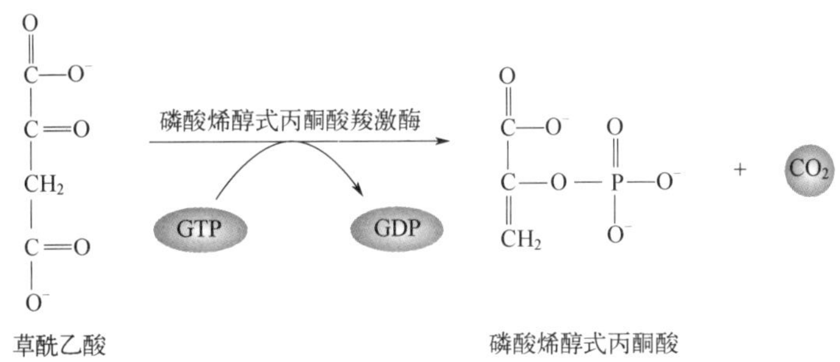

图 8.34　草酰乙酸脱羧生成磷酸烯醇式丙酮酸

（2）1,6-二磷酸果糖转变为 6-磷酸果糖　在 1,6-二磷酸果糖酶的催化作用下，1,6-二磷酸果糖水解生成 6-磷酸果糖。这步反应是糖酵解中 6-磷酸果糖生成 1,6-二磷酸果糖的逆反应（图 8.35）。

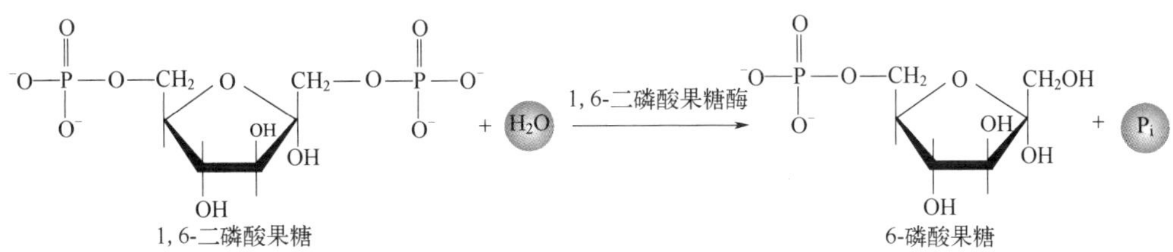

图 8.35　1,6-二磷酸果糖转变为 6-磷酸果糖

（3）6-磷酸葡萄糖转变为葡萄糖　此反应由 6-磷酸葡萄糖酶催化。这个反应是糖酵解过程中，已糖激酶催化葡萄糖生成 6-磷酸葡萄糖的逆反应（图 8.36）。

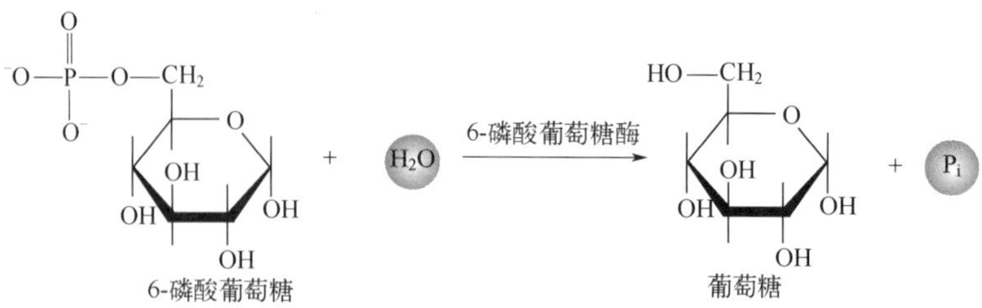

图 8.36　6-磷酸葡萄糖转变为葡萄糖

8.4.1.2　糖异生过程中的能量使用

由糖异生作用合成葡萄糖需要能量。合成 1 分子葡萄糖需要 2 分子丙酮酸。消耗能量发生在以下酶促反应中：

丙酮酸羧化酶	1 ATP（×2）=2ATP
磷酸烯醇式丙酮酸羧激酶	1 GTP（×2）=2ATP
磷酸甘油酸激酶	1 ATP（×2）=2ATP
	总共 6ATP

与糖酵解只净得 2 分子 ATP 相比较，糖酵解反向形成的每分子葡萄糖需要额外 4 分子 ATP。

8.4.1.3　糖异生的调节

糖异生的限速酶主要有以下 4 种：丙酮酸羧化酶、磷酸烯醇式丙酮酸羧激酶、果糖二磷酸酶和 6-磷酸葡萄糖磷酸酯酶。糖异生和糖酵解作用有密切的相互协调关系，主要通过两种途径中不同的酶活性和酶浓度以及代谢物浓度水平起调节作用。

（1）激素对糖异生的调节　糖异生的激素调节作用对维持机体的稳态十分重要。激素对糖异生调节的实质是调节糖异生和糖酵解这两个途径中酶的活性以及控制脂肪酸对肝脏的供应。大量脂肪酸的获得使肝脏得以氧化更多的脂肪酸，也可促进葡萄糖的合成。胰高血糖素促进脂肪组织分解脂肪，增加血浆脂肪酸，促进糖异生；而胰岛素的作用则相反。胰高血糖素和胰岛素都可通过影响肝中酶的磷酸化修饰状态来调节糖异生作用，胰高血糖素激活腺苷酸环化酶以产生 cAMP，也就激活了 cAMP 依赖的蛋白激酶，后者磷酸化丙酮酸激酶而使之抑制，这一酵解途径上调节酶的抑制可刺激糖异生途径，阻止磷酸烯醇式丙酮酸向丙酮酸转变，有利于糖异生，而胰岛素的作用则相反。

（2）代谢物对糖异生的调节

① 糖异生原料的浓度对糖异生作用的调节。血浆中甘油、乳酸和氨基酸浓度增加时，糖的异生作用增强。例如饥饿情况下，脂肪动员增加，组织蛋白质分解加强，血浆甘油和氨基酸含量增高。激烈运动时，血中乳酸含量剧增，可促进糖异生作用。

② 乙酰 CoA 浓度对糖异生的影响。乙酰 CoA 决定了丙酮酸代谢的方向，脂肪酸氧化分解产生的大量乙酰 CoA 可以抑制丙酮酸脱氢酶复合体，使丙酮酸大量蓄积，为糖异生提供原料，同时又可激活丙酮酸羧化酶，加速丙酮酸生成草酰乙酸，使糖异生作用增强。

此外，乙酰 CoA 与草酰乙酸缩合生成柠檬酸由线粒体内透出而进入细胞液中，可以抑制磷酸果糖激酶，使果糖二磷酸酶活性升高，促进糖异生。

8.4.1.4 糖异生的生理意义

（1）维持血糖浓度的相对恒定　糖异生最重要的生理意义是在空腹或饥饿情况下，维持血糖浓度的相对恒定，这对保证某些主要依赖葡萄糖供能的组织具有重要意义。如人脑每天约消耗 120g 葡萄糖、神经细胞 120g、红细胞及肾髓质 40g，而糖原的贮备能力有限，最多只能维持 12 小时的正常血糖含量，由此可见糖异生作用的重要性。

（2）回收乳酸、补充肝糖原　乳酸大部分是由肌肉和红细胞糖酵解生成的。在某些生理和病理情况下，如剧烈运动或循环呼吸功能障碍时，糖酵解加强，生成大量乳酸，后者可经血液被运送到肝脏，通过糖异生作用合成肝糖原或葡萄糖以补充血糖，这对于回收乳酸分子中的能量、更新肝糖原、防止乳酸性酸中毒的发生等都有一定意义。

（3）促进肾脏排 H^+、缓解酸中毒　酸中毒时，H^+能激活肾小管上皮细胞中的磷酸烯醇式丙酮酸羧激酶，促进糖异生。同时，糖异生作用加强，引起三羧酸循环中间代谢物 α-酮戊二酸含量降低，又可促使谷氨酸和谷氨酰胺的脱氨基作用加强，生成的 α-酮戊二酸补充三羧酸循环，产生的氨则分泌进入肾小管，与原尿中 H^+结合成 NH_4^+，对 H^+过多起缓冲作用，可缓解酸中毒。

（4）协助氨基酸代谢　多数氨基酸都是生糖氨基酸，它们经过脱氨基作用生成的丙酮酸、酮戊二酸和草酰乙酸等，参加糖异生作用。因此，糖异生作用有助于氨基酸在体内的分解代谢正常进行。

8.4.2 蔗糖的生物合成

蔗糖是植物界分布最为广泛的非还原性二糖，由一分子葡萄糖和一分子果糖组成，是植物储藏、积累和运输糖分的主要形式。在高等植物中，蔗糖的合成代谢有以下两种途径：

（1）蔗糖合成酶催化途径　蔗糖合成酶催化作用下，以尿苷二磷酸葡萄糖（UDPG）作为葡萄糖供体，将葡萄糖残基转移给果糖，形成 β-1,2-糖苷键，生成蔗糖分子和尿苷二磷酸（UDP）。

尿苷二磷酸葡萄糖+果糖→尿苷二磷酸+蔗糖

该酶还可利用腺苷二磷酸葡萄糖（ADPG）、鸟苷二磷酸葡萄糖（GDPG）等作为葡萄糖供体，主要存在于植物的非绿色组织（如贮藏器官）中。

（2）磷酸蔗糖合成酶催化途径　以尿苷二磷酸葡萄糖（UDPG）为葡萄糖供体，在磷酸蔗糖合成酶催化下，可使尿苷二磷酸葡萄糖（UDPG）的葡萄糖转移到 6-磷酸果糖上，形成磷酸蔗糖：

尿苷二磷酸葡萄糖+6-磷酸果糖→尿苷二磷酸+磷酸蔗糖

在磷酸蔗糖磷酸酶的催化下，磷酸蔗糖水解生成蔗糖：

磷酸蔗糖+H_2O→蔗糖+Pi

与蔗糖合成酶相比，磷酸蔗糖酶的活性较大，而且植物细胞中磷酸蔗糖的磷酸酯酶存在量也多，因此磷酸蔗糖合成酶催化途径是植物合成蔗糖的主要途径。

8.4.3 淀粉的生物合成

光合作用旺盛时，叶绿体可直接合成和积累淀粉；非光合组织也可利用葡萄糖合成或通过蔗糖转化成淀粉。

（1）直链淀粉的合成　直链淀粉的合成通过 3 种酶进行。

① 淀粉磷酸化酶。淀粉磷酸化酶广泛存在于动物、植物、酵母和某些细菌中，催化下面的反应：

$$\text{1-磷酸葡萄糖+引物（}n\text{G）} \rightleftharpoons \text{淀粉}[(n+1)\text{G}]\text{+Pi（}n\geqslant 3\text{）}$$

葡萄糖 C-1 被磷酸化，因此，所转移来的葡萄糖是加在引物链的 C-4 非还原性尾端羟基上。植物细胞中无机磷浓度较高，因此，通常磷酸化酶的主要作用是催化淀粉的水解。

② D 酶。D 酶是一种糖苷转移酶，作用于 α-1,4-糖苷键，能将一个麦芽多糖的残余段转移到葡萄糖、麦芽糖或其他含 α-1,4-糖苷键的多糖上，起着加成作用（图 8.37），形成淀粉合成中的引物。

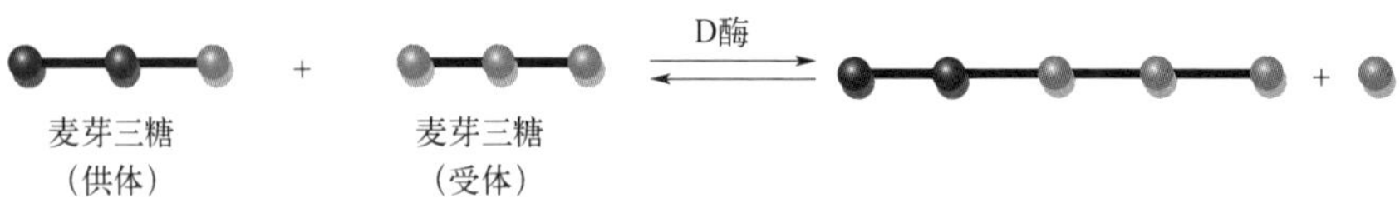

图 8.37　D 酶的作用

③ 淀粉合成酶。淀粉合成酶是淀粉合成的主要酶类。该酶主要以腺苷二磷酸葡萄糖（ADPG）作为葡萄糖基供体，也可以利用尿苷二磷酸葡萄糖（UDPG），但利用腺苷二磷酸葡萄糖（ADPG）合成淀粉的反应比利用尿苷二磷酸葡萄糖（UDPG）快 10 倍。

$$\text{腺苷二磷酸葡萄糖+引物（}n\text{G）} \rightarrow \text{淀粉}[(n+1)\text{G}]\text{+腺苷二磷酸}$$

④ 蔗糖转化为淀粉。光合组织合成的糖转化成蔗糖后运输到非光合组织，在非光合组织中蔗糖可以转化为淀粉。

（2）支链淀粉的合成　支链淀粉除含有 α-1,4-糖苷键外，还有 α-1,6-糖苷键。因此，支链淀粉是在淀粉合成酶和 α-1,4-葡聚糖分支酶共同作用下生成的。淀粉合成酶催化葡萄糖以 α-1,4-键结合，α-1,4-葡聚糖分支酶可从直链淀粉的非还原端拆开一个低聚糖片段，并将其转移到毗邻的直链片段的非尾端残基上，并以 α-1,6-键与之相连，即形成一个分支。

8.4.4 糖原的生物合成

糖原是由多个葡萄糖组成的带有分支的大分子多糖。分子中的葡萄糖主要以α-1,4-糖苷键相连形成直链，以α-1,6-糖苷键相连构成支链。糖原是人和动物体内糖的储存形式。肝糖原的代谢主要是维持血糖浓度的相对恒定，肌糖原是肌肉糖酵解的主要来源。

8.4.4.1 糖原的合成反应

糖原合成（glycogenesis）是指由葡萄糖合成糖原的过程。糖原合成的主要部位是肝脏和肌肉细胞的胞浆。糖原的生物合成通过 3 个步骤，包括 3 种酶的催化作用——尿苷二磷酸葡萄糖焦磷酸化酶（UDPG pyrophosphorylase）、糖原合成酶（glycoge synthase）和糖原分支酶（glycogen beanching enzyme）的催化作用。

（1）1-磷酸葡萄糖的合成　糖原合成时，葡萄糖首先磷酸化生成 6-磷酸葡萄糖。此步反应与糖酵解的起始反应相同。6-磷酸葡萄糖在磷酸葡萄糖变位酶催化下，磷酸基从 6 位移至 1 位而转变为 1-磷酸葡萄糖，反应可逆。葡萄糖进入糖原分子时要形成 α-1,4-糖苷键，故磷酸基从 6 位移至 1 位是为葡萄糖与糖原分子连接做准备（图 8.38）。

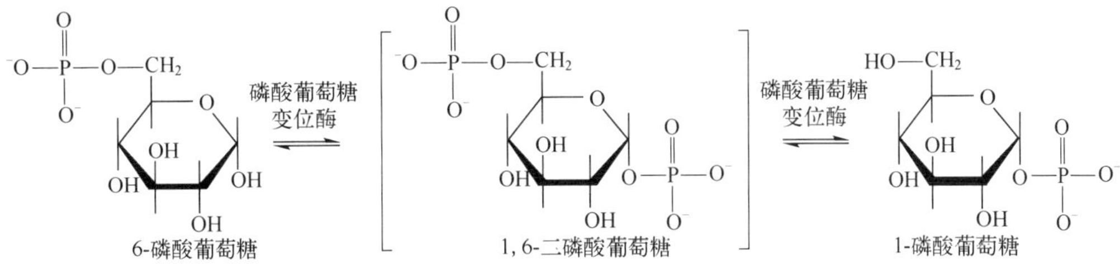

图 8.38　1-磷酸葡萄糖的合成

（2）UDP-葡萄糖的合成　1-磷酸葡萄糖与 UTP 反应，由尿苷二磷酸葡萄糖焦磷酸化酶（UDPG 焦磷酸化酶）催化生成 UDPG 和焦磷酸。1-磷酸葡萄糖分子中磷酸基团的氧原子向 UTP 分子的 α 磷原子进攻，形成 UDP-葡萄糖（UDPG）和焦磷酸（PPi），PPi 迅速被无机焦磷酸酶水解为 2 分子无机磷酸（Pi），使反应向合成糖原的方向进行（图 8.39）。

三磷酸核苷在反应中裂解产生焦磷酸，这种现象在生物合成中广泛存在。焦磷酸的水解和核苷酸的水解相偶联，有力地推动那些在热力学上原来可逆甚至是吸能的反应向一个方向进行。高能态的 UDPG 能够容易地将其糖基用于糖原的合成。在许多双糖和多糖的生物合成中，UDPG 都起着糖基供体的作用。葡萄糖形成 UDPG 的重要生物学意义就在于它使葡萄糖变为更活泼的活化形式。所以，可以将 UDPG 看作体内的“活性葡萄糖”。

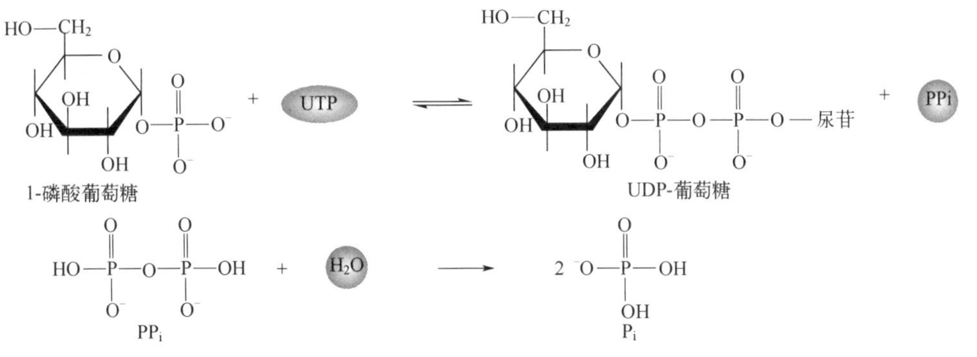

图 8.39　UDP-葡萄糖的合成

（3）UDP-葡萄糖合成糖原　游离状态的葡萄糖不能作为 UDPG 中葡萄糖基的受体。因此，糖原合成过程中必须有糖原引物存在。起引物作用的是一种分子质量为 37kD 的特殊蛋白质，称为糖原蛋白。该蛋白质分子上带着一个以 α-1,4-葡萄糖为单位的寡糖分子，其糖基供体也是 UDPG。糖原蛋白实际上形成了糖原链。糖原合成酶将 UDPG 上的葡萄糖分子转移到糖原引物的非还原性末端上，从而生成比原来多 1 分子葡萄糖的糖原。糖原合成酶只有与糖原蛋白紧紧结合在一起时才能有效地发挥其催化作用。糖原颗粒的数目取决于糖原蛋白的分子数目，而糖原分子的延长与否（即分子的大小）取决于糖原合成酶与糖原蛋白相互作用（图 8.40）。

分支酶催化糖原不断形成新分支链（图 8.41）。糖原合成酶只能催化 α-1,4-葡萄糖苷键合成，即只能使糖链不断延长，而不能形成新分支。当糖链长度达到 12～18 个葡萄糖基时，糖原分支酶将 6～7 个葡萄糖基组成的一段糖链转移到邻近的糖链上，以 α-1,6-糖苷键相连而形成新分支。新的分支点与邻近的分支点的距离至少有 4 个葡萄糖基。糖原分支的不断形成不仅可增加糖原的水溶性，更重要的是可增加非还原端的数目，有利于糖原的合成及分解代谢。无论是糖原磷酸化酶还是糖原合成酶都以非还原性末端基团为作用位点。

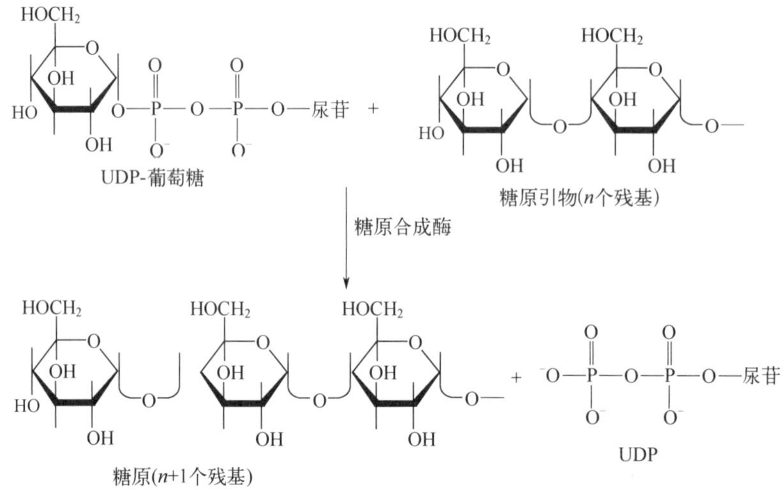

图 8.40 UDP-葡萄糖合成糖原

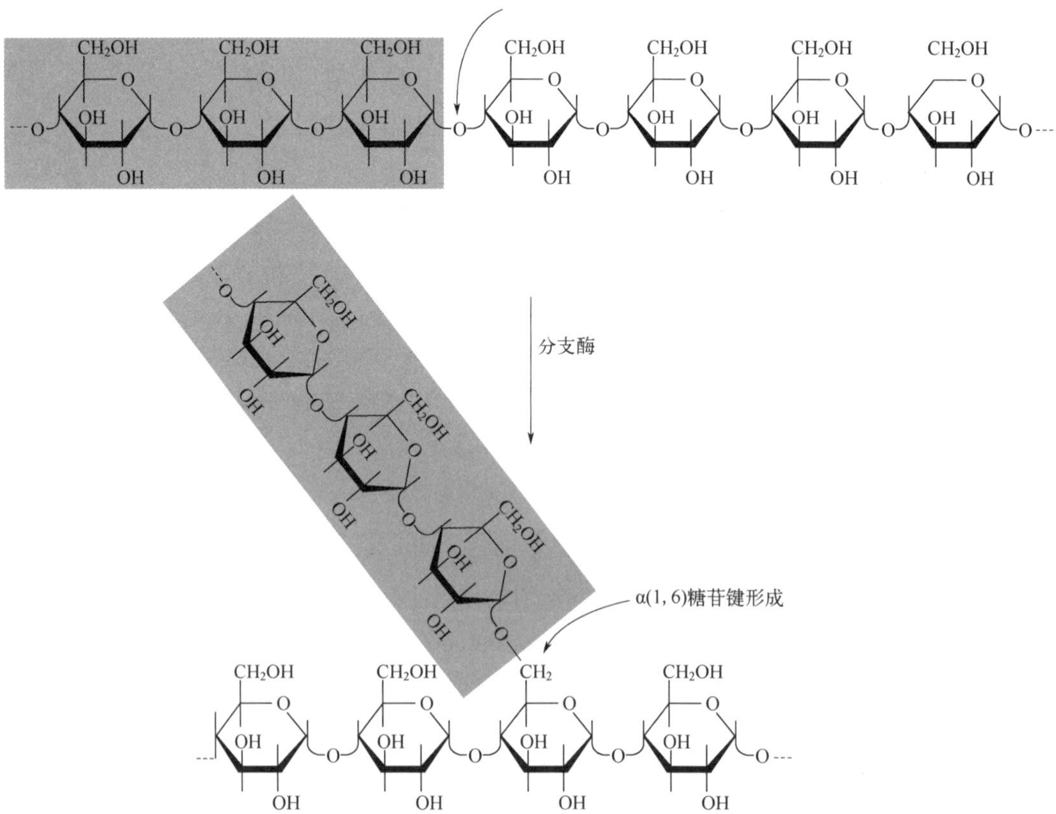

图 8.41 分支酶催化糖原形成新分支链

从葡萄糖合成糖原是耗能过程。每分子葡萄糖磷酸化时消耗 1 分子 ATP，UDPG 的生成中再消耗 1 分子 UTP（UDP+ATP→UTP+ADP）。因此，糖原合成时，糖原分子每增加 1 分子葡萄糖基需消耗 2 分子 ATP。

8.4.4.2 糖原合成的调控

一方面，糖原合酶是糖原合成过程的主要限速酶，是糖原合成的调节点，可以通过共价修饰调节和别构调节对糖原合酶活性进行双重调节。另一方面，糖原的合成也受到肾上腺素、胰高血糖素、胰岛素等激素的级联放大系统调控。

（1）糖原合酶共价修饰调节　在生理条件下，细胞中糖原合酶糖有 a、b 两种形式，二者可以通过磷酸化和去磷酸作用相互转化，进而导致酶活性发生改变，因此共价修饰作用是调节糖原合酶活性的一种主要方式。

糖原合酶是由两个相同亚基构成的二聚体。每个亚基中含有 9 个丝氨酸残基。这些丝氨酸残基可被蛋白激酶 A 和其他蛋白激酶等磷酸化，使得有活性的糖原合酶 a 转变为无活性的糖原合酶 b，糖原合成受到抑制。糖原合酶 b 的去磷酸化由蛋白磷酸酶催化。在蛋白磷酸酶的作用下，无活性的糖原合酶 b 脱磷酸转变为有活性的糖原合酶 a，糖原合成得到促进。

当血糖浓度升高时，葡萄糖倾向于结合肝脏中的磷酸化酶 a，这种结合将引起磷酸化酶 a 的构象发生改变而失活，同时还释放与之结合的蛋白磷酸酶，游离的蛋白磷酸酶即可催化糖原合酶 b 的磷酸基团水解，使之转变为有活性的糖原合酶 a。由此可以看出，血糖浓度可以直接从促进糖原合成、抑制糖原分解两个方面调控糖原的代谢。

（2）激素调节效应　当机体受到某些因素影响（如血糖浓度下降、剧烈运动）时，会引起肾上腺素、胰高血糖素分泌增加。两者与肝脏或肌肉等组织细胞膜上的特异性受体结合，通过 G 蛋白介导活化腺苷酸环化酶，使 cAMP 生成增加，cAMP 又使依赖 cAMP 的蛋白激酶 A 活化。活化的蛋白激酶 A 使有活性的糖原合酶 a 磷酸化为无活性的糖原合酶 b，结果导致糖原合成过程减弱。体内肾上腺素和胰高血糖素可通过 cAMP 连锁酶促反应逐级放大，构成一个调节糖原合成与分解的控制系统。

胰岛素促进糖原合成，抑制糖原分解，其机制可能是通过激活磷酸二酯酶加速 cAMP 的分解，抑制了蛋白激酶 A 的活性，使糖原合酶由无活性的糖原合成酶 b 转化为有活性的糖原合成酶 a，从而刺激糖原的合成代谢（图 8.42）。

（3）糖原合成酶的别构调节　6-磷酸葡萄糖是糖原合酶 b 的变构激活剂，当血糖水平增高，进入细胞的葡萄糖增多，6-磷酸葡萄糖生成增加，促使糖原合酶 b 转变为糖原合酶 a，加速糖原合成。

8.4.4.3 糖原积累病

（1）概念　糖原积累病是一组隐性遗传性糖原代谢紊乱疾病，其起因是参与糖原合成或分解的多种酶中有一种或几种欠缺，导致异常类型或异常量的糖原在组织中沉积。

（2）分型　根据异常酶的种类不同，将糖原积累病分为 8 种类型，其欠缺酶及引起的临床症状分述如下。

① Ⅰ型：葡萄糖-6-磷酸（酯）酶异常，也称 von Gierke 病，主要影响器官为肝、肾和小肠，主要表现为肝、肾肿大，血液中血脂、尿酸、酮体、乳酸值升高，严重低血糖，生长迟缓。

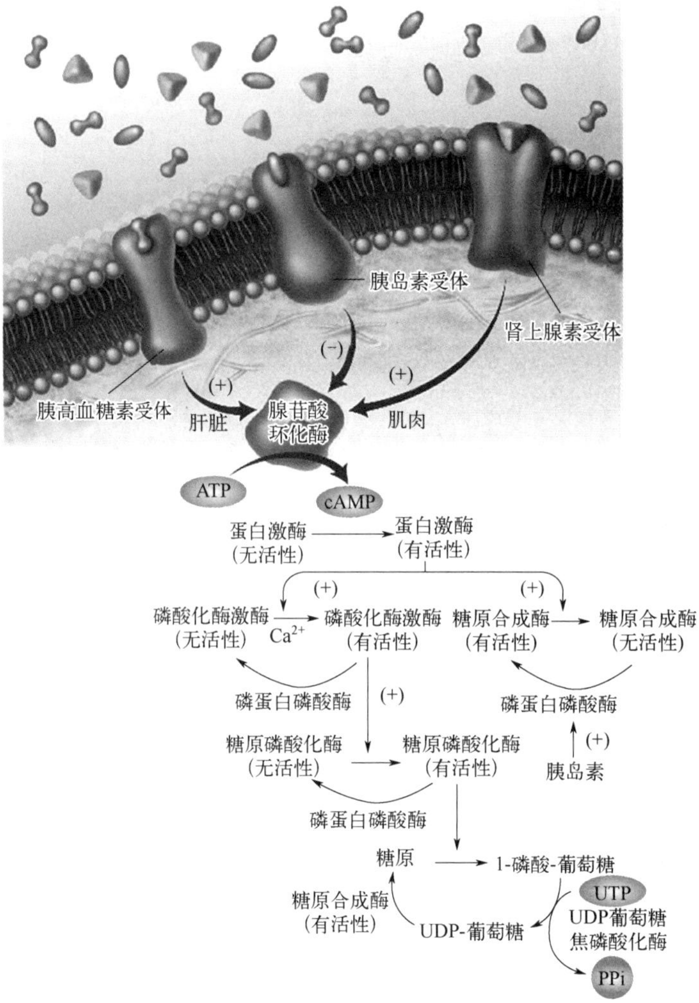

图 8.42　影响糖原代谢的主要因素

② Ⅱ型：α-1,4-葡糖苷酶异常，也称为 Pompe 病，全身组织均有糖原沉积，尤其是心肌糖原浸润肥大明显。婴儿型在 2 岁前死于心肺功能衰竭，青少年型主要表现为进行性肌营养不良，成人型表现为骨骼肌无力。

③ Ⅲ型：脱支酶异常，也称为 Forbes 病，主要表现为低血糖但较Ⅰ型轻微，肝脏大，可发展为肝纤维化、肝硬化，生长延迟。

④ Ⅳ型：分支酶异常，也称为 Andersen 病，糖原结构分支少、长支多，表现为肝脏进行性硬化、肌张力低、生长障碍，患儿多于 1 周岁内死于心肺功能衰竭。

⑤ Ⅴ型：肌肉糖原磷酸化酶异常，也称为 McArdle 病，多发于青少年，主要表现为肌肉易疲劳、肌痉挛，无法进行中度及以上运动，有肌球蛋白尿。

⑥ Ⅵ型：肝糖原磷酸化酶异常，也称为 Hers 病，表现为肝脏肿大，低血糖症状较轻或无。

⑦ Ⅶ型：肌肉果糖磷酸激酶异常，也称为 Tarui 病，运动后肌肉疼痛痉挛，有肌球蛋白尿、轻度非球形红细胞溶血性贫血。

⑧ Ⅷ型：肝磷酸化酶激酶异常，主要表现为肝脏肿大，偶有空腹、低血糖，生长迟缓，青春期后自行缓解。

8.5 糖代谢与人体营养健康

8.5.1 血糖水平异常

体内糖代谢的中心问题之一是维持血糖浓度的相对恒定。正常人机体内存在一整套高效率的调节机制，精细地控制着血糖的来源与去路，使得血糖相对恒定在 3.9～6.1mmol/L（空腹血糖）范围内。糖代谢紊乱最常见的表现是血糖浓度过高（高血糖症）和过低（低血糖症）。

8.5.1.1 高血糖症

人空腹血糖浓度超过 6.1mmol/L 称为高血糖。血糖短暂性升高对人体的危害不大，然而长期的高血糖会使全身各个组织器官发生病变，导致急、慢性并发症的发生。如胰腺功能衰竭、失水、电解质紊乱、营养缺乏、抵抗力下降、肾功能受损、神经病变、眼底病变等。

高血糖产生的病因主要包括：①糖尿病，胰岛素分泌不足，空腹血糖≥7.0mmol/L，餐后 2 小时血糖≥11.1mmol/L 被认为是糖尿病；②升血糖激素分泌异常，如垂体前叶功能亢进、肾上腺皮质功能亢进、甲亢、嗜铬细胞瘤等；③脑外伤、脑出血、脑膜炎等，由于使颅内压增高，刺激了血糖中枢，从而引起血糖升高；④脱水（如呕吐、腹泻）、发高烧等，引起血糖轻度增高；⑤麻醉、窒息、肺炎等急性传染病、癫痫、子痫等，由于肝糖原分解加速，使血糖增高。

8.5.1.2 低血糖症

正常人血糖浓度低于 2.8mmol/L 时称为低血糖。低血糖的危害更甚于高血糖。血糖的生理作用是为各组织氧化供能，脑、肾、红细胞、视网膜等组织合成糖原的能力极低，几乎没有糖原贮存，必须不断由血液供应葡萄糖。低血糖的早期症状以自主神经尤其是交感神经兴奋为主，表现为心悸、乏力、出汗、面色苍白、震颤、恶心、呕吐等。当血糖下降到一定程度时，就会严重妨碍脑等组织的能量代谢，出现意识模糊、精神失常、肢体瘫痪、昏睡、昏迷等，若不及时补充血糖，可能会导致死亡。

引起低血糖的病因包括：①胰腺的胰岛 β-细胞功能亢进、胰岛 α-细胞功能低下，导致胰岛素分泌过多，如胰岛 β-细胞瘤；②升高血糖激素分泌减少，如垂体机能、肾上腺机能和甲状腺功能减退等；③血糖来源减少、肝糖原贮存不足，如长期营养不良、肝炎、肝坏死、肝癌、糖原贮积症等；④先天性高胰岛素性低血糖，引起这个病的原因是编码氨基酸代谢的一个关键酶——谷氨酸脱氢酶的基因发生了突变。

8.5.2 糖尿病

糖尿病（diabetes）是由遗传因素、免疫功能紊乱、微生物感染及其毒素、自由基毒素、精神因素等各种致病因子作用于机体导致胰岛功能减退、胰岛素抵抗等而引发的糖、蛋白质、脂肪、水和电解质等一系列代谢紊乱综合征。其糖代谢紊乱表现在糖原合成减少、分解加速、糖异生作用加强、糖酵解和有氧氧化减弱、葡萄糖进入肌细胞和脂肪细胞减少。

糖尿病临床上以高血糖为主要特点，当血糖浓度大于 11.1mmol/L 时，肾小球滤过的葡萄糖量超过肾小管重吸收能力，会引起“糖尿”。此外，糖尿病还会导致各种急性和慢性并发症。急性并发症主要包括糖尿病酮症酸中毒和糖尿病高渗非酮症昏迷。组织器官的慢性并发症主要包括心血管病变导致的高血压、动脉硬化及微血管病变，肾脏病变导致的白蛋白尿、糖尿，运动神经病变导致的神经传导速度减慢、肌萎缩甚至瘫痪，视网膜病变出血，下肢神经病变和血管病变导致的足溃疡等。这些并发症的严重程度与血糖的升高程度直接相关。

根据病因糖尿病可分成三类：Ⅰ型糖尿病、Ⅱ型糖尿病和妊娠期糖尿病。Ⅰ型糖尿病是遗传缺陷、胰腺 B 细胞受损导致胰岛素分泌不足引起的，约占总糖尿病患者的 5%，多发于青少年；Ⅱ型糖尿病患者胰岛素分泌正常，但细胞对胰岛素作用不敏感，即发生了“胰岛素抵抗”，Ⅱ型糖尿病患者约占总糖尿病患者的 95%；与Ⅱ型糖尿病相关的因素除遗传因素外，还与肥胖、年龄增长有关；妊娠期糖尿病是怀孕期间发生的糖尿病，与胎儿分泌的生长激素有关。

糖尿病的预防，特别是对有家族糖尿病史、高血压、高脂血症、40 岁以上肥胖或超重的对象，应该通过改变环境因素和生活方式等，防止或降低导致糖尿病发生的一切活动，如养成良好的饮食习惯，尽可能避免高糖和高热量食品；戒烟戒酒和严格控制体重，适当做一些有氧运动（如跑步和跳绳）；定期到医院做空腹血糖检测，可以准确判断体内的血糖水平，还能在早期改善和预防糖尿病。

8.5.3 肿瘤

糖代谢在肿瘤研究中的进展主要涉及肿瘤细胞的能量产生和增殖机制。肿瘤细胞的代谢特点是有氧糖酵解（Warburg 效应），即使在充足的氧气条件下，肿瘤细胞仍会进行糖酵解过程，而非正常细胞主要依赖线粒体氧化磷酸化过程。这种有氧糖酵解现象在肿瘤组织中表现为高糖消耗和大量乳酸释放。此外，肿瘤细胞也依赖糖酵解提供能量和生物合成的前体物质，例如谷氨酰胺和天冬氨酸等。这些物质的合成有助于肿瘤细胞的快速增殖和侵袭。近年来，肿瘤糖代谢的研究领域还涉及肿瘤免疫方面。肿瘤细胞通过糖酵解产生的乳酸和其他代谢产物可以抑制免疫细胞的活性，从而逃避免疫攻击。这种免疫抑制作用也是肿瘤细胞的一种生存机制。此外，肿瘤细胞中的糖代谢也会受到一些信号通路的调控。例如，mTOR 信号通路可以促进肿瘤细胞的糖酵解和蛋白质合成，从而促进肿瘤细胞的生长和增殖。糖代谢在肿瘤研究领域中的进展主要涉及肿瘤细胞的能量产生、增殖机制和免疫调控等。对糖代谢的深入了解，有助于为肿瘤预防、诊断和治疗提供新思路和新方法。

8.5.4 肥胖

肥胖是能量摄入和消耗不平衡导致的一种慢性疾病。在肥胖患者中，糖代谢过程常常受到影响。一方面，肥胖患者往往出现胰岛素抵抗，导致血糖升高；另一方面，肥胖患者由于脂肪堆积过多，会对糖的利用产生一定程度的障碍。因此，研究糖代谢与肥胖之间的关系对于预防和治疗肥胖具有重要意义。

8.6 课程思政

8.6.1 历经百年！胰岛素是如何被发现的

糖尿病大概是历史上最早被发现的疾病之一。古希腊、古埃及、古印度和古代中国在不同历史时期都独立发现了糖尿病。早在1500年前，古埃及就出现了对糖尿病患者“体重快速下降和频繁小便”的症状描述。我国东汉名医张机在《金匮要略》中，也以“消渴症”描述糖尿病的相关症状，该名称一直沿用到近代。虽然以前记载比较简略，但有两条是比较明确的：患者“尿多”“尿甜”。真正有文献记载的是1776年英国医生马修·多布森，他真尝了很多糖尿病人的尿，同时进行研究，证明其中的甜分来自葡萄糖。另外，马修尝后发现糖尿病人的血也是甜的。很长一段时间以来，糖尿病都被认为是不治之症，直到1889年，德国两位生物学家发现：狗的胰腺里含有一种维持血糖浓度的正常物质。很多科学家都想把这种物质从胰腺里提炼出来，但均以失败告终，提取物里包含大量杂质，引发严重副作用。故事的转折点发生在1920年，年仅30岁的外科医生弗雷德思克·班廷在加拿大安大略省开设私人诊所，这年的10月30日，他来到医学院图书馆查阅资料，无意间被一篇发表于《外科、妇科和产科》杂志上的文章深深吸引。那是明尼苏达大学摩西·巴伦教授撰写的一份“胰腺结石的死亡案例”。巴伦在进行尸检时发现，结扎胰导管可以使分泌胰酶的细胞萎缩，而胰岛细胞却不受影响。这篇文章给了班廷很大的启发，他有了一个大胆的想法：“结扎狗的胰导管，6～8周后胰腺萎缩，然后切下胰腺进行抽提。”班廷向他的母校多伦多大学求助，当时糖代谢领域的权威麦克劳德教授资助了他。1921年暑假期间，班廷与贝斯特一起，用8周时间成功从胰腺中获得提取物。他们称这种溶液为“胰岛蛋白”，后统一更名为“胰岛素”，并沿用至今。

用在动物身上的胰腺抽提液纯度不高时，问题还不大，但若要把胰腺抽提液用到糖尿病人的临床试验，对胰岛素的纯度要求就很高。虽然班廷和他的学生贝斯特的实验是成功的，但他所用的胰岛素纯化方法不切实际。麦克劳德指派生物化学家科利普寻找一种从胰腺中获得胰岛素的实用方法。科利普开发了一种基于酒精的纯化方法。这个方法很简单：他将肉店里现成的新鲜猪胰腺捣碎，与酒精和水的溶液混合，然后逐渐增加溶液中酒精的浓度。他发现胰岛素起初一直溶解在溶液中，直到酒精达到一种临界浓度，胰岛素就会突然从溶液中“掉出来”，不再溶解在液体中。通过在烧瓶底部收集固体沉淀物，他得到了一种纯化的胰岛素。1922年1月23日上午11点，医生给14岁糖尿病男孩汤普森注射了5毫升由科利普纯化的抽提液，下午5点又注射了20毫升，第二天先后又注射了两次各10毫升，奇迹般的结果很快出现了。整个疗程进行了一个多月后，医学史上首个糖尿病人的胰岛素疗法临床试验正式宣告成功。1923年，班廷和麦克劳德因发现胰岛素，共同获得了当年的诺贝尔生理学或医学奖。当时年仅32岁的班廷也成为历史上最年轻的诺贝尔生理学或医学奖得主。班廷决定把他的一半奖金与贝斯特平分，作为回应，麦克劳德把他的一半奖金与科利普平分。这种特殊的分配方式，最终被拍成了一部电影，该片有一个皆大欢喜的名字：《共同的荣誉》(Glory Enough for All)。

胰岛素自1921年被发现以来，其产品形态历经了显著的迭代升级：最早在20世纪20年代投入应用的动物（猪/牛）胰岛素被视为第一代胰岛素；到80年代，通过生物技术合成的人胰岛素问世，成为第二代产品；到90年代，进一步改良的胰岛素类似物发展为第三代，其药代动力学特征更贴近生理需求；截至2017年，诺和诺德研发的超长效德谷胰岛素获批，则被广泛视为第四代胰岛素的代表。

科学发现并非一蹴而就，而是科学家经过长时间的不断研究和努力才得以成功的。也正是一代一代科研人勇攀高峰、敢为人先的创新精神，追求真理、严谨治学的求实精神，淡泊名利、潜心研究的奉献精神，集智攻关、团结协作的协同精神，推动着历史的车轮，将我们的生活变得充满希望、更加美好。

8.6.2 克雷布斯与三羧酸循环的发现和命名

克雷布斯(Hans Adolf Krebs)1900年出生于一个德国医生家庭，从小立志成为一名医生。1925年，他在汉堡大学获得医学博士学位。此时他热衷于医学研究，并于1926年成为柏林威廉皇帝生物学研究所Otto Warburg教授（1931年诺贝尔奖获得者）的助手，后因纳粹迫害而移居英国，1935年在谢菲尔德大学任药理学讲师，从事细胞代谢机制研究。

从1920年起，陆续有很多学者对细胞中有机物的氧化分解过程进行了研究，发现动物组织中的一些四碳二羧酸（琥珀酸、延胡索酸、苹果酸、草酰乙酸）可以促进肌肉对氧的消耗，并提出了一些代谢物之间的转化关系，但对于丙酮酸的具体氧化途径并无系统认识。1937年，克雷布斯发表了关于柠檬酸循环的开创性论文，提出生物体通过一个环状的代谢途径将丙酮酸氧化分解。此项发现迅速成为生物化学和细胞生物学的基础理论，克雷布斯也因此获得1953年诺贝尔生理学或医学奖。克雷布斯用鸽子的胸大肌作为实验材料，发现六碳三羧酸（柠檬酸、顺乌头酸、异柠檬酸）和五碳二羧酸（α-酮戊二酸）也能促进丙酮酸的氧化，而琥珀酸的竞争性抑制剂丙二酸会抑制这一过程。进一步研究表明，丙二酸的抑制会导致柠檬酸和α-酮戊二酸的积累，说明它们是琥珀酸的前体。因为加入草酰乙酸和丙酮酸会导致柠檬酸浓度升高，所以克雷布斯推测这是一个环状的代谢途径，并最终确定了循环的具体反应过程。因为循环的第一个产物是柠檬酸，所以将其命名为柠檬酸循环(citric acid cycle)。按照惯例，也可以用发现者的名字称之为克雷布斯循环（Krebs cycle）。

克雷布斯首先将这篇论文投到《Nature》，结果竟然被拒。据说，这是他收到的第一封拒稿函。克雷布斯马上转投荷兰期刊《Enzymologia》，得以迅速发表。后来《Nature》编辑承认这是《Nature》的最大失误。1980年，《FEBS Letters》又重新刊发此文，以纪念克雷布斯的杰出贡献。也正是克雷布斯敢于创新、不断尝试、不怕艰辛的精神，将柠檬酸循环绘作朴素的图文，奠定了物质代谢的核心基石。

8.6.3 “三减三健”与我们密切相关

糖类的功能绝不仅仅是给机体供能，还可以作为食品添加剂丰富食品的色、香、味，但是糖类的过多摄入会给机体带来负面影响，如高血糖、肥胖、龋齿。目前全球都在控糖，中国“十四五”国民健康规划提出，全面实施全民健康生活方式行动，推进“三减三健”(减盐、减油、减糖，健康口腔、健康体重、健康骨骼）等专项行动，世卫组织更是建议禁止在3岁以下儿童食品中添加糖。如今，少糖、少盐、少油是新一代食品研发者的追求，食品专业的学生以后从事食品研发一定要具备食品工艺创新的责任心和工匠精神，不仅要注重食品的口感，还要注意营养的搭配，为国民的健康饮食做出应有贡献。

8.7 拓展与探索

果糖是糖类中甜度最高的单糖，天然存在于水果、蔬菜和蜂蜜中。因为人类对甜味与生俱来的渴望，所以果糖以蔗糖和高果糖玉米糖浆的形式作为甜味剂被添加到食品中，用于含糖饮料、烘焙糕点和冰淇淋等食物的制作。在很长一段时间里，人们普遍认为果糖是中性的，甚至对人体有益。但自从2002年Bray开始研究全球饮食中的甜味添加剂以来，越来越多的研究表明，过量摄入果糖是代谢性疾病发病率上升的重要原因（包括肥胖、慢性肝脏疾病、心血管疾病、慢性肾脏疾病、痛风等)。最近多项前瞻性研究进一步发现，总果糖的摄入量与死亡风险之间存在正相关，即过多摄入果糖会增加死亡风险。

（1）过量摄入果糖导致死亡风险增加　不同种类的糖中大多数负面代谢效应被认为是由果糖引起的。含糖饮料主要使用蔗糖和高果糖玉米糖浆作为甜味添加剂。截至目前，无论是通过分析含糖饮料摄入量，还是通过精确计算各类食物的果糖糖含量来研究果糖与死亡率关系的大部分研究，均发现果糖摄入与全因死亡率和特定原因死亡率呈正相关。

（2）过量果糖摄入增加痛风风险，但不会引起高尿酸血症　大量流行病学研究报道了果糖摄入与痛风发病率增加的相关性。其中，果糖对痛风的影响在男性群体中更为显著。值得注意的是，痛风主要由高尿酸血症引起，但在果糖摄入与痛风相关的前瞻性流行病学研究中，尚未报道高尿酸血症的发生。在大多数长期（持续时间≥7天）干预试验中健康受试者和糖尿病患者的血尿酸水平并未随着果糖摄入量的增加而升高。只有高热量饮食结合极高剂量（213～219g/d）的果糖静脉输注才会显著增加血尿酸水平。这表明，尽管果糖摄入与痛风发病率之间存在关联，但果糖通过升高血尿酸水平引发痛风的理论尚缺乏证据。

（3）过量果糖摄入诱发肥胖和肝脏疾病　从1997年到2010年，全球含糖饮料摄入量迅速增加。过去20年来进行的大多数系统评价均报告了SSBs时摄入量与体重增加、超重和肥胖风险之间存在正相关。果糖通过多种机制增加体重导致肥胖。虽然这种效应可能在食物来源有限的情况下增强了人类祖先的生存能力，但在今天增加了肥胖和与肥胖相关的慢性代谢性疾病的发病风险。肝脏中脂肪的过度积累引起的非酒精性脂肪性肝病就是其中一种。研究发现，经常摄入含糖饮料的人患非酒精性脂肪性肝病的风险较高；即使在过量摄入果糖的儿童中，也能观察到肝脏脂质谱的改变；而限制果糖摄入仅9天，有高糖饮食习惯的超重儿童体内肝脏脂肪和新脂肪组织的形成均显著减少。

（4）摄入过量果糖诱发慢性肾脏疾病　频繁摄入含糖饮料会使慢性肾脏病的风险增加50%～60%。过量的果糖摄入可能通过内皮功能障碍、氧化应激、血流动力学改变、促炎环境和脂毒性等机制导致肾功能受损和慢性肾脏病。

（5）果糖的肠、肝代谢机制　葡萄糖和果糖的化学式相同，均为 $C_6H_{12}O_6$，长期以来人们认为它们对健康的影响是等效的。然而，它们的代谢效应存在显著差异。可以通过比较葡萄糖和果糖在肠道和肝脏的胞内代谢和转运机制来探寻过量果糖摄入与慢性代谢紊乱的关系。虽然以前的研究普遍认为肝脏是果糖代谢的主要部位，但最近的证据表明，肠-肝轴在果糖代谢中起着至关重要的作用。低剂量果糖主要在小肠内代谢。只有当摄入量超过肠道的代谢能力时，果糖才会溢出，在肝脏中代谢。高果糖饮食还会对肠道微生物群的多样性产生重大影响。高果糖饮食下肠道细菌产生的代谢副产物谱发生改变，导致肠道屏障通透性增加，诱发代谢性内毒素血症和代谢紊乱。

（6）果糖的甜味机制——暴食和糖瘾　果糖的摄入与寻找食物和暴饮暴食的动机增加有关。这些效应被认为是果糖摄入激活了甜味受体 T1R2/T1R3 和肠道葡萄糖转运蛋白，触发食欲肽的分泌，影响大脑神经肽水平，从而激活大脑奖励系统（奖励系统是大脑中的神经回路，是一种在满足某些欲望时带来快感的机制）所致。在甜味的刺激下，伏隔核释放多巴胺，使人感到心情愉悦。

过量摄入高果糖食物与慢性代谢性疾病的发病风险和全因死亡率增加有关，而这可能与果糖在肠道中的代谢密切相关。随着果糖导致的健康问题日益受到社会广泛关注，有必要正视其潜在危害并采取相应的预防措施。其中，饮食选择在健康生活方式中起至关重要的作用。

第 9 章
脂类代谢

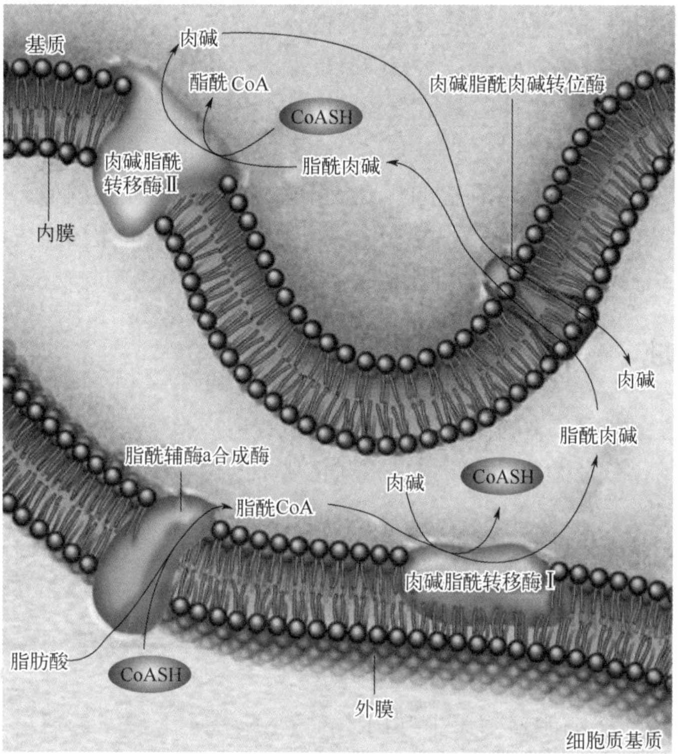

达成目标：

（1）理解并掌握脂肪分解代谢的概念和过程、脂肪合成的概念和过程、脂肪酸的 β 氧化作用和生物合成的异同点；酮体代谢的生理意义；

（2）应用脂肪代谢相关知识，用于判断饮食中脂肪摄入与脂代谢相关临床指标的相关性；

（3）了解脂肪代谢与相关疾病的发病机制，及相关疾病治疗的前沿研究进展。

9.1 概述

脂肪学名叫三酰甘油或甘油三酯，在动物中称为脂肪，在植物中称为油。当动物体摄入能量较多时，糖等其他物质可转变为脂肪贮存起来，当需要能量时，又可氧化分解产生大量能量。

脂肪是高等动植物的重要能量来源，大量贮存于某些组织细胞内，称为贮存脂质。1g 脂肪氧化分解可产生 37.66kJ 的能量，大约是同样质量糖类或蛋白质产生能量的 2 倍，是生物体内高度密集的能量库。人体所需能量的 40%左右来自脂肪。

9.1.1 脂类的分类及其功能

脂类分为两大类，即脂肪和类脂。

（1）脂肪　即甘油三酯或三酯酰甘油，它是由 1 分子甘油与 3 分子脂肪酸通过酯键相结合而成。人体内脂肪酸种类很多，生成甘油三酯时可有不同的排列组合，因此，甘油三酯具有多种形式。贮存能量和供给能量是脂肪最重要的生理功能。1g 脂肪在体内完全氧化时可释放出 38.91kJ（9.3kcal）能量，比 1g 糖原或蛋白质所放出的能量多 2 倍以上。脂肪组织是体内专门用于贮存脂肪的组织，当机体需要时，脂肪组织中贮存的脂肪可被动员出来分解供给机体能量。此外，脂肪组织还可起到保持体温、保护内脏器官的作用。

（2）类脂　包括磷脂、糖脂、类固醇等。磷脂是含有磷酸的脂类，机体中主要含有两大类磷脂，由甘油构成的磷脂称为甘油磷脂，由神经鞘氨醇构成的磷脂称为鞘磷脂。糖脂是糖类通过其还原末端以糖苷键的形式与脂类结合形成的一类化合物。类固醇也称甾类，是环戊烷多氢菲的羟基衍生物，包含固醇（如胆固醇、羊毛固醇、谷甾醇、豆固醇、麦角固醇）和固醇衍生物（胆汁酸、类固醇激素、强心苷等）两类。这三大类类脂是生物膜的主要组成成分，构成疏水性的“屏障”，分隔细胞水溶性成分和细胞器，维持细胞的正常结构与功能。

9.1.2 脂类的分解与合成

脂代谢是指脂类（主要是脂肪）物质在生物体内的分解及合成代谢。脂代谢是生物化学研究的主要内容，与其他三大类有机物的代谢相互联系、相互转化，不可分割，构成了代谢的统一整体。

脂肪经脂肪酶水解生成甘油和脂肪酸。甘油活化和脱氢后可进入糖酵解途径进行代谢。脂肪酸活化后进入线粒体，经 β-氧化分解生成乙酰 CoA，再经三羧酸循环彻底分解成二氧化碳和水，同时提供能量；脂肪酸生成的乙酰 CoA 也可在动物肝脏中生成酮体，然后向肝外组织输送能量。

脂肪可在生物体内合成。脂肪酸在细胞质基质中利用乙酰 CoA 从头合成，然后再与甘油-α-磷酸在酶的催化下合成脂肪。磷脂经磷脂酶作用先水解生成其组成单位，再分别进行代谢。各种生物都有合成磷脂的能力。胆固醇酯可在胆固醇酯酶的催化下水解生成其组成单位，然后分别代谢。生物的各种组织几乎都有合成胆固醇的能力。

9.2 脂肪的分解代谢

9.2.1 脂肪的消化吸收

脂类消化的主要场所是小肠上段。膳食中的脂类主要为脂肪（甘油三酯），此外还有少量磷脂、胆固醇等。唾液中没有脂肪水解酶，故脂肪不能在口腔中被消化，胃液中虽有少量由肠液反流至胃中的胰脂肪酶，但是由于成人胃液 pH 值为 1～2，不适合脂肪酶的存在，使成人胃对脂肪的消化能力较弱。婴儿胃液 pH 值约为 5，乳汁中的脂肪已经乳化，所以脂肪在婴儿胃中可少量被消化，但是其主要消化场所还是小肠内（图 9.1）。

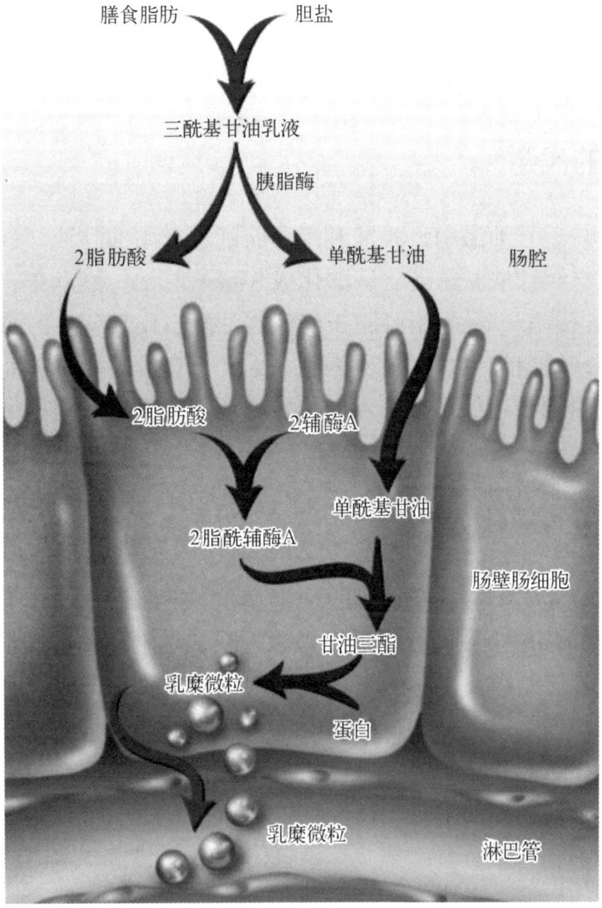

图 9.1　脂肪在小肠中的消化和吸收

脂质不溶于水，不能与消化酶充分接触。食物到十二指肠时，胰液和胆汁经胰管和胆管分泌到十二指肠，胆汁中含有胆汁酸盐，具有较强的乳化作用，能够降低脂-水相间的界面张力，将脂质乳化成细小微团，使脂质消化酶能够吸附在乳化微团的脂-水界面，增加消化酶和脂质的接触面积，促进脂质消化。胰腺分泌的脂质消化酶，包括胰脂酶、辅脂酶、磷脂酶 A_2 和胆固醇酯酶等。胰脂酶能水解甘油三酯产生 2 分子脂肪酸和单酰甘油，后者进一步水解成甘油和脂肪酸。辅脂酶本身不具有脂酶活性，其通过疏水键和甘油三酯结合，通过氢键和胰脂酶结合，将胰脂酶锚定在乳化微团的脂-水界面，使胰脂酶和脂肪充分接触发挥水解作用，还可防止胰脂酶在脂-水界面变性、失活。磷脂酶 A_2 催化磷脂水解生成脂肪酸和溶血磷脂。胆固醇酯酶水解胆固醇酯生成胆固醇和脂肪酸。溶血磷脂、胆固醇可以协助胆汁酸盐将食物脂质乳化成更小的混合微团，这种微团体积小、极性大，容易穿过小肠黏膜细胞表面的屏障被黏膜细胞吸收。

脂质及消化产物主要在十二指肠下段和空肠上段被吸收。摄入的脂质中少量由中链（6C～10C）、短链（2C～4C）脂肪酸构成的甘油三酯，经胆汁酸盐乳化后可以直接被肠黏膜细胞摄取，在细胞内脂肪酶作用下，水解生成脂肪酸和甘油，通过门静脉进入血液循环。

脂类消化产生的长链（12C～26C）脂肪酸、2-甘油一酯、胆固醇和溶血磷脂等，在小肠进入肠黏膜细胞。长链脂肪酸在小肠黏膜细胞内先被转化成脂酰 CoA，然后在滑面内质网脂酰 CoA 转移酶催化下，由 ATP 供能，转移到 2-甘油一酯羟基上，重新合成甘油三酯。最后和粗面内质网上合成的载脂蛋白、磷脂及胆固醇一起组装成乳糜微粒，被肠黏膜细胞分泌，最后经淋巴系统进入血液循环。

9.2.2 甘油的代谢

人体脂肪细胞中缺乏甘油激酶，不能利用脂肪降解产生的甘油。这些甘油可通过血液运输到肝脏，于肝细胞中经甘油激酶催化磷酸化成 3-磷酸甘油，然后在磷酸甘油脱氢酶的作用下生成磷酸二羟丙酮，磷酸二羟丙酮可同 3-磷酸甘油醛自由转化，再通过 3-磷酸甘油醛进入糖酵解途径氧化分解或经糖异生作用转变为糖。因此，在肝细胞中甘油有两种去向，一种是进入酵解途径转变为丙酮酸，然后再进入柠檬酸循环彻底氧化供能；另一种是沿酵解的逆反应异生为葡萄糖。

9.2.3 脂肪酸的氧化分解

脂肪降解产生的游离脂肪酸将穿过脂肪细胞膜和毛细血管内皮细胞进入血液，并与血浆中的清蛋白结合。脂肪酸-清蛋白复合物通过血液循环被运送到体内其他组织，然后以扩散的方式将脂肪酸由血浆转移到需要能量的组织或细胞中进行氧化分解。除了脑组织外，脂肪酸在许多组织细胞内都能进行氧化分解，提供能量。脂肪酸是心肌、肝脏、骨骼肌和肾等组织的主要能量来源，但在肌肉和肝脏中最为活跃。尤其在饥饿时，大多数组织以脂肪酸为获取能量的主要来源，减少葡萄糖的用量，以保证以葡萄糖为能量供应脑组织。

生物体中脂肪酸的氧化分解有 α-氧化、β-氧化和 ω-氧化等不同方式。其中，β-氧化是脂肪酸分解代谢的途径，也最为重要。

9.2.3.1 脂肪酸的 β-氧化

脂肪酸的 β-氧化作用是指脂肪酸在一系列酶的作用下，羧基端的 β 位 C 原子发生氧化，碳链在 α 位 C 原子与 β 位 C 原子间发生断裂，每次生成 1 个乙酰 CoA 和少 2 个碳单位的脂肪酸。这个过程在线粒体中进行（图 9.2）。

（1）脂肪酸的活化　脂肪酸进入细胞后，首先在线粒体外或胞浆中被活化成脂酰 CoA，才能进入线粒体进行氧化。在细胞质中，在 ATP、CoASH、Mg^{2+}存在的条件下，脂酰 CoA 合成酶催化脂肪酸转变为脂酰 CoA，称为脂肪酸的活化（图 9.3）。脂肪酸在脂酰 CoA 合成酶催化下，由 ATP 提供能量，被转变成脂酰 CoA。脂肪酸活化成脂酰 CoA 后含有高能硫酯键，提高了其水溶性和代谢活性。

（2）脂酰 CoA 进入线粒体　脂肪酸氧化酶系存在于线粒体基质中，因此活化的脂酰 CoA 必须进入线粒体才能被氧化。但活化的脂酰 CoA 不能自由通过线粒体内膜，要进入线粒体基质就需要载体转运。这一载体就是肉毒碱（简称肉碱，L-β-羟基-γ-三甲基氨基丁酸），它可以将脂酰 CoA 的脂酰基以脂酰肉碱的形式携带进入线粒体基质。

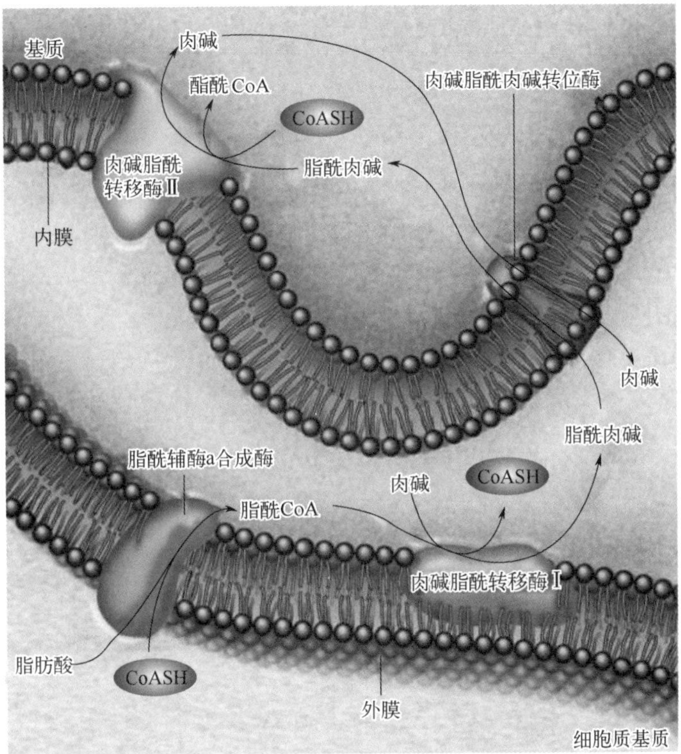

图 9.2　脂肪酸转运到线粒体

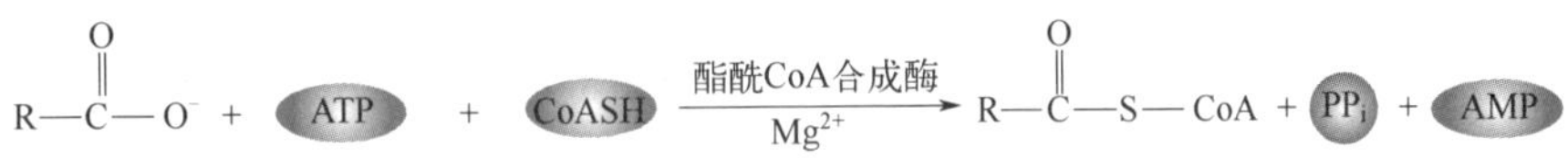

图 9.3　脂肪酸活化

线粒体外膜存在肉碱脂酰转移酶Ⅰ，它能催化长链脂酰 CoA 与肉碱合成脂酰肉碱，后者即可在线粒体内膜的肉碱-脂酰肉碱转位酶的作用下，通过内膜进入线粒体基质。进入线粒体内的脂酰肉碱，则在位于线粒体内膜内侧的肉碱脂酰转移酶Ⅱ的作用下，转变为脂酰 CoA 并释出肉碱（图 9.2）。脂酰 CoA 即可在线粒体基质中酶体系的作用下进行 β-氧化（图 9.4）。

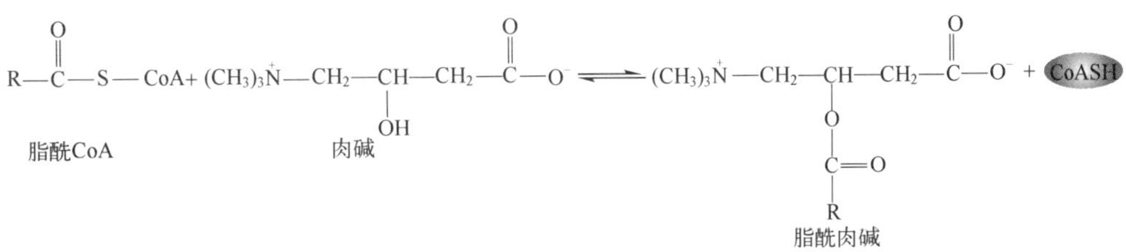

图 9.4　脂酰 CoA β-氧化

肉碱脂酰转移酶Ⅰ是脂酸 β-氧化的限速酶，脂酰 CoA 进入线粒体是脂酸 β-氧化的主要限速步骤。当饥饿、高脂低糖膳食或糖尿病时，机体不能利用糖，需脂酸供能，这时肉碱脂酰转移酶Ⅰ活性增加，脂酸氧化增强。相反，饱食后，脂肪合成及丙二酰 CoA 增加，后者抑制肉碱脂酰转移酶Ⅰ活性，因而脂酸的氧化被抑制。

（3）脂酰 CoA 的 β-氧化　脂酰 CoA 进入线粒体后，在基质中进行 β-氧化，包括以下 4 个循环步骤（图 9.5）：

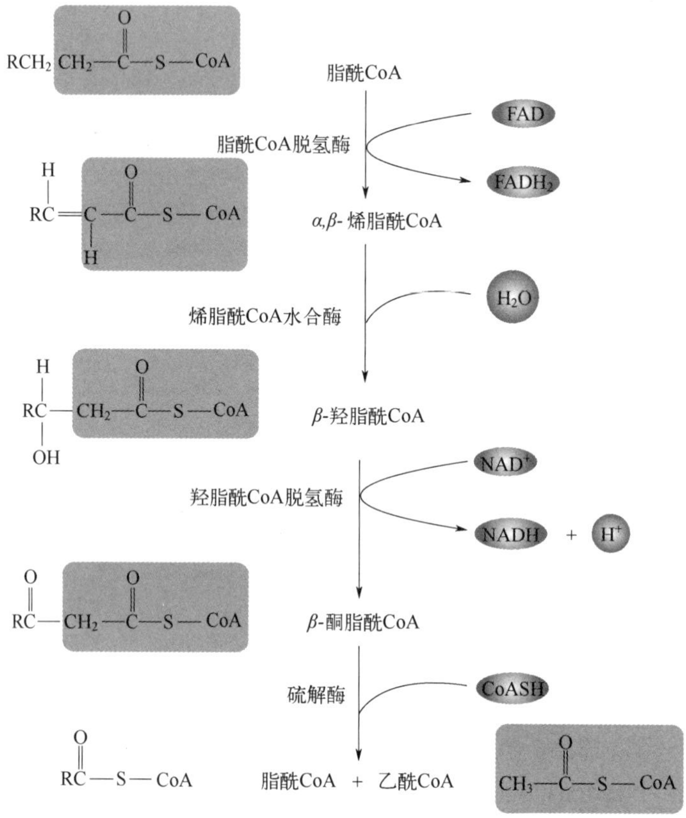

图 9.5　脂酰 CoA 的 β-氧化

① 脱氢。脂酰 CoA 经脂酰 CoA 脱氢酶催化，在其 α 和 β 碳原子上脱氢，生成 α,β-烯脂酰 CoA，该脱氢反应的辅基为 FAD（图 9.6）。

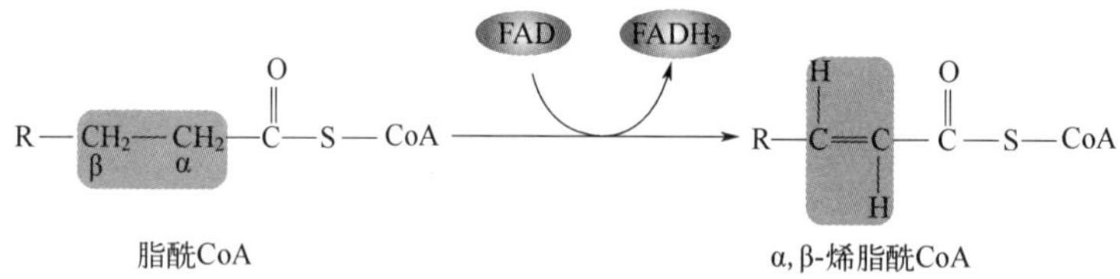

图 9.6　脱氢

② 加水。在烯脂酰 CoA 水合酶的催化作用下，α,β-烯脂酰 CoA 分子中的双键加水生成 β-羟脂酰 CoA（图 9.7）。

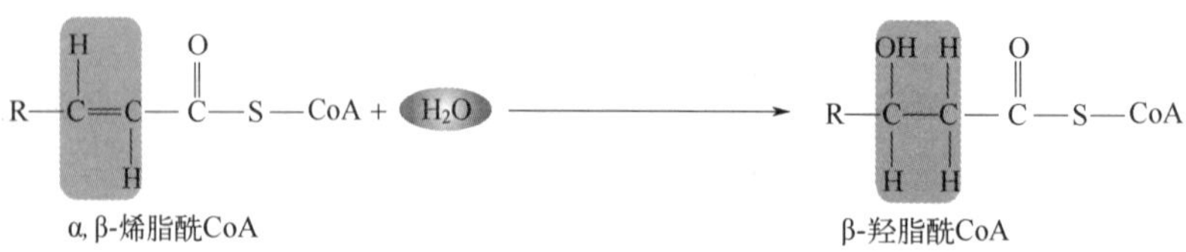

图 9.7　加水

③ 再脱氢。β-羟脂酰 CoA 在 β-羟脂酰 CoA 脱氢酶催化下，脱去 β 碳原子和羟基上的氢原子生成 β-酮脂酰 CoA，该反应的辅酶为 NAD^+（图 9.8）。

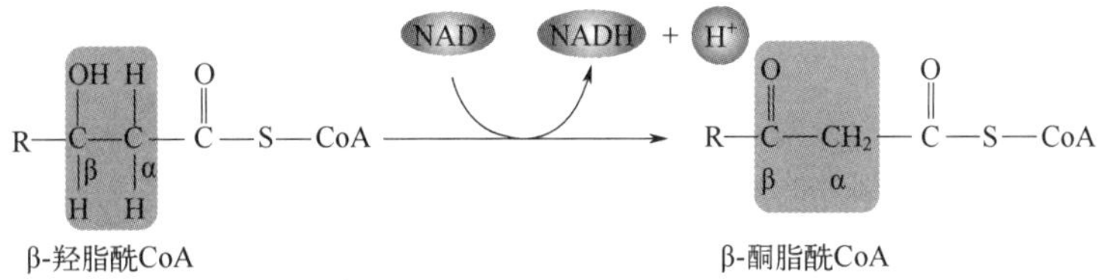

图 9.8 再脱氢

④ 硫解。在硫解酶催化下，β-酮脂酰 CoA 与 CoA 作用，硫解产生 1 分子乙酰 CoA 和比原来少两个碳原子的脂酰 CoA（图 9.9）。

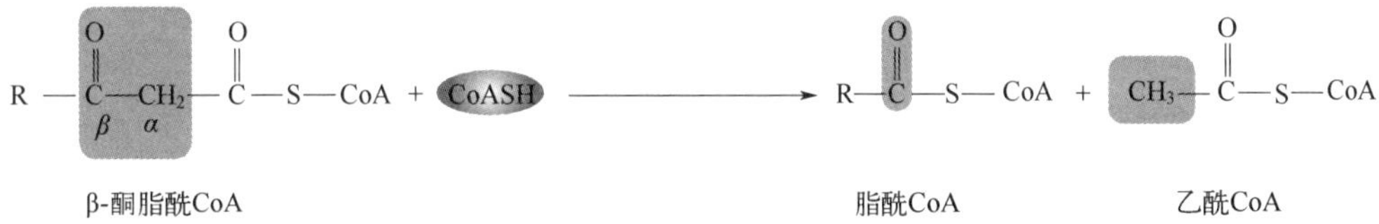

图 9.9 硫解

上述 4 步反应组成了一轮 β-氧化作用，即脱氢、加水、再脱氢和硫解，产生 1 分子乙酰 CoA 和缩短了 2 个碳原子的脂酰 CoA。

对于长链脂肪酸，需要经过多轮 β-氧化作用，每次降解下一个二碳单位，如此反复进行，至剩下二碳的脂酰 CoA（含偶数碳脂肪酸）或三碳的脂酰 CoA（含奇数碳脂肪酸）。

（4）脂肪酸 β-氧化的能量计算　脂肪酸在 1 轮 β-氧化作用中产生 1 分子乙酰 CoA、1 分子 $FADH_2$ 和 1 分子 $NADH+H^+$。以 C_{16} 软脂酸为例，经过 7 轮 β-氧化作用，即可将软脂酰 CoA 降解成 8 分子乙酰 CoA，同时生成 7 分子 $FADH_2$ 和 7 分子 $NADH+H^+$（图 9.10）。

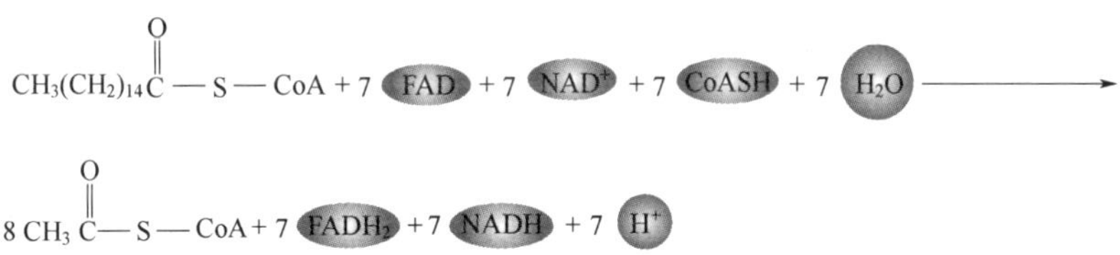

图 9.10 脂肪酸 β-氧化能量计算

1 分子乙酰 CoA 进入三羧酸循环彻底氧化分解可生成 10 分子 ATP。1 分子 $FADH_2$ 和 $NADH+H^+$进入呼吸链，可生成 1.5 和 2.5 分子 ATP。此外，脂肪酸活化为软脂酸需要消耗 2 分子 ATP，1 分子软脂酸可净生成 $8\times10+7\times(1.5+2.5)-2=106$ 分子 ATP。

碳数为 n 的偶数碳饱和脂肪酸进行 β 氧化，则需要做（$n/2-1$）次循环才能完全分解，分别生成 $n/2$ 个乙酰 CoA、（$n/2-1$）个 $FADH_2$ 和（$n/2-1$）$NADH+H^+$。其能量计算公式为: $(n/2)\times10+(n/2-1)\times(1.5+2.5)-2$。

奇数碳原子脂肪酸，经过 β-氧化除生成乙酰 CoA 外，还生成 1 分子丙酰 CoA。丙酰 CoA 经过羧化反应和分子内重排，可转变生成琥珀酰 CoA，进入三羧酸循环氧化分解，也可经草酰乙酸异生成糖。

不饱和脂肪酸的β-氧化降解过程与饱和脂肪酸的β-氧化降解过程基本相似，只是因为不饱和脂肪酸分子中存在着顺式结构的双键，所以，在β-氧化过程中需要由另外的酶参加，脱氢步骤也相应地减少。单烯不饱和脂肪酸（如油酸）经过 3 次 β-氧化降解后，剩下$\triangle^3$-顺-烯脂酰 CoA。因为烯脂酰水合酶只催化$\triangle^2$-烯脂酰 CoA 发生水合反应，下一步的 β-羟脂酰 CoA 脱氢酶只催化 L-β-羟脂酰 CoA 脱氢。多不饱和脂肪酸的 β-氧化降解除需要顺反异构酶之外，还需要一个差向异构酶参加，将 D（−）-β-羟脂酰 CoA 改造成 L（+）-β-羟脂酰 CoA。所以，$\triangle^3$-顺-烯脂酰 CoA 须由$\triangle^3$-顺、$\triangle^2$ 反-烯脂酰 CoA 异构酶催化，将双键位移并改造成$\triangle^2$-反式结构才能成为β-氧化的正常底物，继续进行 β-氧化降解反应（图 9.11）。

9.2.3.2 脂肪酸的 α-氧化

α-氧化是脂肪酸降解的一种方式，不过较 β-氧化少见。其中，α-氧化是指脂肪酸在一些酶的作用下，在 α-碳上发生氧化，生成 1 分子 CO_2 和少 1 个碳原子的脂肪酸的过程。α-氧化对于降解支链脂肪酸、奇数碳原子脂肪酸或极长链脂肪酸有重要作用。

9.2.3.3 脂肪酸的 ω-氧化

脂肪酸的 ω-氧化是在肝微粒体中进行，由单加氧酶催化。首先是脂肪酸的 ω 碳原子被羟基化，然后再氧化成羧基，形成 α,ω-二羧酸。经氧化后生成的 α,ω-二羧酸两端的羧基都可与 CoA 结合而活化，并可同时进入线粒体进行 β-氧化，从而加速了脂肪酸的降解速度。

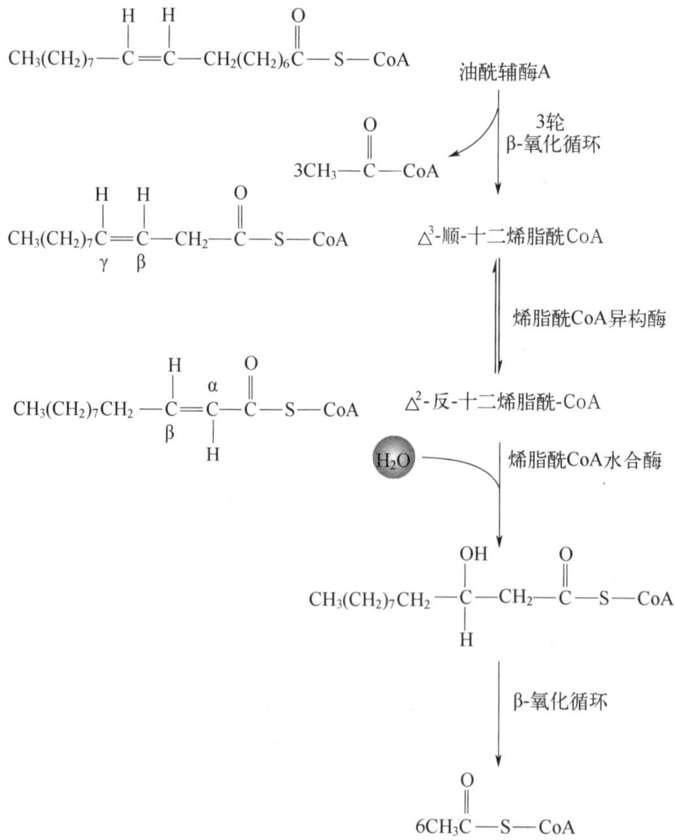

图 9.11 油酸的 β-氧化

9.2.4 酮体的代谢

由脂肪酸的β-氧化及其他代谢所产生的乙酰 CoA，在一般的细胞中可进入三羧酸循环进行氧化分解，但在动物的肝脏、肾脏、脑等组织中，尤其在饥饿、禁食、糖尿病等情形下，乙酰 CoA 还有另一条代谢去路，最终生成乙酰乙酸、β-羟丁酸和丙酮，这三种产物统称为酮体。

9.2.4.1 酮体的生成

酮体在肝细胞的线粒体中合成。合成原料为脂肪酸β-氧化产生的乙酰 CoA，肝细胞线粒体内含有各种合成酮体的酶类，特别是 HMG-CoA 合酶，该酶催化的反应是酮体合成的限速步骤。如图 9.12 所示，肝脏中酮体的生成包括以下反应步骤：

（1）乙酰乙酰 CoA 的生成　2 分子乙酰 CoA 在硫解酶的作用下缩合成 1 分子乙酰乙酰 CoA。这是β-氧化最后一步反应的逆反应，只有当乙酰 CoA 水平高时才发生。

（2）β-羟基-β-甲基戊二酰 CoA（HMG-CoA）的生成　在 HMG-CoA 合酶的作用下，乙酰乙酰 CoA 再与 1 分子乙酰 CoA 缩合，生成 HMG-CoA。

（3）乙酰乙酸的生成　HMG-CoA 在 HMG-CoA 裂解酶催化下裂解生成乙酰乙酸和乙酰 CoA。

（4）D-β-羟丁酸的生成　乙酰乙酸在线粒体中的 D-β-羟丁酸脱氢酶催化下，加氢还原（$NADH+H^+$作供氢体），生成 D-β-羟丁酸。

（5）丙酮的生成　少量乙酰乙酸可自动脱羧或在乙酰乙酸脱羧酶作用下脱羧，形成丙酮。

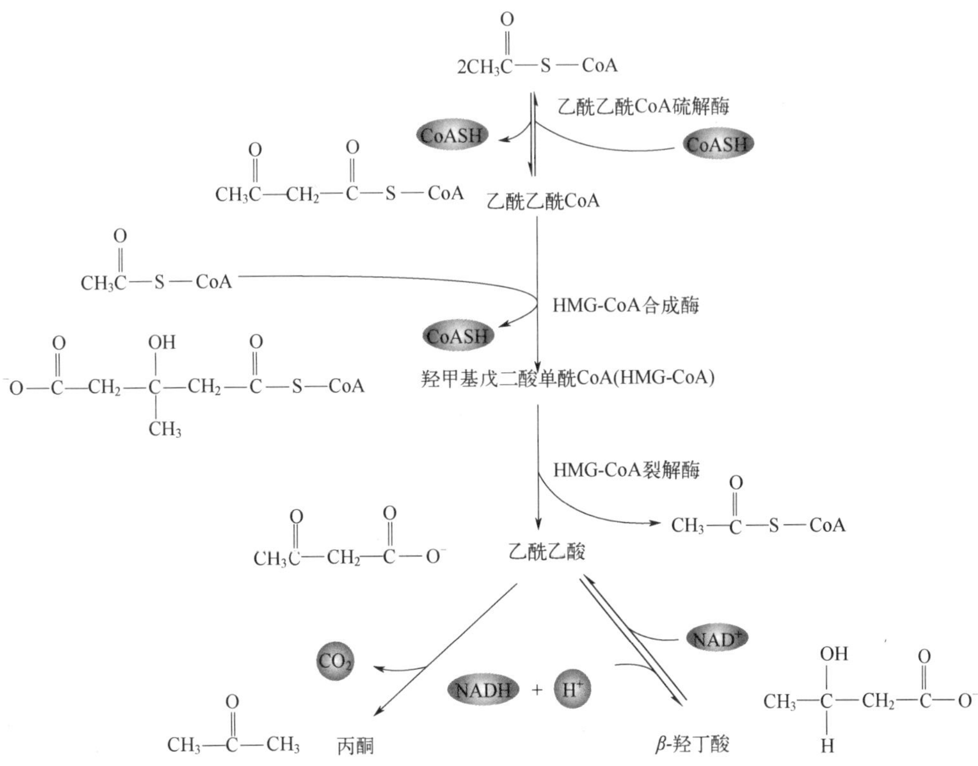

图 9.12　酮体的合成

9.2.4.2 酮体的利用

肝脏具有较强的合成酮体的酶系，但缺乏利用酮体的酶系。肝生成的酮体经血液运输到肝外组织（包括心、肾、脑、骨骼肌等）。当心肌、肾上腺皮质、脑组织等在糖供应不足时，都可利用酮体作为主要能源。

在肝外组织，D-β-羟丁酸被 D-β-羟丁酸脱氢酶催化，氧化为乙酰乙酸。乙酰乙酸与 CoA 相接而被活化，这步反应是由柠檬酸循环中间产物琥珀酰 CoA 供给 CoA。乙酰乙酰 CoA 被硫解酶裂解，生成 2 个分子乙酰 CoA，进入柠檬酸循环，由此提供能量给肝外组织，如图 9.13 所示。

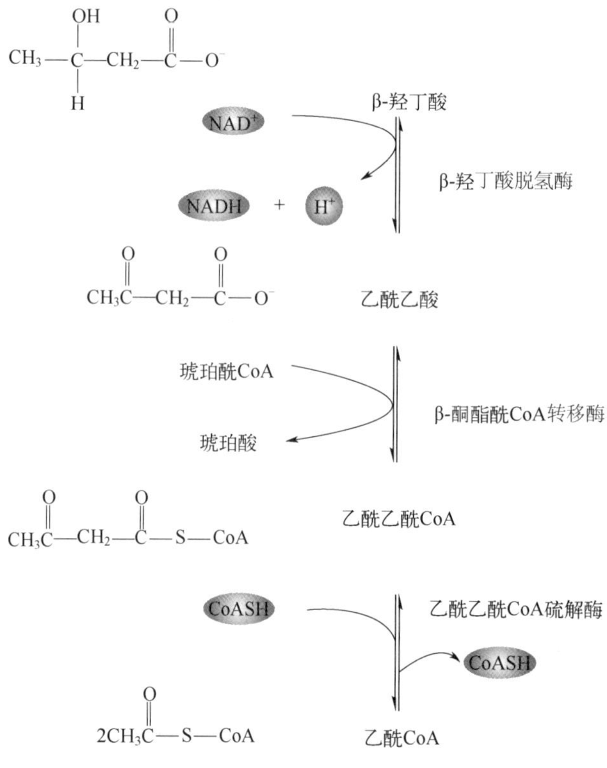

图 9.13 酮体的利用

9.2.4.3 酮体代谢的生理意义

（1）酮体是脂肪酸在肝脏内正常代谢的中间产物，是肝脏输出能源的一种重要形式。酮体分子与脂肪酸分子相比，有分子小、易溶于水、便于血液运输、容易通过血脑屏障和毛细血管壁等优点。所以，正常情况下，肝生成的酮体能迅速被肝外组织利用，尤其是被肌肉组织和脑组织用作能源物质。

（2）在长期饥饿或糖供应不足的情况下，酮体可代替葡萄糖为心、脑等重要器官提供必要的能源。在长期、进食高脂低糖食物或患病如糖尿病（糖供应不足或糖的利用率低）的状况下，机体就开始动员脂氧化供能，脂肪酸被大量动员，生成大量乙酰 CoA，致使酮体生成增加；而且此时因糖氧化分解生成的草酰乙酸减少，三羧酸循环的速率变慢，乙酰 CoA 不能迅速氧化分解，造成酮体堆积，从而引起血中酮体水平升高。由于酮体的主要成分是酸性物质，其大量积存的结果常导致动物酸碱平衡失调，严重时还会造成酮症酸中毒，此时称为酮血症。血中酮体升高超过肾阈值时，酮体随尿排出，引起酮尿症。另外，酮体中的丙酮为挥发性物质，也可经呼吸道排出。

9.3 脂肪的合成代谢

人体除从食物中摄入甘油三酯外，还可在体内合成甘油三酯，合成途径主要有两条：①利用食物中的脂肪转化成人体脂肪。由于一般食物中摄入的脂肪量不多，所以这种来源的脂肪也较少。如小肠黏膜可吸收含必需不饱和脂肪酸的单酰甘油合成甘油三酯，称为外源性甘油三酯。②利用糖类物质合成甘油三酯，称为内源性甘油三酯，这是体内合成脂肪的主要途径。

脂肪的合成过程包括 3-磷酸甘油的生成、脂肪酸的合成、脂肪的合成。脂肪合成的原料为甘油（3-磷酸甘油）和脂肪酸（脂酰 CoA）。

9.3.1 3-磷酸甘油的生物合成

3-磷酸甘油的生物合成有两条途径：第一种是由糖酵解的中间产物磷酸二羟丙酮还原产生，该反应由磷酸甘油脱氢酶催化；第二种是肝、肾、肠等组织细胞中富含的甘油激酶催化ATP，将磷酸基直接转移到甘油分子上形成磷酸甘油。

9.3.2 脂肪酸的生物合成

当饮食中脂肪含量低和/或碳水化合物或蛋白质含量高时，脂肪酸就会合成。大多数脂肪酸是由过量的碳水化合物转化合成。脂肪酸合成的场所为细胞质基质。脂肪酸合成的原料是葡萄糖氧化分解后产生的乙酰 CoA，其合成过程由细胞质基质（氧化分解场所主要是线粒体）中的脂肪酸合成酶系催化。脂肪酸的合成方式有两种：①在细胞质基质中进行从头合成途径；②在线粒体或微粒体中进行脂肪酸链延长。

9.3.2.1 饱和脂肪酸的从头合成

饱和脂肪酸的从头合成主要在细胞液中进行，所需的直接原料是乙酰 CoA 和 $NADPH+H^+$，但合成需要的大多数乙酰 CoA 需要先羧化，所以把脂肪酸的“从头合成”过程分为三个阶段：乙酰 CoA 的转运、丙二酸单酰 CoA 的生成、脂肪酸合成酶系催化脂肪酸合成。

（1）乙酰 CoA 的转运　脂肪酸合成的原料是乙酰 CoA，它主要来自葡萄糖的有氧分解和脂肪酸的 β-氧化。细胞内的乙酰 CoA 绝大多数集中在线粒体中，而从头合成脂肪酸的酶系存在于细胞液中。由于乙酰 CoA 不能直接穿过线粒体内膜扩散到线粒体外，因而需要通过“柠檬酸-丙酮酸循环”这一特殊的转运机制将乙酰 CoA 转入细胞液中。线粒体基质内乙酰 CoA 从线粒体转运到细胞液中时，先与草酰乙酸结合形成柠檬酸，然后通过三羧酸载体运至胞液中，再由膜外柠檬酸裂解酶裂解成草酰乙酸和乙酰 CoA。草酰乙酸又被 $NADH+H^+$ 还原成苹果酸，再经氧化脱羧产生 CO_2、NADPH＋H^+和丙酮酸。丙酮酸进入线粒体，然后在羧化酶催化下形成草酰乙酸，又可参加乙酰 CoA 转运循环。转运 1 分子乙酰 CoA 需要消耗 2 分子的 ATP。

（2）丙二酸单酰 CoA 的合成　在脂肪酸的从头合成过程中，参与脂肪酸链合成的二碳单位的直接供体并不是乙酰 CoA，而是乙酰 CoA 的羧化产物丙二酸单酰 CoA。乙酰 CoA 转化成丙二酸单酰 CoA 是在乙酰 CoA 羧化酶作用下实现的，反应需消耗 1 分子 ATP（图 9.14）。乙酰 CoA 羧化酶是脂肪酸合成的限速酶。在原核生物（如大肠杆菌）中，乙酰 CoA 羧化酶由 3 个不同的蛋白组成，分别是生物素羧基载体蛋白、生物素羧化酶、转羧基酶。

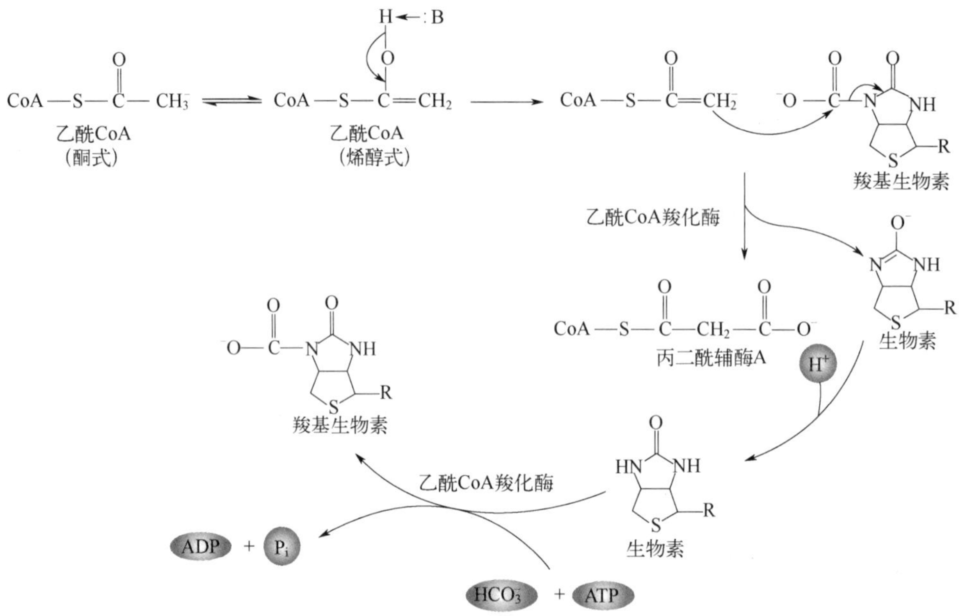

图 9.14　丙二酸单酰 CoA 的合成

乙酰 CoA 羧化酶存在于胞液中，是脂肪酸合成的限速酶。当酶活性升高时，产生大量丙二酸单酰 CoA，为脂肪酸合成提供充足的原料，使脂肪酸合成速度加快。同时，丙二酸单酰 CoA 可抑制肉碱酰基转移酶 1 的活性，阻止脂肪酸转运进入线粒体，使脂肪酸的 β-氧化停止，以阻止因两个过程同时发生而导致的耗能性无效循环。另一方面，乙酰 CoA 羧化酶是变构酶，其活性受柠檬酸变构激活，受脂肪酸合成的终产物软脂酰 CoA 抑制。除变构调节之外，乙酰 CoA 羧化酶还受磷酸化/脱磷酸化共价调节。

（3）脂肪酸合成酶系催化脂肪酸合成　脂肪酸合成酶系由 7 种蛋白质组成（图 9.15），以没有酶活性的脂酰基载体蛋白（acyl carrier protein，ACP）为中心，周围有序排布着催化脂肪酸合成过程需要的酶，它们分别是乙酰 CoA-ACP 转酰基酶（AT）、丙二酸单酰 CoA-ACP 转酰基酶（MT）、β-酮脂酰-ACP 合酶（KS）、β-酮脂酰-ACP 还原酶（KR）、β-羟脂酰-ACP 脱水酶（DH）和烯脂酰-ACP 还原酶（ER）。ACP 将底物转送到各个酶活性位点上，使脂肪酸合成有序进行（图 9.16）。

在脂肪酸合成酶系的催化下进行酰基转移、缩合、加氢、脱水和硫解反应：

① 乙酰基转移反应。在乙酰 CoA-ACP 转移酶（AT）的催化下，乙酰 CoA 的乙酰基先

转移到脂肪酸合酶复合体酰基载体蛋白的 SH 上，然后再由脂肪酸合酶复合体酰基载体蛋白转移到 β-酮脂酰-ACP 合酶（KS）的 SH 上。

② 丙二酸单酰基的转移反应。在丙二酸单酰 CoA-ACP 转移酶（MT）催化下，将丙二酸单酰 CoA 的丙二酸单酰基转移到酰基载体蛋白的 SH 上，形成丙二酸单酰-ACP。

这时一个丙二酸单酰基与酰基载体蛋白以酯键相接，另一个乙酰基又与 β-酮酰-ACP 合酶（KS）中半胱氨酸的 SH 相接。

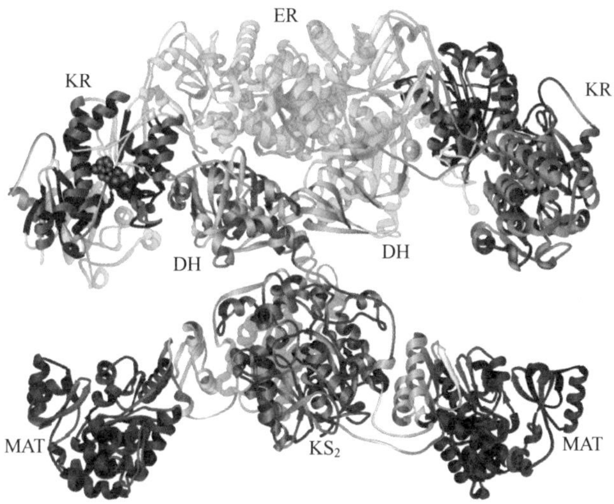

图 9.15　脂肪酸合成酶系

MAT—丙二酸单酰/乙酰 CoA-ACP 转酰基酶；KS—β-酮脂酰-ACP 合酶；KR—β-酮脂酰-ACP 还原酶；DH—β-羟脂酰-ACP 脱水酶；ER—烯脂酰-ACP 还原酶

③ 缩合反应。由 β-酮脂酰-ACP 合酶（KS）催化，将该酶上结合的乙酰基转移到酰基载体蛋白上丙二酸单酰 CoA 的第二个碳原子上，形成乙酰乙酰-ACP，同时使丙二酸单酰基上的自由羧基脱羧产生 CO_2。

④ 还原反应。在 β-酮脂酰-ACP 还原酶（KR）催化下，乙酰乙酰-ACP 被 NADPH＋H^+ 还原，形成 D-β-羟基丁酰-ACP。

⑤ 脱水反应。在 β-羟脂酰-ACP 脱水酶（DH）催化下，D-β-羟基丁酰-ACP 脱水，生成 α,β-烯脂酰-ACP。

⑥ 还原反应。在烯脂酰-ACP 还原酶（ER）催化下，α,β-反式烯脂酰-ACP 被 NADPH+H^+ 还原为丁酰-ACP。

丁酰-ACP 的形成完成了软脂酰-ACP 合成的第一轮循环。丁酰基由酰基载体蛋白转移到 β-酮脂酰-ACP 合酶分子的 SH 上，酰基载体蛋白又可再接受丙二酸单酰基，进行第二轮循环。经过 7 轮循环后，合成的最终产物软脂酰-ACP 经硫酯酶水解，产生游离软脂酸。由乙酰 CoA 合成软脂酸的总反应式为：

$$乙酰\ CoA+14NADPH+14H^{+}+7ATP+H_2O \rightarrow 软脂酸+8HSCoA+14NADP+7ADP+7Pi$$

（4）脂肪酸从头合成途径的特点　①脂肪链经缩合、还原、脱水、还原，延长了两个碳原子；②CO_2 参加了起初的羧化反应，但在缩合反应中又释放出来，并没有消耗，仅起活化作用；③脂肪酸延伸循环一次，消耗 1 分子 ATP 和 2 分子 NADPH+H^+。

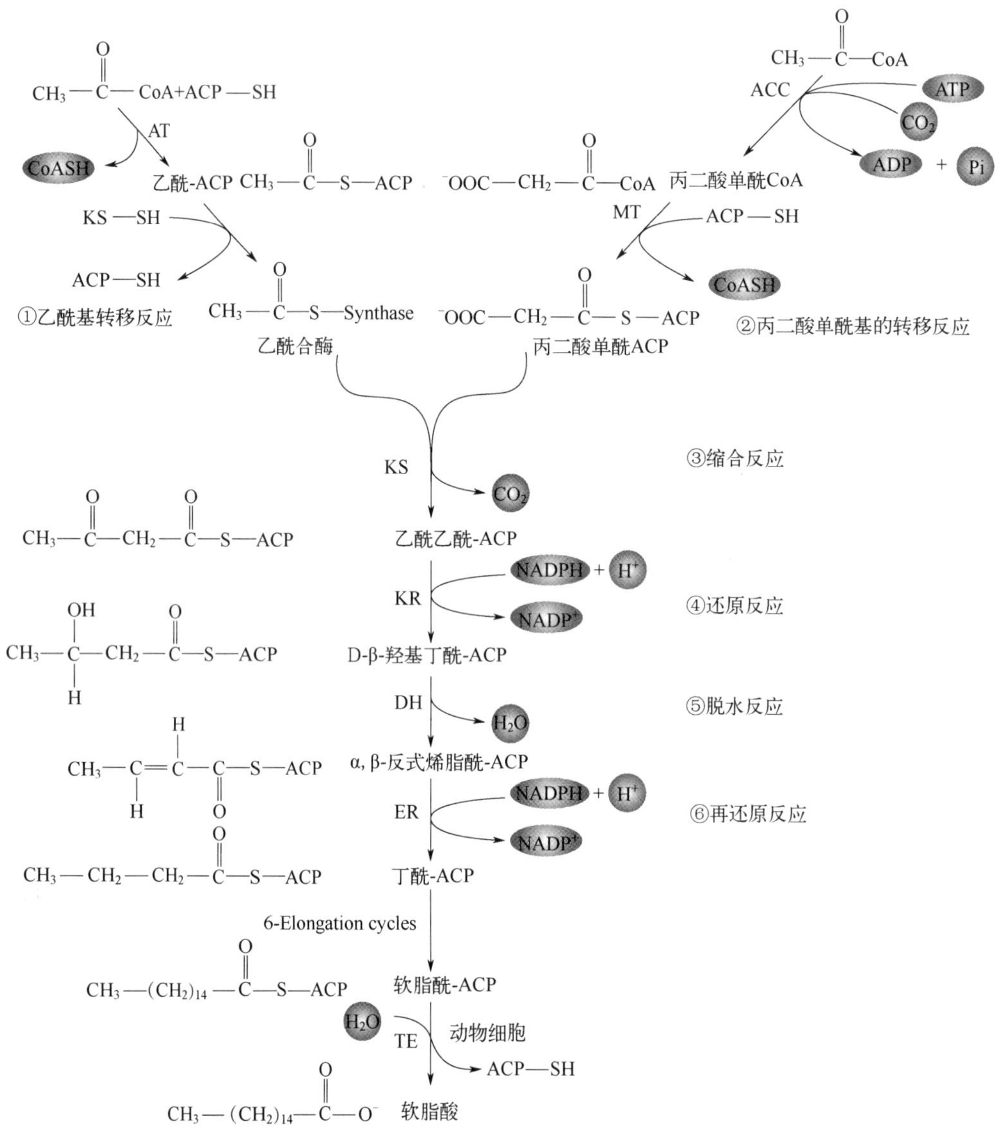

图 9.16　脂肪酸合成酶系催化脂肪酸合成

AT—乙酰 CoA-ACP 转酰基酶；MT—丙二酸单酰 CoA-ACP 转酰基酶；KS—β-酮脂酰-ACP 合酶；KR—β-酮脂酰-ACP 还原酶；DH—β-羟脂酰-ACP 脱水酶；ER—烯脂酰-ACP 还原酶；TE—硫酯酶

由上可见，脂肪酸的从头合成与脂肪酸的β-氧化分解从表面上看是互逆的过程，但其实区别很大，二者显然是两条不同的代谢途径，存在许多重要的区别。关于软脂酸的从头合成和β氧化的主要区别见图 9.17。

9.3.2.2　脂肪酸链的延长

脂肪酸合酶系统中的β-酮脂酰-ACP（KS）合酶对软脂酰酰基载体蛋白无活性，因此只能合成 16 个碳原子以下的脂肪酸（含 16 个碳原子），大于 16 个碳原子的脂肪酸的合成则需另外的延长系统。在动物体中有线粒体延伸和内质网延伸两套系统。

① 线粒体中脂肪酸碳链的延长基本上是脂肪酸β-氧化的逆过程，利用乙酰 CoA 进行加

成和还原。区别是脂肪酸延长的最后一步反应使用了 NADPH 作为还原剂，而脂肪酸 β-氧化的最前一步使用的是 FAD 作为氧化剂。

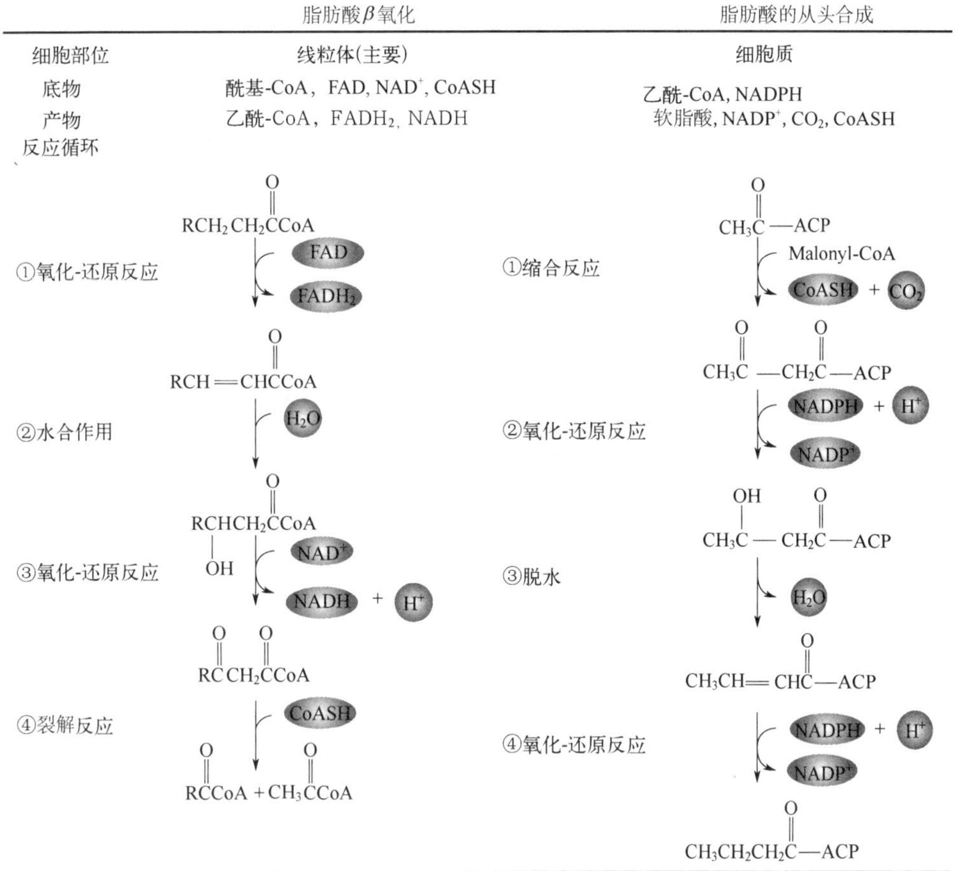

图 9.17　软脂酸的从头合成和 β 氧化主要区别

② 光面内质网中脂肪酸碳链的延长更为活跃，此延长过程与软脂酸合成的过程相同。

9.3.2.3　不饱和脂肪酸的合成

饱和脂肪酸经去饱和作用，可形成不饱和脂肪酸，如硬脂酸经去饱和变成油酸（见图 9.18）。人体内含有的不饱和脂肪酸主要有棕榈油酸（16：1$\triangle^{9}$）、油酸（18：1$\triangle^{9}$）、亚油酸（18：2$\triangle^{9,12}$）、亚麻酸（18：3$\triangle^{9,12,15}$）及花生四烯酸（20：4$\triangle^{5,8,11,14}$）等。动物含有$\triangle^{1}$、$\triangle^{5}$、$\triangle^{8}$、$\triangle^{9}$ 去饱和酶，前两种单不饱和脂肪酸可由人体合成，但由于人体缺乏$\triangle^{9}$ 以上的去饱和酶，所以后三种为多不饱和脂肪酸，必须从食物中摄取。

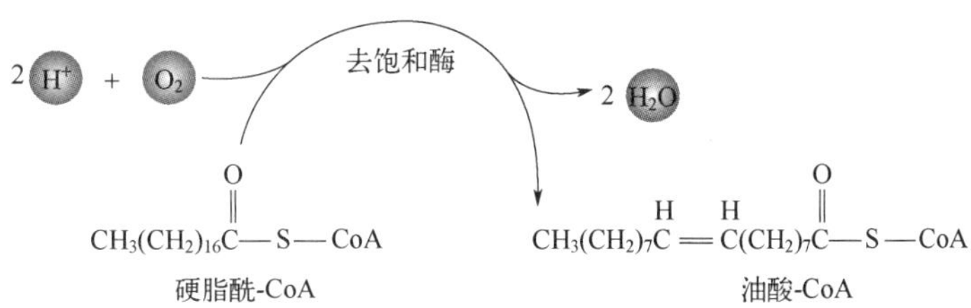

图 9.18　脂肪酸去饱和作用

9.3.3 甘油三酯的生物合成

甘油三酯（脂肪）合成需要 3-磷酸甘油和脂酰 CoA 作为原料，是由 3-磷酸甘油逐步与 3 分子脂酰 CoA 缩合生成的。3-磷酸甘油来源于糖酵解或甘油的分解代谢途径，脂酰 CoA 来自脂肪酸的活化。三酰甘油的生物合成由脂酰转移酶和磷酸酶催化，首先 3-磷酸甘油在脂酰 CoA 转移酶的催化下依次加上 2 分子脂酰 CoA 生成磷脂酸，然后在磷脂酸磷酸酶的催化下水解脱去磷酸生成 1,2-二酰甘油，最后在脂酰 CoA 转移酶的催化下再和 1 分子脂酰 CoA 生成甘油三酯（图 9.19）。

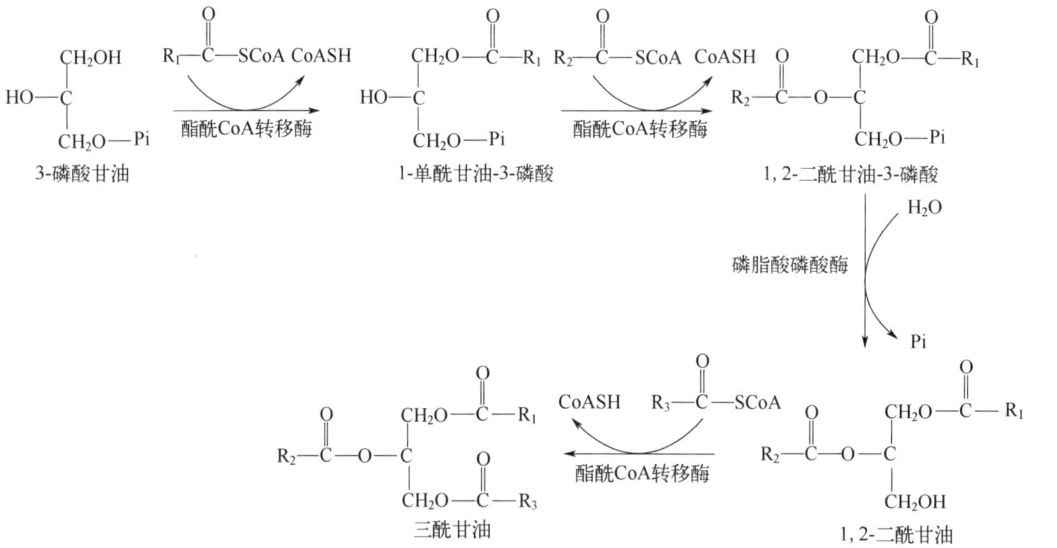

图 9.19 甘油三酯（脂肪）的生物合成

9.4 类脂的代谢

类脂包括磷脂、胆固醇、糖脂等。磷脂不仅是生物膜的重要组成成分，而且对脂类的消化、吸收、转运等都发挥着重要作用。胆固醇是生物膜和神经脊髓的重要组成成分，也是胆汁酸和类固醇激素的前体，但是机体高胆固醇水平也和动脉粥样硬化、血栓形成、胆结石生成等密切相关。

9.4.1 甘油磷脂的代谢

人体内含量最多的甘油磷脂是磷脂酰胆碱（PC，即狭义上的卵磷脂），其次是磷脂酰乙醇胺（PE，又称脑磷脂），两者之和约占体内磷脂总量的 75%，另外还有磷脂酰丝氨酸（PS）、磷脂酰肌醇（PI）等。

9.4.1.1 甘油磷脂的分解

甘油磷脂的降解是先水解生成甘油、脂肪酸、磷酸及含氮化合物，然后水解产物各自按不同的途径进一步分解或转化。

水解甘油磷脂的酶统称为磷脂酶。生物体内有对磷脂分子不同部位进行水解的磷脂酶，主要有磷脂酶 A_1 和 A_2、磷脂酶 C、磷脂酶 D 等。各种磷脂酶都有自己特异的作用部位，不同磷脂酶作用于不同的位点，就会产生不同的产物，例如磷脂酰胆碱（图 9.20）在磷脂酶 A_1、磷脂酶 A_2、磷脂酶 C 和磷脂酶 D 的作用下就会产生不同的产物。

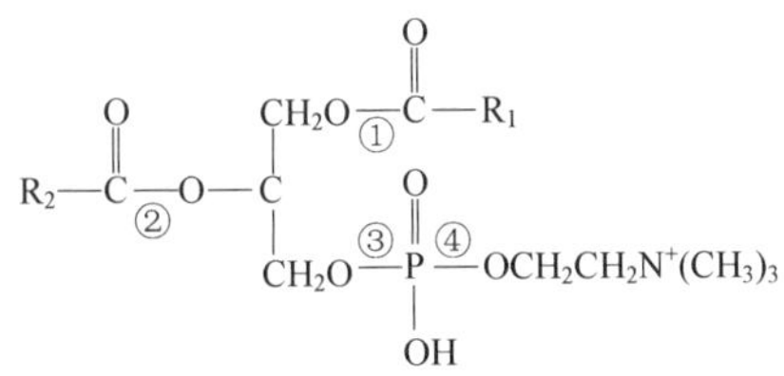

图 9.20 磷脂酶的作用位点

磷脂酶 A_1 主要存在于动物细胞中，它专一水解 C_1 位的脂肪酸，产物为溶血卵磷脂和脂肪酸；磷脂酶 A_2 存在于蛇毒和蜂毒中，也发现以酶原的形式存在于动物的胰腺中，它专一水解 C_2 位的脂肪酸，产物为溶血卵磷脂和脂肪酸；磷脂酶 B_1 和 B_2 广泛存在于动植物及霉菌中，它们分别催化磷脂酶 A_1 和 A_2 的水解产物；磷脂酶 C 存在于动物脑细胞、蛇毒和某些细菌中，它专一水解 C_3 位上的磷脂键，产物为二酰甘油和磷酰胆碱；磷脂酶 D 存在于高等植物中，它既可催化磷酸与胆碱之间的磷脂键水解，产生磷脂酸和胆碱，也可催化卵磷脂分子中的磷脂酰基转移到其他含羟基化合物上。

甘油磷脂的水解产物脂肪酸可以进入 β-氧化或被再利用来合成脂肪；甘油可进入酵解或糖异生途径；磷酸可进入糖代谢或钙、磷代谢；含氮化合物则分别进入各自的代谢途径或合成新的磷脂。

9.4.1.2 甘油磷脂的生物合成

与甘油三酯的合成不同，全身组织细胞内质网都有合成磷脂的酶系，但肝脏中最为活跃，其合成的磷脂除了自身利用，还可以用于组成脂蛋白参与脂类运输。

动物合成磷脂需要甘油、脂肪酸及磷酸盐、胆碱、乙醇胺、丝氨酸、肌醇等原料，甘油和脂肪酸主要由葡萄糖代谢转化而来，其他主要从食物中摄取。另外，合成过程还需要 ATP、CTP 参与。磷脂酰胆碱和磷脂酰乙醇胺的生物合成见图 9.21。

9.4.2 胆固醇的代谢

胆固醇是自然界存在的最丰富的固醇化合物，是生物体内重要的脂类物质之一，是生物膜、血浆脂蛋白的重要组成成分，也是许多具有特殊生物活性物质的前体。动物体内的胆固醇有两个来源：一个是自身合成，另一个是从饮食中摄取。当饮食提供足够的胆固醇时（通常每天约 400 毫克），这种分子的合成会受到抑制。在正常人中，低密度脂蛋白递送的胆固醇抑制胆固醇和低密度脂蛋白受体的合成。当饮食中胆固醇含量低时，胆固醇生物合成（平均每天约 900 毫克）和低密度脂蛋白受体合成会受到刺激。人体的小肠能吸收胆固醇，且一定伴随脂肪的吸收，部分胆固醇在吸收时与脂肪酸结合成胆固醇酯，其可在胆固醇酯酶的催化下水解生成胆固醇和脂肪酸。

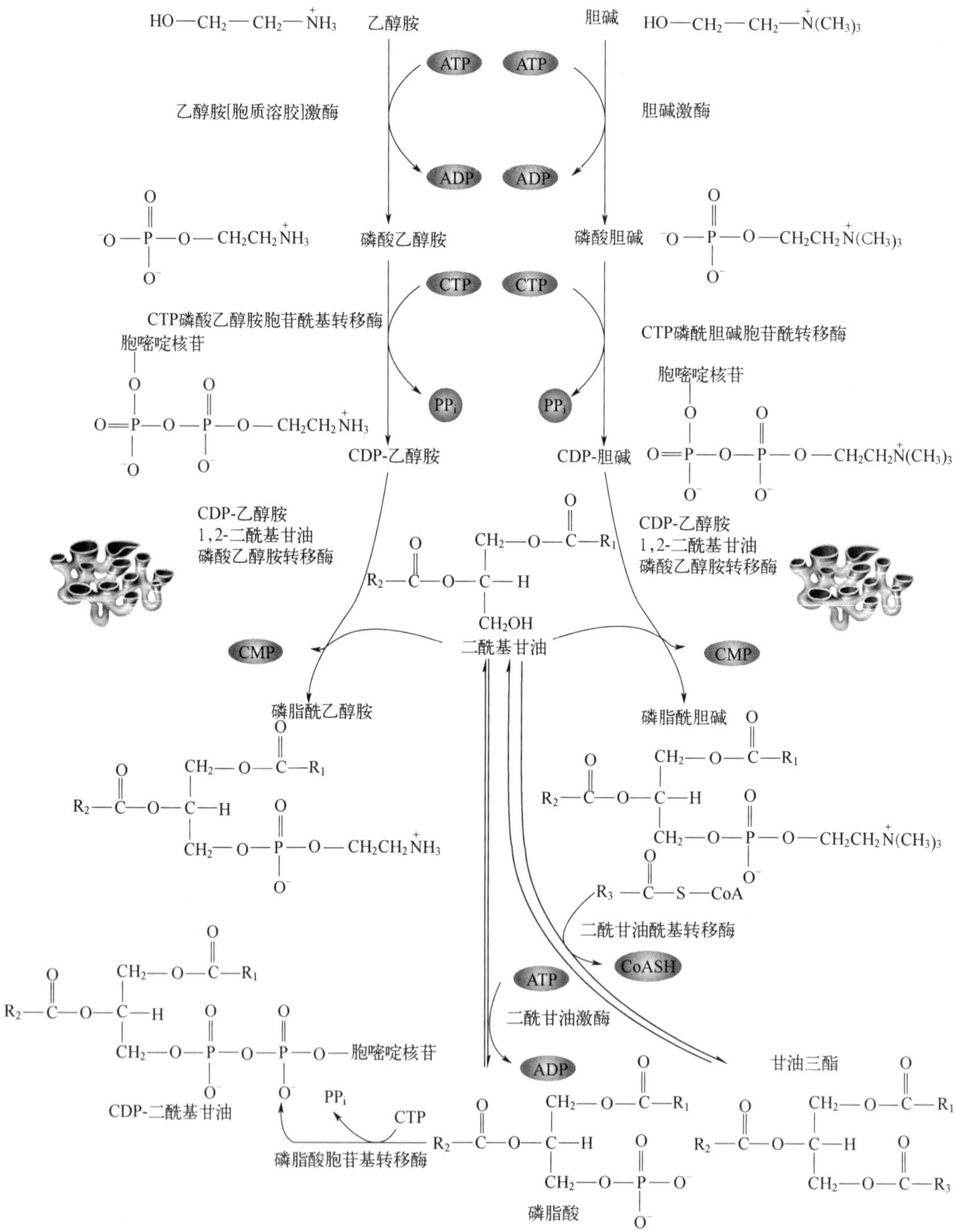

图 9.21　磷脂酰胆碱和磷脂酰乙醇胺的生物合成

9.4.2.1 胆固醇的降解

胆固醇代谢与人体健康有着密切的关系，因为胆固醇不仅能变为许多重要的生理活性物质，而且某些疾病（如心血管硬化、胆结石疾病），也可能由于胆固醇代谢失常而引起。人体血液中胆固醇含量如果过高，会造成动脉粥样硬化，而动脉粥样硬化又是导致冠心病、心肌梗死和脑卒中的主要因素。但血液中的胆固醇含量如果过低，对身体也会造成损害。胆固醇含量过低易衰老，易患癌症、抑郁症等疾病。人体胆固醇含量必须保持在一定水平，以使生理过程正常进行。

胆固醇在人体内不能分解成 CO_2 和 H_2O，主要代谢去路是转化为具有重要生理活性的物质。如在肝脏，胆固醇可被氧化成胆汁酸，促进脂类的消化吸收；在肾上腺皮质细胞内可转变为肾上腺皮质激素；在皮肤中，胆固醇可被氧化为7-脱氢胆固醇，后者经紫外线照射转变为维生素 D_3。

（1）转化为胆汁酸　动物体内近80%的胆固醇可在肝脏内转变为胆汁酸，胆汁酸再与甘氨酸或牛磺酸结合生成甘氨胆汁酸或牛磺胆汁酸。甘氨胆汁酸或牛磺胆汁酸在体内以钠盐或钾盐的形式存在，称为胆汁酸盐或胆盐（图9.22）。这两类胆汁酸盐对脂类的消化和吸收起着重要的作用。

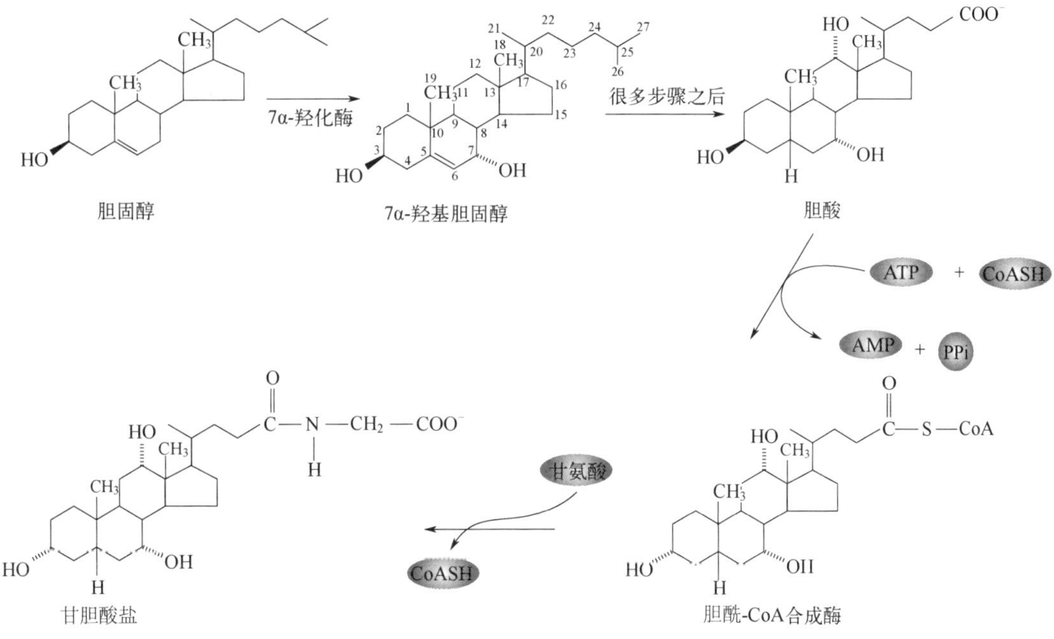

图9.22　胆固醇转化为胆酸盐的过程

（2）转化为类固醇激素　在体内一些内分泌腺中，胆固醇可以合成类固醇激素。例如，胆固醇在肾上腺皮质细胞内可转变为肾上腺皮质激素，在卵巢内可转变为雌二醇、孕酮等雌激素，在睾丸中可转变为睾酮等雄激素。

（3）转化为维生素 D_3　7-脱氢胆固醇是维生素 D_3 的前体，前者经紫外线照射转变为维生素 D_3，也称为胆钙化醇。胆固醇在肝脏及肠黏膜细胞内，可先转化成7-脱氢胆固醇，然后再随血液循环运输到皮肤，经过紫外线照射后，C_9 和 C_{10} 间发生开环，再进一步转化为维生

素 D_3。另外，麦角固醇在紫外线作用下，可转变成维生素 D_2。

9.4.2.2　胆固醇的生物合成

胆固醇合成的主要场所是肝脏，其次是小肠、皮肤、肾上腺皮质、性腺等组织，在细胞的胞质和内质网中进行合成。胆固醇合成的原料类似于脂肪酸合成的原料，直接原料是乙酰CoA，还需要 $NADPH+H^+$提供氢、ATP 提供能量。合成过程复杂，有近 30 步酶促反应，大致分为三个阶段：

（1）甲羟戊酸的生成（图 9.23）　合成胆固醇的基本原料来自线粒体中糖和脂肪酸氧化产生的乙酰 CoA。在合成过程中，2 分子乙酰 CoA 在乙酰乙酰硫解酶的作用下，生成乙酰乙酰 CoA，然后再与 1 分子乙酰 CoA 缩合生成羟甲基戊二酸单酰 CoA（HMG-CoA），该过程与酮体途径生成相同，但是反应发生的场所不一样，酮体是在线粒体中生成。细胞质中生成的 HMG-CoA 继续在内质网 HMG-CoA 还原酶的催化下还原生成甲羟戊酸（MVA），由来自磷酸戊糖途径中的 $NADPH+H^+$提供氢，HMG-CoA 还原酶是胆固醇合成的关键酶。

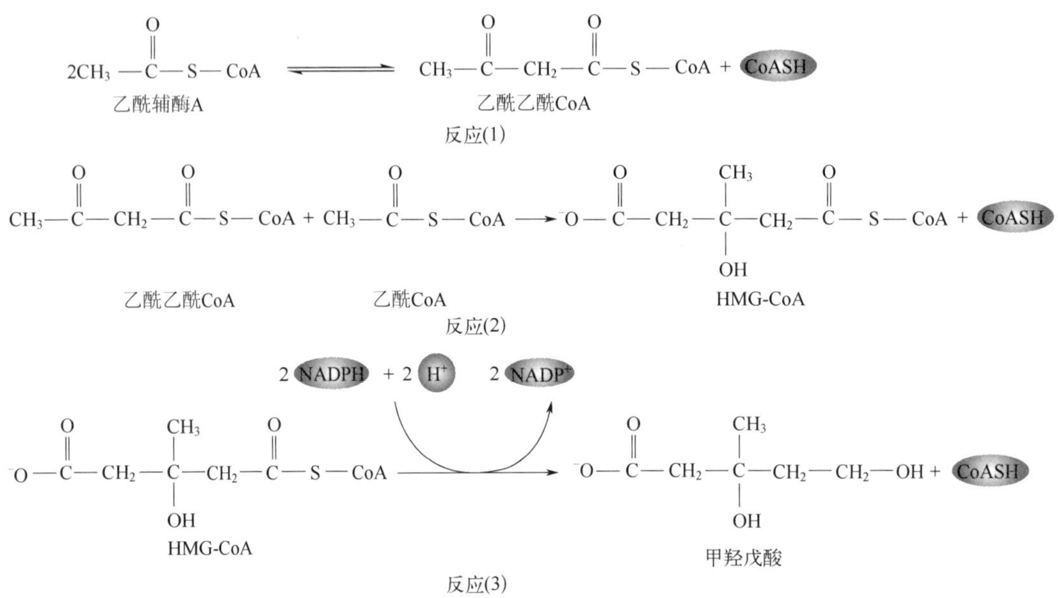

图 9.23　甲羟戊酸的生物合成

（2）鲨烯的生成　甲羟戊酸转化为 5-磷酸甲羟焦磷酸，甲羟戊酸激酶催化磷酸甲羟戊酸的合成。磷酰戊酸激酶催化的第二个磷酸化反应产生 5-焦磷酸甲羟戊酸。5-焦磷酸甲羟戊酸经相关激酶催化，经脱羧及脱羟基反应生成异戊烯醇焦磷酸（IPP）。异戊烯醇焦磷酸不仅是合成胆固醇的前体，也是植物合成萜类物质、昆虫合成保幼激素及蜕皮激素的前体。

异戊烯醇焦磷酸通过焦磷酸异戊烯基异构酶转化为二甲基丙烯焦磷酸（DPP）（图 9.24），然后再与 2 分子异戊烯醇焦磷酸逐一头尾缩合，相继生成牻牛儿焦磷酸（GPP）和法尼焦磷酸（FPP），最后 2 分子法尼焦磷酸尾尾结合并被 NADPH 还原脱去 2 分子焦磷酸生成鲨烯（图 9.25）。

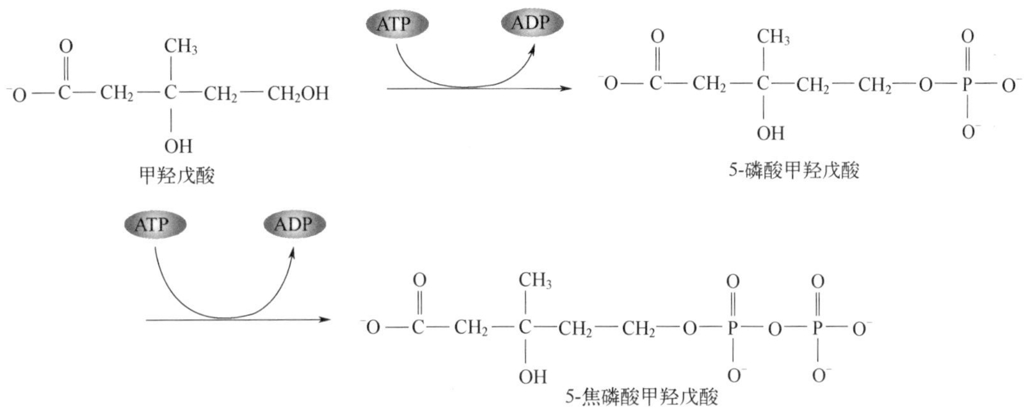

反应(4)

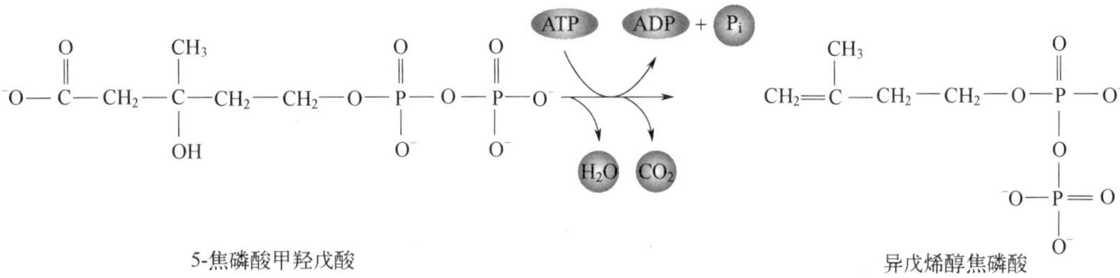

反应(5)

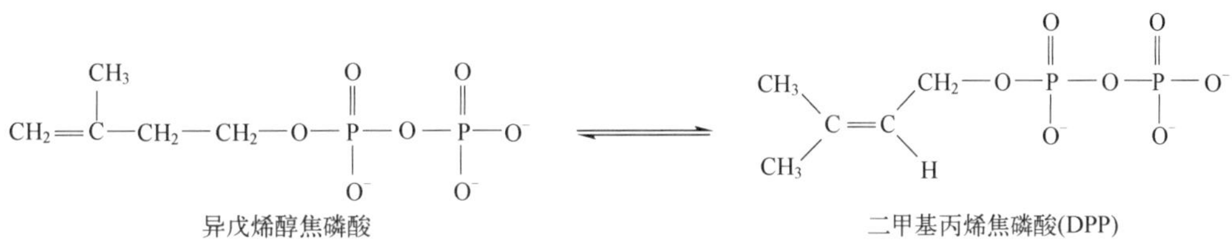

反应(6)

图 9.24　二甲基丙烯焦磷酸的生成

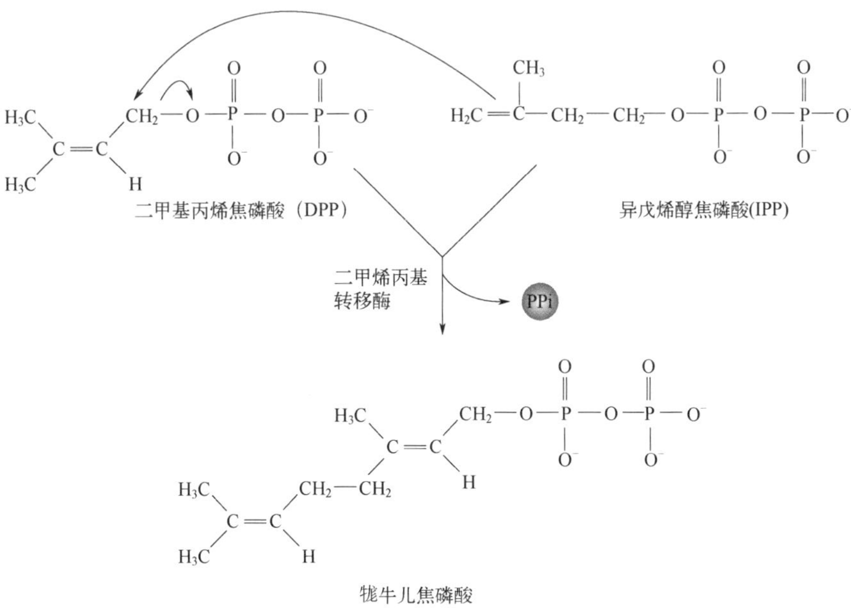

图 9.25

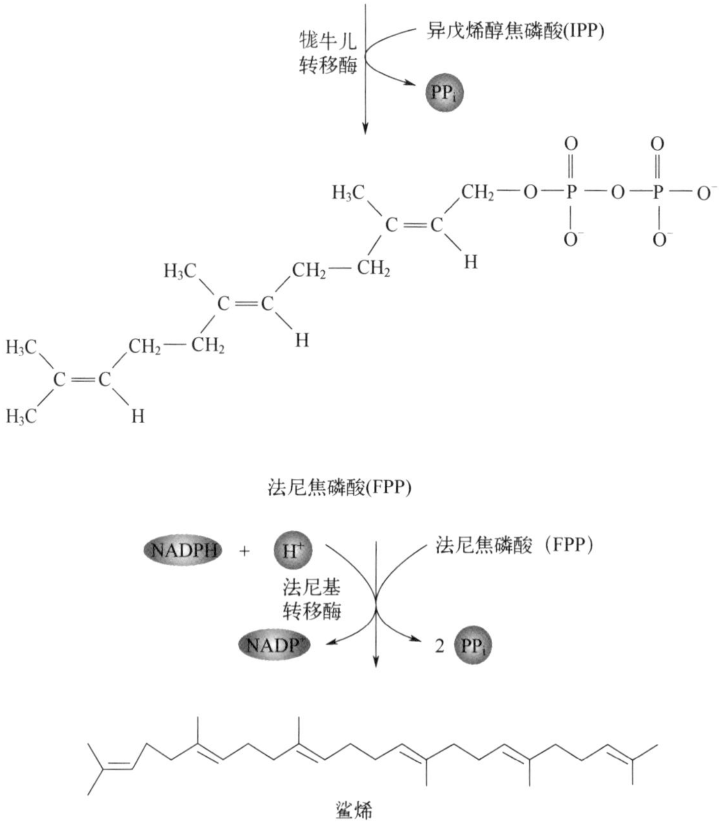

图 9.25　鲨烯的生成

（3）胆固醇的生成　鲨烯首先在 2、3 位上环氧生成 2,3-环氧鲨烯，然后整个长链环化生成羊毛固醇。羊毛固醇经过 3 次脱甲基，再将双键从 7、8 位移向 5、6 位，同时侧链双键被 NADPH 还原，最终生成胆固醇（图 9.26）。

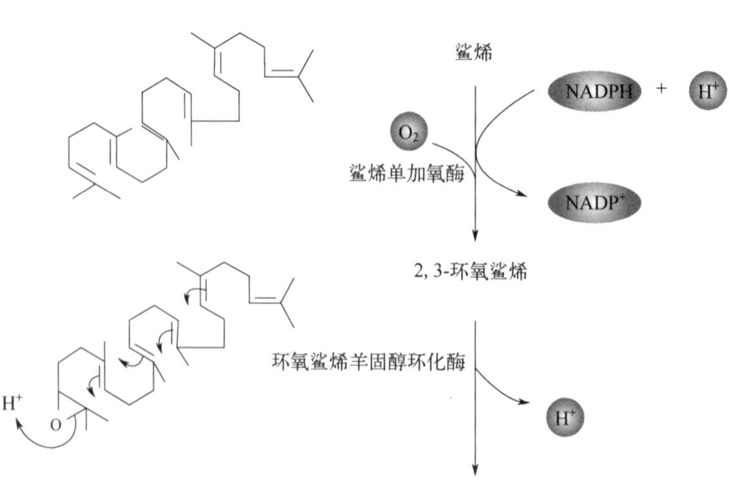

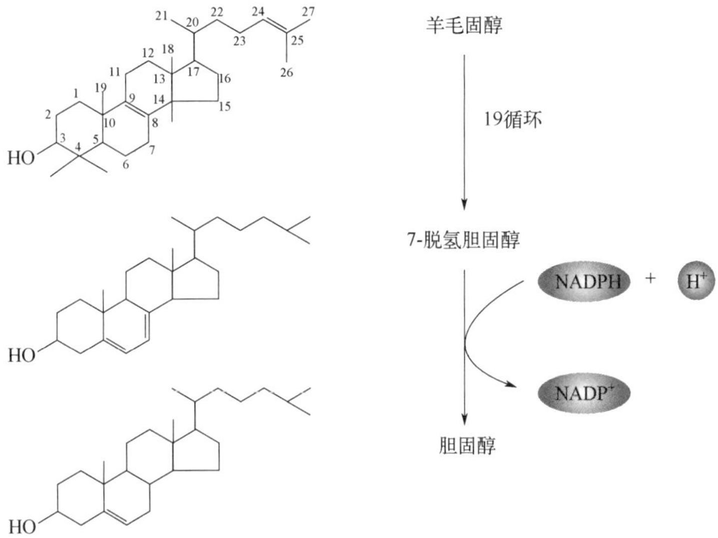

图 9.26　胆固醇的生成

9.5　脂代谢与人体营养健康

脂类是重要的生命物质之一，在机体内发挥着重要的作用。人体脂类以体内合成为主，食物中的脂类被摄入后在人体进行再加工后才被利用。脂类代谢与生命活动、健康状态、疾病发生的关系密切。机体脂类代谢失衡或紊乱会引发高脂血症、肥胖症、脂肪肝、动脉粥样硬化等代谢相关疾病。

（1）高脂血症　高脂血症又称脂质代谢紊乱或异常，是指各种原因导致的血浆中总胆固醇（TC）、甘油三酯（TG）和/或低密度脂蛋白胆固醇（LDL-C）过高和/或高密度脂蛋白胆固醇（HDL-C）过低的一种全身脂代谢异常。高脂血症是多种心脑血管疾病的高危因素，严重危害人类健康。机体在正常代谢情况下，血脂成分处于动态平衡。根据《中国心血管疾病一级预防指南》，TC＜5.2mmol/L、TG＜1.7mmol/L、LDL-C＜3.4mmol/L 为正常；当 TC 含量＞6.2mmol/L 时即为异常升高。在现有的研究中，高脂血症主要分为原发性和继发性高脂血症，原发性高脂血症部分原因是脂蛋白代谢相关基因异常或者先天性缺陷；继发性高脂血症是指由其他疾病引发的血脂异常，比如甲状腺功能减退症导致甲状腺激素与内分泌代谢异常、糖尿病引起糖脂代谢紊乱等。

高脂血症由多种因素引起。①饮食习惯：饮食中的脂肪和糖类过多均可引起血脂升高。每日饮食中的胆固醇增高，血浆胆固醇亦会相应增高；大量摄取糖分引起血糖升高，导致胰岛素分泌增多，促进肝脏合成甘油三酯，进而血浆甘油三酯浓度升高。②肥胖：肥胖是引起血脂升高的一个重要因素。体重的增加可促使肝脏合成载脂蛋白，促进胆固醇的产生，同时抑制胆固醇受体合成，减缓脂质代谢。肥胖患者的脂肪过多地堆积在肝脏等内脏器官，另外还有大量皮下脂肪，二者在脂肪细胞因子和激素等作用下，脂肪分解增加，相应的血脂升高，引起脂质代谢紊乱。③年龄：血脂水平随着年龄的增长会缓慢升高，可能的原因是体内胆酸随着年龄的增加而减少，使肝内胆固醇含量增加，抑制了胆固醇的受体活性，胆固醇的受体活性降低可导致胆固醇分解代谢减慢，进而使血脂水平升高。④酗酒吸烟：长期大量饮酒可抑制肝内脂肪酸氧化，脂肪酸合成增多，促进甘油三酯生成，血浆甘油三酯升高。吸烟亦可导致血浆甘油三酯增高，可能主要与脂肪组织中脂蛋白脂酶活性降低有关。目前关于高脂血症发病机制的探讨颇多，主要涉及自噬失衡导致的脂质代谢异常、内质网应激、基因易感性、氧化应激、肠道菌群失衡等几个方面。

（2）肥胖症　肥胖症是指机体受多因素影响而导致脂肪过度堆积或异常分布的一种慢性代谢型疾病。肥胖作为非传染性疾病的一个关键因素可能引发糖尿病、肌肉骨骼疾病、心血管疾病和恶性肿瘤等。

能量代谢紊乱是肥胖的主要成因。长期高热量食物的摄入和低能量的消耗会导致脂肪堆积和白色脂肪组织增生，并且会引起肠道菌群的改变。治疗肥胖的药物主要有以下几种：第一种是通过刺激肠胃系统，干预人体对食物的吸收，从而减少机体能量摄入总量，达到能量负平衡状态，最终发挥减重的作用，如胰高血糖素样肽-1（GLP-1）、多肽 YY（PYY）、胆囊收缩素（CCK）、禁食诱导脂肪因子（FIAF）等激素；第二种是通过刺激肥胖症患者的中枢神经系统，从而抑制其食欲，最终通过减少能量摄入量达到减肥的目标，如神经肽 Y（NPY）、阿黑皮素原（POMC）、5-羟色胺（5-HT）；第三种是通过调节脂质代谢，阻碍外源性脂质的消化吸收，如多酚类和皂苷类天然产物；第四种是通过调节肠道微生物，达到减重的目的。

（3）脂肪肝　由于糖代谢紊乱，大量动员脂肪组织中的脂肪，或由于肝功能损害，或者由于脂蛋白合成的重要原料卵磷脂或参加胆碱合成的甲硫氨酸及甜菜碱供应不足，肝脏脂蛋白合成发生障碍，不能及时将肝细胞脂肪运出，造成脂肪在肝细胞中堆积，占据很大空间，影响了肝细胞的机能，肝脏脂肪的含量超过 10%，就形成了“脂肪肝”。脂肪的大量堆积，甚至使许多肝细胞破坏，结缔组织增生，造成肝硬化。作为一种全球性的肝脏疾病，非酒精性脂肪肝已经成为威胁人类健康的重要疾病之一。国内外研究表明，非酒精性脂肪肝在全球范围内的发病率高达 24%，且随着人类对高糖、高脂食物的不断摄入，非酒精性脂肪肝的发病率也在逐年提升，已成为影响人类健康的第二大肝脏疾病。

非酒精性脂肪肝不仅会导致肝脏发生病理性变化，同时也会引起人体的代谢紊乱和心血管等方面的疾病。范建高等研究发现，非酒精性脂肪肝会激活胰岛素抵抗、氧化应激发生，最终引起动脉硬化与血脂紊乱等心血管疾病。目前，非酒精性脂肪肝的形成机制尚未系统阐明，普遍认为，长期过量摄入糖类和脂类造成肌肉和肝脏等组织中“脂肪过载”，脂肪过载会导致这些组织中游离脂肪酸、甘油二酯、神经酰胺和鞘氨醇等具有脂毒性的物质升高。

这些脂毒性物质会降低细胞对胰岛素的敏感性、增加活性氧类物质的产生、诱导细胞凋亡及提高内质网应激和炎症水平。细胞对胰岛素敏感性的降低，即细胞处于胰岛素抵抗状态，胰岛素抵抗会诱发高胰岛素血症，从而加快脂肪组织中脂肪的分解，进一步升高血液游离脂肪酸的浓度，增加肝脏中游离脂肪酸的新生合成，造成脂肪在肌肉和肝脏等组织中的积累加剧，形成恶性循环，过量的游离脂肪酸在肝脏中堆积导致线粒体氧化代偿性加快，ROS 增多，当超过肝脏的抗氧化能力时，便发生氧化应激。释放的大量 ROS 导致脂质过氧化物和相关细胞因子（如 TNF-a、TGF-B、FasL 和 IL-8）的增加则可通过不同的生物学途径（如脂质过氧化、细胞内蛋白酶变性、DNA 氧化修饰等）造成内质网应激和线粒体损伤等功能障碍，最终导致肝细胞的炎症反应、细胞死亡和纤维化。同时还有研究发现，在非酒精性脂肪肝发展的过程中往往伴随着炎症的发生，补体系统的激活往往是非酒精性脂肪肝发展成非酒精性脂肪肝炎的重要标志。

（4）动脉粥样硬化　当前，心脑血管疾病的发病率呈现逐年升高的趋势，且越来越有年轻化倾向，而动脉粥样硬化是冠心病、心肌梗死、脑梗死等心脑血管疾病的主要病理基础，是全世界最主要的致死原因之一。据估计，全球每年死于动脉粥样硬化性疾病的人数大约有 1800 万人，严重威胁人类健康和生命。动脉粥样硬化的病理表现主要为动脉管壁增厚、变硬，继而粥样斑块形成、管腔狭窄，管壁逐渐失去弹性，病变经常累及大中肌性动脉，若发展到足以阻塞动脉腔的程度，则病变动脉所供应的组织或者器官就会出现缺血或坏死。

近些年，伴随着动脉粥样硬化发病机制研究的不断深入，动脉粥样硬化斑块逆转机制的研究也越来越受到重视。研究表明，血脂水平与动脉粥样硬化斑块逆转关系密切。血脂包括甘油三酯、胆固醇，以及各类血浆载脂蛋白等。血脂水平的改变是动脉粥样硬化发生的主要诱因之一，同时很多试验也表明，血脂水平与动脉粥样硬化斑块逆转也有很大关系。在前人的研究中发现，血浆胆固醇降低（PCL）会通过 PPARG 特异性主调节器实现斑块逆转，但仅在早期病变的小鼠中实现主动脉壁 As 完全消退。很多研究已证实高密度脂蛋白（HDL）是“好胆固醇”，是一种能够抗动脉粥样硬化的血浆脂蛋白保护因子，不仅能抑制 As 的进展，还能促进斑块消退。但在一些异常情况下，如炎症、糖尿病等代谢性疾病，会通过影响其成分而导致 HDL 功能障碍。所以有研究提出高密度脂蛋白/载脂蛋白 Al（HDL/apoA-1）替代疗法，如 Abudukeremu 提出 HDL/apoA-1 替代疗法是安全的，可以减少动物模型动脉粥样斑块病变面积，但不会显著改善人类动脉粥样斑块的体积，还需要更多的研究来调查和解释人类和动物之间 HDL/apoA-1 替代治疗效果的差异。很多研究也证实 apoA-1 能够通过多种机制逆转动脉粥样硬化斑块，如 Zhang M 等发现，apoA-1 和 AIBP 能够增强胆固醇外流，改变细胞游离胆固醇和胆固醇酯的水平，防止脂质积聚，从而减少泡沫细胞的形成。

9.6 课程思政

9.6.1 脂肪酸 β-氧化是如何被发现的

脂肪酸 β-氧化的提出是在 20 世纪初。1904 年，德国生物化学家 Knoop 为了阐明脂肪酸在体内的分解方式，进行了一系列动物实验。当时已经知道动物体缺乏降解苯环的能力，部分苯环化合物仍以环的形式排出体外，如苯甲酸在动物肝中可与甘氨酸结合以马尿酸的形式排出，而苯乙酸与甘氨酸结合生成苯乙尿酸排出。于是，他们将脂肪酸末端连接上苯环后饲喂狗，然后再分析狗尿中含苯基的代谢物。结果发现，食用含偶数碳脂肪酸的狗尿中有苯乙酸的衍生物苯乙尿酸，而食用含奇数碳脂肪酸的狗尿中有苯甲酸的衍生物马尿酸。Knoop 由此推测，无论脂肪酸链长短，脂肪酸的降解总是每次水解下两个碳原子。据此，Knoop 提出脂肪酸的氧化发生在 β-碳原子上，而后 C_a 与 C_b 之间的键发生断裂，从而产生二碳单位，Knoop 推测此二碳单位是乙酸。以后的实验证明了 Knoop 推测的正确性，由此提出了脂肪酸的 β-氧化作用。通过这个小故事，我们可以发现科学研究不是一蹴而就的，需要大胆探索、勇于猜想、敢于创新，应在平时注重知识的积累，寻找自己的科研兴趣点。

9.6.2 “健康中国 2030”与我们密切相关

随着《健康中国 2030 规划纲要》《健康中国行动（2019—2030）》等文件的提出，国家对国民体质健康问题越发重视，国民慢病问题也已成为社会关注的热点话题。《中国居民营养与慢性病状况报告（2020 年）》数据显示，截至 2019 年，超过 1/2 的中国成年人存在超重或肥胖现象，其中超重率为 34.3%、肥胖率为 16.47%，这也是我国首次在全国报告中，出现人数过半的情况。同时，我国儿童和青少年超重率为 10.4%、肥胖率为 19.0%。并且，我国成年人的肥胖率还在不断攀升。世界肥胖联盟公布了最新版《世界肥胖地图》报告，“预计 2035 年全球将有超过 40 亿人超重/肥胖，占全球总人口的一半以上”。

研究表明，肥胖问题已经成为危害国民健康与阻碍我国经济持续健康发展的重要因素之一。肥胖会对肥胖者的身体健康状况产生严重危害，与正常人群相比，肥胖者更容易患有高血压、2 型糖尿病、心血管病等肥胖相关疾病。常见的 22 种癌症中，有 10 种癌症风险增加与肥胖或超重有关。除此之外，肥胖者也更容易产生心理焦虑、自卑等情绪，在日常生活中容易被歧视，导致自尊心下降，甚至出现抑郁症、焦虑症、神经性厌食症等心理疾病。这也在一定程度上加剧了我国的医疗卫生压力，加重了我国居民的经济负担，长此以往必将阻碍社会的良性发展。

面对此情形，我国在《健康中国行动（2019—2030 年）》中提出了“健康知识普及行动”“合理膳食行动”“全民健身行动”等 15 项重大行动。帮助人们从透支健康、以治疗为主的生活方式转向呵护健康、人人健身、以预防为主的健康生活方式。作为当代大学生，应该将自身所学让自己受益，也让他人受益。从本章节学习到，肥胖的发生与机体脂质代谢紊乱密切相关，所以在日常生活中，需要一日三餐规律健康，杜绝高能量、高脂、高糖饮食。

9.7 拓展阅读

9.7.1 家族性高胆固醇血症与低密度脂蛋白

家族性高胆固醇血症是一种常染色体显性遗传病，患者血浆胆固醇水平异常增高，可达正常值的 6～10 倍。1972 年开始，美国得克萨斯大学达拉斯医学院的 Brown 和 Goldstein 开展了对这种疾病的研究工作，他们推断胆固醇的过量产生是由于胆固醇生物合成的调节机制发生缺陷。基于这种假设，他们从正常个体和家族性高胆固醇血症患者的皮肤中分离成纤维细胞进行培养与研究。

Brown 和 Goldstein 等首先检测成纤维细胞中胆固醇合成限速酶的调节作用。在正常成纤维细胞的培养基里加入低密度脂蛋白（LDL），检测发现限速酶的活性下降，相应成纤维细胞中胆固醇的合成速率也降低了。而家族性高胆固醇血症患者的成纤维细胞在加入 LDL 后，限速酶的活性并没有改变。实验又从细胞培养的第六天起，换成无 LDL 的培养基，发现正常细胞限速酶活性逐渐增加，细胞合成了更多胆固醇，而家族性高胆固醇血症患者的细胞却对 LDL 的存在与否没有反应。由此表明，正常细胞通过调节胆固醇合成限速酶的活性以适应环境中 LDL 浓度的变化，家族性高胆固醇血症患者的细胞无法感受环境中 LDL 的浓度。

之后，Brown 和 Goldstein 又发现了特异的 LDL 受体，并得出结论：在家族性高胆固醇血症患者细胞观察到的 LDL 结合缺陷可能是 FH 的主要致病原因，外源性 LDL 不能抑制家族性高胆固醇血症患者的细胞合成胆固醇，因此患者血浆胆固醇浓度远远高于正常值。

后续影响：随着 LDL 受体的鉴定，Brown 和 Goldstein 又证明结合到细胞表面的 LDL 被内吞作用进入细胞内部形成内泡，然后进一步与溶酶体融合，使 LDL 在溶酶体内被降解，释放游离胆固醇。此外，他们还证明了 LDL 受体在细胞内与配体解离之后又循环回质膜上。发现 LDL 受体后，相继发现了 VLDL 受体和清道夫受体。脂蛋白受体的发现，是脂类代谢研究的里程碑，推动了对脂蛋白、载脂蛋白的深入研究。Brown 和 Goldstein 也因为在胆固醇代谢调节方面作出的重大贡献，于 1985 年获得诺贝尔生理学或医学奖。

9.7.2 胆固醇稳态

胆固醇在动物体内的关键作用，加上其过量存在时表现出的潜在毒性，要求其浓度保持在正常范围内。胆固醇稳态是通过调节其生物合成途径、低密度脂蛋白受体活性和胆汁酸生物合成的复杂机制实现的。

胆固醇生物合成的调节主要通过调节现有的 HMG-CoA 还原酶（HMGR）分子、基因表达变化和酶降解来完成。调节现有 HMGR 分子活性的主要方式是通过磷酸化反应下调。HMGR 活性被 AMPK 磷酸化抑制，以响应细胞内高浓度的 AMP，其作用是将胆固醇生物合成整合到细胞的能量代谢中。cAMP 由胰高血糖素和肾上腺素等激素调节，也通过 PKA（蛋白激酶 a）催化的磷酸化反应激活磷酸蛋白磷酸酶抑制剂 1（PPI-1）来抑制 HMGR。活化的 PPI-1 抑制几种磷酸酶，这些磷酸酶可以通过去除磷酸基团来增加 HMGR 活性。胰岛素增加 HMGR 活性，部分是通过抑制环状 AMP（cAMP）的合成实现。HMGR 还受到涉及各种甾醇的负反馈机制的调节，包括 LDL 受体内吞作用产生的胆固醇和甲羟戊酸的非甾醇衍生物。

类固醇介导的基因表达变化是胆固醇稳态的一个主要特征。内质网膜蛋白 SREBP2 是胆固醇生物合成的主要调节因子。除了刺激胆固醇生物合成基因的表达外，SREBP2 还激活 LDL 受体基因和 NADPH 合成所需的三种酶的基因（葡萄糖-6-磷酸脱氢酶、6-磷酸葡萄糖酸脱氢酶和苹果酸酶的基因）。SREBP2 与 SREBP 切割激活蛋白（SCAP）结合。当细胞有足够的胆固醇时，SCAP 的固醇传感结构域（SSD）会结合胆固醇和一种名为 Insig 的内质网保留蛋白。在胆固醇耗尽的细胞中，Insig 不再与 SCAP 结合，SCAP 则护送 SREBP-2 从内质网到高尔基体。当 SREBP-SCAP 复合物到达高尔基体时，两种蛋白酶从膜上释放 SREBP2 的 N-末端结构域，即活性转录因子。然后，活化的 SREBP2 的 N-末端结构域易位到细胞核，在那里它与靶基因的 SRE（固醇调节元件）结合。除了 SREBP，一些靶基因的表达还需要协同调节转录因子的结合。例如，HMGR 和 HMG-CoA 合酶基因的转录也需要核因子-1 和 CREB（cAMP 反应元件结合蛋白）的结合（图 9.27）。

HMGR 降解是控制胆固醇水平的另一种手段，由 Insig 介导。当胆固醇水平高时，固醇与酶的固醇感应 N-末端结构域结合。随后 HMGR 与 Insig 结合，Insig 又与泛素连接酶相关，泛素连接酶是一种启动主要蛋白水解机制的酶。

肝脏中的高胆固醇浓度也会触发胆汁酸的生物合成。当胆固醇开始积累时，一些分子被氧化形成羟固醇（例如 25-羟基胆固醇）。羟固醇与 LXR（肝脏 X 受体）结合并激活 LXR，然后 LXR 与 RXR（视黄醇 X 受体）形成活性异二聚体转录因子。然后异二聚体引起胆汁合成中的限速酶 7α-羟化酶的转录。

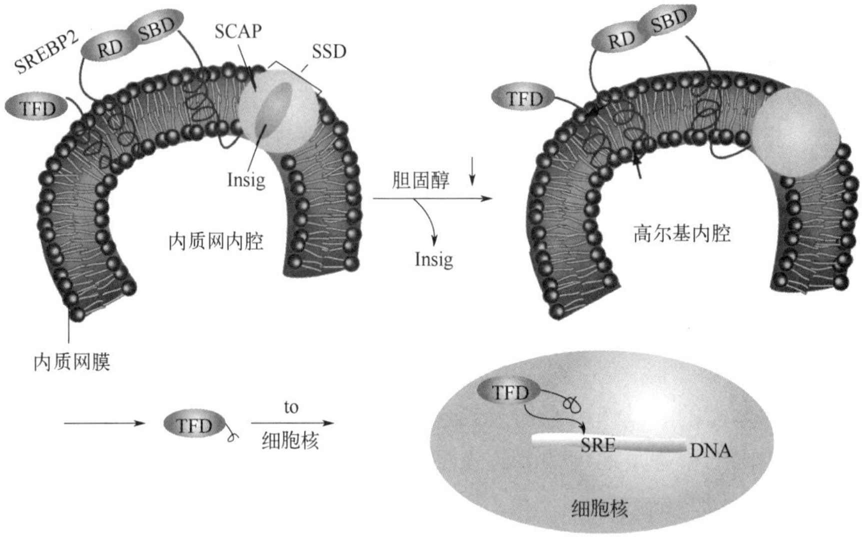

图 9.27　胆固醇生物合成的调节

9.7.3　降低高胆固醇血症的一线药物——他汀类

血脂水平异常是高脂血症、冠心病等发生的主要原因。高脂血症在临床上主要指血清总胆固醇（极低密度脂蛋白、低密度脂蛋白和高密度脂蛋白中胆固醇的总和）水平异常。高血脂还可引起冠心病，在一定程度上诱发心肌梗死。如患者患有胰腺炎或糖尿病，高血脂还将造成原有疾病加重，导致不良后果。目前，降血脂药物很多，但药效存在差异。1976 年，有学者成功提取首个他汀类分子，从此，他汀类降血脂药物进入公众视野，并成为高血脂治疗进入新阶段的重要标志。他汀类降血脂药物的作用机制本身具有多样性，故而其应用领域正不断扩展。

他汀类药物在血脂控制中是最理想的药物，对高脂血症患者治疗时，可对胆固醇合成酶的限速酶——HMG-CoA 还原酶进行抑制，减少肝脏中胆固醇的合成，控制细胞内游离胆固醇含量，使低密度脂蛋白胆固醇受体的增加得到保障，明显加大活性，提高血液中低密度脂蛋白胆固醇的去除速度，进而减少低密度脂蛋白胆固醇和血浆甘油三酯的数值。当前在临床上应用率较高的他汀类降血脂药物有很多，常见的有阿托伐他汀、普伐他汀、辛伐他汀等。其中阿托伐他汀和瑞舒伐他汀是相对较新的药物，两种药物类型相同，都属于人工合成药物，目前临床上对两种药物的研究在不断深入，且应用率也在不断提高，已明确二者的疗效和安全性。

他汀类药物是肝脏合成胆固醇的限速酶——羟甲基戊二酰辅酶 A（HMG-CoA）还原酶的抑制剂。当人体服用他汀类药物后，可抑制 HMG-CoA 还原酶，阻断体内 HMG-CoA 转化，减少内源性胆固醇的合成，使肝细胞内胆固醇的生物合成减慢，并反射性引起细胞膜表面低密度脂蛋白（LDL）受体表达增加，加快血浆清除 LDL，同时胆固醇合成减少也可使肝脏合成载脂蛋白 B100（apo B100）减少，从而降低血清总胆固醇（TC）及低密度脂蛋白胆固醇（LDL-C）水平，发挥调脂作用。

第 10 章
蛋白质的生物降解及氨基酸代谢

本章提要

蛋白质在体内处于分解代谢和合成代谢的动态平衡之中。摄入蛋白质在消化道分泌的蛋白水解酶的作用下分解为氨基酸，然后被吸收利用。氨基酸可通过脱氨基作用、脱羧基作用进行分解与转化。一碳基团的载体是四氢叶酸。氨基酸由多种途径合成，共同特点是氨基主要来自谷氨酸的转氨基反应，碳骨架来自糖代谢中间产物。蛋白质摄入过多或过少会引起疾病，氨基酸代谢中缺乏某些酶会引氨基酸代谢缺陷症。

10.1 蛋白质的酶促降解

蛋白质的酶促降解是指蛋白质肽键发生断裂生成氨基酸的过程。生物体内蛋白质合成代谢与分解代谢处于动态变化之中。正常成年人氮处于平衡（zero nitrogen balance）状态，即氮摄入量等于氮排出量。生长期儿童、孕妇及伤病恢复期人员通常处于正氮平衡（positive nitrogen balance）状态，即氮摄入量大于氮排出量。当长期营养供应不足时会使机体处于负氮平衡（negative nitrogen balance），即摄入氮量小于排出氮量，将引起蛋白质缺乏、体重减轻、肌肉萎缩、水肿、精神异常和免疫力下降等症状。我国营养学会推荐成年人每日摄入蛋白质 1～1.2g/kg 体重，婴幼儿每日摄入蛋白质 2～4g/kg 体重。

10.1.1 蛋白水解酶类

蛋白水解酶将蛋白质水解为较小片段，在肽酶作用下进一步降解为氨基酸。

（1）外肽酶和内肽酶　外肽酶（exopeptidase，肽链外切酶、肽链端解酶）包括氨肽酶（aminopeptidase）和羧肽酶（carboxypeptidase），分别作用于肽链的氨基末端和羧基末端。肽链外切酶对底物具有特异性（表 10.1），例如，氨肽酶 A 只水解 N 末端为酸性氨基酸的肽段；脯氨酸氨肽酶只水解 N 末端第二个氨基酸为脯氨酸的肽段；赖氨酸氨肽酶不仅能水解 N 末端为赖氨酸和精氨酸的肽，还能水解 N 末端为其他脂肪族疏水性氨基酸的肽；羧肽酶 A 优先水解由芳香族和中性脂肪族氨基酸形成的羧基末端；羧肽酶 B 水解以碱性氨基酸为羧基末端的肽键；羧肽酶 C 水解肽链羧基端倒数第二位是脯氨酸的肽键。内肽酶（dopeptidase，肽链内切酶）能水解肽链内部肽键，对参与形成肽键的氨基酸有一定专一性（表 10.1），例如胰凝乳蛋白酶、枯草杆菌蛋白酶作用的肽键需芳香氨基酸羧基参与形成；胰蛋白酶、凝血酶作用的肽键需精氨酸或赖氨酸羧基参与形成；脯氨酰蛋白酶作用的肽键需脯氨酸羧基参与形成；胃蛋白酶水解的肽键需芳香族氨基酸的氨基参与形成。

表 10.1　蛋白水解酶作用的专一性

酶		专一性	作用位点
外肽酶	氨肽酶	R1=任何氨基酸残基	R2=除 pro 外任何氨基酸残基
	羧肽酶 A	R5=任何氨基酸残基	R6=除 Arg、Lys、Pro 外任何氨基酸残基
内肽酶	羧肽酶 B	R5=任何氨基酸残基	R6=Arg、Lys
	胃蛋白酶	R4=Trp、Phe	R3=任何氨基酸残基
	胰蛋白酶	R3=Arg、Lys	R4=任何氨基酸残基
	胰凝乳蛋白酶	R3=Phe、Tyr、Trp	R4=任何氨基酸残基
	弹性蛋白酶	R3=脂肪族氨基酸残基	R4=任何氨基酸残基

（2）蛋白水解酶的活性中心分类　蛋白酶按其活性中心结构特征及催化机理可分为天冬氨酸蛋白酶、丝氨酸蛋白酶、半胱氨酸蛋白酶和金属蛋白酶四类（表 10.2）。

表 10.2　蛋白水解酶的活性中心分类

类别	特点	代表酶
天冬氨酸蛋白酶（EC 3.4.3）	活性中心含有两个 Asp 残基，最适 pH 一般为 2～4	胃蛋白酶、凝乳酶
丝氨酸蛋白酶（EC 3.4.2.1）	活性中心含有 Ser 残基，受二丙基氟磷酸（DIFP）的强烈抑制	胰蛋白酶、胰凝乳蛋白酶、弹性蛋白酶、枯草杆菌蛋白酶、羧肽酶 C
半胱氨酸蛋白酶（EC 3.4.2.2）	活性中心含有 Cys 残基，对于碘乙酸、对-羟基汞苯甲酸等抑制剂十分敏感	植物蛋白酶和组织蛋白酶大多属于此类，例如，木瓜蛋白酶、菠萝蛋白酶、半胱氨酸羧肽酶
金属蛋白酶（EC 3.4.2.4）	含有 Zn^{2+}、Ca^{2+}、Mg^{2+}等金属离子，受金属螯合剂（如 EDTA）的抑制	嗜热菌蛋白酶、信号肽酶、金属氨肽酶、羧肽酶 A、羧肽酶 B

10.1.2　食物蛋白质的消化、吸收

食物蛋白质消化分解的主要场所是小肠。大分子蛋白质一般不能被人体直接吸收利用，必须被消化分解为小分子肽或氨基酸后才能被吸收利用。

（1）食物蛋白质在胃内的消化　胃蛋白酶（pepsin）可断裂蛋白质中肽键而将较长的多肽链水解为许多小肽。食物蛋白质进入胃后，会刺激胃黏膜分泌胃泌激素（gastrin），胃泌激素又会刺激胃腺主细胞分泌胃蛋白酶原及刺激体腔细胞分泌盐酸，使胃液呈酸性（pH 1.5～2.5），能够将折叠的球蛋白打开，使蛋白质内部肽键更容易被酶解，使食物蛋白质变性易于消化。胃腺刚刚分泌的胃蛋白酶原没有活性，受胃酸和自身激活作用，切去氨基端含 2 个氨基酸残基的肽段后能转化为有活性的胃蛋白酶。胃蛋白酶只能将食物蛋白质水解为多肽和少量氨基酸。由于食物在胃中停留时间很短，因此不是蛋白质消化吸收的主要场所。

（2）食物蛋白质在小肠内的消化　食糜经胃进入小肠，在小肠黏膜细胞分泌消化液和胰腺分泌胰液的共同作用下，蛋白质水解为氨基酸，这是蛋白质消化吸收的主要场所。胰腺中

各种蛋白酶均以酶原形式存在，同时胰液中又存在胰蛋白酶抑制剂，这样能保护胰腺组织免受蛋白酶自身消化。

（3）蛋白质消化产物的吸收　蛋白质水解产生的氨基酸由小肠黏膜细胞吸收，是需氧耗能过程。氨基酸吸收后经门静脉运输至肝脏，在肝脏内进行分解代谢后随血液循环输送到全身各处。不同氨基酸的吸收由不同载体完成，中性氨基酸载体可转运芳香族氨基酸、脂肪族氨基酸、含硫氨基酸、组氨酸、谷氨酰胺、天冬酰胺等，转运速度快；酸性氨基酸载体转运赖氨酸和精氨酸，转运速度较慢；亚氨基酸及甘氨酸载体转运脯氨酸、羟脯氨酸及甘氨酸，转运速度很慢。

10.2　氨基酸的分解与转化

体内氨基酸的主要来源有食物蛋白质的消化分解、组织蛋白质分解、体内代谢合成的部分非必需氨基酸。氨基酸的主要去路有氧化分解供能、合成组织蛋白、转化为糖或脂肪、合成重要的生理活性含氮物质。正常情况下，氨基酸的来源和去路处于动态平衡。体内氨基酸可通过脱氨基和脱羧基作用进行分解代谢。

10.2.1　氨基酸的脱氨基作用

氨基酸可脱去氨基生成α-酮酸和氨，这是其分解代谢的主要途径，包括氧化脱氨基作用、非氧化脱氨基作用、转氨基作用和联合脱氨基作用，其中以联合脱氨基作用最为重要。

（1）氧化脱氨基作用　α-氨基酸在氨基酸氧化酶的作用下脱去氨基生成α-酮酸并产生氨的过程称为氧化脱氨基作用（Oxidative deamination）。动物体内有L-氨基酸氧化酶和D-氨基酸氧化酶，它们都是以FMN和FAD为辅酶的氧化脱氨酶（图10.1）。

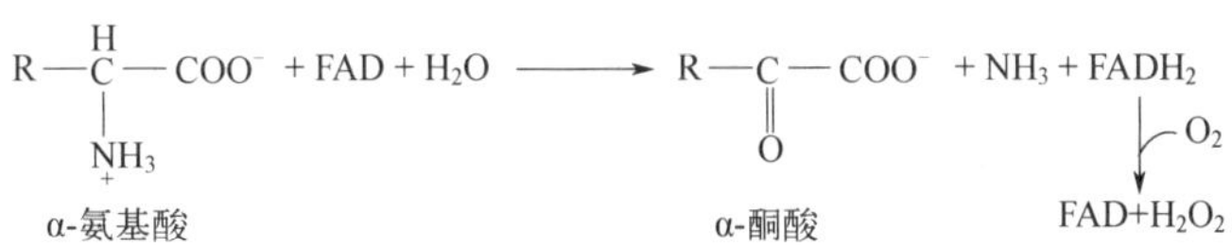

图10.1　氧化脱氨基作用

L-氨基酸氧化酶在体内分布不广泛，活性也不高，最适pH为10，在体内正常生理条件下活性弱，在生物体脱氨基作用中并不重要。D-氨基酸氧化酶在脊椎动物中存在于肝和肾中，肾中活力较强，该酶催化不同的D-氨基酸脱氨速度不同，其中催化D-丙氨酸和D-甲硫氨酸反应速度较快，但体内缺少D-氨基酸，因而它在生物体脱氨基作用中也不重要。

L-谷氨酸脱氢酶在氨基酸代谢中起重要作用，它能催化L-谷氨酸脱氨生成α-酮戊二酸，反应式如图10.2。L-谷氨酸脱氢酶广泛存在于动、植物及微生物体内，辅酶为NAD^+或$NADP^+$，专一性很强，不需要氧气，只作用于谷氨酸，脱氨活性较高。当机体能量不足时，L-谷氨酸脱氢酶能加速氨基酸的氧化，对机体能量代谢起重要作用。

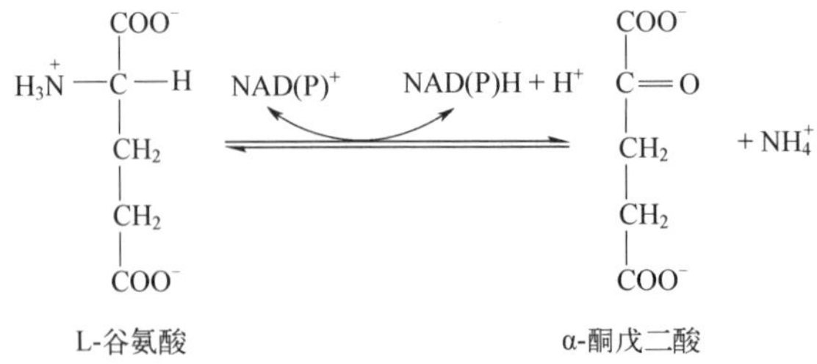

图 10.2 L-谷氨酸脱氨生成 α-酮戊二酸

（2）非氧化脱氨基作用 大多在微生物中进行，动物体内也有发现，但不普遍。主要有以下几种：

① 脱水脱氨基作用。L-丝氨酸和 L-苏氨酸由脱水酶催化，可通过脱水而脱去氨基，反应过程如下（图 10.3）：

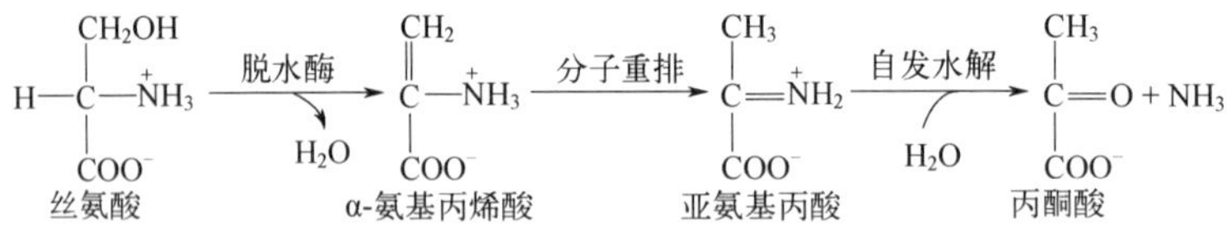

图 10.3 脱水脱氨基作用

② 水解脱氨基作用。氨基酸在水解酶作用下水解脱去氨基，生成羟酸，反应过程如下（图 10.4）：

③ 还原脱氨基作用。无氧条件下，某些含有氢化酶的微生物能用还原脱氨基方式使氨基酸脱去氨基，反应如下（图 10.5）：

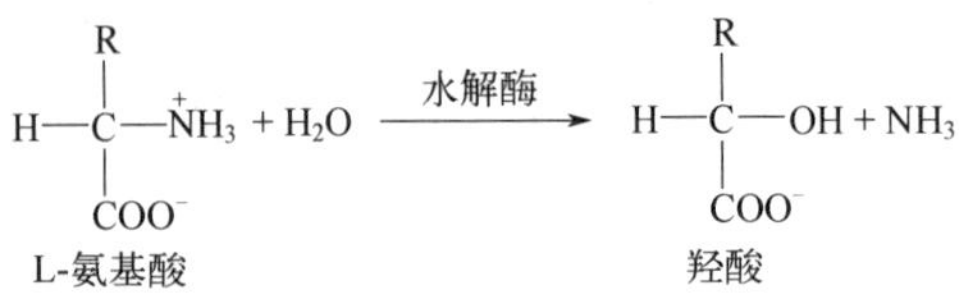

图 10.4 水解脱氨基作用

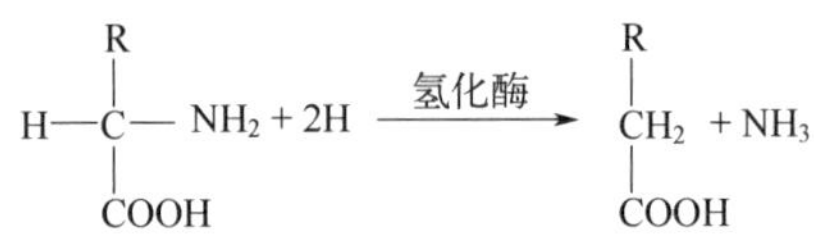

图 10.5 还原脱氨基作用

④ 脱巯基脱氨作用。L-半胱氨酸在脱巯基酶催化下脱去巯基，先生成 α-氨基丙烯酸，再发生分子重排和水解，最终脱去氨基生成丙酮酸，反应过程如下（图 10.6）：

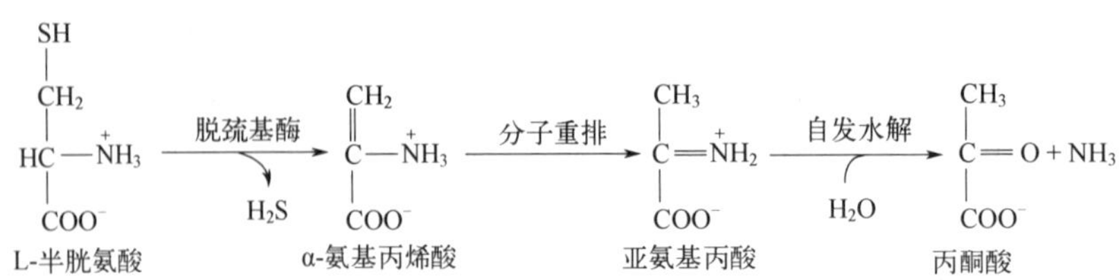

图 10.6 脱巯基脱氨作用

⑤ 脱酰胺基作用。谷氨酰胺和天冬酰胺分别在谷氨酰胺酶和天冬酰胺酶的作用下脱去酰胺基形成相应的氨基酸，反应过程如下（图 10.7）：

（3）转氨基作用 转氨酶（transaminase）能催化氨基酸与酮酸之间的转氨基反应，目前已发现有 50 多种。人体内转氨酶活性很高，它能将 α-氨基酸上的 α-氨基转移到 α-酮酸的羰基碳原子上，使原来的氨基酸脱去 α-氨基转变为新的 α-酮酸，而原来的 α-酮酸得到 α-氨基生成相应的氨基酸。转氨基反应是可逆的，它是体内氨基酸分解代谢的重要途径，绝大多数氨基酸可在特异的转氨酶作用下发生氨基转移反应，其中谷丙转氨酶（glutamicpyruvic transaminase，GPT）和谷草转氨酶（glutamic oxaloacetictransaminase，GOT）活性最强，前者催化谷氨酸与丙酮酸之间的转氨基作用，后者催化谷氨酸与草酰乙酸之间的转氨基作用（图 10.8）。GPT 主要分布在肝细胞，可作为肝功能是否正常的一项辅助诊断指标，当肝细胞受损时（如肝炎或胆管梗阻等）会导致 GPT 活性增高。GOT 主要分布在心肌细胞中，常作为心肌梗死、心肌炎等疾病诊断的辅助指标。需注意的是，氨基酸的转氨基作用在反应过程中不产生游离氨，只是进行了氨基的转移，并没有真正地脱去氨基。

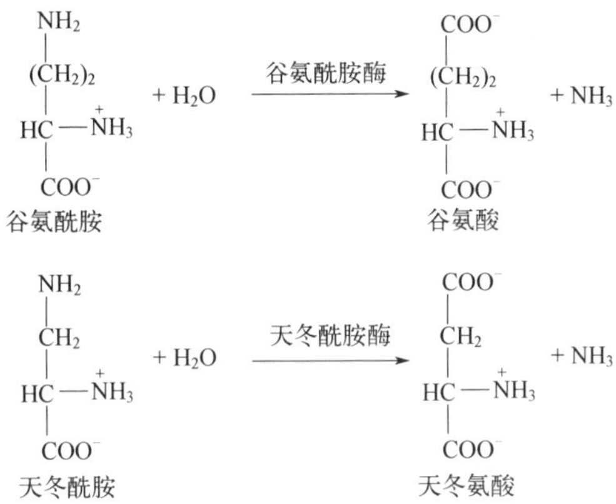

图 10.7 脱酰胺基作用

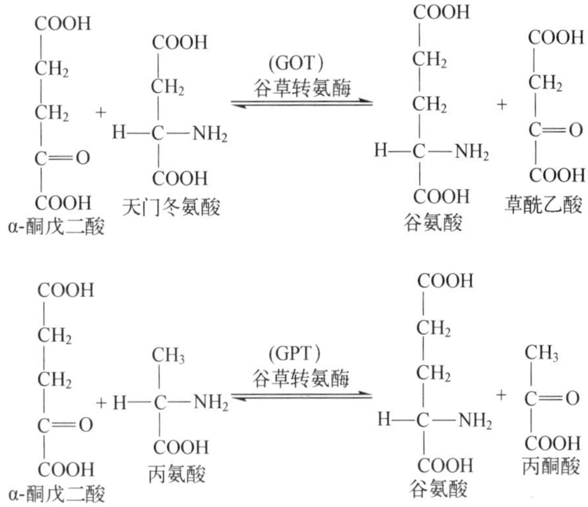

图 10.8 氨基转移反应（1）

转氨酶的辅酶是磷酸吡哆醛（pyridoxal phosphate，PLP），其传递氨基的机制是它能接受氨基酸分子中的氨基而变成磷酸吡哆胺，同时氨基酸变成 α-酮酸，磷酸吡哆胺再将其氨基转移给另一分子 α-酮酸生成另一种氨基酸，本身又变成磷酸吡哆醛（图 10.9）。

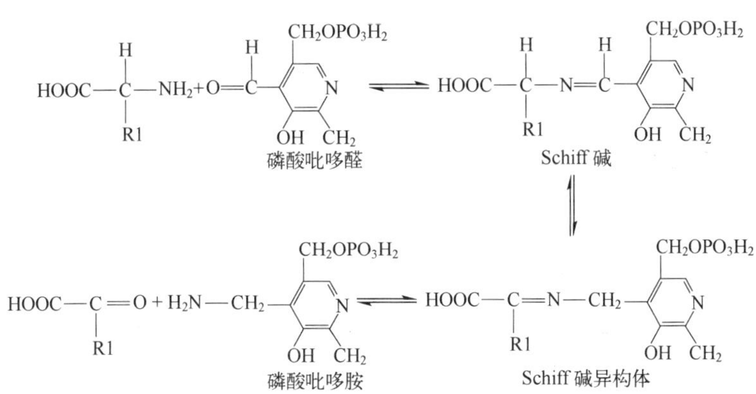

图 10.9 氨基转移反应（2）

（4）联合脱氨基作用　一般认为大多数L-氨基酸在体内不是直接氧化脱氨的，而是通过联合脱氨基作用脱去氨基的。联合脱氨基作用主要在肝、肾等器官进行，一种是利用转氨基作用和L-谷氨酸氧化脱氨基作用联合进行脱氨基；另一种是通过转氨基作用与嘌呤核苷酸循环偶联进行脱氨基。

① 转氨酶-L-谷氨酸脱氢酶联合脱氨基作用。首先在转氨酶作用下将氨基酸上的氨基转移给α-酮戊二酸形成谷氨酸，再由谷氨酸脱氢酶将氨基脱去转变成氨和相应的α-酮酸，这就是联合脱氨基作用（图10.10）。该方式主要在肝、肾、脑等中进行，是氨基酸脱氨基的主要方式，也是体内合成非必需氨基酸的主要方式。

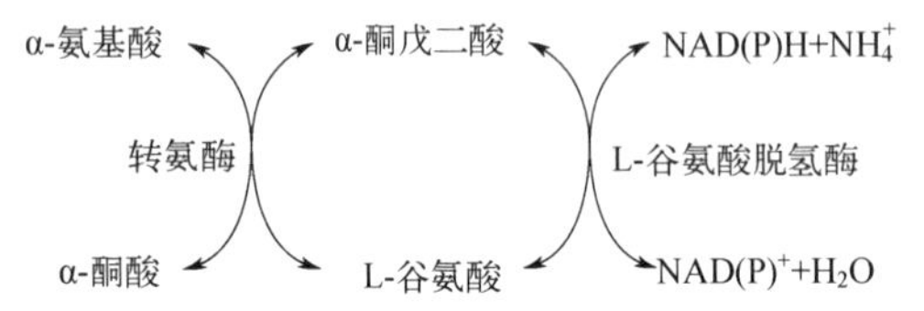

图10.10　转氨酶-L-谷氨酸脱氢酶联合脱氨基作用

② 嘌呤核苷酸循环联合脱氨基作用。动物心肌、骨骼肌和脑组织中L-谷氨酸脱氢酶含量极少，腺苷酸脱氨酶、腺苷琥珀酸合成酶和腺苷酸琥珀酸裂解酶活性很高，可通过嘌呤核苷酸循环联合方式脱氨（图10.11）。氨基酸通过转氨基作用将氨基转移给草酰乙酸生成天冬氨酸；天冬氨酸与次黄嘌呤核苷酸反应生成腺苷酸代琥珀酸，后者在裂合酶作用下分裂成腺嘌呤核苷酸（AMP）和延胡索酸，AMP在腺苷酸脱氨酶催化下水解产生游离氨和次黄嘌呤核苷酸（IMP），完成脱氨基作用。

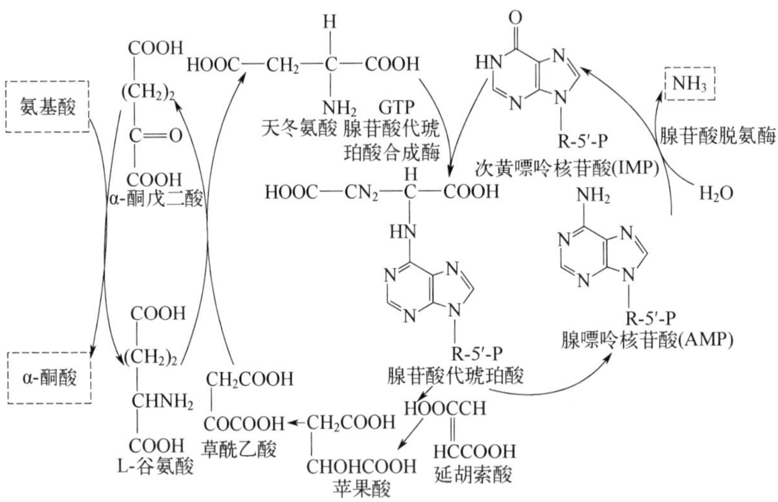

图10.11　嘌呤核苷酸循环

10.2.2 氨基酸的脱羧基作用

氨基酸在氨基酸脱羧酶（辅酶为磷酸吡哆醛）催化下可脱羧生成相应的胺类和二氧化碳。氨基酸脱羧基作用不如氨基酸脱氨基作用普遍存在，但氨基酸脱羧形成的胺类具有重要的作用。例如，γ-氨基丁酸就是谷氨酸经谷氨酸脱羧酶催化脱羧的产物，它对中枢神经系统的传导有抑制作用。胺类对动物体有毒，在体内胺氧化酶的作用下能被氧化成醛和氨，生成的醛会进一步被氧化成脂肪酸，脂肪酸再分解生成二氧化碳和水；生成的氨可转变为尿素随尿液排出，这样就能避免体内氨的积累。

（1）直接脱羧基作用　植物体内最常见的是谷氨酸脱羧酶，它催化谷氨酸脱去羧基生成γ-氨基丁酸（图 10.12）。组氨酸脱羧生成组胺，组胺可刺激胃液分泌，有强烈的扩张血管的作用，并能增加毛细血管的通透性，可使平滑肌收缩引起支气管痉挛而发生哮喘，甚至休克。

$$\underset{\text{谷氨酸}}{HOOC—(CH_2)_2—CHNH_2—COOH} \xrightarrow{\text{谷氨酸脱羧酶}} \underset{\gamma\text{-氨基丁酸}}{HOOC—(CH_2)_2—CH_2NH_2} + CO_2$$

图 10.12　氨基酸的直接脱羧基作用

（2）羟化脱羧基作用　酪氨酸、色氨酸等可经过羟基化进一步脱去羧基。酪氨酸在酪氨酸酶（tyrosinase）催化下发生羟基化生成 3,4-二羟苯丙氨酸，简称多巴（DOPA），在多巴脱羧酶作用下脱羧生成 3,4-二羟苯乙胺（多巴胺，dopamine）（图 10.13）。在肾上腺髓质中，多巴胺侧链 β 碳原子可再被羟化，生成去甲肾上腺素，后者经甲基化生成肾上腺素。酪氨酸在黑色素细胞酪氨酸酶的催化下可羟化成多巴，进一步氧化、脱羧后可转变成吲哚醌，最后聚合为黑色素。当体内缺乏酪氨酸酶时发生黑色素合成障碍则患白化病（albinism）。

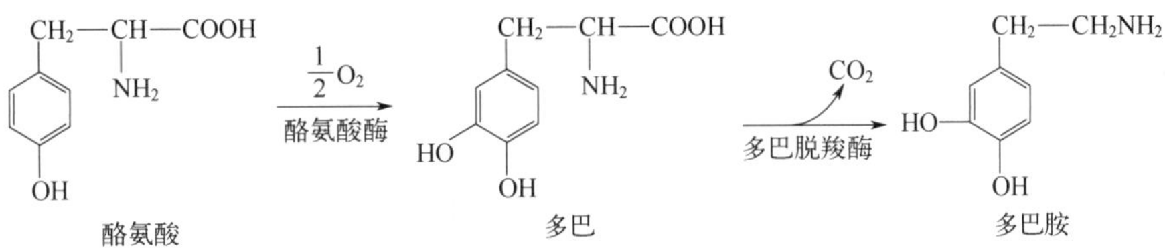

图 10.13　酪氨酸羟化脱羧基作用

5-羟色胺广泛存在于哺乳动物各组织中，是一种抑制性神经递质，与情绪调节、睡眠、记忆、疼痛有关，具有强烈的收缩血管作用。色氨酸在色氨酸羟化酶作用下生成 5-羟色氨酸，再经 5-羟色氨酸脱羧酶催化脱去羧基生成 5-羟色胺，再经单胺氧化酶催化成 5-羟色醛和 5-羟吲哚乙酸随尿液排出体外。

10.2.3　氨基酸代谢产物的去路

氨基酸经脱羧基作用产生二氧化碳和胺，经过脱氨基作用转变为氨和 α-酮酸，生成的胺和 α-酮酸必须参加其他代谢过程才能转变为可排出体外的物质或合成体内可用的物质。

10.2.3.1　氨的代谢

氨是有毒物质，对机体具有毒害作用。机体中氨浓度非常低。高等动物脑组织对氨极为敏感，血液中氨浓度为 1%就会引起中枢神经中毒，正常人血浆中氨浓度一般不超过 0.6μmol/L。不同生物体排泄氨的方式不同，主要有三种方式：①直接排氨，例如某些水生动物或海洋动物；②以尿酸形式排出氨基氮，例如鸟类、爬行动物；③以尿素形式排出氨基氮，例如绝大多数陆生脊椎动物。

（1）尿素的生成和尿素循环　尿素循环（urea cycle）是由 1 分子鸟氨酸和 1 分子氨及 1 分子二氧化碳结合成瓜氨酸、瓜氨酸与另 1 分子氨结合为精氨酸、精氨酸水解生成尿素和鸟氨酸所构成的一个循环机制，主要发生在肝脏中。尿素循环是排尿动物清除体内氨毒的主要方式，也是排尿动物体内氨的最主要去路。由于鸟氨酸在此过程中循环利用，该循环又称为鸟氨酸循环。总反应式如下（图 10.14）：

$$2NH_3+CO_2+3ATP+3H_2O \longrightarrow (H_2N)_2C{=}O+2ADP+AMP+4H_3PO_4$$

图 10.14　鸟氨酸循环总反应

尿素循环把 2 分子氨和 1 分子二氧化碳转变成尿素，是个耗能过程，每合成 1 分子尿素需消耗 4 个高能磷酸键（图 10.15）。尿素分子中的 2 个 N 原子分别来自氨和天冬氨酸，C 原子来自二氧化碳。

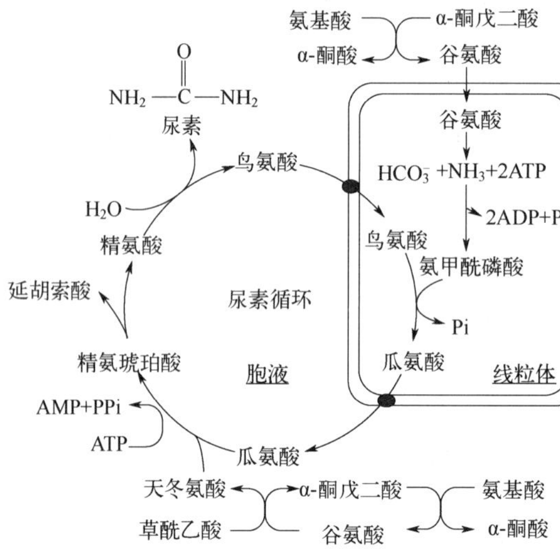

图 10.15　尿素循环示意图

① 氨甲酰磷酸的生成。该反应发生在肝细胞线粒体基质中，游离的氨、HCO_3^-和 2 分子 ATP 在氨甲酰磷酸合成酶Ⅰ（carbamoyl phosphate synthetase Ⅰ，CPS Ⅰ）催化下合成高能化合物氨甲酰磷酸，该反应不可逆，消耗 2 分子 ATP，是尿素循环的限速步骤。N-乙酰谷氨酸为氨甲酰磷酸合成酶Ⅰ的变构激活剂，可使酶构象改变，增加其与 ATP 的亲和力。

$$HCO_3^- +NH_3+2ATP \xrightarrow{\text{氨基甲酰磷酸合成酶Ⅰ}} \underset{\text{氨基甲酰磷酸}}{H_2N-\overset{O}{\overset{\|}{C}}-O\sim PO_3^{2-}} +2ADP+Pi$$

真核生物的氨甲酰磷酸合成酶有两类：a.氨甲酰磷酸合成酶Ⅰ，存在于线粒体中，利用氨作为氮的供体，参与尿素合成，这是肝细胞特有的一种重要功能，是细胞高度分化的结果，可作为肝细胞分化程度的指标之一；b.氨甲酰磷酸合成酶Ⅱ，存在于胞质中，利用谷氨酰胺的酰胺基作为氮的供体，催化合成氨基甲酰磷酸，参与嘧啶核苷酸的从头合成，与细胞增殖过程中核酸的合成有关，因而可作为细胞增殖程度的指标之一。

② 合成瓜氨酸。反应在线粒体中发生，鸟氨酸接受氨甲酰磷酸提供的氨甲酰基生成瓜氨酸，反应由存在于线粒体中的鸟氨酸氨甲酰基转移酶（ornithine carbamoyl transferase，OCT）催化，需要 Mg^{2+}作为辅因子（图 10.16）。瓜氨酸形成后就离开线粒体，进入细胞液。

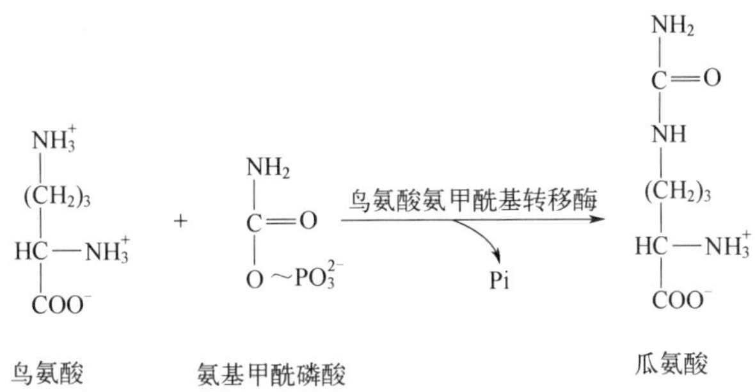

图 10.16　合成瓜氨酸

③ 合成精氨琥珀酸。瓜氨酸和天冬氨酸在精氨酸代琥珀酸合成酶（argininosuccinate synthetase，ASS）的催化下发生缩合生成精氨琥珀酸，该反应在胞液中进行，需 ATP 与 Mg^{2+} 参与，反应如下（图 10.17）：

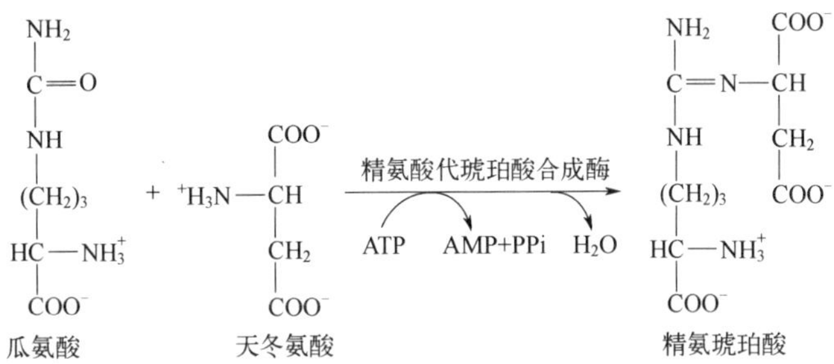

图 10.17　合成精氨琥珀酸

④ 生成精氨酸（图 10.18）。精氨琥珀酸在精氨琥珀酸裂解酶（argininosuccinase）的催化下裂解生成精氨酸和延胡索酸。延胡索酸可以经三羧酸循环变为草酰乙酸，草酰乙酸与谷氨酸进行转氨基作用可再生为天冬氨酸，尿素循环与三羧酸循环之间通过延胡索酸联系起来。

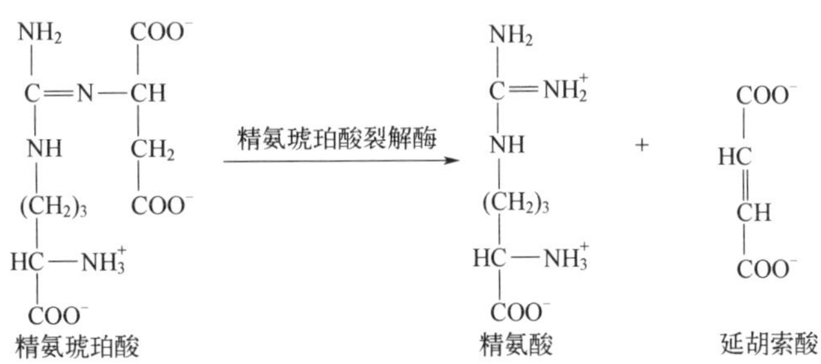

图 10.18　生成精氨酸

⑤ 尿素形成和鸟氨酸的再生。精氨酸在精氨酸酶催化下水解生成尿素和鸟氨酸。精氨酸酶专一性很高，只作用于 L-精氨酸，存在于排尿动物肝脏中。新生成的鸟氨酸通过线粒体膜上载体的转运回到线粒体中，继续参与瓜氨酸的合成，开始新一轮尿素循环，尿素作为代谢终产物排出体外。反应式如下（图 10.19）：

（2）转变为谷氨酰胺和天冬酰胺　在谷氨酰胺合成酶或天冬酰胺合成酶催化下，氨与谷氨酸或天冬氨酸反应生成对应的谷氨酰胺或天冬酰胺，这是体内解除氨毒的重要途径，也是生物体运输氨的主要方式。当机体需要时，天冬酰胺分子内的氨基又可通过天冬酰胺酶的作用分解出来，供合成氨基酸之用（图 10.20）。

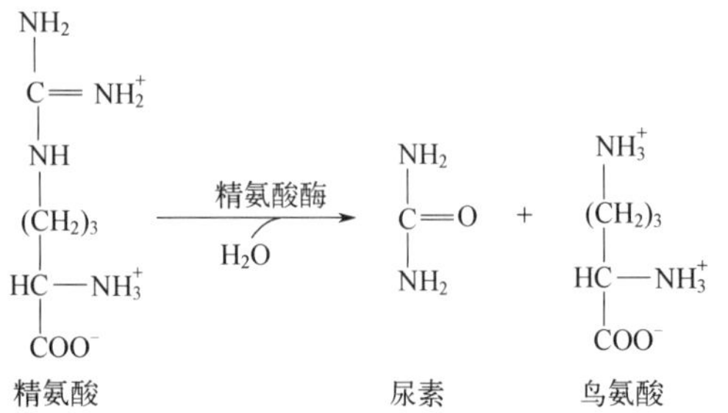

图 10.19　尿素形成和鸟氨酸的再生

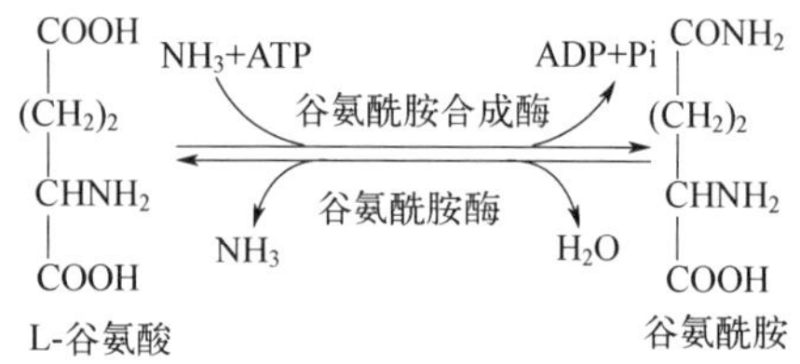

图 10.20　转变为谷氨酰胺

（3）重新合成氨基酸　当组织细胞中糖代谢旺盛时，脱氨基作用产生的氨在组织细胞中可与 α-酮酸发生氨基化反应，重新生成氨基酸。虽然通过脱氨基作用产生的氨合成氨基酸并不能增加氨基酸的总量，但该反应可以调节组织细胞中氨基酸的种类，维持体内氨基酸种类间的供需平衡。

（4）氨的其他代谢途径　机体代谢产生的氨还可参与嘌呤、嘧啶等某些含氮物质的合成。有些植物组织中含有大量的有机酸，如异柠檬酸、柠檬酸、苹果酸、酒石酸和草酰乙酸等，氨可以和这些有机酸结合生成铵盐，以保持细胞内正常的 pH。某些组织细胞中的氨甲酰磷酸合成酶Ⅱ可利用谷氨酰胺作为氮源催化合成氨甲酰磷酸，再进一步与天冬氨酸缩合成氨甲酰天冬氨酸，环化生成二氢乳清酸，最后合成尿苷酸。氨经谷氨酰胺转化为嘧啶类化合物，这是氨的去路之一。

10.2.3.2　α-酮酸的代谢

氨基酸降解生成相应的 α-酮酸见表 10.3。这些酮酸的代谢途径主要有：合成新的氨基酸，转变为糖和脂肪，彻底氧化成二氧化碳和水，并释放出能量供机体利用。

表 10.3　氨基酸降解中产生的 α-酮酸

氨基酸	α-酮酸
丙氨酸、丝氨酸、半胱氨酸、色氨酸、甘氨酸、苏氨酸	丙酮酸
甲硫氨酸、异亮氨酸、缬氨酸	琥珀酰辅酶 A
苯丙氨酸、酪氨酸	延胡索酸
精氨酸、脯氨酸、组氨酸、谷氨酰胺、谷氨酸	α-酮戊二酸
天冬酰胺、天冬氨酸	草酰乙酸
亮氨酸、色氨酸、苏氨酸、异亮氨酸	乙酰辅酶 A
苯丙氨酸、酪氨酸、亮氨酸、赖氨酸	乙酰乙酸或乙酰乙酰辅酶 A

（1）合成新的氨基酸（还原氨基化）　生物体内氨基酸的脱氨基作用与 α-酮酸的还原氨基化是一对可逆反应，并在生理条件下处于动态平衡。当体内氨基酸过剩时，脱氨基

作用相应地加强，相反，在需要氨基酸时，氨基化作用又会加强。氨基酸降解产生的α-酮酸可通过这种可逆反应合成新氨基酸，以满足细胞对氨基酸的需要。体内的丙氨酸、天冬氨酸和谷氨酸等非必需氨基酸可通过丙酮酸、草酰乙酸、α-酮戊二酸等 α-酮酸经氨基化生成。

（2）转化为糖和脂肪　各种氨基酸脱氨后生成的α-酮酸可通过各自特有的途径最终转变成丙酮酸、乙酰辅酶 A、乙酰乙酰辅酶 A、α-酮戊二酸、琥珀酰辅酶 A、延胡索酸和草酰乙酸等，分别进入糖代谢或脂代谢途径，实现了氨基酸代谢、糖代谢和脂代谢的密切联系。根据氨基酸碳骨架所参与代谢的终产物不同，可将氨基酸分为三类（表 10.4）：①生糖氨基酸（glucogenic amino acid），其碳骨架可生成丙酮酸、草酰乙酸、α-酮戊二酸、琥珀酰 CoA 和延胡索酸等糖代谢中间产物，再经糖异生途径转化为葡萄糖；②生酮氨基酸（ketogenic amino acid），其碳骨架可生成乙酰 CoA 或乙酰乙酰 CoA，进入脂肪酸合成途径，在动物体内能转变为酮体；③生糖兼生酮氨基酸，其碳骨架既可生成糖又可转化为酮体。

表 10.4　生物体 20 种氨基酸碳骨架代谢转化去向分类

分类	氨基酸
生糖氨基酸	丙氨酸、精氨酸、天冬酰胺、天冬氨酸、半胱氨酸、谷氨酸、谷氨酰胺、甘氨酸、组氨酸、甲硫氨酸、脯氨酸、丝氨酸、缬氨酸
生酮氨基酸	亮氨酸、赖氨酸
生糖兼生酮氨基酸	异亮氨酸、色氨酸、苏氨酸、苯丙氨酸和酪氨酸

（3）氧化供能　氨基酸也是一类能源物质，当体内需要能量时，氨基酸降解产生的α-酮酸可直接或间接进入三羧酸循环氧化分解释放出能量。α-酮酸主要通过乙酰 CoA、草酰乙酸、α-酮戊二酸、琥珀酰 CoA 和延胡索酸等中间代谢物进入三羧酸循环（图 10.21）。

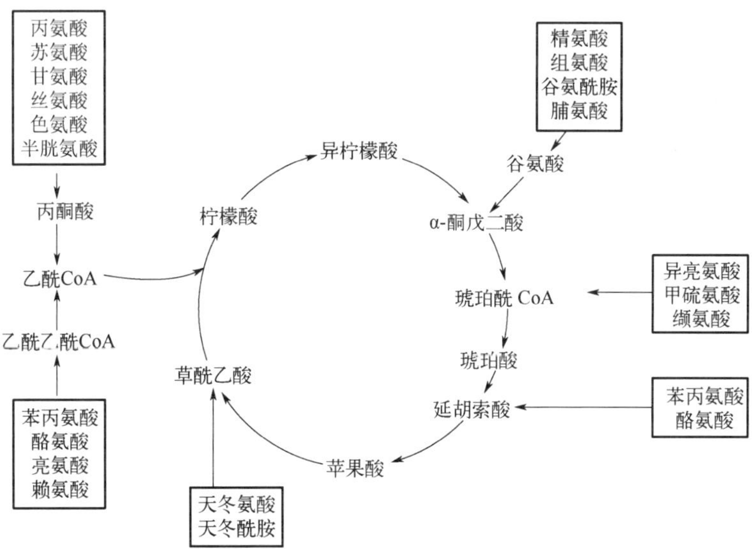

图 10.21　氨基酸碳骨架进入三羧酸循环的途径

10.3 氨基酸的合成代谢

植物和绝大多数微生物能合成自身所需的所有种类氨基酸，而人和哺乳动物只能合成10种非必需氨基酸。苯丙氨酸、赖氨酸、色氨酸、甲硫氨酸、苏氨酸、异亮氨酸、亮氨酸和缬氨酸在动物体内不能自身合成，称为必需氨基酸（essential amino acid）。组氨酸和精氨酸在体内能合成，但合成速度不能满足机体需要，被称为半必需氨基酸。

10.3.1 氨基酸的合成与转氨基作用

生物体内各种转氨酶催化的反应都是可逆的，所以转氨基过程既发生在氨基酸分解过程中，也存在于氨基酸合成中。许多氨基酸都可作为氨基的供体，其中最重要的是谷氨酸。氨通过谷氨酰胺合成酶-谷氨酸合酶途径可同化生成谷氨酸，然后再通过转氨基作用将氨基转移给其他α-酮酸合成相应的氨基酸。这样，谷氨酸便作为氨基的转换站。α-酮酸的还原氨基化作用与转氨基作用是糖代谢与氨基酸、蛋白质代谢密切联系的一种重要方式。

10.3.2 一碳基团的代谢

（1）一碳基团的概念及生物学意义　一碳基团（one carbon group），也称一碳单位（one carbon unit），是指某些氨基酸在分解代谢过程中产生的含有一个碳原子的基团，包括甲基（$—CH_3$）、甲烯基（$—CH_2—$）、羟甲基（$—CH_2OH$）、甲炔基（$—CH=$）、甲酰基（$—CHO$）、亚氨甲基（$—CH=NH$）等。一碳基团不能游离存在，需要在载体四氢叶酸（FH_4）的携带下进行转移，参与各种生物活性物质的修饰及嘌呤、嘧啶的合成等。四氢叶酸的结构如图10.22，不同形式的一碳单位可与THF在N5和N10之间，或在N5及N10位以共价键相连。一碳基团的转移除了与许多氨基酸的代谢有直接关系外，还参与嘌呤和嘧啶的合成，以及生物体内多种化合物的甲基化。生物体内许多活性物质，如肌酸、卵磷脂、S-腺苷蛋氨酸等的生物合成都和一碳基团转移有关。

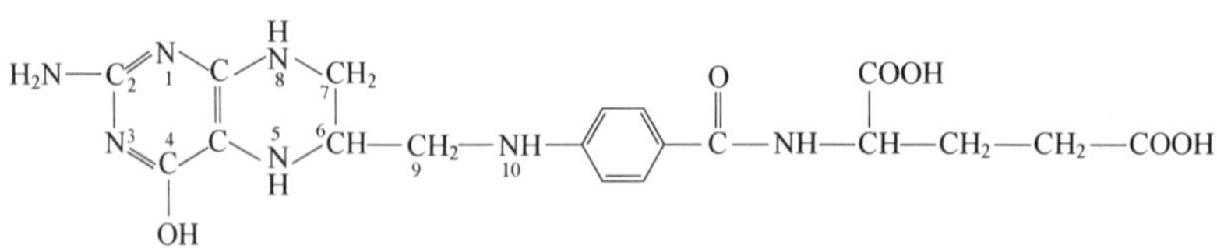

图10.22　四氢叶酸的结构式

（2）一碳基团和氨基酸代谢　许多氨基酸都可作为一碳单位的来源，如甘氨酸、苏氨酸、丝氨酸和组氨酸等。甲硫氨酸可通过S-腺苷甲硫氨酸提供活性甲基。一碳单位的来源与转化见图10.23。

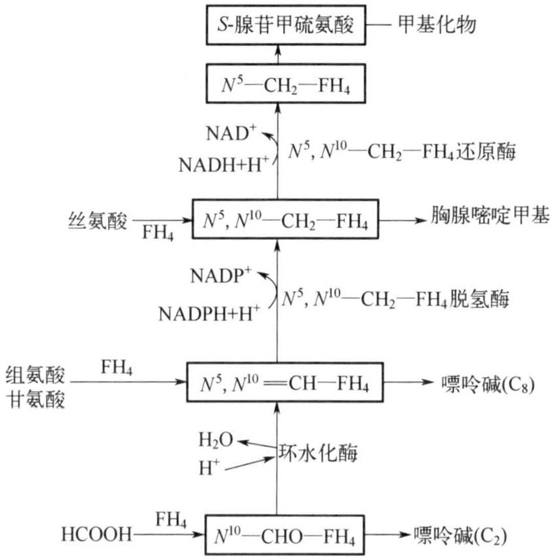

图 10.23　一碳单位的来源与转变

10.3.3　各族氨基酸的合成

氨基酸可由多种途径合成，其共同特点是氨基主要来自谷氨酸的转氨基反应，碳骨架来自糖代谢中间产物。根据氨基酸合成的碳骨架来源，可将氨基酸生物合成途径归纳为六个族：丙氨酸族、丝氨酸族、天冬氨酸族、谷氨酸族、芳香族氨基酸族及组氨酸族。

（1）丙氨酸族　丙氨酸族为丙酮酸衍生型，包括 L-丙氨酸、L-缬氨酸和 L-亮氨酸，它们的共同碳骨架来源于糖酵解中的丙酮酸。

① 丙氨酸的生物合成。丙酮酸经转氨、缩合等作用生成氨基酸。丙氨酸由丙酮酸接受来自谷氨酸的氨基生成，该反应由谷-丙转氨酶催化，反应可逆（图 10.24）。

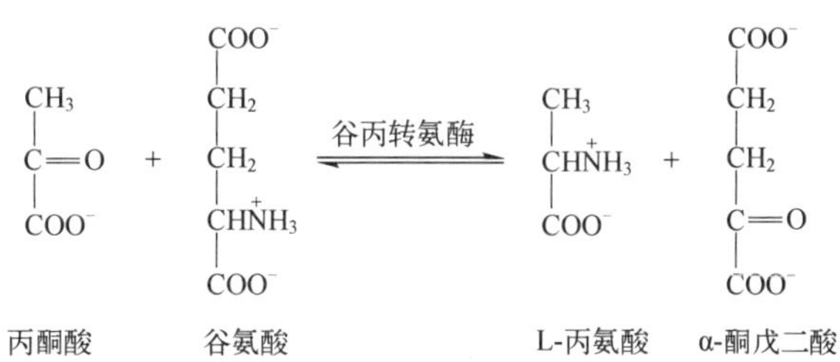

图 10.24　丙氨酸的生物合成

② 缬氨酸生物合成。丙酮酸与活性乙醛基（来自丙酮酸脱羧）缩合生成 α-乙酰乳酸，经还原、脱水反应生成 α-酮异戊酸，并以此为碳架经转氨基生成缬氨酸（图 10.25）。

③ 亮氨酸生物合成。亮氨酸合成途径从丙酮酸开始到 α-酮异戊酸的形成，和缬氨酸完全相同。α-酮异戊酸在 α-异丙基苹果酸合成酶的作用下，接受乙酰 CoA 转来的乙酰基生成 α-异丙基苹果酸，异构化生成 β-异丙基苹果酸，在异丙基苹果酸脱氢酶催化下，脱氢脱羧生成 α-酮异己酸，再经转氨基作用，生成 L-亮氨酸（图 10.26）。

（2）丝氨酸族　丝氨酸族为 3-磷酸甘油酸衍生型，包括 L-丝氨酸、L-甘氨酸和 L-半胱氨酸。丝氨酸的碳骨架来自糖酵解中间产物 3-磷酸甘油酸。

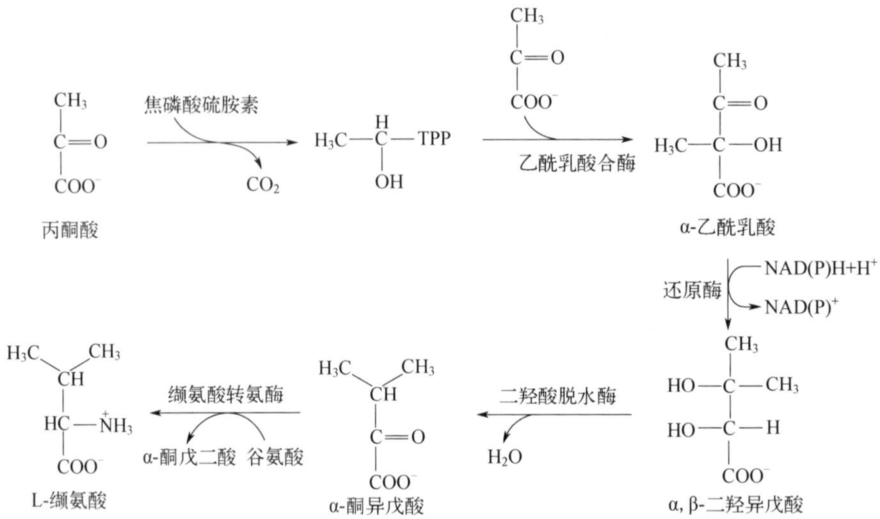

图 10.25　缬氨酸的生物合成

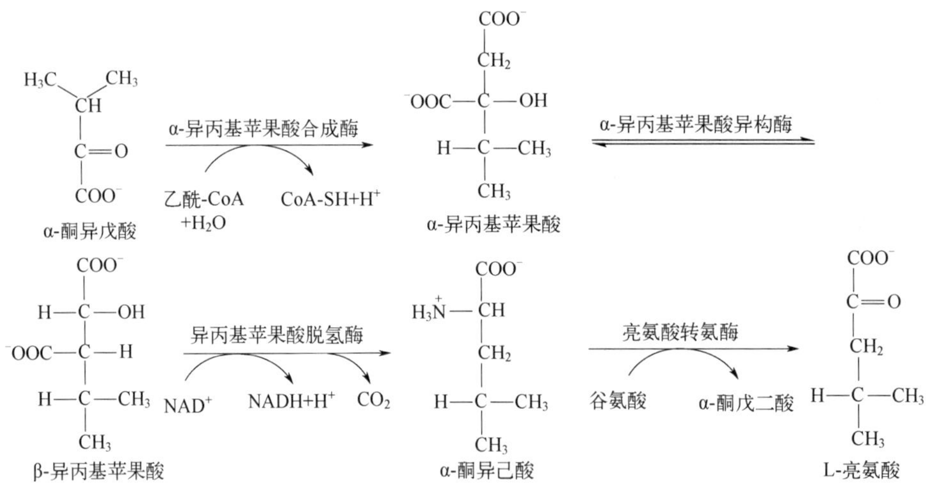

图 10.26　亮氨酸的生物合成

① 丝氨酸和甘氨酸的合成。3-磷酸甘油酸在磷酸甘油酸脱氢酶催化下脱去 α-羟基上的氢，生成 3-磷酸羟基丙酮酸，经转氨基作用生成 3-磷酸丝氨酸，在磷酸丝氨酸酶作用下水解脱去磷酸生成 L-丝氨酸（图 10.27），这是磷酸化途径。3-磷酸甘油酸也可以先脱去磷酸生成甘油酸，再经氧化、转氨生成丝氨酸，这是非磷酸化途径。甘氨酸由 L-丝氨酸脱去羟甲基形成，催化该反应的酶为丝氨酸转羟甲基酶，其辅酶为四氢叶酸。

② 半胱氨酸的生物合成。在人体和动物体内的半胱氨酸碳骨架来源于丝氨酸，硫来源于甲硫氨酸。甲硫氨酸可转化为高半胱氨酸，后者和丝氨酸在胱硫醚-β-合成酶（cystathionine β-synthetase，EC4.2.1.22）作用下形成 L-胱硫醚，然后在胱硫醚-γ-裂解酶（cystathionine lyase，EC4.4.1.1）作用下裂解为 L-高丝氨酸（L-homoserine）和 L-半胱氨酸（图 10.28）。

大多数植物和微生物半胱氨酸的生物合成途径为：丝氨酸接受乙酰 CoA 的乙酰基，生成 O-乙酰丝氨酸，在硫氢解酶作用下 O-乙酰丝氨酸脱去乙酸，将 β-丙氨酸基团与硫氢结合形成 L-半胱氨酸（图 10.29）。

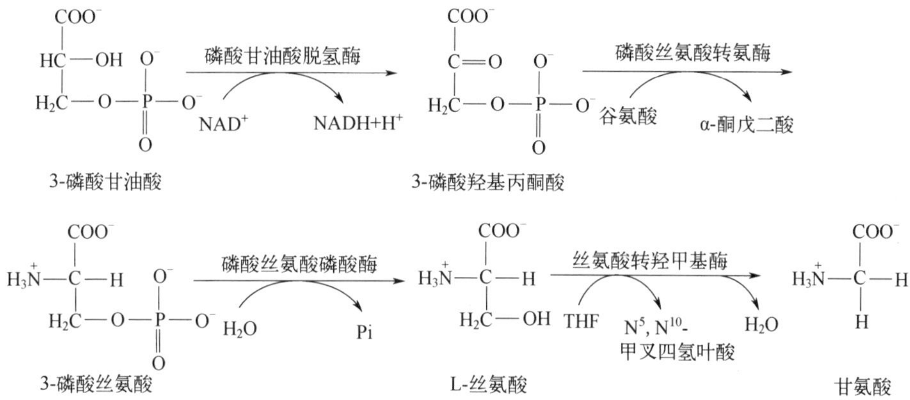

图 10.27　丝氨酸和甘氨酸的生物合成

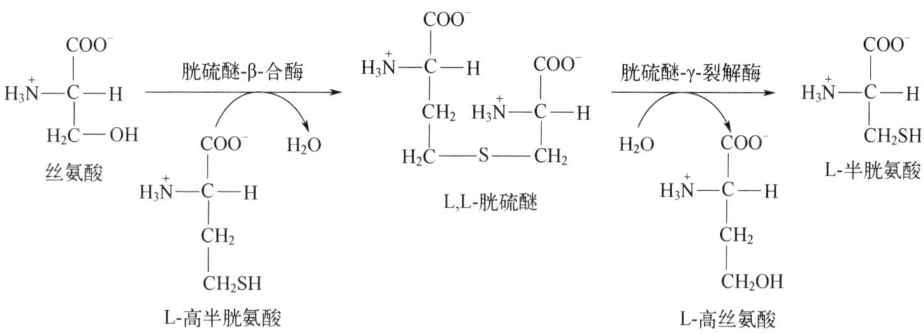

图 10.28　动物体内半胱氨酸的生物合成

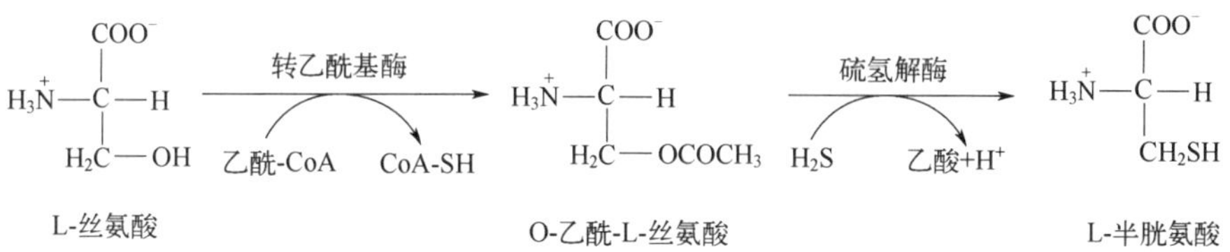

图 10.29　植物和微生物半胱氨酸的生物合成

（3）谷氨酸族　谷氨酸族是 α-酮戊二酸衍生型，属于这一族的氨基酸有 L-谷氨酸、L-谷氨酰胺、L-脯氨酸和 L-精氨酸，它们的碳骨架都来自三羧酸循环中间产物 α-酮戊二酸，可直接生成谷氨酸并生成谷氨酰胺。

① 谷氨酸的生物合成。通常是由 α-酮戊二酸和氨基酸经转氨基作用生成谷氨酸。在动物细胞中，谷氨酸可由 α-酮戊二酸经还原氨基化形成，该反应由线粒体中谷氨酸脱氢酶（glutamate dehydrogenase，EC1.4.1.3）催化（图 10.30）。当环境中 NH_4^+浓度很高时，植物、蕈类和细菌也可通过此途径合成谷氨酸。

② 谷氨酰胺的生物合成。谷氨酰胺合成酶（glutamine synthetase）催化谷氨酸酰胺化生

成谷氨酰胺(图 10.31)。谷氨酸与三磷酸腺苷结合形成γ-谷氨酰磷酸(γ-glutamyl phosphate)中间体，然后与 NH_4^+结合生成产物谷氨酰胺。

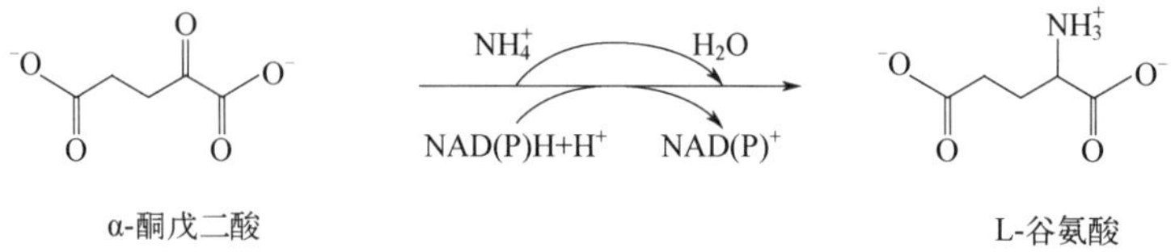

图 10.30 谷氨酸脱氢酶催化的谷氨酸生物合成反应

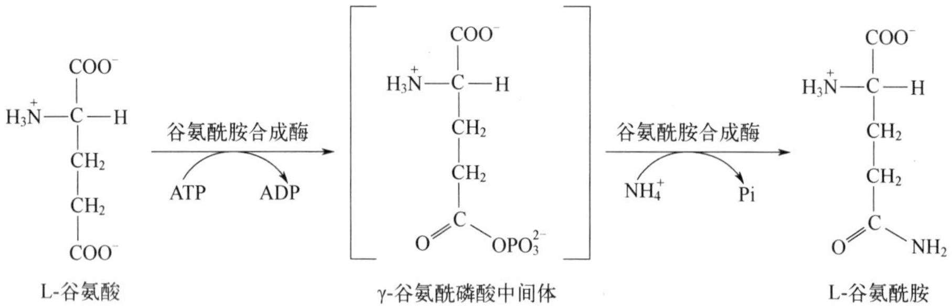

图 10.31 谷氨酰胺合成酶催化的谷氨酰胺的生物合成

③ 脯氨酸的生物合成。脯氨酸生物合成的初始反应是将谷氨酸 γ-羧基转化为 γ-谷氨酰磷酸（由谷氨酸 5-激酶催化），随后在谷氨酸半醛脱氢酶作用下还原形成 L-谷氨酸-γ-半醛，自发环化为 Δ′-二氢吡咯-5-羧酸，在吡咯-5-羧酸还原酶作用下生成 L-脯氨酸（图 10.32）。

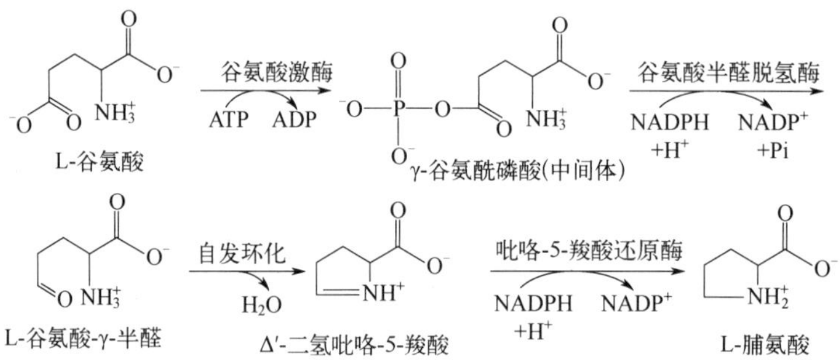

图 10.32 L-脯氨酸的生物合成途径

④ L-精氨酸的生物合成。植物和微生物体内可由谷氨酸作为前体物质合成 L-精氨酸（图 10.33）。L-谷氨酸在乙酰基转移酶作用下生成 N-乙酰谷氨酸，经激酶作用，消耗 ATP 后转变为 N-乙酰-γ-谷氨酰磷酸，经还原酶催化由 NADPH 提供氢而还原生成 N-乙酰-γ-谷氨半醛，再经转氨酶作用，接受谷氨酸转移的 α-氨基形成 α-N-乙酰鸟氨酸，脱去乙酰基（脱乙酰基作用或转乙酰基作用），形成 L-鸟氨酸，通过鸟氨酸循环生成精氨酸。

（4）天冬氨酸族 天冬氨酸族为草酰乙酸衍生型，包括 L-天冬氨酸、L-天冬酰胺、L-赖氨酸、L-甲硫氨酸、L-苏氨酸和异亮氨酸，它们的碳骨架都来自三羧酸循环中的草酰乙酸或延胡索酸。

① 天冬氨酸的生物合成（图 10.34）。天冬氨酸可由草酰乙酸和谷氨酸经转氨基作用生

成，催化该反应的酶为谷-草转氨酶。

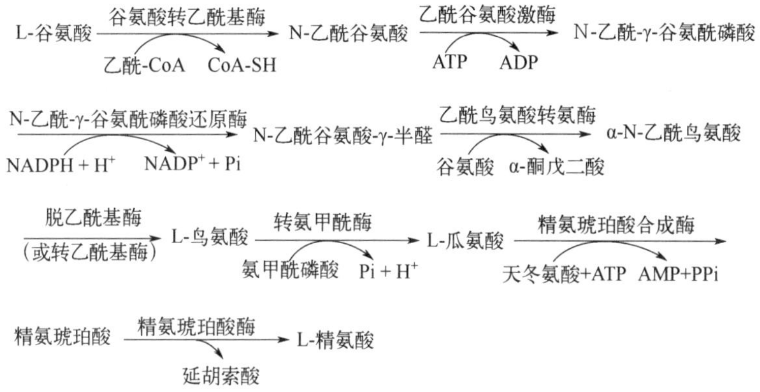

图 10.33　L-精氨酸的生物合成途径

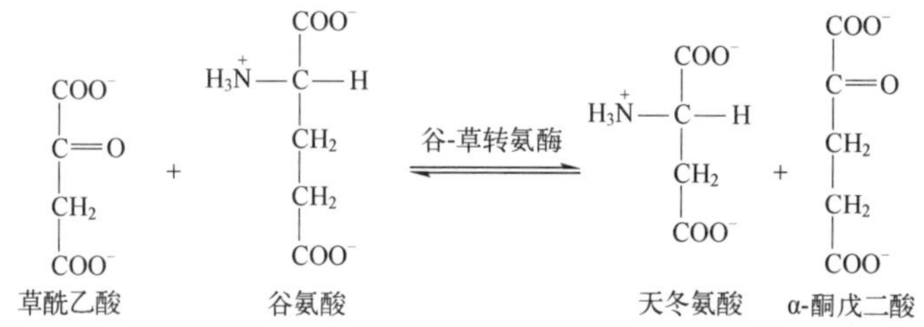

图 10.34　天冬氨酸的生物合成

② 天冬酰胺的生物合成（图 10.35）。天冬氨酸在天冬酰胺合成酶催化下，在天冬氨酸 β-羧基上转移一个谷氨酰胺的酰胺基而生成，从而将 β-羧基酰胺化形成天冬酰胺。

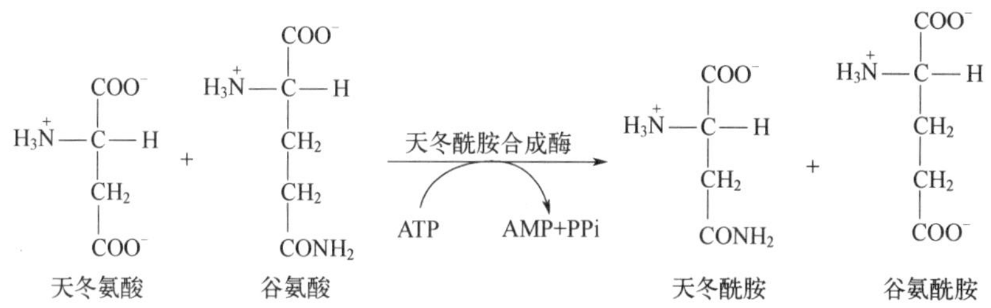

图 10.35　天冬酰胺的生物合成（1）

在细菌细胞内，天冬酰胺的合成由天冬氨酸提供酰胺基氮（图 10.36）。

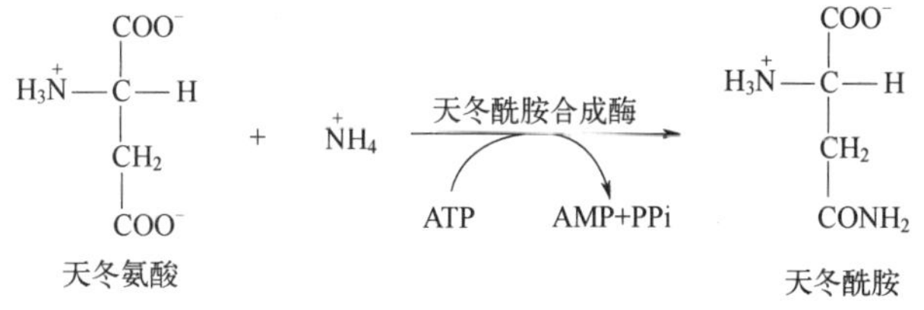

图 10.36　天冬酰胺的生物合成（2）

③ L-赖氨酸的生物合成。细菌和植物体能够以 L-天冬氨酸为起始物合成 L-赖氨酸（图 10.37）。首先，在天冬氨酸激酶的催化下，L-天冬氨酸与 ATP 反应生成天冬氨酰-β-磷

酸，接着在天冬氨酰-β-半缩醛脱氢酶的催化下接受 NADPH 上的氢，被还原成天冬氨酸-β-半醛，之后由二氢吡啶甲酸合酶催化缩合生成环状化合物 2,3-二氢吡啶-2,6-二羧酸，再在 Δ′-哌啶-2,6-二羧酸脱氢酶作用下被还原为 Δ′-哌啶-2,6-二羧酸，其进一步与琥珀酰 CoA 反应，在 N-琥珀酰-2-氨基-6-酮庚二酸合酶的作用下生成 N-琥珀酰-2-氨基-6-酮庚二酸，接着其在 N-琥珀酰二氨基庚二酸氨基转移酶的作用下与谷氨酸发生转氨基作用，生成 N-琥珀酰-L,L-2,6-二氨基庚二酸，之后在 N-琥珀酰二氨基庚二酸脱琥珀酸酶作用下脱去琥珀酸，生成 L-α,ε-二氨基庚二酸，在二氨基庚二酸差向异构酶作用下转变为消旋-α,ε-二氨基庚二酸，最后在二氨基庚二酸脱羧酶作用下脱去羧基生成 L-赖氨酸。

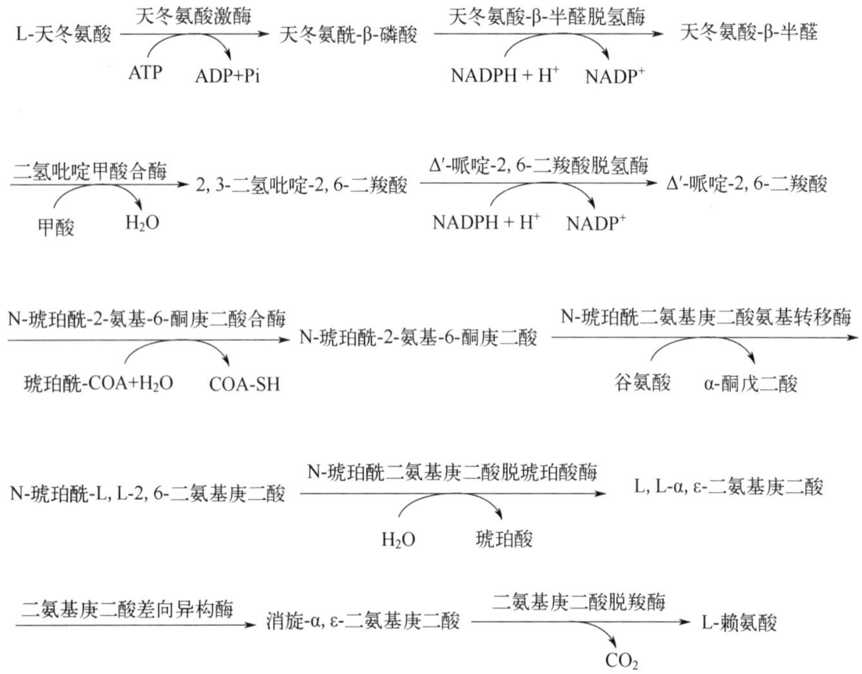

图 10.37　细菌和植物体由 L-天冬氨酸合成 L-赖氨酸

④ 甲硫氨酸的生物合成。绿色植物和细菌能以天冬氨酸为前体合成甲硫氨酸，但甲硫氨酸在人体内不能合成（图 10.38）。天冬氨酸到天冬氨酸-β-半醛的反应过程和 L-赖氨酸的生物合成步骤相同。天冬氨酸-β-半醛在脱氢酶的作用下被还原生成 L-高丝氨酸。细菌和植物体内从 L-高丝氨酸到 L-甲硫氨酸的反应途径是不同的。在植物中，L-高丝氨酸先转变为 O-磷酰-高丝氨酸，接着再转变为 L-高半胱氨酸，最后在转移酶作用下，L-高半胱氨酸接受 N5-甲基四氢叶酸转来的甲基生成 L-甲硫氨酸。在细菌中，L-高丝氨酸先转变为 O-琥珀酰高丝氨酸，

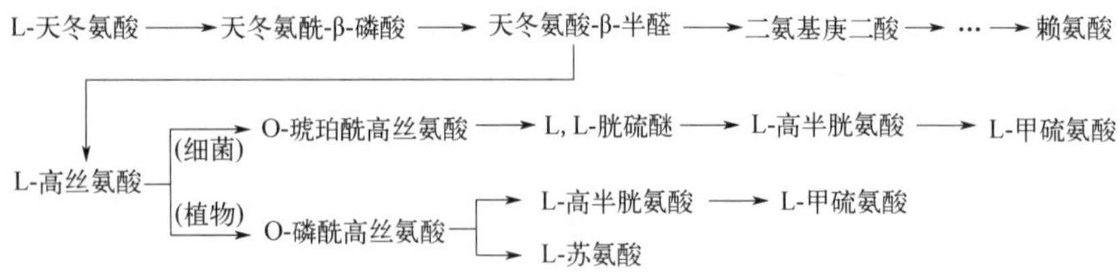

图 10.38　赖氨酸、甲硫氨酸和苏氨酸的生物合成途径

接着转变为 L，L-胱硫醚，再由 L，L-胱硫醚转变为 L-高半胱氨酸，最后在转移酶的作用下接受甲基而生成 L-甲硫氨酸。

⑤ 苏氨酸的生物合成。从起始物 L-天冬氨酸开始到 L-高丝氨酸与 L-甲硫氨酸的合成步骤是相同的，之后 L-高丝氨酸在高丝氨酸激酶作用下接受 ATP 转移的磷酸基团生成 O-磷酰-L-高丝氨酸，后经苏氨酸合酶的作用生成苏氨酸。

⑥ 异亮氨酸的生物合成。L-苏氨酸在苏氨酸脱水酶的作用下脱去氨基生成 α-酮丁酸，α-酮丁酸在乙酰乳酸合酶作用下与活性乙醛基缩合生成 α-乙酰-α-羟丁酸，α-乙酰-α-羟丁酸再经还原酶作用生成 α，β-二羟-β-甲基戊酸，之后在脱水酶的作用下脱水生成 α-酮-β-甲基戊酸，接着在转氨酶作用下与谷氨酸之间发生氨基基团转移反应而生成 L-异亮氨酸（图 10.39）。

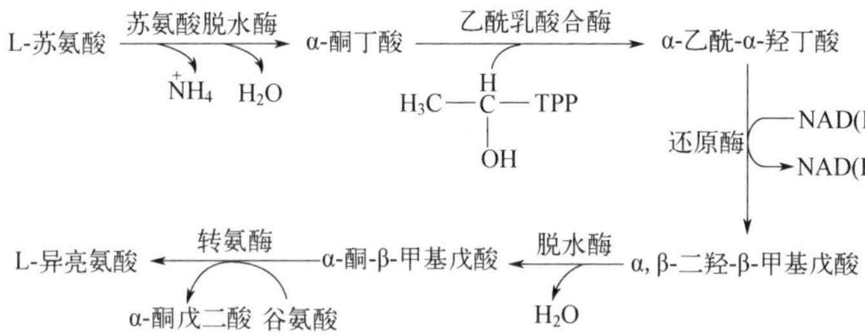

图 10.39　异亮氨酸的生物合成

（5）芳香族氨基酸　芳香族氨基酸（苯丙氨酸、酪氨酸和色氨酸）只能由植物和微生物合成，糖酵解中间产物磷酸烯醇式丙酮酸和磷酸戊糖途径的 4-磷酸赤藓糖为其合成提供碳骨架。分支酸在微生物、植物的芳香族氨基酸生物合成体系中作为中间体，是位于重要分支点的化合物。

① 分支酸的生物合成。分支酸的生物合成途径见图 10.40。磷酸烯醇式丙酮酸和 4-磷酸

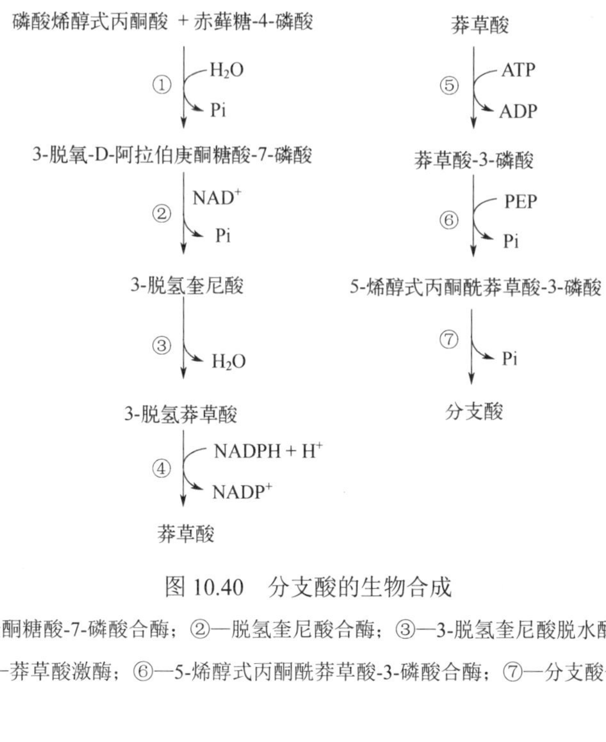

图 10.40　分支酸的生物合成

①—3-脱氧-D-阿拉伯庚酮糖酸-7-磷酸合酶；②—脱氢奎尼酸合酶；③—3-脱氢奎尼酸脱水酶；④—莽草酸脱氢酶；⑤—莽草酸激酶；⑥—5-烯醇式丙酮酰莽草酸-3-磷酸合酶；⑦—分支酸合酶

赤藓糖在 3-脱氧-D-阿拉伯庚酮糖酸-7-磷酸合酶的催化下缩合形成 3-脱氧-D-阿拉伯庚酮糖酸-7-磷酸；再经脱氢奎尼酸合酶作用脱去磷酸、3-脱氢奎尼酸脱水酶作用脱去水，之后加氢被还原为莽草酸，莽草酸接受 ATP 分子中的磷酸发生磷酸化，之后与磷酸烯醇式丙酮酸缩合为 5-烯醇式丙酮酰莽草酸-3-磷酸，最后在分支酸合酶的作用下生成分支酸。

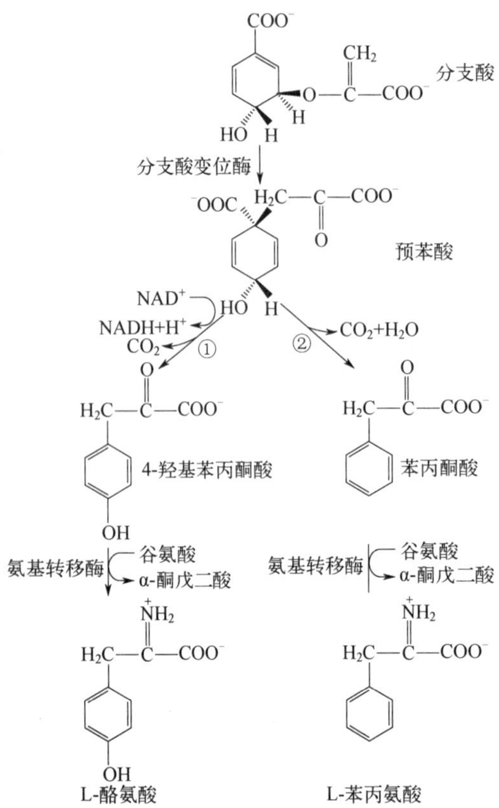

图 10.41 细菌和植物体由分支酸合成苯丙氨酸和酪氨酸

①—预苯酸脱氢酶；②—预苯酸脱水酶

② 苯丙氨酸和酪氨酸的生物合成。正常情况下，人体和动物体可通过苯丙氨酸羟化酶在苯丙氨酸苯基 C-4 上羟基化，直接从苯丙氨酸中产生酪氨酸，该酶也参与苯丙氨酸的降解。苯丙氨酸羟化酶是一种单加氧酶，其辅酶是四氢生物蝶呤，催化反应不可逆，因而酪氨酸不能转变为苯丙氨酸。当苯丙氨酸羟化酶先天缺乏时，苯丙氨酸不能正常转变为酪氨酸，体内苯丙氨酸积累，并可经转氨基作用生成苯丙酮酸，后者进一步转变为苯乙酸等衍生物。尿中出现大量苯丙酮酸等代谢产物，称为苯丙酮酸尿症（phenylketonuria，PKU）。在细菌和植物体中苯丙氨酸和酪氨酸由分支酸合成（图 10.41），共同的中间体是预苯酸。经过预苯酸后，进入苯丙氨酸和酪氨酸两条不同的代谢途径。

③ 色氨酸的生物合成。分支酸和谷氨酰胺在氨基苯甲酸合酶的催化下生成邻-氨基苯甲酸，之后在氨基苯甲酸磷酸核糖转移酶的作用下与 PRPP 缩合形成 N-5′-磷酸核糖-氨基苯甲酸，在同分异构酶的作用下将核糖的 C1 和 C2 转变为吲哚环的 C8 和 C7，从而生成烯醇式 1-（O-羧基氨基）-1-脱氢核酮糖-5-磷酸，之后在吲哚-3-甘油磷酸合酶催化下脱水生成吲哚-3-甘油磷酸，最后在色氨酸合成酶催化下，吲哚-3-甘油磷酸结合丝氨酸脱去甘油醛磷酸，并脱水形成色氨酸（图 10.42）。

（6）组氨酸 组氨酸生物合成途径见图 10.43。首先，PRPP 在 ATP 磷酸核糖转移酶的催化下将 5′-磷酸核糖-1′-焦磷酸的 5′-磷酸核糖基团转移到 ATP 上，形成 N^1-（5′-磷酸核糖）-ATP，在焦磷酸水解酶的作用下生成 N^1-（5′-磷酸核糖）-AMP。接着，在磷酸核糖-AMP 环化水解酶作用下使嘌呤环的 C6 和 N^1 之间打开，生成 N^1-（5′-磷酸核糖亚氨甲基）-5-氨基咪唑-4-羧酰胺核苷酸，接着在同分异构酶的作用下发生异构化反应生成 N^1-5′-磷酸核酮糖亚胺甲基-5-氨基咪唑-4-羧酰胺核苷酸，之后在氨基转移作用下与谷氨酰胺结合转化生成 3′-磷酸咪唑甘油，经脱水后生成 3′-磷酸咪唑丙酮醇，接着再生成组氨醇磷酸、组氨醇，最后转化为组氨酸。

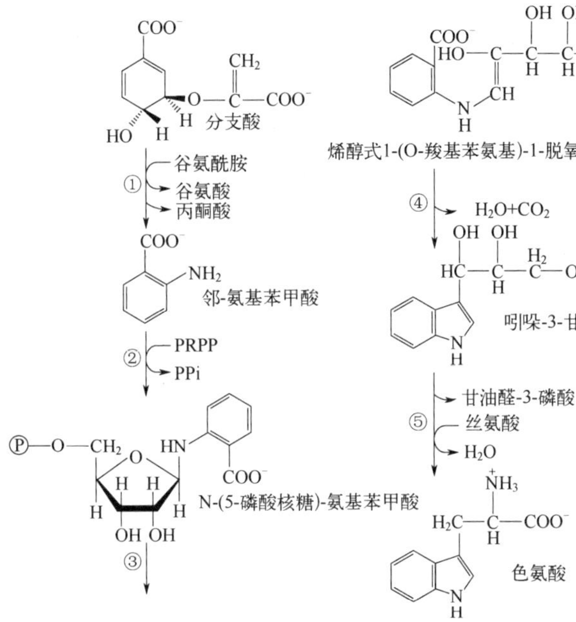

图 10.42　细菌和植物体中由分支酸合成色氨酸途径

①—氨基苯甲酸合酶；②—氨基苯甲酸磷酸核糖转移酶；③—N-（5-磷酸核糖）-氨基苯甲酸同分异构酶；④—吲哚-3-甘油磷酸合酶；⑤—色氨酸合酶

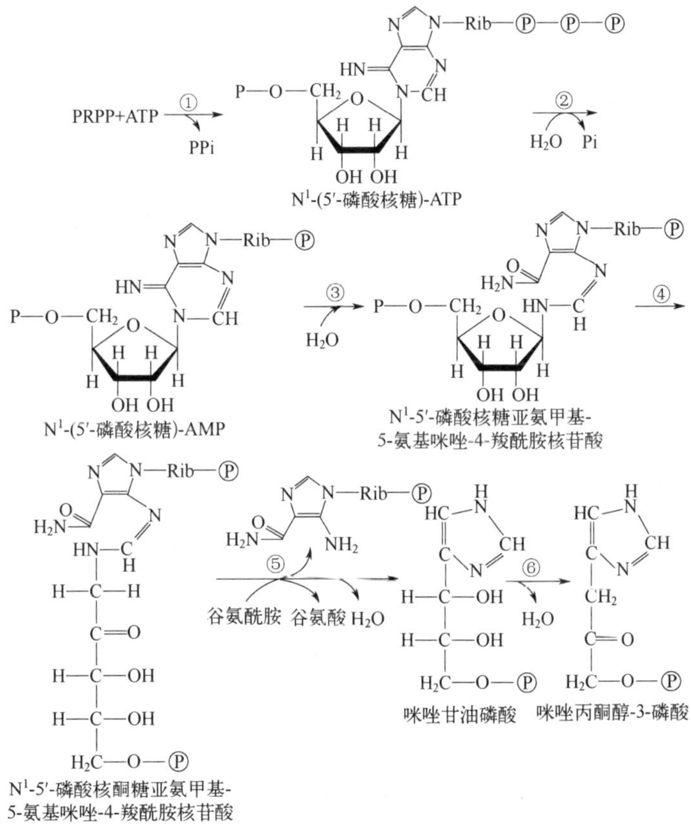

图 10.43

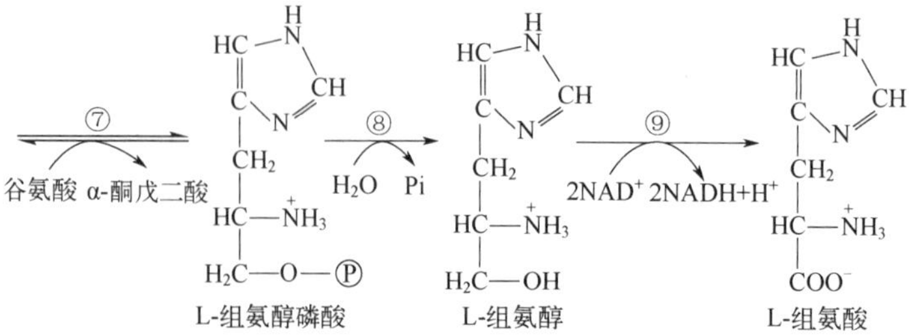

图 10.43 细菌和植物体中组氨酸的生物合成

①—ATP 磷酸核糖转移酶；②—焦磷酸水解酶；③—磷酸核糖-AMP 环化水解酶；④—磷酸核糖亚氨基-5-氨基咪唑-4-羧酰胺核苷酸同分异构酶；⑤—谷氨酰胺氨基转移酶；⑥—咪唑甘油磷酸脱水酶；⑦—L-组氨醇磷酸氨基转移酶；⑧—L-组氨醇磷酸磷酸酶；⑨—组氨醇脱氢酶

10.4 代谢与人体健康

10.4.1 与蛋白质代谢相关的疾病

蛋白质摄入过多，在人体内的分解产物也较多，其中氨、酮酸及尿素等会对人体产生副作用，增加肝脏负担，还会引起消化不良，影响肝肾功能，造成消瘦及免疫功能低下。蛋白质摄入过多会加速骨骼钙流失，易产生骨质疏松。若机体缺乏某些蛋白质则会引起一些疾病，与蛋白质缺乏相关的疾病有以下几种：

① 消瘦性恶性营养不良病。消瘦性恶性营养不良病通常发生在蛋白质摄入量严重不足的情况下，常见症状包括腹腔积液导致水肿、血压低、精神萎靡不振等。以淀粉为主要热量来源的孩子最常见。

② 蛋白质能量营养不良症。蛋白质能量营养不良症也被称为消瘦，是一种常见于贫穷地区营养不良儿童身上的蛋白质缺乏疾病。患病儿童处于半饥饿状态，非常瘦弱，肌肉组织萎缩，皮肤薄且干燥。

③ 蛋白尿症。蛋白尿症是一种尿液中含有大量蛋白的疾病。当尿液中出现白蛋白，意味着很有可能存在慢性肾脏疾病。这种疾病会导致蛋白质不能通过血液行使正常功能，并造成脚、胃和腿部出现水肿。

④ 低蛋白血症。患者缺少蛋白质，主要症状为身体乏力、脸色苍白、四肢肿胀、畏寒、脱发、失眠等，还容易出现贫血、营养不良、头晕、骨质疏松、消瘦等现象，严重时会引发呼吸困难、胸痛、发热、排尿不畅等。

10.4.2 与氨基酸代谢相关的疾病

氨基酸代谢中缺乏某一种酶，则会引起机体出现严重的症状，这类疾病称为氨基酸代谢缺陷症。氨基酸代谢缺陷症和 DNA 分子突变有关，往往是先天性的，又称为先天性遗传代谢病。表 10.5 列举了一些先天性氨基酸代谢缺陷症。

表 10.5　氨基酸代谢异常引起的代谢疾病

疾病名称	缺失过程	缺失的酶	主要症状
白化病（albinism）	黑色素合成	酪氨酸酶	色素缺乏，白发和粉红色皮肤
黑尿病（alkaptonuria）	酪氨酸降解	尿黑酸 1,2-双加氧酶	尿液发黑，迟发性关节炎
高胱氨酸尿症（homocystinuria）	Met 的降解	胱硫醚 β-合酶	骨骼发育缺陷，智力缺陷
枫糖尿病（maple syrup urine disease）	Leu、Ile、Val 降解	支链 α-酮酸脱氢酶	呕吐、抽搐、智力缺陷、早逝
甲基丙二酸血症（methylmalonic）	丙酰辅酶 A 转变成琥珀酰辅酶 A	甲基丙二酸单酰辅酶 A 变位酶	呕吐、抽搐、智力缺陷、早逝
苯丙酮尿症（phenylketonuria）	Phe 羟化成 Tyr	苯丙氨酸羟化酶	新生儿呕吐、智力缺陷

10.5　课程思政

10.5.1　英国生化学家 Sanger

弗雷德里克·桑格（1918.8.13—2013.11.19），英国生物化学家，两度获得诺贝尔奖，完整定序了胰岛素的氨基酸序列，证明了蛋白质具有明确构造，提出了快速测定脱氧核糖核酸（DNA）序列的双去氧终止法（桑格法）技术。1955 年，桑格将胰岛素的氨基酸序列完整地定序出来。他利用自己新发现的桑格试剂（2,4-二硝基氟苯）将胰岛素降解成小片段，并与专门水解蛋白质的胰蛋白酶混合在一起，再将一部分混合物样本置于滤纸的一面，并利用一种层分析方法做进一步的实验。由于不同的蛋白质片段有不同的溶解度与电荷，电泳后这些片段会各自停留在不同的位置，产生特定的图案。桑格将此图案称为“指纹”，不同蛋白质拥有不同的图案，成为可供辨识且可重现的特征。之后桑格又将小片段重新组合成氨基酸长链，进而推导出完整的胰岛素结构。这项研究使他获得了 1958 年诺贝尔化学奖。1975 年，桑格发展出一种称为链终止法的技术来测定 DNA 序列，主要是先进行 PCR，利用 DNA 引子和 DNA 聚合酶使 DNA 链得以展开复制，再利用双脱氧核苷酸来终止 DNA 链的合成，这项研究后来成为人类基因组计划等研究得以展开的关键之一。两年后他利用此技术成功定序出 Φ-X174 噬菌体的基因组序列，这也是首次完整的基因组定序工作。1980 年，桑格与沃特·吉尔伯特及另一团队的保罗·伯格获得诺贝尔化学奖。

10.5.2　赵世民教授

赵世民，美国普渡大学博士，2006 年任职复旦大学，从事营养代谢物失调与人类疾病关系的基础研究，主要贡献包括：在国际上开创性地发现了代谢酶的乙酰化调控机制，开辟代谢调控研究新领域；率先提出代谢物参与细胞信号通路调控，发现代谢酶突变致肿瘤机理；

发现胞内氨基酸感知分子机制，揭示氨基酸失调的致病机制。赵世民教授专注于代谢调控研究 10 多年，取得了多项原创性突破，为肿瘤治疗开辟了新方向；揭示了氨基酸感知机制，在人类细胞中发现了一套针对 20 种氨基酸的感知体系——即所有氨基酸会在氨基酸 tRNA 合成酶的催化下生成氨酰 AMP，促使赖氨酸氨酰化，被修饰后的赖氨酸负责感知、传递特定氨基酸的水平，从而维持平衡。该研究填补了该领域的空白，获得国际认可。2018 年 1 月，代谢领域顶级期刊《Cell Metabolism》以封面文章形式发表了赵世民教授团队关于氨基酸感知和信号传导机制的研究成果。

10.6 拓展与探索

氨基酸分解代谢缺陷是最早被医学科学家发现和研究的遗传病之一，是由遗传信息的永久改变（即 DNA 结构突变）引起的。下面列举几种与氨基酸分解代谢有关的疾病：

（1）尿黑酸尿症（Alkaptonuria，AKU） 又称为黑尿症、褐黄病，是一种罕见的酪氨酸代谢障碍性疾病，呈常染色体隐性遗传，由编码尿黑酸 1,2-二氧化酶的 *HGD* 基因突变所致。患者因先天缺乏尿黑酸氧化酶导致体内苯丙氨酸和酪氨酸代谢产生的尿黑酸无法降解，经尿液排出或慢性沉积于机体多处结缔组织，形成色素沉着，使皮肤变暗。主要表现为尿色加深、皮肤色素沉着，晚期体内无法排出尿黑酸，会侵蚀全身软骨和软组织引发骨关节病。

（2）白化病 由酪氨酸酶缺乏或功能减退引起的一种皮肤及附属器官黑色素缺乏或合成障碍所导致的遗传性白斑病。皮肤、头发等细胞中的酪氨酸酶可将酪氨酸转化为左旋多巴，再转化为多巴醌，凝聚形成黑色素。由于缺乏色素，患者皮肤、头发及其他体毛都呈白色或黄白色。白化病患者对阳光极其敏感，容易患皮肤癌和被晒伤，视力差，怕光。白化病属于家族常染色体隐性遗传病。

（3）苯丙酮尿症（PKU） 一种常见的氨基酸代谢遗传疾病，由苯丙氨酸代谢途径中缺乏苯丙氨酸羟化酶引起，使苯丙氨酸不能转变成为酪氨酸，导致苯丙氨酸及其酮酸蓄积，从尿中大量排出。苯丙氨酸积累会造成血液中苯丙氨酸水平较高，导致氨基酸通过血脑屏障的运输机制饱和而造成脑损伤。当苯丙氨酸过量存在时，可经过转氨作用形成苯丙酮酸，再转化为苯乳酸和苯乙酸，使尿液散发出特有的霉味。主要临床特征为智力低下、神经症状、湿疹、皮肤抓痕征及色素脱失和鼠气味、脑电图异常等。

（4）枫糖尿病（maple syrup urine disease） 由于支链氨基酸亮氨酸、异亮氨酸和缬氨酸的衍生支链 α-酮酸代谢障碍，造成支链氨基酸和支链 α-酮酸积聚在体内，导致进行性神经性病变，属于常染色体隐性遗传疾病。枫糖尿病患者尿中排出大量 α-酮酸，产生一种特殊的枫糖糖浆气味。患者可出现昏睡、昏迷、生长障碍、中枢性呼吸衰竭以及枫糖气味尿等表现。

（5）酪氨酸血症 由酪氨酸代谢中15号染色体上编码延胡索酰乙酰乙酸水解酶基因缺陷所引起的先天性氨基酸酶代谢异常疾病，属于常染色体隐性遗传病。根据酶缺陷不同分为酪氨酸血症Ⅰ、Ⅱ、Ⅲ型。酪氨酸血症Ⅰ型表现为进行性肝、肾和周围神经等多系统功能受损，在新生儿时期表现为肝脏合成功能障碍，转氨酶正常或轻度增高，可有肝肿大或肝硬化、腹水等肝功能衰竭表现。酪氨酸血症Ⅱ型常引起流泪、畏光和眼睛发红，出现新生血管形成及角膜浑浊、手掌和足底角化。酪氨酸血症Ⅲ型可导致不同的神经症状，患者可出现肝肿大、黄疸、贫血、厌食、呕吐、发育迟缓、尿量异常、泡沫尿等症状。

思考题

1. 简述生物体内蛋白质降解及氨基酸分解的主要代谢途径。
2. 氨基酸在体内是如何代谢的？氨基酸的分解和转化对于生物体有何意义？
3. 利用简图表示不同氨基酸脱氨后碳链如何进入柠檬酸循环。
4. 氨基酸的脱氨基方式有哪些？其中哪种最重要？为什么？
5. 氨在血液中是如何运输的？
6. 为什么转氨基作用常以α-酮戊二酸作为氨基受体？

第 11 章
核酸的生物降解及核苷酸代谢

本章提要

核酸的生物降解是通过几种类型的酶来完成的。核酸酶将核酸降解为寡核苷酸。磷酸二酯酶将寡核苷酸转化为单核苷酸。核苷酸酶通过去除磷酸基团，将核苷酸转化为核苷。核苷酶酶水解核苷形成游离碱和核糖或脱氧核糖。核苷磷酸化酶将核糖核苷转化为游离碱和核糖-1-磷酸。膳食核酸通常在肠道中被降解。嘌呤在人类和鸟类细胞中被降解为含氮废物尿酸，许多动物进一步降解尿酸。嘧啶碱则被降解为 β-丙氨酸或 β-氨基异丁酸。

核酸降解生成核苷酸，核苷酸水解脱去磷酸而生成核苷，核苷再分解生成嘌呤碱或嘧啶碱和戊糖。核酸降解可发生在细胞外或细胞内。生物细胞内都含有与核酸代谢有关的酶类，能够分解细胞内各种核酸，促使核酸分解更新。动物和异养型微生物还可以分泌消化酶类来分解食物或体外的核蛋白和核酸类物质，以获得各种核苷酸。核苷酸及其水解产物均可被细胞吸收和利用。在生物体内，核酸的水解产物戊糖可参加戊糖代谢，嘌呤碱和嘧啶碱还可以进一步分解。

11.1 核酸的酶促降解

核酸分解代谢的第一步是水解核酸链中的磷酸二酯键，生成寡核苷酸或单核苷酸。在生物体内存在多种磷酸二酯酶可以催化这一解聚反应。降解核酸中的磷酸二酯键的酶称为核酸酶（nuclease），其中水解 RNA 的称为核糖核酸酶（ribonuclease，RNase），水解 DNA 的称为脱氧核糖核酸酶。核酸酶中能够水解核酸分子内磷酸二酯键的酶称为核酸内切酶（endonuclease），能够从核酸链的一端逐个水解下核苷酸的酶称为核酸外切酶（exonuclease）。核酸外切酶在不同的水解位置，可得到 3′-核苷酸或 5′-核苷酸。

核酸外切酶中，蛇毒磷酸二酯酶和牛脾磷酸二酯酶属于非特异的磷酸二酯酶，它们对 RNA 和 DNA（或其低级多核苷酸）都能分解。蛇毒磷酸二酯酶是从多核苷酸链的 3′端开始，逐个水解下 5′-核苷酸；牛脾磷酸二酯酶则相反，从 5′-OH 端开始，逐个水解下 3′-核苷酸（图 11.1）。

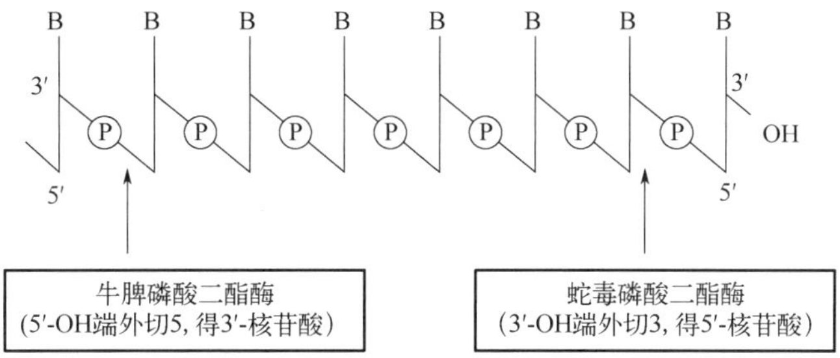

图 11.1　核酸外切酶对核酸的水解位点

核酸内切酶具有不同的特异性，有些可作用于 DNA 和 RNA，有的则专一作用于 DNA 或 RNA。例如，牛胰核酸酶（RNase Ⅰ）只水解嘧啶核苷酸的磷酸二酯键，生成嘧啶核苷-3′-磷酸或末端为嘧啶核苷-3′-磷酸的寡核苷酸。

限制性内切酶（restriction endonuclease），是能够识别外源 DNA 双螺旋中 4～8 个碱基对所组成的特异回文序列，并对每条链中该序列特定部位磷酸二酯键进行水解的一类酶。限制性内切酶只作用于双链 DNA，只在特定核苷酸序列处切开核苷酸之间的磷酸二酯键（表 11.1）。限制性内切酶切口末端分为两类：一类是限制性内切酶在识别序列进行交错切割产生的带有单链的末端，切口两侧的单链末端碱基序列互补，可形成氢键，这种切口末端称为黏性末端（stick end）；另一类是限制性内切酶在识别序列对称结构中心轴线处切割形成两条链平齐的末端，称为平末端（blunt end）。限制性内切酶来源于细菌细胞内，能够识别并水解外源双链 DNA，但不作用于自身 DNA，因为自身 DNA 在相关位点被甲基化修饰而受到保护。

表 11.1　限制性内切酶的专一性

酶名称	切点位置	特点
Alu Ⅰ	5′…A G↓C T…3′ 3′…T C↑G A…5′	四核苷酸，平端切口
*Bam*H Ⅰ	5′…G↓G A T C C…3′ 3′…C C T A G↑G…5′	六核苷酸，黏端切口
Bgl Ⅱ	5′…A↓G A T C T…3′ 3′…T C T A G↑A…5′	六核苷酸，黏端切口
*Eco*R Ⅰ	5′…G↓A A T T C…3′ 3′…C T T A A↑G…5′	六核苷酸，黏端切口
Hind Ⅲ	5′…A↓A G C T T…3′ 3′…T T C G A↑A…5′	六核苷酸，黏端切口

续表

酶名称	切点位置	特点
Sal Ⅰ	↓ 5′… G T C G A C …3′ 3′… C A G C T G …5′ ↑	六核苷酸，黏端切口
Sma Ⅰ	↓ 5′… C C C G G G …3′ 3′… G G G C C C …5′ ↑	六核苷酸，平端切口

限制性内切酶通常按其生物来源命名。以“*Eco*RⅠ”这个限制性内切酶的名字为例，“E”代表 Escherichia（属）；“co”代表 coli（种）的前两个字母，“R”代表 RY13（品系），后面的罗马数字是该酶的编号，表示在此类细菌中发现的顺序，“Ⅰ”即首先发现。

RNaseⅠ特异性作用于 RNA 中嘧啶核苷酸的 C-3′位磷酸与其相邻核苷酸 C-5′位所形成的磷酸酯键。RNase T1 特异性作用于鸟嘌呤核苷酸的 C-3′位磷酸与其相邻核苷酸 C-5′位所形成的磷酸酯键。RNase U2 特异性作用于嘌呤核苷酸 C-3′位磷酸与其相邻核苷酸 C-5′位所形成的磷酸酯键。

11.2 核苷酸的分解

在生物体内，核苷酸在核苷酸酶（nucleosidase）或磷酸单酯酶的催化下，水解生成核苷和磷酸。非特异性的磷酸单酯酶对一切核苷酸都能起作用，无论磷酸基团在核苷的 2′、3′或 5′位置上，都可被水解下来。某些特异性的磷酸单酯酶只能水解 3′-核苷酸或 5′-核苷酸，则分别称为 3′-核苷酸酶或 5′-核苷酸酶。

核苷经核苷酶（nucleosidase）作用分解为含氮碱和戊糖。分解核苷的酶有两类：一类是核苷水解酶（nucleoside hydrolase），另一类是核苷磷酸化酶（nucleoside phosphorylase）。前者使核苷生成含氮碱和戊糖，后者使核苷生成含氮碱和戊糖的磷酸酯。

核苷酶主要存在于植物和微生物体内，只作用于核糖核苷，对脱氧核糖核苷无作用，反应是不可逆的。核苷磷酸化酶存在比较广泛，其所催化的反应是可逆的。不同来源的酶对底物要求不一，有的能作用于核苷和脱氧核苷，有的则对戊糖要求严格。这类酶还有嘌呤核苷磷酸解酶与嘧啶核苷磷酸解酶之分。

11.3 食物中核酸的消化吸收

食物中的核酸主要以核蛋白形式存在。在消化道中，食物中的核蛋白在蛋白水解酶的作用下分解出游离的核酸。核酸在胰核酸酶的作用下，被消化降解为单核苷酸、二核苷酸、三核苷酸和多核苷酸的混合物。肠液中的多核苷酸酶（磷酸二酯酶）补充和增强胰核酸酶的消化功能，将寡核苷酸水解成单核苷酸。核苷酸在核苷酸酶作用下水解为核苷和磷酸。核苷在核苷酶作用下进一步水解为碱基和戊糖。

核酸消化产物中，核苷和碱基是基本的吸收形式。超过 90%的核苷和碱基能够被小肠细胞吸收。核苷向肠细胞的转运通过促进扩散和特殊的依赖于 Na^+的载体介导机制发生。小肠的上部区域具有最强的吸收能力。

11.4 碱基的分解代谢

饮食中的嘌呤和嘧啶碱基，一般不会大量用于合成细胞核酸，而是在肠细胞内降解。嘌呤在人类和鸟类中被降解为尿酸。嘧啶被降解为β-丙氨酸或β-氨基异丁酸，以及 NH_3 和 CO_2。

11.4.1 嘌呤的降解代谢

嘌呤碱的降解代谢过程如图 11.2 所示。不同生物体或组织降解 AMP 的特定途径存在一些差异。在大多数组织中，AMP 被 5′-核苷酸酶水解形成腺苷。腺苷被腺苷脱氨酶（也称为腺苷氨基水解酶）脱氨基形成肌苷。在肌肉中，AMP 最初通过 AMP 脱氨酶（也称为腺苷酸氨基水解酶）转化为 IMP。IMP 随后被 5′-核苷酸酶水解为肌苷。AMP 脱氨酶反应也是嘌呤核苷酸循环的一个组成部分（在嘌呤核苷酸循环途径中，IMP 与天冬氨酸反应生成腺苷酸琥珀酸酯）。这种需要 GTP 的反应由腺苷酸琥珀酸合成酶催化。腺苷酸琥珀酸随后被腺苷酸琥珀酸酶转化为 AMP 和延胡索酸盐。嘌呤核苷酸循环是将氨基酸（通过天冬氨酸）转化为柠檬酸循环中间体（通过延胡索酸）的一种方式。在骨骼肌中，AMP 脱氨酶活性异常高。与其他组织相比，骨骼肌只能用嘌呤核苷酸循环产生的延胡索酸补充柠檬酸循环中间体。在剧烈运动中，肌肉 AMP 脱氨酶（称为肌腺苷酸脱氨酶）被激活和嘌呤核苷酸循环流量增加。

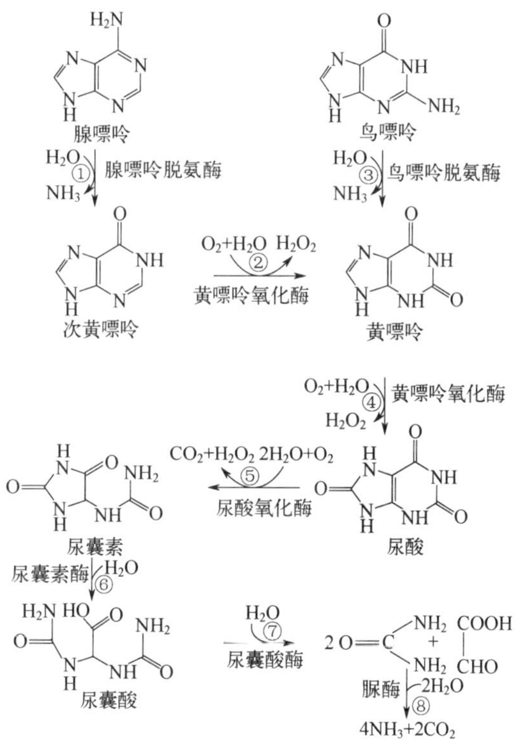

图 11.2 嘌呤碱的降解代谢

嘌呤核苷磷酸化酶将肌苷、鸟苷和黄嘌呤分别转化为次黄嘌呤、鸟嘌呤和黄嘌呤（在这些反应中形成的核糖-1-磷酸被核糖-5-磷酸焦磷酸激酶重新转化为PRPP)。次黄嘌呤被黄嘌呤氧化酶氧化为黄嘌呤，黄嘌呤氧化酶是一种含有钼、FAD和两个不同的Fe-S簇的酶。鸟嘌呤通过鸟嘌呤脱氨酶（也称为鸟嘌呤氨基水解酶）脱氨基为黄嘌呤。黄嘌呤分子被黄嘌呤氧化酶进一步氧化为尿酸。黄嘌呤氧化酶被次黄嘌呤的结构类似物别嘌醇抑制。

许多动物可进一步降解尿酸。尿酸氧化酶将尿酸转化为尿囊素，尿囊素是许多哺乳动物的排泄产物。尿囊素酶催化尿囊素水合形成尿囊酸盐，由硬骨鱼排出。其他鱼类和两栖动物也会产生尿囊素，尿囊素会将尿囊酸分解为乙醛酸和尿素。最后，海洋无脊椎动物在脲酶的催化下将尿素降解为NH_4^+和CO_2。

11.4.2 嘧啶碱的降解代谢

嘧啶碱的降解代谢途径如图11.3所示。胞苷和脱氧胞苷在被降解之前，通过胞苷脱氨酶催化的脱氨基反应分别转化为尿苷和脱氧尿苷。类似地，脱氧胞苷酸盐（dCMP）脱氨基形成脱氧尿苷酸盐（dUMP），后一种分子随后被磷酸酶转化为脱氧尿苷。尿苷和脱氧尿苷被核苷磷酸化酶进一步降解形成尿嘧啶。胸腺嘧啶是由胸苷酸（dTMP）通过胸苷激酶和胸苷磷酸化酶的顺序作用形成的。

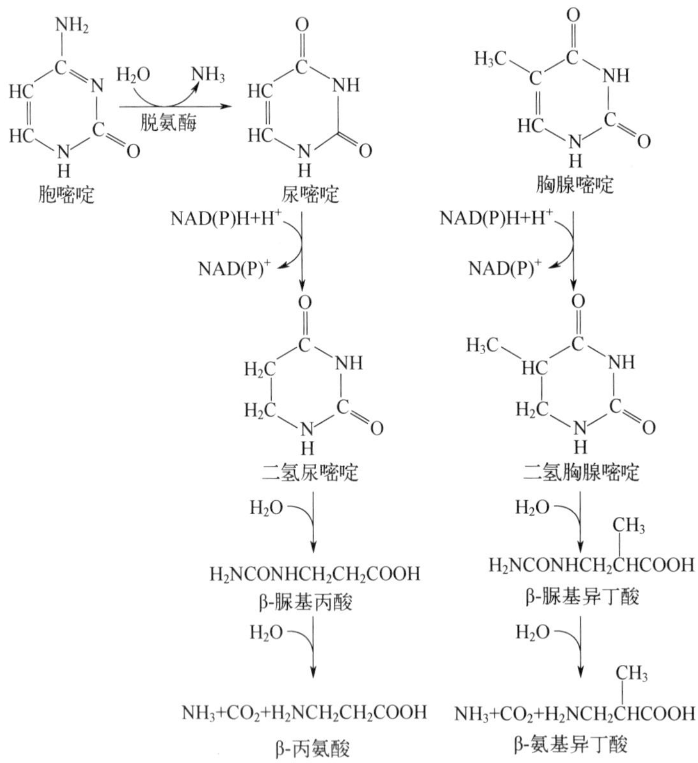

图11.3 嘧啶碱的降解代谢

尿嘧啶和胸腺嘧啶分别通过平行途径转化为其最终产物β-丙氨酸和β-氨基异丁酸。在第一步中，尿嘧啶和胸腺嘧啶被二氢嘧啶脱氢酶还原为相应的二氢衍生物。当后一种分子水解时，环打开，分别产生β-脲基丙酸酯和β-脲基异丁酸酯。最后，在β-脲基丙酸催化的脱氨反

应中产生 β-丙氨酸和 β-氨基异丁酸。

在一些特殊情况下，β-氨基异丁酸会大量产生，甚至出现在尿液中。这些情况包括遗传性氨基异丁酸-琥珀酰辅酶 A 转化缓慢，以及导致大规模细胞破坏的疾病（如白血病）。因为 β-氨基异丁酸是可溶的，所以过量的 β-氨基异丁酸不会引起像痛风那样的问题。

11.5 核苷酸的生物合成

生物体内核苷酸合成有两种途径：一种是利用核糖磷酸、氨基酸、一碳单位及 CO_2 等简单物质合成核苷酸的过程，称为从头合成途径（denovo synthesis），是体内核苷酸的主要合成途径；另一种是利用体内游离碱基或核苷，经简单反应生成核苷酸的过程，称为补救合成途径（salvage pathway）。在脑、骨髓等组织中只能通过补救合成途径来合成核苷酸。

11.5.1 嘌呤核苷酸的生物合成（从头合成）

嘌呤环的原子来自许多化合物，包括氨基酸（天冬氨酸、甘氨酸和谷氨酰胺）、二氧化碳（CO_2）和 N^{10}-甲酰四氢叶酸（N^{10}-formyl-THF），嘌呤环上各个原子的来源如图 11.4 所示：

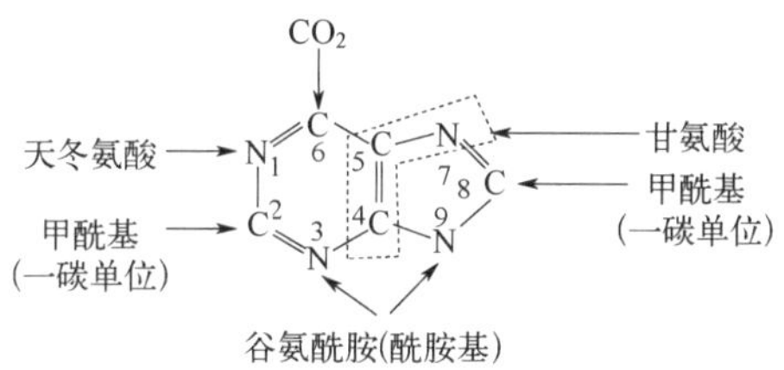

图 11.4 嘌呤环骨架原子的来源

嘌呤环在肝脏中通过一系列反应合成。嘌呤的合成过程如图 11.5 所示。核糖与磷酸先合成磷酸核糖，然后逐步由谷氨酰胺、甘氨酸、一碳基团、CO_2 及天冬氨酸提供碳原子或氮原子加到预先形成的 5-磷酸核糖中，形成嘌呤环（通过磷酸戊糖途径可以从葡萄糖 6-磷酸合成核糖-5-磷酸）。

IMP 可进一步转变为腺苷酸（AMP）和鸟苷酸（GMP）（图 11.6）。

在生物体内，次黄嘌呤核苷酸氨基化生成腺嘌呤核苷酸，转化过程为：①次黄嘌呤核苷酸与天冬氨酸的氨基相连合成腺苷酸琥珀酸，该反应由腺苷酸琥珀酸合成酶催化，GTP 水解供能。②腺苷酸琥珀酸立即分解成腺嘌呤核苷酸和延胡索酸，该反应由腺苷酸琥珀酸裂解酶催化。

次黄嘌呤核苷酸转化为鸟嘌呤核苷酸是由脱氢和氨基化两步反应完成：①脱氢，次黄嘌呤核苷酸在次黄嘌呤核苷酸脱氢酶催化下脱氢，以 NAD^+为受氢体，氧化生成黄嘌呤核苷酸。②氨基化，谷氨酰胺提供酰胺上的氨，取代黄嘌呤核苷酸 C2 上的氧生成鸟嘌呤核苷酸，此反应由鸟嘌呤核苷酸合成酶催化，氨基化由 ATP 水解供能。在细菌中该反应直接以氨作为氨基供体。

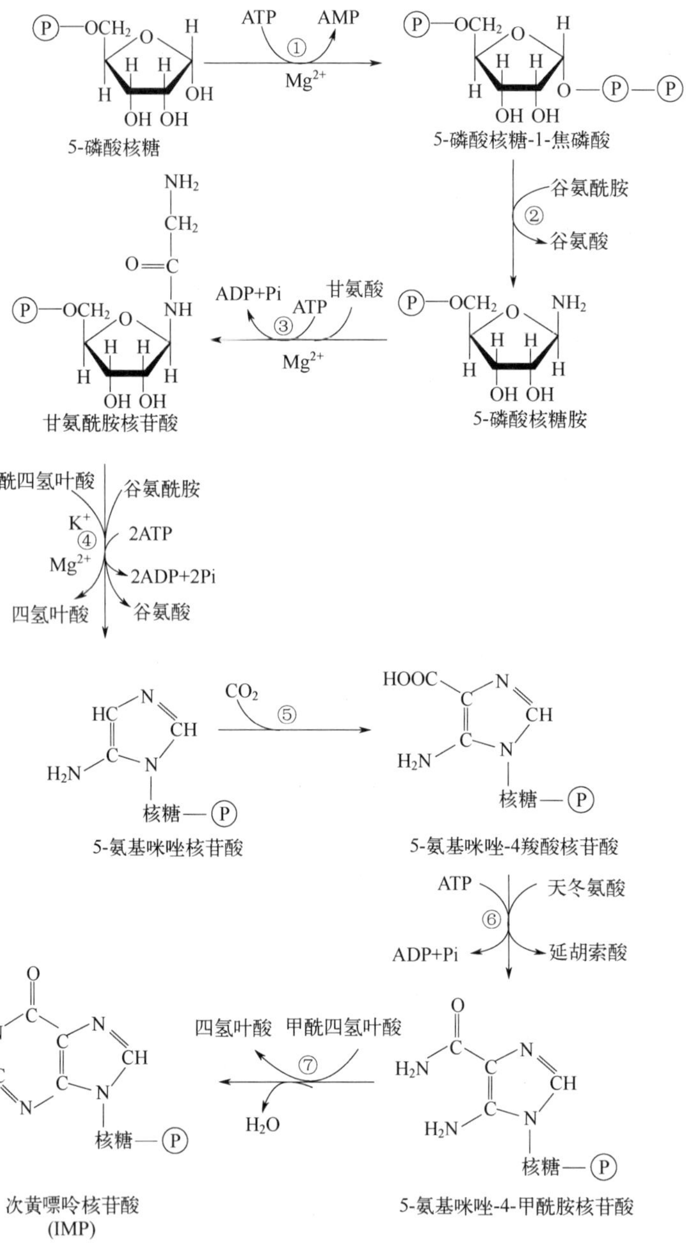

图 11.5 次黄嘌呤核苷酸的合成途径

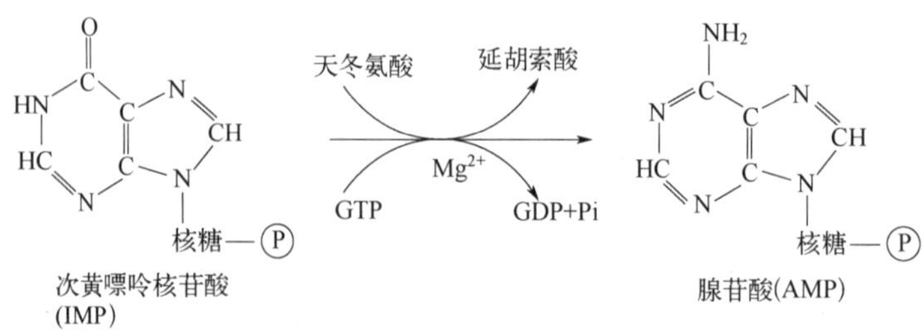

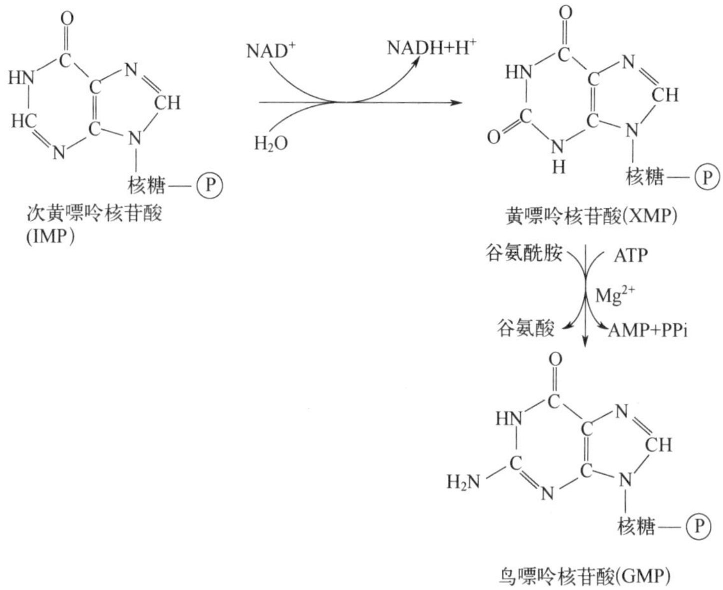

图 11.6　由 IMP 转变为腺苷酸和鸟苷酸

11.5.2　嘌呤核苷酸从头合成的调控

生物体内从头合成是嘌呤核苷酸的主要合成途径。次黄嘌呤核苷酸合成途径的调节主要发生在磷酸核糖焦磷酸和磷酸核糖胺的生成两个反应中，调节的关键酶是磷酸核糖焦磷酸激酶和磷酸核糖酰胺转移酶。磷酸核糖焦磷酸激酶受 ADP 和 GDP 的反馈抑制。磷酸核糖酰胺转移酶受到 ATP、ADP、AMP 及 GTP、GDP、GMP 的反馈抑制，其中 ATP、ADP 和 AMP 结合酶的一个抑制位点，而 GTP、GDP 和 GMP 结合另一抑制位点。因此，次黄嘌呤核苷酸的生成速度分别受腺嘌呤核苷酸和鸟嘌呤核苷酸独立和协同调节。此外，磷酸核糖焦磷酸可变构激活磷酸核糖酰胺转移酶。

另两个调控点，分别位于次黄苷酸后分支途径的第一步反应，AMP 和 GMP 过量可分别反馈抑制各自的合成。该调节作用发生于次黄嘌呤核苷酸向 AMP 和 GMP 转变的过程中。GMP 反馈抑制次黄嘌呤核苷酸向黄嘌呤核苷酸转变，AMP 则反馈抑制次黄嘌呤核苷酸转变为腺苷酸代琥珀酸，从而防止生成过多的 AMP 和 GMP。此外，GTP 加速次黄嘌呤核苷酸向 AMP 转化，而 ATP 则可促进 GMP 的生成，这样使 AMP 和 GMP 的水平保持相对平衡，以满足核酸合成的需要。

11.5.3　嘧啶核苷酸的生物合成

嘧啶环的各个原子分别来源于 CO_2、NH_3 和天冬氨酸（图 11.7）。

嘧啶核苷酸的合成过程（图 11.8）是先形成嘧啶环，然后与磷酸核糖结合，生成尿苷酸（UMP）。

氨甲酰磷酸与天冬氨酸反应，再脱氢，便生成乳清酸（orotic acid），乳清酸与 5-磷酸核糖-1-焦磷酸结合，经脱羧后生成尿苷酸。

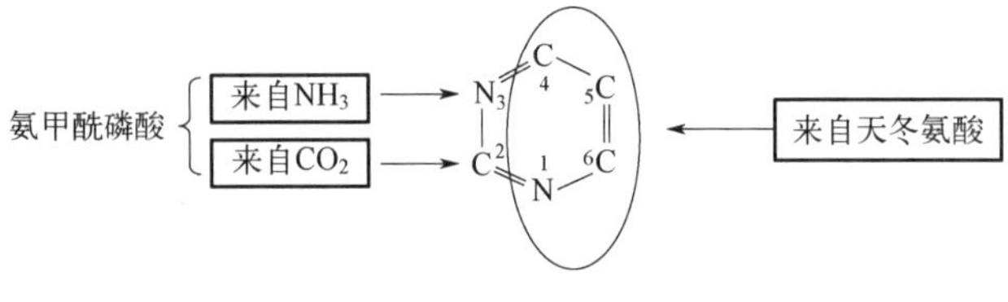

图 11.7 嘧啶环各个原子来源

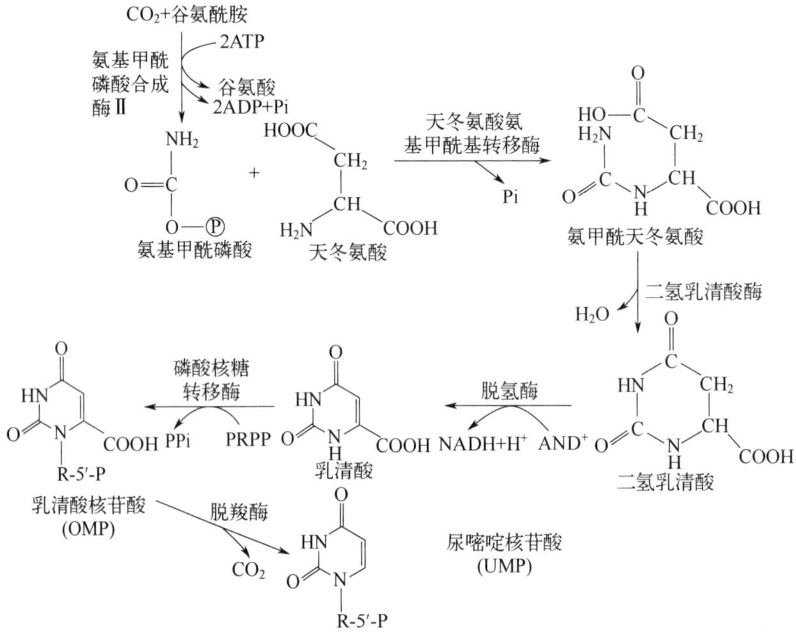

图 11.8 尿苷酸的生物合成途径

尿苷酸转变为胞苷酸，是在尿苷三磷酸（UTP）水平上进行的。尿苷酸先磷酸化为尿苷三磷酸（UTP）（图 11.9）。

在细菌内可由氨直接与 UTP 反应生成 CTP（图 11.10）；但在动物体内，则用谷氨酰胺代替氨，因为动物体内的尿素循环将氨转变为尿素而排出体外。

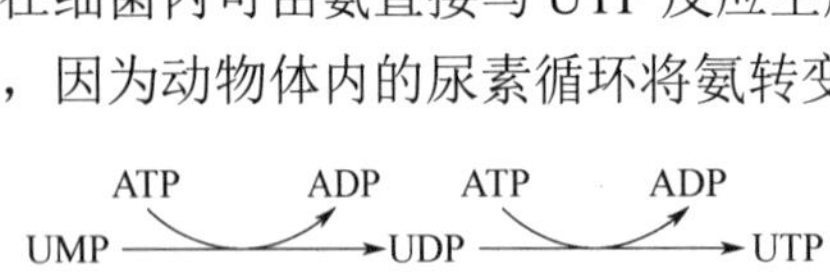

图 11.9 尿苷酸转变为胞苷酸

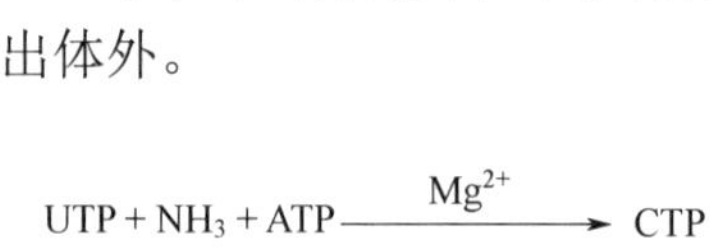

图 11.10 UTP 生成 CTP 反应

11.5.4 核糖核苷酸的补救合成途径

参与补救合成的酶包括腺嘌呤磷酸核糖转移酶（APRT）、次黄嘌呤-鸟嘌呤磷酸核糖转移酶（HGPRT）、嘧啶磷酸核糖转移酶、腺苷激酶（adenosine kinase）等。合成过程如下（图 11.11）：

补救合成节省了从头合成时的能量和一些氨基酸的消耗。体内某些组织器官，如脑、骨髓等只能进行补救合成。

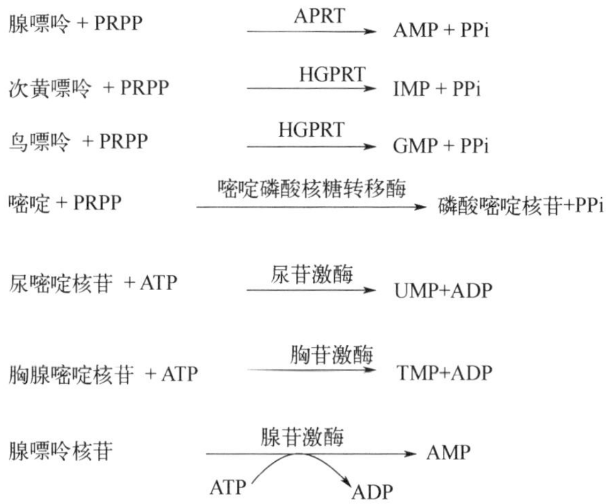

图 11.11　补救合成途径

11.5.5　嘧啶核苷酸生物合成的调节

大肠杆菌嘧啶核苷酸生物合成的终产物在合成途径中有三个位点对合成进行反馈调节。第一个调节酶是氨甲酰磷酸合成酶，受 UMP 反馈抑制；另两个调节酶是天冬氨酸转氨甲酰酶和 CTP 合成酶，二者均受 CTP 反馈抑制，前者的抑制将影响尿嘧啶核苷酸和胞嘧啶核苷酸的合成，后者的抑制则仅影响胞嘧啶核苷酸的合成。

11.5.6　脱氧核糖核苷酸的合成

脱氧核糖核苷酸是由相应的核糖核苷酸还原生成的。还原是在核苷二磷酸的水平上进行的，即还原的底物为 ADP、GDP、CDP、UDP，它们是由相应的核苷一磷酸在激酶催化下生成（图 11.12）。

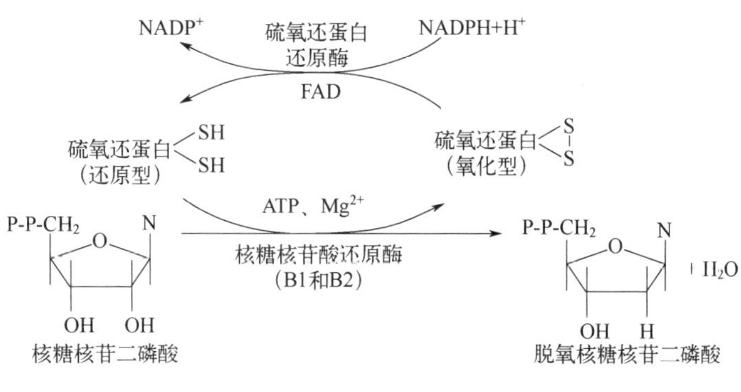

图 11.12　脱氧核苷酸的形成

腺嘌呤、鸟嘌呤和胞嘧啶核糖核苷酸经还原，将核糖第二位碳原子的氧脱去，即成为相应的脱氧核糖核苷酸。胸腺嘧啶脱氧核糖核苷酸的形成过程则是：先由尿嘧啶核糖核苷酸还原形成尿嘧啶脱氧核糖核苷酸，然后尿嘧啶再经甲基化转变成胸腺嘧啶。在某些微生物、动植物中通常是在核苷二磷酸水平上发生还原反应，而在另一些微生物如乳酸杆菌、枯草杆菌等以核苷三磷酸为还原底物。

脱氧核苷酸也能利用已有的碱基或核苷进行合成，即脱氧核苷酸的补救途径（图 11.13），该途径需要核苷磷酸化酶和脱氧核苷激酶参与。

$$\text{碱基} + \text{脱氧核糖-1-磷酸} \xrightleftharpoons{\text{核苷磷酸化酶}} \text{脱氧核苷} + \text{磷酸}$$

$$\text{脱氧核苷} + \text{ATP} \xrightleftharpoons{\text{脱氧核苷激酶}} \text{脱氧核苷酸} + \text{ADP}$$

图 11.13　脱氧核苷酸的补救途径

11.5.7　辅酶核苷酸的生物合成

生物体内有多种核苷酸衍生物具有辅酶功能，并且可以在体内自由存在。辅酶核苷酸包括黄素单核苷酸（异咯嗪单核苷酸，FMN）、黄素腺嘌呤二核苷酸（异咯嗪嘌呤二核苷酸，FAD）、烟酰胺腺嘌呤二核苷酸（辅酶Ⅰ，NAD）、烟酰胺腺嘌呤二核苷酸磷酸（辅酶Ⅱ，NADP）和辅酶 A（CoA）。

11.5.7.1　NAD 和 NADP 的合成

NAD 和 NADP 是含有烟酰胺的腺嘌呤核苷酸衍生物，为脱氢酶的辅酶，在生物氧化还原系统中起着氢传递体的作用。

由烟酸合成 NAD 需要经过三步反应：

（1）烟酸与 5-磷酸核糖焦磷酸反应产生烟酸单核苷酸（图 11.14）

$$\text{烟酸} + \text{5-磷酸核糖焦磷酸} \xrightleftharpoons{\text{烟酸单核苷酸焦磷酸化酶}} \text{烟酸单核苷酸} + \text{PPi}$$

图 11.14　烟酸单核苷酸生成

催化该反应的酶称为烟酸单核苷酸焦磷酸化酶。这一步反应发生了构型的转变，在 5-磷酸核糖焦磷酸中，焦磷酸为 α-构型，而在 NAD 中，核糖与烟酰胺之间的连接为 β-构型。

（2）生成脱酰胺-NAD（图 11.15）

$$\text{烟酸单核苷酸} + \text{ATP} \xrightleftharpoons{\text{脱酰胺-NAD焦磷酸化酶}} \text{脱酰胺-NAD} + \text{PPi}$$

图 11.15　生成脱酰胺-NAD

烟酸单核苷酸与 ATP 在脱酰胺-NAD 焦磷酸化酶的催化下缩合，生成脱酰胺-NAD。

（3）脱酰胺-NAD 酰胺化生成 NAD（图 11.16）

该反应由 NAD 合成酶催化，由谷氨酰胺作为酰胺氮的供体。

NADP 是由 NAD 磷酸化转变而成（图 11.17）：

$$\text{脱酰胺-NAD} + \text{谷氨酰胺} + \text{ATP} \xrightleftharpoons{\text{NAD合成酶}} \text{NAD} + \text{谷氨酸} + \text{AMP} + \text{PPi}$$

图 11.16　NAD 生成

$$\text{脱酰胺-NAD} + \text{ATP} \xrightarrow{\text{NAD激酶}} \text{NADP}$$

图 11.17　NADP 生成

该反应由 NAD 激酶催化 NAD 与 ATP 反应，使 NAD 分子中核糖 2′-OH 磷酸化，生成 NADP。

11.5.7.2 黄素核苷酸的生物合成

黄素核苷酸是核黄素的衍生物，又称为异咯嗪核苷酸，包括 FMN 和 FAD。它们以其异咯嗪部分的氧化还原功能参与传递氢和电子，是许多氧化还原酶的辅基。动植物和微生物均能利用核黄素合成黄素核苷酸。

（1）FMN 的生物合成 FMN 由 6,7-二甲基异咯嗪核醇和磷酸组成，合成过程如图 11.18。

核黄素在黄素激酶催化下与 ATP 反应生成 5′-磷酸核黄素，即异咯嗪单核苷酸。

（2）FAD 的生物合成 FAD 由 1 分子 FMN 和 1 分子腺苷酸连结而成（图 11.19）。

$$\text{核黄素} + \text{ATP} \xrightarrow{\text{黄素激酶}} \text{FMN} + \text{ADP}$$

图 11.18 FMN 生成

$$\text{FMN} + \text{ATP} \xrightleftharpoons{\text{FAD焦磷酸化酶}} \text{FAD} + \text{PPi}$$

图 11.19 FAD 生成

FMN 在 FAD 焦磷酸化酶的作用下与 ATP 反应生成 FAD，反应可逆。

11.5.7.3 辅酶 A 的生物合成

辅酶 A 是酰基转移酶的辅酶，其分子中含有腺苷酸、泛酸、巯基乙胺和磷酸，即 3-磷酸-ADP-泛酰-巯基乙胺。

辅酶 A 的生物合成从泛酸开始，主要合成途径如下：

$$\text{泛酸} + \text{ATP} \xrightarrow{\text{泛酸激酶}} \text{4′-磷酸泛酸} + \text{ADP}$$

图 11.20 4′-磷酸泛酸生成

（1）泛酸与 ATP 反应生成 4′-磷酸泛酸（图 11.20）

该反应由泛酸激酶催化，该激酶已从动物、细菌和酵母中分别提取得到。

（2）4′-磷酸泛酸与半胱氨酸缩合生成 4′-磷酸泛酰半胱氨酸（图 11.21）

$$\text{4′-磷酸泛酸} + \text{半胱氨酸} \xrightarrow{\text{磷酸泛酰半胱氨酸合成酶，CTP或ATP}} \text{4′-磷酸泛酰半胱氨酸}$$

图 11.21 4′-磷酸泛酰半胱氨酸生成

反应由磷酸泛酰半胱氨酸合成酶催化。细菌中磷酸泛酰半胱氨酸合成酶催化此反应需要 CTP 提供能量，动物体系则以其他核苷三磷酸代替 CTP。

（3）4′-磷酸泛酰半胱氨酸脱羧生成 4′-磷酸泛酰巯基乙胺（图 11.22）

$$\text{4′-磷酸泛酰半胱氨酸} \xrightarrow{\text{4′-磷酸泛酰半胱氨酸脱羧酶}} \text{4′-磷酸泛酰巯基乙胺} + CO_2$$

图 11.22 4′-磷酸泛酰巯基乙胺生成

（4）4′-磷酸泛酰巯基乙胺与 ATP 缩合生成脱磷酸辅酶 A（图 11.23）

$$\text{4′-磷酸泛酰巯基乙胺} + \text{ATP} \xrightleftharpoons{\text{脱磷酸辅酶A焦磷酸化酶}} \text{脱磷酸辅酶A} + \text{PPi}$$

图 11.23 脱磷酸辅酶 A 生成

催化这一步反应的酶是脱磷酸辅酶 A 焦磷酸化酶，反应可逆。

（5）脱磷酸辅酶 A 磷酸化生成辅酶 A（图 11.24）

反应由脱磷酸辅酶 A 激酶催化，该酶在有半胱氨酸时活性最大，磷酸基团供体为 ATP。

$$\text{脱磷酸辅酶A} + \text{ATP} \xrightarrow{\text{脱磷酸辅酶A激酶}} \text{辅酶A} + \text{ADP}$$

图 11.24 辅酶 A 生成

11.6 核酸代谢与人体健康

有几种疾病是由嘌呤分解代谢途径缺陷引起的。痛风通常以高尿酸水平和关节炎复发为特征，是由几种代谢异常引起的。别嘌醇用于治疗痛风。目前已知有两种不同的免疫缺陷疾病是由嘌呤分解代谢缺陷引起的。腺苷脱氨酶缺乏会导致高水平的脱氧腺苷，脱氧腺苷是有毒的，尤其是在 T 细胞和 B 淋巴细胞中。在嘌呤核苷磷酸化酶缺乏症中，嘌呤核苷酸水平较高，尿酸合成减少。高水平的 dGTP 显然是 T 细胞损伤的原因，这是该疾病的特征。肌苷酸脱氨酶缺乏的个体表现出运动诱导的肌肉疲劳。

11.7 课程思政

核苷酸代谢的研究不仅是一个科学挑战，也是一个巨大的机遇，有望为人类健康和疾病治疗带来革命性的进步。北京大学李勇教授团队，在近 20 年的核苷酸安全性和功能性研究基础上，发现核苷酸具有延缓衰老和延长寿命的作用。核酸及核苷酸代谢领域仍有很多奥秘可以探索，核酸及核苷酸代谢的研究成果有望在更多领域得到应用，例如，疾病治疗、核酸工具酶的开发、新型抗肿瘤药物的研制等。

11.8 拓展与探索

核苷酸的抗代谢物

嘌呤核苷酸的抗代谢物是一些嘌呤、氨基酸或叶酸等的类似物，能够竞争性抑制、干扰或阻断嘌呤核苷酸的合成代谢，从而进一步阻止核酸和蛋白质的生物合成。嘌呤类似物有 6-巯基嘌呤、6-巯基鸟嘌呤、8-氮杂鸟嘌呤等，氨基酸类似物有氮杂丝氨酸等，叶酸类似物有氨蝶呤、氨甲蝶呤等。癌细胞核酸的合成比正常细胞进行得强烈，如果能抑制核苷酸的合成，即可抑制癌细胞的生长。

一些嘌呤合成的抑制剂（例如磺酰胺类）旨在抑制快速分裂的微生物的生长，而不干扰人体细胞功能。其他嘌呤合成抑制剂，如叶酸的结构类似物（例如氨甲蝶呤），通过干扰核苷酸的合成而干扰 DNA 和 RNA 的合成，在药理学上用于控制癌症的传播。人类嘌呤合成抑制剂对快速复制的细胞及发育中的组织（包括骨髓、皮肤、胃肠道、免疫系统或毛囊）具有极大的毒性。因此，服用此类抗癌药物的人可能会出现不良反应，包括贫血、鳞状皮肤、胃肠道紊乱、免疫缺陷和脱发等。

思考题

1. 不同生物中嘌呤分解代谢产物有何不同？
2. 嘌呤核苷酸与嘧啶核苷酸合成途径有哪些区别？
3. 核苷酸生物合成的补救途径有何意义？

第 12 章

核酸的生物合成

本章提要

核酸的生物合成包括 DNA 复制与 RNA 转录。复制是指以 DNA 分子为模板合成出相同分子的过程。忠实的复制对遗传信息的存储至关重要。DNA 复制方式为半保留和半不连续复制。DNA 聚合酶按 5′→3′方向延伸 DNA 链，合成起始需要引物。复制过程还涉及拓扑异构酶、解旋酶、引物酶等多种蛋白因子。原核生物复制为单起点而真核为多起点。转录是指以 DNA 分子中的一条链为模板，按碱基配对原则合成出与其核苷酸顺序相对应的 RNA 的过程。真核细胞具有三种 RNA 聚合酶，转录产物均需经过加工才能成为活性 RNA。

DNA 是生物遗传的主要物质基础。生物机体的遗传信息以密码的形式编码在 DNA 分子上，表现为特定的核苷酸排列顺序，并通过 DNA 的复制（replication）由亲代传递给子代。生物体通过许多细胞分裂来保存 DNA 中编码的信息，遗传信息的复制必须非常忠实。为了在没有错误的情况下复制人类基因组，必须实现每 3×10^9 个碱基只存在小于 1 个碱基的错误率。这种显著的准确性是通过准确的 DNA 合成、DNA 合成过程中的校对和复制后错配修复等多层系统来实现的。尽管 DNA 非常稳定，但辐射和一些化学物质会破坏 DNA，导致 DNA 序列发生变化（突变）或损伤。所有生物体都含有 DNA 修复系统，可以检测 DNA 损伤并保护原始序列。除了在 DNA 修复中的作用外，重组对减数分裂中遗传多样性的产生也至关重要。遗传信息从 DNA 转录（transcrption）到 RNA，然后翻译（translation）成特异的蛋白质，以执行各种生命功能，后代表现出与亲代相似的遗传性状。在某些情况下，RNA 能够以自身核酸分子为模板进行 RNA 复制（如 RNA 病毒），或通过逆转录（reversetranscription）的方式将遗传信息传递给 DNA（如致癌 RNA 病毒）。

12.1 DNA 的生物合成

DNA 双链结构遵循严格的碱基配对原则。新合成的 DNA 的碱基序列必须与亲本 DNA 的序列忠实匹配。为了实现忠实的复制，亲本双螺旋中的每条链都充当了合成具有互补序列的新 DNA 链的模板。合成新链的原料是脱氧核糖核苷三磷酸。它们被一次一个地添加到 DNA

新链的 3′末端。

复制的进行伴随着 DNA 双链结构问题的解决。双螺旋的两股线在相反的方向上延伸。因为 DNA 链的合成总是沿着 5′到 3′的方向进行，所以 DNA 复制过程必须具有特殊的机制来适应相反方向的链。复制的关键模板位于螺旋的内部，这两条链必须相互分离，以便生成适当的模板。

12.1.1 DNA 复制的特点

（1）DNA 的半保留复制　DNA 复制时，亲代双链 DNA 解开为两股单链，各自作为模板按碱基配对规律，合成与模板互补的子链。子代细胞的 DNA，一股单链从亲代完整地接受过来，另一股单链则完全重新合成。两个子细胞的 DNA 都和亲代 DNA 碱基序列一致，这种复制方式称为半保留复制（图 12.1）。

按半保留复制方式，子代 DNA 与亲代 DNA 的碱基序列一致，即子代保留了亲代的全部遗传信息，体现了遗传的保守性。遗传的保守性是物种稳定性的分子基础，但不是绝对的。

（2）DNA 复制的起点和终点　基因组能独立进行复制的单位称为复制子（replicon）。每个复制子都含有位置固定的控制复制起始的起点（replication origin），可能还有终止复制的终点（terminus）。复制时双链打开，分开成两股，各自作为模板，子链沿模板延长所形成的 Y 字形的结构称为复制叉（replication fork）。

原核生物的染色体和质粒、真核生物的细胞器 DNA 都是环状双链分子。它们只有一个复制起始点，在复制时，DNA 从起始点（origin）向两个方向解链，形成两个延伸方向相反的复制叉，称为双向复制。在原核生物双向复制中，复制中 DNA 的放射自显影图形通常被描述为眼睛状，即 θ 形（图 12.2）。也有一些只向起点一侧方向复制，即单向复制。DNA 在复制叉部位两条链解开，各自合成其互补链。真核生物染色体 DNA 是线性双链分子，含有许多复制起点，因此是多复制子（multireplicon）。

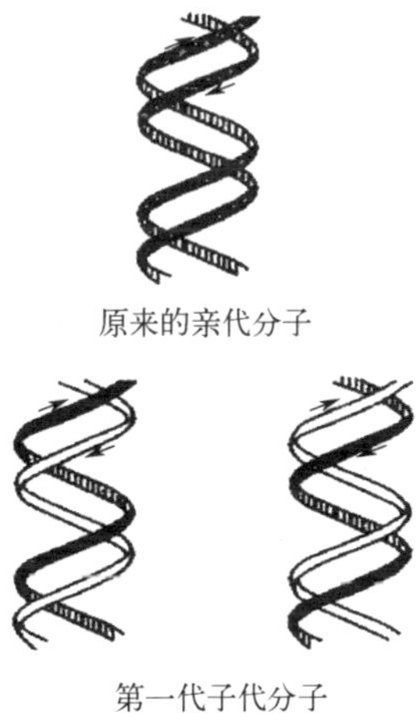

图 12.1　DNA 的半保留复制

图 12.2　DNA 的 θ 形双向复制

单向复制的特殊方式包括滚环复制（rolling-circle replication）式和取代环复制（displacement loop）（图 12.3）。

噬菌体 ΦX174 单向复制的方式为滚环式。噬菌体 ΦX174DNA 是环状单链分子，它在复制过程中首先形成共价闭环的双链分子（复制型），然后其正链由 A 蛋白在特定位置切开，游离出一个 3′-OH 末端，A 蛋白连在 5′-磷酸基末端。随后，在 DNA 聚合酶（DNA polymerase）催化下，以环状负链为模板，从正链的 3′-OH 末端加入脱氧核苷酸，使链不断延长，通过滚动而合成新的正链。合成一圈后，露出切口序列，蛋白再次将其切开，并连在切出的 5′-磷酸基末端，游离出单位长度噬菌体环状单链 DNA 分子。

另一种单向复制的特殊方式称为取代环（displacement loop）或 D-环（D-loop）方式。线粒体 DNA 的复制采取这种方式（纤毛虫的线粒体 DNA 为线性分子，其复制方式与此不同）。双链环在固定点解开进行复制，但两条链的合成是高度不对称的，一条链先复制，另一条链保持单链而被取代，在电镜下可以看到呈 D-环形状。待一条链复制到一定程度，露出另一条链的复制起点，另一条链才开始复制。

（3）DNA 的半不连续复制　DNA 的两条链都能作为模板，同时合成出两条新的互补链。DNA 两条链是反向平行的，但是 DNA 聚合酶只能按 5′→3′方向催化合成 DNA。在 DNA 复制过程中，前导链（以 3′→5′为模板）能连续合成，而滞后链（以 5′→3′为模板）只能断续合成 5′→3′的多个短片段，然后在 DNA 连接酶作用下连成一条完整的新链。这些不连续的小片段以发现者的名字命名为冈崎片段。这种前导链的连续合成和滞后链的不连续合成，称为 DNA 的半不连续复制（图 12.4）。

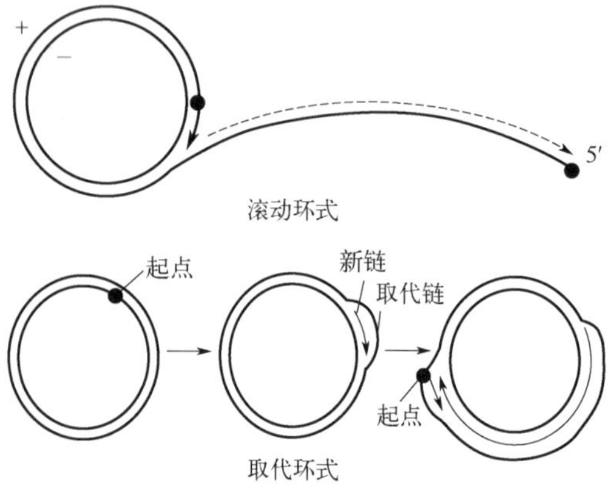

图 12.3　DNA 单向复制方式

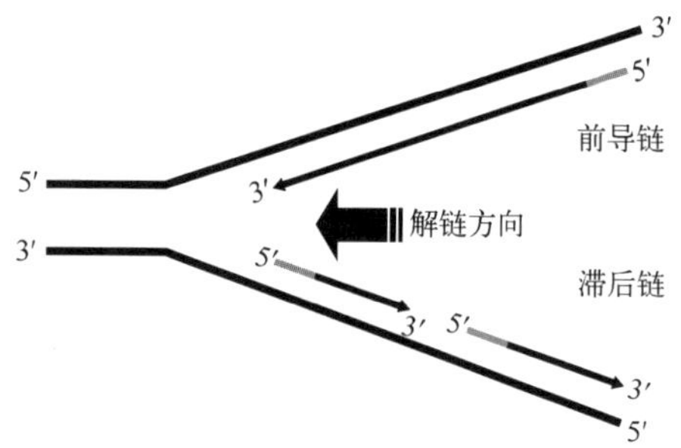

图 12.4　DNA 的半不连续复制

（4）DNA 复制的引物　DNA 聚合酶不能发动新链的合成，只能催化已有链的延长反应。然而 RNA 聚合酶则不同，它只需要 DNA 模板存在，就可以在其上合成新的 RNA 链。DNA 复制时，DNA 模板上需先合成一段 RNA 引物，DNA 聚合酶从 RNA 引物的 3′-OH 端开始，按 5′→3′方向催化合成新的 DNA 链。

RNA 引物是在 DNA 模板链的一定部位合成并互补于 DNA 链，合成方向也是 5′→3′，催化该反应的酶称为引物合成酶（primase）。引物的长度通常为几个核苷酸至 10 多个核苷酸，DNA 聚合酶Ⅲ可在其上聚合脱氧核糖核苷酸，直至完成冈崎片段的合成。RNA 引物的去除和缺口的填补是由 DNA 聚合酶Ⅰ完成的。最后由 DNA 连接酶将冈崎片段连成长链。

12.1.2 DNA 复制有关的酶

DNA 复制体系的组分包括：底物 dNTP（dATP、dGTP、dCTP、dTTP）；聚合酶，即依赖 DNA 的 DNA 聚合酶（DNA-pol）；模板，即解开成单链的 DNA 母链；引物，提供 3′-OH 末端的寡核苷酸；其他酶和蛋白质因子，包括拓扑异构酶、解螺旋酶、单链 DNA 结合蛋白、引物酶、连接酶。

（1）DNA 聚合酶　DNA 聚合酶在有适量 DNA 和镁离子存在时，该酶能催化四种脱氧核糖核苷三磷酸（dATP、dGTP、dCTP 和 dTTP）合成 DNA。在 DNA 聚合酶化作用下，脱氧核糖核苷酸被加到 DNA 链的末端，同时释放出无机焦磷酸。DNA 复制的聚合反应如图 12.5 所示。在 DNA 聚合酶催化的链延长反应中，链的游离 3′-羟基对进入的脱氧核糖核苷三磷酸 α-磷原子发生亲核攻击，从而形成 3′,5′-磷酸二酯键并脱下焦磷酸。形成磷酸二酯键所需要的能量来自 α-与 β-磷酸基之间高能键的裂解。聚合反应是可逆的，但随后焦磷酸的水解可推动反应的完成。DNA 链由 5′向 3′方向延伸。DNA 聚合酶只能催化脱氧核糖核苷酸加到已有核酸链的游离 3′-羟基上，需要引物和模板的存在。

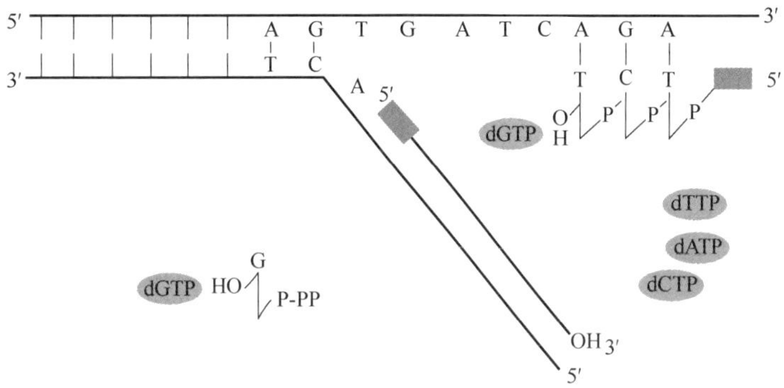

$(dNMP)_n + dNTP \longrightarrow (dNMP)_{n+1} + PPi$

图 12.5　DNA 复制的聚合反应

大肠杆菌 DNA 聚合酶大肠杆菌中共含有五种不同的 DNA 聚合酶，它们分别称为 DNA 聚合酶Ⅰ、Ⅱ、Ⅲ、Ⅳ和Ⅴ。

DNA 聚合酶Ⅰ，又称 Kornberg 酶，由 Kornberg 等最初从大肠杆菌中分离出来。DNA 聚合酶Ⅰ已得到高度纯化，分子量为 103000，由一条单一多肽链组成，多肽链中含有一个锌原子。酶分子形状像球体，直径约 6.5nm，为 DNA 直径的 3 倍左右。DNA 聚合酶Ⅰ是一个多功能酶。它可以催化以下反应：①通过核苷酸聚合反应，使 DNA 链沿 5′→3′方向延长（DNA 聚合酶活性）；②由 3′端水解 DNA 链（3′→5′核酸外切酶活性）；③由 5′端水解 DNA 链（5→3′核酸外切酶活性）；④由 3′端使 DNA 链发生焦磷酸解；⑤无机焦磷酸盐与脱氧核糖核苷三磷酸之间的焦磷酸基交换。焦磷酸解是聚合反应的逆反应，焦磷酸交换反应则是由前两个反应连续重复多次引起的。因此，实际上 DNA 聚合酶Ⅰ兼有聚合酶、3′→5′核酸外切酶和 5′→3′核酸外切酶的活性。

DNA 聚合酶Ⅰ的 5′→3′核酸外切酶活性，只作用于双链 DNA 的碱基配对部分，从 5′末端水解下核苷酸或寡核苷酸。该酶被认为在切除由紫外线照射而形成的嘧啶二聚体

（pyrimidine dimer）中起着重要作用。DNA 半不连续合成中冈崎片段 5′端 RNA 引物的切除也有赖于 DNA 聚合酶Ⅰ。DNA 聚合酶Ⅰ在 DNA 的复制和损伤修复中具有重要作用。

若用蛋白水解酶将 DNA 聚合酶Ⅰ作有限水解，可以得到分子量为 68000（604 个氨基酸）和 35000（323 个氨基酸）的两个片段。大的片段（又称 Klenow 片段）具有聚合酶和 3′→5′核酸外切酶活性，小的片段具有 5′→3′核酸外切酶活性。Klenow 片段是实验室合成 DNA 进行分子生物学研究中的常用工具酶。

DNA 聚合酶Ⅱ为多亚基酶，其聚合酶亚基由一条分子量为 88000 的多肽链组成。DNA 聚合酶Ⅱ对模板的特异性不高，参与 DNA 损伤的应急修复。这个酶的活力比 DNA 聚合酶Ⅰ高，以四种脱氧核糖核苷三磷酸为底物，从 5′→3′方向合成 DNA，并需要带有缺口的双链 DNA 为模板和引物，缺口不能过大，否则活性将会降低。反应需 Mg^{2+}和 NH_4^+激活。DNA 聚合酶Ⅱ具有 3′→5′核酸外切酶活力，但无 5′→3′外切酶活力。DNA 聚合酶Ⅱ是一种修复酶。

DNA 聚合酶Ⅲ是大肠杆菌细胞内真正负责重新合成 DNA 的复制酶（replicase）。DNA 聚合酶Ⅲ由 10 种亚基组成不对称的聚合体。α、ε、θ 亚基组成核心酶，α 亚基具有 5′→3′的聚合活性，ε 亚基具有 3′→5′外切酶活性，θ 亚基可能起组装作用。β 亚基（DNA 夹子）能夹稳模板链，负责酶分子沿 DNA 模板滑动。其余亚基统称为 γ-复合物，是 DNA 夹子加载蛋白。每个大肠杆菌细胞只有 10～20 个 DNA 聚合酶Ⅲ分子，然而它催化的合成速度达到了体内 DNA 合成的速度，每分钟可催化多达 10^5 个核苷酸聚合，许多性质都表明，它是复制延长中真正起催化作用的酶。

DNA 聚合酶Ⅳ和Ⅴ涉及 DNA 的错误倾向修复（error-prone repair）。当 DNA 受到较严重损伤时，即可诱导产生这两种酶，使修复缺乏准确性（accuracy），因而出现高突变率。它能在 DNA 许多损伤部位继续复制，而正常 DNA 聚合酶在此部位因不能形成正确碱基配对而停止复制，在跨越损伤部位时就造成了错误倾向的复制，可以克服复制障碍，使少数突变的细胞得以存活。

真核生物的 DNA 聚合酶至少有 5 种，分别命名为 DNA-pol α、DNA-pol β、DNA-pol γ、DNA-pol δ和 DNA-pol ε。DNA-pol α，能够起始引发，有引物酶活性。DNA-pol β 参与修复。DNA-pol γ在线粒体 DNA 复制中起催化作用。DNA-pol δ 不仅负责滞后链的延伸，还具有解螺旋酶活性，能够通过水解 ATP 提供能量，直接解开 DNA 双螺旋。DNA-pol ε在复制过程中具有校读、修复和填补缺口的作用。

（2）DNA 连接酶　DNA 连接酶（DNA ligase）催化双链 DNA 切口处的 5′-磷酸基和 3′-羟基生成磷酸二酯键。连接反应需要供给能量。大肠杆菌和其他细菌的 DNA 连接酶以烟酰胺腺嘌呤二核苷酸（NAD）作为能量来源，动物细胞和噬菌体的连接酶则以腺苷三磷酸（ATP）作为能量来源。首先由 NAD 或 ATP 与酶反应，形成腺苷酰化的酶（酶-AMP 复合物），其中 AMP 的磷酸基与酶的赖氨酸之 ε-氨基以磷酰胺键相结合，然后酶将 AMP 转移给 DNA 切口处的 5′-磷酸，以焦磷酸键的形式活化，形成 AMP-DNA。然后通过相邻链的 3′-OH 对活化的磷原子发动亲核攻击，生成 3′,5′-磷酸二酯键，同时释放出 AMP。

若双链 DNA 中一条链有切口，一端是 3′-OH，另一端是 5′-磷酸基，大肠杆菌 DNA 连接酶可催化这两端形成磷酸二酯键，使切口连接，但是它不能将两条游离的 DNA 单链连接起来。T_4 DNA 连接酶不仅能在模板链上连接 DNA 和 DNA 链之间的切口，而且能连接无单链黏性末端（stickyend）的平头（blunt）双链 DNA 切口。细菌的 DNA 连接酶需要 NAD^+作为辅酶，哺乳动物和噬菌体的连接酶需要 ATP 作为辅酶。

（3）解螺旋酶与拓扑异构酶　解螺旋酶利用 ATP 供能，作用于氢键，使 DNA 双链解开成为两条单链，每解开一对碱基，需消耗 2 分子 ATP。解螺旋酶结合于 DNA 的单链上，依靠水解 ATP 提供能量向双螺旋方向移动并将双螺旋分开。在大肠杆菌中，已发现了十多种有解螺旋酶活性的蛋白质。

DNA 拓扑异构酶（DNA 旋转酶）消除 DNA 的超螺旋。天然 DNA 均呈超螺旋结构，连环数是表示超螺旋的一个参数。大小和一级结构完全相同的 DNA 分子，可因连环数不同而形成一系列拓扑异构体，引起拓扑异构反应的酶称为拓扑异构酶。DNA 复制时模板 DNA 超螺旋的松弛和复制后超螺旋的再恢复都需要拓扑异构酶的参与。按照作用机制，拓扑异构酶可分为拓扑异构酶Ⅰ和拓扑异构酶Ⅱ，两者共同控制着 DNA 的拓扑结构。拓扑异构酶Ⅰ切断 DNA 双链中一股链，使 DNA 解链旋转不致打结；适当的时候封闭切口，DNA 变为松弛状态，反应不需要 ATP。拓扑异构酶Ⅱ切断 DNA 分子两股链，断端通过切口旋转使超螺旋松弛，利用 ATP 供能连接断端，使 DNA 分子进入负超螺旋状态。

（4）引物酶（引发酶）　引物酶催化 RNA 引物合成。大肠杆菌的引物酶 DnaG 为一条单链多肽，分子量为 60000。该酶单独存在时相当不活泼，只有在与有关蛋白质结合成为一个复合体时才有活性，这种复合体称为引发体（primosome）。引发体上比较重要的几种辅助蛋白是 Dna B、Dna C、Dna T、Pri A、Pri B、Pri C 等。

（5）单链 DNA 结合蛋白　单链 DNA 结合蛋白（SSB）是一种能与单链 DNA 结合的特异蛋白。SSB 的结合可保护单链 DNA 免遭核酸酶的降解，使单链 DNA 保持伸展状态以便作为合成新链的模板。其次，SSB 还能降低天然 DNA 的熔解温度（T_m），促进 DNA 解链。其作用方式是先结合到已存在的单链区，其后 SSB 的结合能力可提高 10^3 倍，表现出明显的协同效应，促使单链区迅速扩展，并被 SSB 覆盖。真核细胞 SSB 没有表现出这种协同效应。在复制过程中，被新合成的 DNA 链从模板上置换下来的 SSB，可重新结合到新的单链区。

12.1.3　原核生物 DNA 复制过程

大肠杆菌染色体 DNA 的复制过程可分为三个阶段：起始、延伸和终止。在 DNA 合成的生长点（growing point）即复制叉上，分布着各种各样与复制有关的酶和蛋白质因子，它们构成的复合物称为复制体（replisome）。

（1）复制的起始　复制的起始主要是引发体的形成。首先，Dna A 蛋白识别并结合于 ori C，接着，Dna B、Pri A、引物酶（Dna G）等蛋白相继结合，组成引发体。其中，Dan B 具有解螺旋酶活性；PriA 可水解 ATP 推动 DNA 双螺旋解链；引物酶催化合成最初的 RNA 引物。拓扑异构酶Ⅱ向 DNA 中引入负超螺旋，一方面促进 Dna A 的结合，另一方面可以消除解链产生的扭曲张力。引发步骤完成之后，DNA 聚合酶Ⅲ即结合到 DNA 模板上，在 RNA 引物 3′-OH 端合成新的 DNA 链。

（2）DNA 链的延伸　在引发的复制叉上，DNA 聚合酶Ⅲ的各亚基组装成活性很高的 DNA 聚合酶Ⅲ全酶，然后，按照 DNA 模板链的指令，向 RNA 引物 3′-OH 末端依次添加新的 dNMP 残基，新生的 DNA 链按 5′→3′的方向不断延伸。

半不连续复制，在复制叉上新生的 DNA 链中的一条与复制叉移动方向一致，按 5′→3′的方向连续合成和延伸；另一条则按与复制叉移动方向相反，分段按 5′→3′的方向不连续合成。

（3）复制的终止　细菌环状染色体的两个复制叉向前推移，最后在终止区相遇并停止复制，该区含有多个约 22bp 的终止子（terminator）位点。大肠杆菌有 6 个终止子位点，分别称为 terA-ter F。与 Ter 位点结合的蛋白质称为 Tus（terminus utilization substance）。Tus-Ter 复合物只能够阻止一个方向的复制叉前移，即不让对侧复制叉超过中点后过量复制。在正常情况下，两个复制叉前移的速度是相等的，到达终止区后都停止复制；然而如果其中一个复制叉前移受阻，另一个复制叉复制过半后，就受到对侧 Tus-Ter 复合物的阻挡，以便等待与前一复制叉汇合。

DNA 复制的高保真度主要是靠 DNA 聚合酶实现的。首先是 DNA 聚合酶的 5′→3′聚合活性部位对底物的选择，模板链碱基与进入的 dNTP 碱基之间必须正确匹配。其次，DNA 聚合酶的 3′→5′外切活性具有校对功能，可以及时切除掺入新链 3′-末端的错误残基。然后 DNA 聚合酶 I 在缺口处加入正确的核苷酸，最后由连接酶把切口连接。

12.1.4　真核生物 DNA 复制过程

真核细胞 DNA 复制在许多方面与大肠杆菌相似，例如都利用复制叉进行半保留、半不连续复制。由于真核细胞染色体中的 DNA 分子是线性的，比原核细胞的 DNA 大好几个数量级，因此它们的复制机制更为复杂。真核细胞 DNA 复制系统也包括不同的 DNA 聚合酶、拓扑异构酶、解旋酶、连接酶、单链结合蛋白和许多蛋白质因子。真核生物每个染色体有多个起始点，是多复制子复制。复制有时序性，即复制子以分组方式激活，而不是同步启动。原核细胞在旺盛生长的条件下，第一轮复制尚未完成就在复制起点开始第二轮复制；而真核细胞在完成全部染色体复制之前，各复制子不能再开始新一轮复制。在 DNA 复制的同时，还要组装新的核小体。同位素标记实验表明，在真核复制子上亲代染色质上的核小体被逐个打开，组蛋白八聚体可直接转移到子代前导链上，而滞后链则由新合成的组蛋白组装。

（1）复制的起始　复制的起始需要 DNA-polα（引物酶活性）和 pol δ（解螺旋酶活性）参与，还需拓扑酶和复制因子（replication factor，RF）。增殖细胞核抗原（proliferation cell nuclear antigen，PCNA）在复制起始和延长中起关键作用。酵母 DNA 复制起始点为 11bp 富含 AT 的核心序列，复制起始包括打开复制叉、形成引发体和合成 RNA 引物。

（2）复制的延伸　DNA 复制与核小体装配同步进行。染色体 DNA 呈线状，复制在末端停止。

（3）复制的终止和端粒酶　复制终止包括形成冈崎片段、复制子之间的连接、端粒的合成。冈崎片段的连接如图 12.6 所示。

真核生物染色体 DNA 为线性分子，按 DNA 复制机制，其滞后链 3′端不能被复制，因此在染色体端部就留下了缺口，使已复制出的新链缩短，从而使染色体端部随复制次数增加而不断缩短。多数生物是通过端粒酶（telomerase）完成端粒的复制。端粒（telomere）是指真核生物染色体线性 DNA 分子末端的结构部分，膨大成粒状。端粒由末端 DNA 序列和蛋白质构成，末端 DNA 序列是多次重复的富含 G、T 碱基的短序列。端粒的功能包括维持染色体的稳定性，维持 DNA 复制的完整性。线性 DNA 在复制完成后，其末端由于引物 RNA 的水解而可能出现缩短，故需要在端粒酶（telomerase）的催化下进行延长反应。

端粒酶是一种 RNA-蛋白质复合体，它可以其 RNA 为模板，通过逆转录过程对末端 DNA 链进行延长。端粒酶的组成包括端粒酶 RNA（hTR）、端粒酶协同蛋白（hTP1）及端粒酶逆转录酶（telomerase reverse transcriptase，hTRT）。端粒酶 RNA 作为端粒合成的模板。端粒酶逆转录酶则负责催化端粒的合成。

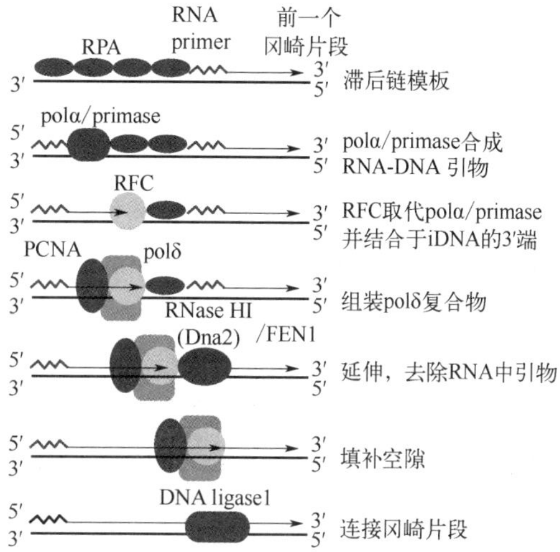

图 12.6　冈崎片段的连接

端粒及端粒酶具有重要意义。成人端粒（4000bp）比胚胎细胞端粒短 9000bp，每复制一次丢掉 50bp；细胞老化、肿瘤的发生均与端粒酶活性有关。

12.1.5　逆转录作用

以 RNA 为模板合成 DNA 的过程称为逆转录（reverse transcription），催化这一反应的酶称为逆转录酶或依赖于 RNA 的 DNA 聚合酶。逆转录酶是一种多功能酶，它兼有三种酶的活力：①依赖 RNA 的 DNA 聚合酶活力，即以 RNA 为模板，合成一条 DNA 互补链（cDNA，complementary DNA），形成 RNA-DNA 杂交分子；②核糖核酸酶 H 的活力，即水解 RNA-DNA 杂交链中的 RNA，具有 3′→5′和 5′→3′外切酶活力；③DNA 指导的 DNA 聚合酶活力，即以新合成的 DNA 为模板，合成互补 DNA 链，形成 DNA 双螺旋。逆转录酶催化反应方式与其他 DNA 聚合酶相同，也是 5′→3′方向聚合，并需要引物。

所有已知的致癌 RNA 病毒都含逆转录酶，因此被称为逆转录病毒（retrovirus）。当致癌病毒进入宿主细胞后，逆转录酶依次发挥上述三种酶的功能，以 RNA 为模板，形成双链 DNA 分子（前病毒）。此双链 DNA 可进入宿主细胞核，并整合到宿主 DNA 中，随宿主 DNA 一起复制传递给子代细胞。在某些条件下潜伏的 DNA 可以活跃起来转录出病毒 RNA 而使病毒繁殖；在另一些条件下它也可以引起宿主细胞癌变。

嗜肝 DNA 病毒，例如乙型肝炎病毒（hepatis B virus），在复制周期中也需经过逆转录步骤。乙型肝炎病毒的基因组是一带缺口的环状 DNA 分子。病毒粒子中携带有 DNA 聚合酶（逆转录酶）和蛋白质引物。当细胞感染乙型肝炎病毒后，基因组 DNA 的缺口即由 DNA 聚合酶填补，从而形成闭环分子，并转录产生（+）链 RNA。RNA 被组装到核壳内，在那里进行逆转录，逆转录时以蛋白质作为引物，合成（-）链 DNA。

12.2　DNA 的损伤、修复与突变

细胞内具有一系列修复系统，可以除去 DNA 上的损伤，恢复 DNA 的正常双螺旋结构。目前已经知道有四种修复模式：光裂合酶（photolyase）修复、切除修复（excision repair）、重

组修复（recombination repair）和 SOS 修复。

（1）光裂合酶修复　受紫外光损伤的 DNA，在强可见光（400～500nm）照射后，大部分均能恢复正常。这是由于可见光激活了细胞内的光裂合酶，使之与嘧啶二聚体结合并将其分开，恢复成两个单独的嘧啶碱基。

（2）切除修复　所谓切除修复，即在一系列酶的作用下，将 DNA 分子中受损伤的部分切除掉，并以完整的那一条链为模板，合成出切去的部分，然后使 DNA 恢复正常结构的过程。这是比较普遍的一种修复机制，它对多种损伤均能起修复作用。在大肠杆菌中切除修复全过程由 DNA 聚合酶Ⅰ和担当切除功能的多亚基 UvrAB（内切核酸酶）完成；在真核细胞中，DNA 聚合酶无外切酶活性，切除由另外的酶来完成。

（3）重组修复　含有嘧啶二聚体或其他结构损伤的 DNA 在修复前仍可进行复制，但在新合成的子链中与模板链损伤部位对应的地方因复制受阻而留下缺口。在重组酶的作用下，带缺口的 DNA 与完整的姐妹双链进行重组交换，用相应的 DNA 片段填补子链上的缺口。因此，在另一条亲链产生的缺口，则由 DNA 聚合酶以与其互补的完整子链为模板进行修复合成，最后由连接酶将缺口封好。在大肠杆菌中，参与重组修复的酶主要有 RecA、RecB、RecC，以及 DNA 聚合酶和连接酶。

（4）SOS 修复　细胞暴露于高水平的紫外线下或致突变化学物质中，会激活一种称为 SOS 反应的紧急修复机制。SOS 反应诱导的酶和其他蛋白质可以防止由于高损伤 DNA 复制受阻而引起的细胞死亡。在 SOS 反应的早期，DNA 聚合酶Ⅱ和Ⅳ基因表达上调，随后 DNA 聚合酶Ⅴ基因表达上调。这些修复酶被称为移损聚合酶（translesion polymerases），因为它们的结构特征允许使用受损的 DNA 作为模板进行复制。DNA 聚合酶Ⅳ和Ⅴ不具有 3′核酸外切酶校正功能，在 DNA 链损伤部位即使出现不配对或错配碱基，复制仍能继续进行。当复制由于 DNA 聚合酶Ⅲ遇到 DNA 损伤而停滞时，DNA 聚合酶Ⅲ会被一种移损聚合酶替代。跨过损伤区后，移损聚合酶离去，由 DNA 聚合酶Ⅲ继续进行 DNA 复制。SOS 修复增加了细胞存活机会，但是，由移损聚合酶引入的错误，如果未能在复制后修复（例如，同源重组和非同源末端连接）中得到纠正，则会导致突变。

12.3　RNA 的生物合成

转录是在 DNA 指导的 RNA 聚合酶催化下，按照碱基配对的原则，以 4 种 NTP 为原料，合成一条与 DNA 互补的 RNA 链的过程。转录起始于 DNA 模板的一个特定位点，并在一定位点处终止，此转录区域称为转录单位。一个转录单位可以是一个基因，也可以是多个基因。转录的起始是由 DNA 的启动子（Promoter）控制的，而控制终止的部位则称为终止子（terminator）。

在转录中，双股 DNA 只有一条链是模板，称为模板链（template strand），又称反义链（antisense strand）或负（-）链；另一条链则称为编码链（coding strand），又称有义链（sense strand）或正（+）链。由于 RNA 产物和正链都与模板链反向平行、碱基互补，所以二者的碱基序列相同，在 DNA 正链中的 T 在 RNA 中被 U 代替。通常用正链 DNA 的碱基序列表示基因的序列。染色体上各基因的有义链不一定在同一 DNA 单链上，即有些基因的转录模板在双链 DNA 的这条链上，其余的则分布在另一条链上。基因之间还有完全不被转录的非信息区，在高等生物中这一部分所占比例远远超过被转录的部分。由于转录仅以 DNA 一条链的某一区段为模板，因而称为不对称转录。

原核细胞中只有一种 RNA 聚合酶，由多个亚基构成。大肠杆菌的 RNA 聚合酶全酶由 5 个亚基组成（$\alpha_2\beta\beta'\sigma$），还含有两个 Zn^{2+}，分子量约 460000，不含 σ 亚基的酶称为核心酶。大肠杆菌 RNA 聚合酶的 β′亚基（155000）可与 DNA 模板结合，还与转录的终止有关；β 亚基（151000）有 NTP 单体结合部位，与 RNA 合成的引发和链延伸有关；α 亚基（37000）含有 β 亚基结合位点，具体功能不详；σ 亚基（70000）有启动子结合部位，参与特定基因转录的起始，一旦引发 RNA 的合成，它就与核心酶（$\alpha_2\beta\beta'$）分离。

转录过程可分为三个阶段：起始、延伸和终止。

12.3.1 转录的起始

大肠杆菌 RNA 聚合酶核心酶在有 DNA 模板、NTP 单体和 Mg^{2+}存在的条件下，就可以合成 RNA，但生成的是随机起始的无意义产物。只有当核心酶与 σ 亚基缔合成全酶，才能在 DNA 模板上特定的位点启动转录，合成有意义的 RNA 产物。在基因上，由 RNA 聚合酶识别、结合并确定转录起始位点的特定序列称为启动子（promoter），一般位于转录起点的上游，约 40 个碱基对。根据对 100 多个基因碱基序列的分析，大肠杆菌的启动子至少有两处共同顺序，约含 12bp 的 RNA 聚合酶全酶识别部位（−35 顺序）和约含 7bp 的 RNA 聚合酶全酶紧密结合的部位（−10 顺序，又称 TATA 框或 Pribnow box）。−10 顺序富含 AT，有助于 DNA 双螺旋的局部解链。在不同启动子中，上述两个共同顺序的位置和碱基序列略有变动，从而使不同基因的转录效率呈现出差异。启动子的结构是不对称的，它决定了转录的方向。RNA 聚合酶全酶先识别−35 顺序，并与 DNA 结合形成不稳定的复合物，沿 DNA 滑动，进入−10 顺序，形成开放的启动子复合物（open promoter complex），使 DNA 局部解链。酶进一步滑向转录起点，并引入第一个 NTP（通常是 ATP 或 GTP），启动 RNA 的合成。

12.3.2 RNA 链的延伸

起始复合物形成后，第二个 NTP 进入催化部位并形成 RNA 产物的第一个磷酸二酯键。结合几个核苷酸后，σ 亚基从全酶上解离，RNA 链的合成进入延伸阶段。全酶的构象有利于其专一地与启动子结合，σ 亚基解离后留下的核心酶则失去这种选择性结合能力。含有核心酶、DNA 和新生 RNA 的区域称为转录泡（transcription bubble），DNA 在这里形成一个局部解链的泡状结构。核心酶沿模板链 3′→5′的方向滑动，按照碱基配对的原则以 5′→3′的方向合成 RNA。

12.3.3 转录的终止

转录的终止，指 RNA 聚合酶在 DNA 模板上停顿下来，转录产物 RNA 链从转录复合物上脱落下来。DNA 上的终止信号决定转录终止，这个信号是基因末端一段特殊的序列，称为终止子（terminator）。大肠杆菌存在两类终止子。一类称为不依赖 Rho（ρ）因子的终止子，其特点是在转录终点前有一段富含 A-T 的序列，它的前面总是有一段富含 G-C 的回文顺序。当终止子顺序被转录时，与回文顺序对应的 RNA 转录产物可借助链内碱基配对形成发夹结构，使聚合酶减慢移动或暂停 RNA 的合成。发夹结构之后有一系列 U，可能提供信号使 RNA 聚合酶脱离模板。另一类终止子也含有回文顺序，但不富含 A-T 和 G-C 序列，它编码的 RNA 片段也形成发夹结构，但需要 ρ 因子的帮助才能终止 RNA 的合成。大肠杆菌 ρ 蛋白以六聚体形式存在，亚基分子量约 46000，具有 DNA·RNA 解螺旋酶和 ATPase 活性。ρ 蛋白可附着在新合成的 RNA 上，借助 ATP 水解提供的能量向 RNA 聚合酶移动，通过与聚合酶的相互作用终止转录，并使 RNA·DNA 解链，把产物和聚合酶释放出来。

12.3.4 真核生物中的转录

真核生物中转录与翻译处在不同的区域。在原核生物中，mRNA 的转录与翻译几乎是同步发生的。而在真核生物中，转录发生在细胞核内，翻译则在核外进行。转录合成的 RNA 必须穿出核膜才能进行翻译表达。

（1）转录起始　真核生物的转录起始上游区段比原核生物多样化，转录起始时，RNA-pol 不直接结合模板，其起始过程比原核生物复杂。

转录起始点上游、与结构基因处于同一分子并能调控转录的 DNA 序列称为顺式作用元件（图 12.7），包括启动子、启动子上游元件以及增强子等。能直接或间接辨认和结合转录上游区段 DNA 的蛋白质，统称为反式作用因子（transacting factors）。反式作用因子中，直接或间接结合 RNA 聚合酶的，则称为转录因子（transcriptional factors，TF）。参与 RNA-pol Ⅱ 转录的 TFⅡ 如表 12.1 所示。

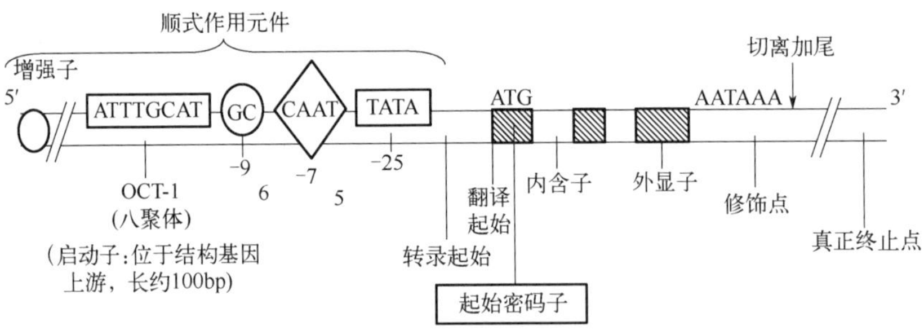

图 12.7　真核生物转录起始点上游区段

表 12.1　参与 RNA-pol Ⅱ 转录的 TFⅡ

转录因子	亚基和（或）其分子量/kDa	功能
TFⅡD	TBP，38	结合 TATA 盒
	TAF	辅助 TBP-DNA 结合
TFⅡA	12，19，35	稳定ⅡD-DNA 复合物
TFⅡB	33	促进 RNA-polⅡ结合
TFⅡF	30，74	解螺旋酶
TEⅡE	57（α），34（β）	ATPase
TFⅡH		蛋白激酶，使 CTD 磷酸化

真核生物转录起始前复合物的形成过程中，RNA-pol 不与 DNA 分子直接结合，而需依靠众多的转录因子。TFⅡD 与启动子的 TATA 盒结合，如无 TFⅡA 存在，TFⅡD-启动子复合物会与抑制因子结合。TFⅡA 存在时与 TFⅡD 结合形成 D-A 复合物，可防止复合物与抑制因子结合，继而与 TFⅡB 结合。RNA 聚合酶与 TFⅡF 先形成复合物后再结合到 DNA 上，有解旋酶活性，但未启动转录。TFⅡE 最后参与，水解 ATP 获得能量使起始部位 DNA 解链，以便聚合酶能够起始转录。

（2）转录延长　真核生物转录延长过程与原核生物大致相似，但因有核膜相隔，没有转录与翻译同步的现象。RNA-pol 前移中处处都遇上核小体。转录延长过程中可以观察到核小体移位和解聚现象。

原核生物中 RNA 由一种聚合酶合成，而真核细胞中至少有 3 种 RNA 聚合酶（表 12.2），都是由多个（8～14 个）亚基组成的含 Zn^{2+}的寡聚酶，分别转录不同的基因，RNA 聚合酶Ⅱ可认为是真核生物中最重要的 RNA 聚合酶。RNA 聚合酶Ⅰ、Ⅱ、Ⅲ都由多个亚基组成。RNA 聚合酶Ⅱ是 3 种酶中最活跃的。此外，线粒体和叶绿体中也有它们自己的 RNA 聚合酶，其分子大小、对抑制剂的敏感性等更接近于原核细胞的 RNA 聚合酶。真核生物的 RNA 聚合酶和原核生物的聚合酶一样，按 DNA 模板链的指令进行转录；不需要引物；沿 5′→3′的方向合成；无核酸外切酶的校正作用；催化的底物是三磷酸核糖核苷酸，在合成的 RNA 中形成磷酸二酯键。

表 12.2　真核生物的 RNA 聚合酶

种类	Ⅰ	Ⅱ	Ⅲ
转录产物	rRNA 前体	hnRNA（mRNA 前体）	5S-rRNA、tRNA 前体
对鹅膏蕈碱的反应	不敏感	极敏感	中度敏感

已知真核生物的启动子与原核生物很相似，也位于转录起始部位的 5′端，但也存在着重要的区别，如距起始部位最近的一个保守位点是在-25 处，称为 TATA 匣子（Hogness，box），与原核的-10 顺序（TATAAAT）极为相似。它是启动子活性所必需的。

（3）转录终止　真核生物在模板链读码框架的 3′端之后，常有一组共同序列 AATAAA，在下游还有相当多的 GT 序列，这些序列称为转录终止的修饰点。

一旦 RNA 聚合酶Ⅱ全酶复合物转录到 poly（A）信号序列（5′-AAUAAA-3′），在 RNA 聚合酶Ⅱ的 C 末端结构域（C-terminal domain）上连接的几种蛋白质就会与 poly（A）信号序列结合，并通过切割该序列下游 10～30 个核苷酸的转录物而终止。RNA 聚合酶Ⅰ的转录产物为 rRNA 前体分子，其末端有一段连续的 U。RNA 聚合酶Ⅲ的转录产物末端常有 2～4 个连续的 U。连续 U 序列结构还不能形成完整的终止信号，存在于 U 序列附近的发夹结构和富含 G-C 对的区域在转录终止中发挥着重要作用。

12.3.5　RNA 转录后的加工修饰

真核细胞编码蛋白质的基因以单个基因为转录单位，转录成单顺反子 mRNA。大多数蛋白质基因为不连续基因，它的编码序列（又称为外显子，extron）被非编码序列（又称为内含子，intron）隔成若干片段，外显子和内含子一起被转录，生成分子量很大的前体分子，在核内加工过程中又形成大小不等的中间物，被称为核不均一 RNA（hnRNA）。hnNRA 的加工包括：①在专一的酶促作用下，5′端形成特殊的帽子结构（m7G5′ppp5′NmpNp-），这种加工发生在转录尚未完成时；②在 RNA 末端腺苷酸转移酶作用下，在 3′端添加多聚腺苷酸（poly A）尾巴，poly A 通常含 150～250 个腺苷酸残基；③通过特殊的机制剪去内含子，并把外显子拼接起来；④对链内特定核苷进行甲基化修饰。

12.4 课程思政

新型冠状病毒（Corona Virus 2019）为传染性极强的单链 RNA 病毒。新型冠状病毒肺炎（Corona Virus Disease 2019，COVID-19）指 2019 新型冠状病毒感染导致的肺炎。2019 年 12 月起，全球暴发新型冠状病毒肺炎疫情，2023 年 5 月 5 日，世界卫生组织宣布，新冠疫情不再构成“国际关注的突发公共卫生事件”。

12.5 拓展与探索

人工设计酵母染色体

我国科学家杨焕明、戴俊彪等利用化学物质合成了 4 条人工设计的酿酒酵母染色体，研究结果于 2017 年 3 月 10 日以封面文章的形式在国际知名学术期刊《科学》发表。该研究利用核苷酸分子精准合成了酿酒酵母活体染色体，首次实现人工基因组合成序列与设计序列的完全匹配，所得到的酵母基因组具备完整的生命活性。酿酒酵母是生物遗传学研究的一个重要模式生物。以合成型酿酒酵母染色体为研究对象，可以加快在基因组重排、环形染色体进化领域的研究进度，为人类环形染色体疾病、癌症和衰老等提供研究与治疗模型。

思考题

1. DNA 复制有哪些特点？
2. 原核生物 DNA 聚合酶的种类和主要功能有哪些？
3. 真核生物的 RNA 聚合酶的种类和功能有哪些？
4. 真核生物 mRNA 前体转录后加工主要有哪些方面？

第 13 章
蛋白质的生物合成

本章提要

蛋白质生物合成以 mRNA 为模板，tRNA 搬运氨基酸，在核糖体上按照 mRNA 密码子顺序翻译出多肽链。mRNA 上每 3 个相邻碱基为一个密码子，遗传密码具有方向性、简并性、连续性、通用性和摆动性等特点。蛋白质生物合成过程包括氨基酸活化，肽链合成的起始、延伸、终止和翻译后加工及靶向输送等。原核生物和真核生物蛋白质合成过程基本相同，但所需蛋白质因子不同。许多抗生素对蛋白质合成具有抑制作用。

蛋白质的生物合成又称翻译（translation），是指生物按照从 DNA 转录得到的 mRNA 上的遗传信息合成蛋白质的过程，即把 mRNA 中的碱基序列转变为多肽链中氨基酸的排列顺序的过程。一种 mRNA 可特异地指导合成一种蛋白质，不同 mRNA 指导合成不同的蛋白质。

13.1 蛋白质生物合成体系

蛋白质生物合成在核糖体上进行，是一个较为复杂的过程。参与蛋白质生物合成体系的成分至少有 200 种，包括核糖体、20 种氨基酸、tRNA、mRNA、多种蛋白质、酶、辅助因子及用于提供能量的 ATP、GTP 等，这些分子共同组装成一个高效而精密的翻译机器，控制着蛋白质的生物合成过程。

13.1.1 遗传密码

13.1.1.1 密码子

密码子（codon）是指 mRNA 中相邻的一组三个核苷酸，在蛋白质合成时编码一个氨基酸。mRNA 中 4 种核苷酸（碱基）的序列决定了蛋白质中 20 种氨基酸的序列。构成 mRNA 的碱基只有 4 种，而蛋白质中氨基酸却有 20 种。这 4 种碱基怎么决定蛋白质中 20 种氨基酸的排列顺序呢？若 1 个碱基决定一种氨基酸，则只能编码出 4 种氨基酸；若 2 个碱基决定一个氨基酸也只能编码 16 种氨基酸；如果 3 个碱基决定一个氨基酸，则可以编码 $4^3=64$ 种氨基酸，可以满足编码 20 种氨基酸的需要，数量也比较合适；若 4 个碱基决定一个氨基酸，则可编码 4^4=256 种氨基酸，这样编码的氨基酸数量太多且不合适。科学家通过大量的实验证明了 mRNA 链上每 3 个碱基对应编码一个特定的氨基酸。mRNA 中 4 种碱基可组成 64 个密码子（表 13.1），其中只有 61 个密码子能编码氨基酸，UAG、UGA 和 UAA 为终止密码子（termination codon），不编码任何氨基酸，它们是肽链合成的终止信号，AUG 既可编码甲硫氨酸，也是起始密码子（initiation codon）。

表 13.1　遗传密码表

第 1 位碱基	第 2 位碱基（中间）				第 3 位碱基
	U	C	A	G	
U	苯丙氨酸（Phe）	丝氨酸（Ser）	酪氨酸（Tyr）	半胱氨酸（Cys）	U
	苯丙氨酸（Phe）	丝氨酸（Ser）	酪氨酸（Tyr）	半胱氨酸（Cys）	C
	亮氨酸（Leu）	丝氨酸（Ser）	终止密码子	终止密码子	A
	亮氨酸（Leu）	丝氨酸（Ser）	终止密码子	色氨酸（Trp）	G
C	亮氨酸（Leu）	脯氨酸（Pro）	组氨酸（His）	精氨酸（Arg）	U
	亮氨酸（Leu）	脯氨酸（Pro）	组氨酸（His）	精氨酸（Arg）	C
	亮氨酸（Leu）	脯氨酸（Pro）	谷氨酰胺（Gln）	精氨酸（Arg）	A
	亮氨酸（Leu）	脯氨酸（Pro）	谷氨酰胺（Gln）	精氨酸（Arg）	G
A	异亮氨酸（Ile）	苏氨酸（Thr）	天冬酰胺酶（Asn）	丝氨酸（Ser）	U
	异亮氨酸（Ile）	苏氨酸（Thr）	天冬酰胺酶（Asn）	丝氨酸（Ser）	C
	异亮氨酸（Ile）	苏氨酸（Thr）	赖氨酸（Lys）	精氨酸（Arg）	A
	甲硫氨酸（Met）	苏氨酸（Thr）	赖氨酸（Lys）	精氨酸（Arg）	G
G	缬氨酸（Val）	缬氨酸（Val）	天冬氨酸（Asp）	甘氨酸（Gly）	U
	缬氨酸（Val）	缬氨酸（Val）	天冬氨酸（Asp）	甘氨酸（Gly）	C
	缬氨酸（Val）	缬氨酸（Val）	谷氨酸（Glu）	甘氨酸（Gly）	A
	缬氨酸（Val）	缬氨酸（Val）	谷氨酸（Glu）	甘氨酸（Gly）	G

遗传密码的破译成功是 20 世纪 60 年代生物化学发展史上的一个重要里程碑，不仅揭开了生命合成的神秘面纱，更重要的是对于人类的生物学、医学等领域有着巨大的帮助。人们利用遗传密码知识可以通过构建和重新设计 DNA 序列，人工合成基因和蛋白质；可以有助于诊断包括癌症在内的一系列疾病；可以设计并开发出针对患病蛋白所编码的 DNA 分子、RNA 分子以及相应的蛋白质，用于疾病治疗等。1968 年，M. Nirenberg 和 H.Khorana 由于破译遗传密码的创造性成果而共同获得了诺贝尔奖。

13.1.1.2　遗传密码的基本特性

（1）遗传密码的方向性　组成密码子的各碱基在 mRNA 序列中的排列具有方向性（direction），密码子的阅读方向与 mRNA 编码方向一致，即翻译时密码子的阅读方向只能是从 5′端至 3′端。翻译出来的蛋白质是从氨基端（N 端）向羧基端（C 端）合成的。

（2）遗传密码的简并性　从表 13.1 可看出，除甲硫氨酸、色氨酸只有一个密码子为其编码外，每个氨基酸都有 2、3、4 或 6 个密码子为其编码，但每种密码子只对应一个氨基酸，或对应终止信息。61 个密码子编码 20 种氨基酸，必然会导致同一种氨基酸拥有多个密码子编码的现象。几个密码子编码一种氨基酸的现象称为密码子的简并性（degeneracy），这些密码子称为同义密码子（synonymous codon）。密码子简并性可在一定程度内使氨基酸序列不会因为某一个碱基被意外替换而导致氨基酸错误，从而降低基因突变带来的危害有利于生物的生存。

（3）遗传密码的连续性　mRNA 序列上的各个密码子及密码子的各碱基是连续排列的，两个密码子之间没有标点符号。在翻译过程中，tRNA 对密码子的识读是从 mRNA 5′端的起始密码子 AUG（固定的起始点）开始的，按照一定的读码框架，一个不漏地一直读到终止信号。读取时每 3 个碱基是一个密码子，两个密码子之间不能隔开，密码子间无间断也没有重叠，直到遇到 3′端终止密码子（终止信号）为止。

（4）遗传密码的通用性　几乎所有的生物（即使是非细胞结构的病毒）都使用同一套遗传密码，称为标准遗传密码，这就是遗传密码的通用性。不同的物种，甚至同种生物不同的蛋白质编码基因对密码子的使用有偏好性，也就是对简并密码子使用的频率并不相同。但遗传密码也有少数例外，体现了遗传密码的特殊性。许多线粒体及一些原核生物的遗传系统中的编码方式与通常的遗传密码有所不同。例如，甲硫氨酸和色氨酸在线粒体中的遗传密码各有两个；线粒体中 AUA 编码甲硫氨酸、UGA 编码色氨酸、CUA 编码苏氨酸。

（5）遗传密码的摆动性　密码子和反密码子配对时，有时会出现不遵从碱基配对规律的情况，称为遗传密码的摆动现象。蛋白质在翻译过程中，由于遗传密码的摆动现象，tRNA 和 mRNA 有一对碱基不严格配对，会造成氢键较弱而容易分离，这样可以加快翻译的速度。Nirenberg 在 1965 年发现苯丙氨酰-tRNAPhe 和 UUU、UUC 都可以结合，表明同一个反密码子可以识别 UUU 和 UUC 两个密码子，说明密码子和反密码子有时不严格遵循碱基互补配对原则。观察这两个密码子时发现，它们的前两位碱基都相同，只是第三位碱基不同。一般而言，tRNA 上反密码子与 mRNA 密码子在反向配对时，密码子的第 1、第 2 碱基在配对时严格遵守碱基互补配对原则，密码子的第 3 位碱基在与反密码子的第 1 位碱基互补配对时就不那么严格。tRNA 能识别多少个密码子由反密码子的第 1 位碱基性质决定，反密码子第 1 位为 I 时可以识别 3 种密码子，第 1 位为 G 或 U 时可以识别 2 种密码子，第 1 位为 A 或 C 时只能识别 1 种密码子（表 13.2）。

表 13.2　反密码子与密码子之间的碱基配对

反密码子第 1 位碱基	密码子第 3 位碱基
I	U 或 C 或 A
G	U 或 C
U	A 或 G
A	U
C	G

13.1.2　mRNA（蛋白质合成的模板）

mRNA 中碱基排列顺序与 DNA 编码链的碱基顺序一致，特定蛋白质的氨基酸顺序是由翻译时夹在核糖体大小亚基中的 mRNA 序列所决定的。不同的 mRNA 分子大小和碱基排列顺序各不相同，但都具有 5′-端非翻译区、开放阅读框架区和 3′-端非翻译区；真核生物 mRNA 的 5′-端有帽子结构，3′-端有长度不一的多聚腺苷酸尾。帽子结构在翻译时参与 mRNA 在核糖体上的定位结合，启动蛋白质合成，帽子结构和多聚腺苷酸尾还能稳定 RNA。单顺反子是指一条 mRNA 模板上只含有一个起始点和一个终止点，含有一个基因，只能编码一条多肽链。多顺反子是指 1 个 mRNA 分子上含有多个起始点和终止点，包含多个基因，各基因之间由一段短的非编码间隔序列隔开，因此能够编码合成多条肽链。真核细胞 mRNA 分子是单顺反子，只能翻译合成一种蛋白质，而原核生物 mRNA 是多顺反子，可翻译合成多个蛋白质。

13.1.3 tRNA（携带氨基酸）

tRNA 用于搬运不同种类的氨基酸，真核生物细胞都有 40～60 种不同 tRNA。tRNA 依靠其 3′-末端 CCA-OH 特异地与活化氨基酸结合，起到搬运 20 种氨基酸的作用，可通过其反密码子环上的反密码子与 mRNA 密码子进行互补配对，把所携带的氨基酸分子带到指定位置，保证翻译的准确性。

tRNA 二级结构为三叶草形，其上含有两个关键位点，分别是氨基酸结合位点和 mRNA 结合位点。氨基酸结合位点即氨基酸接受臂，是由 tRNA 分子 5′-末端和 3′-末端序列通过互补配对形成的局部双链区，该部位的 3′-末端最后 3 个碱基为 CCA，氨基酸以酯键的形式连接在腺苷酸的 3′-OH 上，起到运载氨基酸的功能。mRNA 结合位点即反密码子位点，在每一种 tRNA 分子的反密码子环上，都有一个由 3 个核苷酸组成的反密码子，翻译时它能以碱基配对方式准确识读 mRNA 密码子，起到解码功能，将它所携带的氨基酸正确地加到肽链上。

13.1.4 核糖体（蛋白质合成的工厂）

一切活细胞中均有核糖体（除哺乳动物成熟的红细胞外），它们在细胞内呈颗粒状存在，由几十种蛋白质和多种 rRNA 共同组成。核糖体是蛋白质合成的加工工厂，可沿着 mRNA 不断向前移动，按适当的位置和方向把 mRNA 分子和带有氨基酸的 tRNA 分子结合在一起，最终按 mRNA 分子的碱基序列把与之对应的氨基酸连接起来形成多肽链。rRNA 主要有以下功能：①维持核糖体三维结构，它占了核糖体的 2/3，并折叠成十分精细的空间结构，如果将它除去，核糖体结构就会完全瓦解；②直接参与 mRNA 与核糖体小亚基的结合以及大、小亚基间的结合；③在蛋白质合成过程中起关键作用。

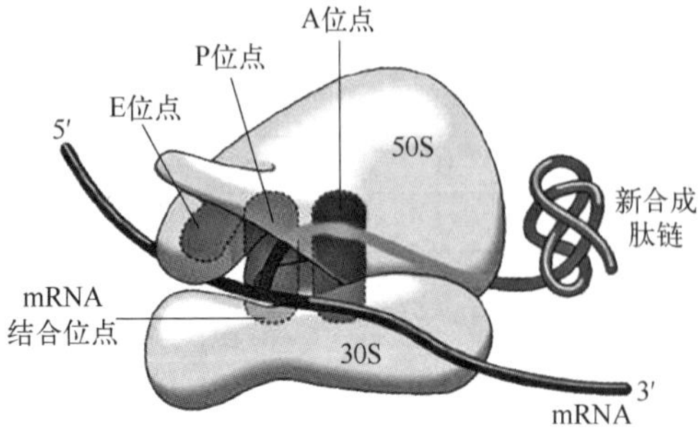

图 13.1 核糖体的结构

核糖体由大、小两个亚基构成（图 13.1），处于一种不断解离与聚合的动态平衡中。原核生物的核糖体较小，分子量为 2.8×10^6，直径约 18nm，沉降系数 70S，由 50S 大亚基和 30S 小亚基组成，50S 大亚基含有 34 种蛋白质（L1～L34）及 5S rRNA、23SrRNA，30S 小亚基含有 21 种蛋白质（S1～S21）和 16S rRNA。真核生物核糖体较大，分子量约为 4.0×10^6，直径为 20～22nm，沉降系数 80S，由 60S 大亚基和 40S

小亚基组成，60S 大亚基含有 40 多种蛋白质及 5S rRNA、28S rRNA、5.8S rRNA，40S 小亚基含有 30 多种蛋白质与 18S rRNA。

核糖体大小亚基以及它们的接合部位存在着许多与蛋白质合成有关的位点或结构域（表 13.3）。核糖体结合在 mRNA 链上进行蛋白质合成时，核糖体大、小亚基会聚合在一起，并把 mRNA 分子包裹在大小亚基之间。蛋白质合成结束后，大小亚基解聚单独存在，变为非活性的稳定状态。每条 mRNA 链上可同时连接几个到几十个核糖体进行蛋白质合成，形成念珠状，称为多聚核糖体，这样可同时合成多条相同的多肽链，大大提高翻译效率。

表 13.3　核糖体中与蛋白质合成有关的位点或结构域

名称	位点及作用
mRNA 结合部位	位于大肠杆菌 30S 亚基与 50S 亚基接触面上，小亚基 16S rRNA 的 3′-端可通过碱基互补配对结合 mRNA 5′-端 SD 序列，引导 mRNA 与小亚基结合
氨酰-tRNA 接受部位（A 位点）	大部分位于 50S 的大亚基，是接受氨酰基-tRNA 的部位。A 位点 5S rRNA 有一序列可与氨酰-tRNA 的 TψC 环保守序列互补，利于氨基酰-tRNA 进入，起始 tRNA 没有这样的互补序列，只能进入 P 位
肽基酰-tRNA 结合部位（P 位点）	肽酰-tRNA 和起始氨酰-tRNA 结合位点，大部分位于小亚基，小部分位于大亚基，是结合起始氨酰-tRNA 或肽酰-tRNA 并向 A 位给出氨基酸的位置
脱氨酰-tRNA 出口（E 位点）	排出空载 tRNA，临时结合并离开核糖体的位点，主要是大亚基成分。真核细胞核糖体没有 E 位
肽酰转移酶活性部位	转肽酶是核糖体大亚基的组成成分，活性部位位于核糖体 P 位和 A 位连接处，催化肽键形成。氨基酸活化中，氨基酸通过酯键与相应 tRNA 连接，而在转肽酶作用下，核糖体 A 位氨酰-tRNA 所携带氨基酸的氨基就会对 P 位连接氨基酸与 tRNA 酯键上的羰基发起亲核进攻，进而形成肽键。在翻译末期，它的另一个活性是受到释放因子作用后结构会发生改变，活性也发生改变，表现出酯酶水解活性，使 P 位上肽链与 tRNA 之间酯键水解而断裂
GTP 酶部位	对 GTP 具有活性，催化肽酰-tRNA 由 A 位移到 P 位

13.1.5　氨酰-tRNA 合成酶

氨基酸必须先进行活化，与相应 tRNA 形成氨酰-tRNA，然后才能进入核糖体与 mRNA 上的密码子识别结合并掺入新生肽链中，从而开始蛋白质生物合成。氨酰-tRNA 合成酶（aminoacyltRNAsynthetase，aaRS）催化氨基酸的活化反应，将氨基酸分子上的 α-羧基连接到同源 tRNA 分子的3′-端，形成氨酰-tRNA。20 种氨基酸均有其相应的专一性氨酰-tRNA 合成酶。一般认为它参与下列两步反应，在 ATP 存在下使氨基酸活化，并与 tRNA 的-CCA-OH 末端结合。此酶能专一性地辨认氨基酸的侧链和 tRNA，所以 mRNA 的遗传信息能准确无误地反映在蛋白质氨基酸序列上。现已从大肠杆菌中分离出 20 种氨酰 tRNA 合成酶，它们对氨基酸和 tRNA 都表现出高度特异性。氨酰 tRNA 合成酶有两种手段保证氨酰 tRNA 合成的忠实性：一方面，酶活性中心优先结合正确的同源氨基酸，体积比同源氨基酸大的氨基酸无法进入活性中心而会被排除；另一方面，通过酶的校对中心对错误的非同源氨基酸进行编辑，误载的氨酰-AMP 或氨酰-tRNA 在校对中心被水解“出局”。由于氨酰-tRNA 合成酶具有这样的校对机制，细胞内形成误载的氨酰-tRNA 的可能性非常低，因而能保证蛋白质合成的准确性。

13.2 蛋白质的生物合成过程

原核生物与真核生物的蛋白质合成过程较为相似，但也有很多区别，真核生物的翻译过程更为复杂。蛋白质的生物合成可分为氨基酸活化、肽链合成起始、肽链延伸、肽链终止、蛋白质合成后加工修饰与靶向输送等。

13.2.1 原核生物肽链的合成过程

13.2.1.1 氨基酸活化

在进行蛋白质生物合成时，各种氨基酸在掺入肽链前必须先经过活化，然后再与其特异的 tRNA 结合，才能以 mRNA 为模板合成多肽链，催化这个反应的酶是氨酰-tRNA 合成酶，它能催化特定氨基酸与特异 tRNA 结合，生成各种氨酰-tRNA。

氨基酸活化反应分为 2 个步骤，是一个耗能过程，消耗 1 个 ATP 可活化 1 分子氨基酸（相当于消耗 2 个高能磷酸键）。第一步，氨基酸+ATP→氨酰 AMP+PPi。在氨酰-tRNA 合成酶催化下，利用 ATP 供能，在氨基酸羧基上进行活化，形成氨酰-AMP，产生的 PPi 会在焦磷酸化酶的作用下水解成 2 分子的无机磷酸并释放出能量，推动下一步反应的发生；第二步，氨酰-AMP+tRNA→氨酰-tRNA+AMP，氨酰-AMP 再与氨酰-tRNA 合成酶结合形成三联复合物，此复合物再与特异的 tRNA 作用，将氨基酰转移到 tRNA 的氨基酸臂（即 3′-末端 CCA-OH）上，使氨基酸的羧基与 tRNA 3′-末端核糖上的 2′-羟基或 3′-羟基形成酯键，从而生成特定氨酰-tRNA，然后再转移到核糖体上参与蛋白质合成。tRNA 和氨基酸之间的酯键为高能键，断裂后产生的能量可直接用来驱动肽键的形成。

13.2.1.2 肽链合成的起始

蛋白质多肽链合成的起始需要核糖体大亚基、小亚基、mRNA、起始 tRNA 和起始因子共同参与。目前在大肠杆菌中发现了 3 种起始因子（IF1、IF2 和 IF3）。在蛋白质多肽链合成之前，核糖体大小两个亚基分开存在，起始因子 IF3 和 IF1 分别结合到核糖体小亚基上，IF-1 可以激活 IF-2 和 IF-3，IF-2 的作用是帮助起始氨酰-tRNA 与核糖体结合，IF-3 的作用则是促使 mRNA 与 30S 亚基结合，并防止 50S 亚基与 30S 亚基结合。接着，核糖体 30S 小亚基会识别 mRNA 上的起始信号，结合到正确起始位点。一条 mRNA 上可能有多个 AUG 密码子，在结合时必须从中识别一个正确起始 AUG 位点。为保证 mRNA 和 30S 小亚基的正确结合，原生生物主要通过 2 种机制来确保这种精准定位。第一，原核生物中 mRNA 都有其核糖体结合位点，在 AUG 上游 8～13 个核苷酸处有一段 SD 序列，这段序列正好与 30S 小亚基中 16S rRNA 3′-端一部分序列互补（图 13.2），这种互补决定了核糖体能选择 mRNA 上 AUG 的正确位置来起始肽链合成。第二，mRNA 序列上紧接着 SD 序列之后的一段核苷酸序列可被核糖体小亚基中的一种蛋白（rpS-1）识别并结合，确保 mRNA 在核糖体小亚基上的精准定位。这样起始 AUG 位点就对应核糖体小亚基的 P 位，而 A 位被 IF1 占据。之后，在 IF2 的作用下，甲酰蛋氨酰起始 tRNA 与 mRNA 分子中 AUG 相结合，即密码子与反密码子配对，同时 IF3 从三元复合物中脱落，形成 30S 起始复合物，即 IF2-30S 亚基-mRNA-fMet-$tRNA_f^{met}$ 复合物，此步需要 GTP 和 Mg^{2+}参与。上述精准结合了 mRNA、fMet-$tRNA_f^{met}$ 的小亚基再与 50S 大亚基结合，释放 3 种 IF 因子，形成一个 70S 起始复合物，即 30S 小亚基-mRNA-50S 大亚基-mRNA-fMet-$tRNA_f^{met}$ 复合物（图 13.3）。此时 fMet-$tRNA_f^{met}$ 占据着 50S 大亚基的肽酰位（P 位），而 A 位空着等待对应 mRNA 中第二个密码子相应氨酰-tRNA 的进入，从而进入肽链的延长阶段。

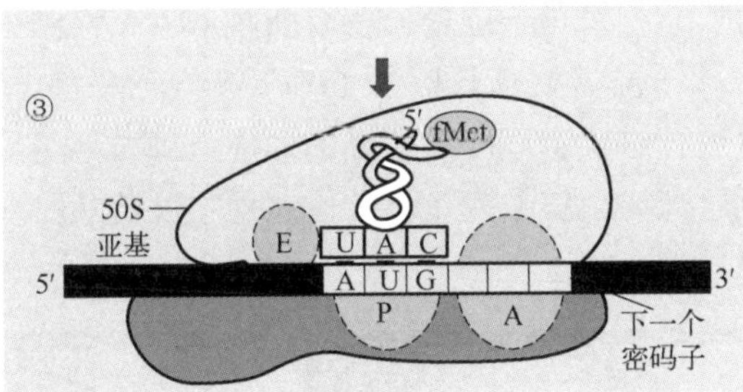

图 13.2　mRNA 中 SD 序列与核糖体小亚基的相互识别

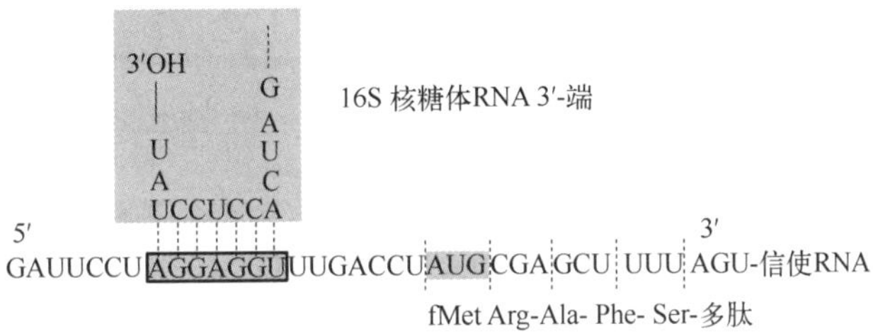

图 13.3　原核生物翻译起始复合物

13.2.1.3　肽链合成的延伸

翻译起始复合物形成后就进入了肽链的延伸阶段。以氨酰-tRNA 进入 70S 起始复合物的 A 位为标志，多肽链上每增加 1 个氨基酸分子都需要经过进位（entry）、成肽（transpeptidation）和转位（translocation）3 步反应，不断循环完成肽链延伸（图 13.4）。在肽链延伸阶段需要延伸因子 EF-Tu、EF-Ts 和 EF-G 参与。

（1）进位　进位指与 mRNA 上密码子相对应的氨酰-tRNA 进入核糖体 A 位的过程，需 GTP 提供能量，需延伸因子 EF-Tu 和 EF-Ts 参与，由在 A 位上的 mRNA 密码子决定哪种氨酰-tRNA 进入 A 位。反应过程如下：首先，EF-Tu 与 GTP 结合形成 EF-Tu-GTP，再与氨酰-tRNA 结合形成三元复合物 EF-Tu-GTP-氨酰-tRNA，接着三元复合物进入核糖体 A 位，随后借助 GTP 水解生成 GDP 时释放的能量，EF-Tu、GDP 与结合在 A 位上的氨酰-tRNA 分离，EF-Tu 重新与 EF-Ts 形成二聚体。EF-T 的两个组成部分可以重复解聚与结合，来帮助后续氨酰-tRNA 进入 A 位。释放出的 EF-Tu-GDP 无活性，但可在 EF-Ts 作用下生成 EF-Tu-EF-Ts，释放出 GDP；随后 GTP 取代 EF-Ts 再生成 EF-Tu-GTP 重新利用，这一过程称为 Tu-Ts 循环。需要注意的是，EF-Tu 不会识别 fMet-$tRNA_f^{Met}$，因此 fMet-$tRNA_f^{Met}$ 不能进入 A 位，这样保证了内部 AUG 不被 fMet- $tRNA_f^{Met}$ 所阅读。

（2）成肽　肽链合成的起始阶段，P 位点上结合起始甲酰蛋氨酰-tRNA，A 位点上已经结合了一个与 mRNA 密码子相对应的氨酰-tRNA。此时，在肽酰基转移酶的作用下，P 位点上的氨基酸与 tRNA 间酯键断裂，再与 A 位点上氨酰-tRNA 上氨基酸的氨基缩合生成酰胺键，形成二肽。此时，A 位上存在一个二肽酰-tRNA，P 位上存在空载 tRNA。在这个过程中，mRNA 和核糖体的位置都没有改变，只是 P 位上的氨基酸与 A 位上的氨基酸之间形成肽键，延长了肽链。

（3）转位　转位是在延长因子 EF-G（转位酶）作用下 70S 核糖体沿着 mRNA 由 5′-端向 3′-端方向移动一个密码子的距离，使得原来与 mRNA 结合的二肽酰-tRNA（或者肽酰-tRNA）从核糖体 A 位移到 P 位，A 位空出。在这个过程中，mRNA 和肽酰-tRNA 都没有移动，只是核糖体向前移动了一个密码子位置，使得肽酰-tRNA 移到了 P 位，A 位空出，空载 tRNA 移到 E 位并被排出。转位需要延长因子 FE-G 参与，每移位一次，需要消耗 1 分子 GTP。之后，多肽链重复进行进位、成肽、转位的循环，每循环 1 次就会增加 1 个氨基酸分子，不断延长肽链，直至遇到终止信号为止。转位过程中肽链从氨基端向羧基端延伸，因此多肽链合成的方向是从 N 端到 C 端。

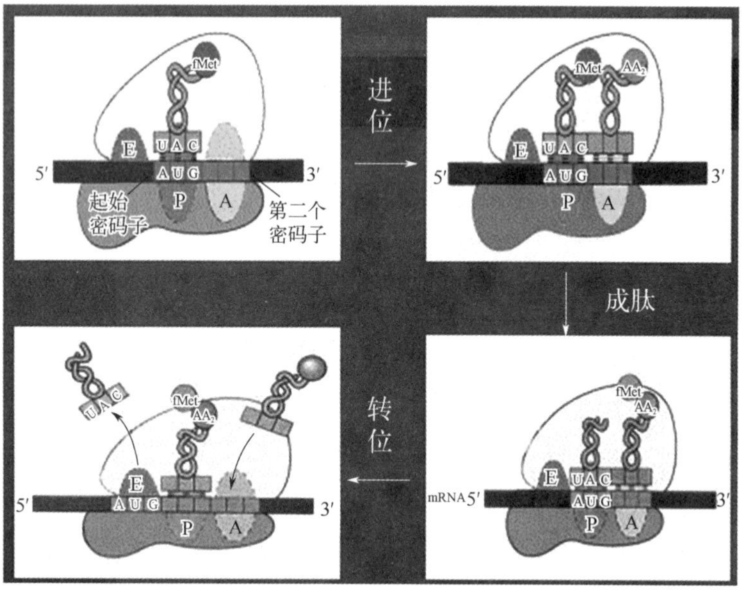

图 13.4　肽链的延伸

13.2.1.4　肽链合成的终止

肽链合成的终止包括肽链释放、tRNA 逐出和核糖体与 mRNA 分离，需要终止密码子提供终止信号，还需要释放因子（RF）识别终止信号。在大肠杆菌中的释放因子有 3 种：RF-1、RF-2 和 RF-3。其中，RF-1 主要识别 UAA 和 UAG，RF-2 主要识别 UAA 和 UGA，RF-3 不识别终止密码子，但能增加另外两个释放因子的识别活性。

当多肽链最后一个肽键形成后，核糖体 A 位遇到 mRNA 终止密码子 UAA、UAG、UGA，由于氨酰-tRNA 不能识别终止密码子，因此也就没有相应的氨酰-tRNA 进入 A 位。此时，释放因子能够识别终止密码子，可以进入到 A 位，在释放因子的作用下多肽链合成终止（图 13.5）。原核生物中释放因子 RF1 识别 UAA 和 UAG，RF2 识别 UAA 和 UGA，RF3 可介导 RF1 和 RF2 在核糖体 A 位上的定位。

释放因子 RF1 和 RF2 识别终止密码进入核糖体时，释放因子的定位会引发核糖体构象改变，将转肽酶活性转变为酯酶活性，将肽链与 tRNA 相连的酯键断裂。之后新生肽链从核糖体上被释放出来，空载 tRNA 从核糖体上脱离下来，mRNA、RF 也与核糖体分离。核糖体在 IF1 和 IF3 作用下解离并脱离 mRNA，小亚基结合 IF-3 以防止与大亚基结合，解离后的大、小亚基可重新参加新的肽链的合成，如此重复循环，就可完成多条多肽链的合成。

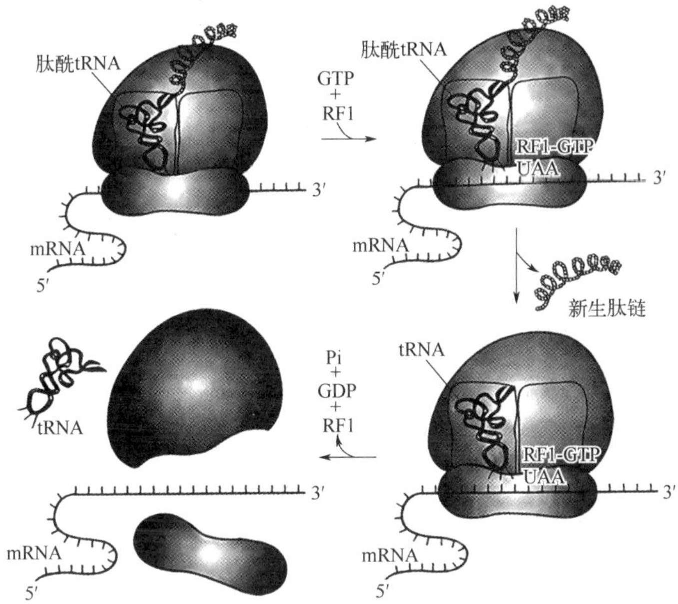

图 13.5 肽链合成终止

13.2.1.5 原核生物肽链合成所需的蛋白质因子

原核生物肽链合成所需蛋白质因子见表 13.4。

表 13.4 原核生物肽链合成所需蛋白质因子

种类		生物学功能
起始因子	IF1	占据核糖体 A 位，防止 tRNA 过早结合 A 位
	IF2	促进 fMet-tRNA^{fMet} 与小亚基结合
	IF3	阻止大、小亚基过早结合，增强 P 位结合 fMet-tRNA^{fMet} 的特异性
延伸因子	EF-Tu	促进氨酰-tRNA 进入 A 位，结合并分解 GTP
	EF-Ts	EF-Tu 的调节亚基
	EF-G	转位酶活性，促进 mRNA-肽酰-tRNA 由 A 位移至 P 位，促进 tRNA 释放
终止因子	RF1	识别 UAA 和 UAG，诱导肽酰转移酶转变为酯酶
	RF2	识别 UAA 和 UGA，诱导肽酰转移酶转变为酯酶
	RF3	具有 GTPase 活性，当新合成肽链从核糖体释放后，促进 RF1 或 RF2 与核糖体分离

13.2.2 真核生物肽链的合成过程

真核生物蛋白质合成过程与原核生物类似，最大的区别在于翻译起始复合物的形成，以及各阶段所使用的蛋白质因子的种类和数量不同。

13.2.2.1 真核生物肽链合成的起始

真核细胞的核糖体由 60S 大亚基和 40S 小亚基构成，在其合成过程中需要更多的起始因子 eIF 参与，合成过程也更为复杂。在蛋白质合成前，核糖体大小亚基在起始因子的作用下呈现解离状态，蛋白质合成开始时，携带甲硫氨酸的起始 tRNA：Met-$tRNA_i^{Met}$ 与核糖体小亚基的 P 位结合。真核生物中 mRNA 没有 SD 序列，依赖于真核生物 5′-端帽子结构及起始密码 AUG 周围的特殊序列实现 mRNA 在结合了起始氨酰-tRNA 的小亚基上的准确定位，随后上述复合物再与 60S 大亚基结合，形成蛋白质合成起始复合物。

13.2.2.2 真核生物肽链合成的延伸

这个过程和原核生物基本相似，也要经过进位、成肽、转位三个步骤循环完成一个氨基酸的添加，参与此过程的延伸因子 EF1 和 EF2，其功能相当于原核生物中的 EF-T 和 EF-G。

13.2.2.3 真核生物肽链合成的终止

这个过程需要释放因子参与，但真核生物中只有一种释放因子 eRF，它可以识别 3 种终止密码子。eRF 作用于 A 位点，使转肽酶活性变为水解酶活性，后续步骤与原核生物相同。

13.2.2.4 真核生物肽链合成所需的蛋白质因子

真核生物肽链合成所需蛋白质因子见表 13.5。

表 13.5 真核生物肽链合成所需蛋白质因子

种类		生物学功能
起始因子	eIF1	结合于小亚基的 E 位，促进 eIF2-tRNA-GTP 复合物与小亚基相互作用
	eIF1A	原核 IF1 的同源物，防止 tRNA 过早结合于 A 位
	eIF2	具有 GTPase 活性，促进起始 Met-$tRNA^{Met}$ 与小亚基结合
	eIF2B、eIF3	最先与小亚基结合的起始因子，促进后续步骤的进行
	eIF4A	eIF4F 复合物成分，具有 RNA 解旋酶活性，解开 mRNA 二级结构，促使其与小亚基结合
	eIF4B	结合 mRNA，促进其扫描定位起始密码 AUG
	eIF4E	eIF4F 复合物成分，结合 mRNA 的 5′-帽子结构
	eIF4G	eIF4F 复合物成分，结合 eIF4E 和 poly（A）结合蛋白
	eIF4F	包含 eIF4A、eIF4E、eIF4G 的复合物
	eIF5	促进各种起始因子从小亚基解离，从而使大、小亚基结合
	eIF5B	具有 GTPase 活性，促进各种起始因子从小亚基解离，从而使大小亚基结合
延伸因子	eEF1α	与原核 EF-Tu 功能相似
	eEF1βγ	与原核 EF-Ts 功能相似
	eEF2	与原核 EF-G 功能相似
终止因子	eRF	识别所有终止密码子

13.2.3 蛋白质翻译后加工及靶向输送

以 mRNA 为模板在核糖体上经翻译得到的绝大多数多肽链是没有生物活性的初始产物。多肽链从核糖体中释放后，只有经过翻译后加工才能转变成有活性的蛋白质，这个过程称为翻译后加工（post-translational processing）。

13.2.3.1 多肽链一级结构的修饰

（1）肽链 N-端的修饰　包括 N 端的脱甲酰化和 N 端甲硫氨酸的切除。原核生物多肽链合成的起始氨基酸是 N-甲酰甲硫氨酸，但成熟蛋白质的第一位氨基酸经常是去除甲酰化的，这主要是由于多肽链翻译的过程中会伴随着 N 端的修饰，原核生物细胞内存在特定的酶可对多肽链的 N 端进行修饰，例如大肠杆菌中 70%以上的蛋白质甲硫氨酸被切掉。真核生物的起始氨基酸是甲硫氨酸，翻译成多肽链后甲硫氨酸则全部被切除，所以真核生物合成的蛋白质多肽链的 N 端第一个氨基酸经常不是甲硫氨酸，大约 50%真核细胞的 N 端氨基酸进行了乙酰化修饰。

（2）水解修饰　新生多肽链通过特异蛋白酶水解或酶切，去除信号肽或内含肽序列（即切除某些肽段）后才能生成具有活性的蛋白质分子。例如胰岛素分子在合成时，首先合成为较大的前体前胰岛素原（pre-proinsulin），然后从 N 端水解掉一段由 24 个氨基酸组成的信号肽序列，并形成二硫键，生成胰岛素原（proinsulin）。胰岛素原再由肽链内切酶在两处切去两对碱性氨基酸，并由肽链外切酶再切去一段 C 肽，最后由二硫键连接 A 链和 B 链形成有活性的胰岛素。

（3）氨基酸残基的修饰　氨基酸残基的修饰主要包括糖基化（glycosylation）、磷酸化、乙酰化（acetylation）、甲基化、羧基化（carboxylation）、羟基化等。氨基酸残基的修饰不仅能改变蛋白质的某些理化性质，还能调节许多酶或蛋白质的活性。例如，结缔组织内的蛋白质常出现羟脯氨酸和羟赖氨酸，这两种氨基酸没有相应的遗传密码及 tRNA，它们是在翻译后加工过程中由脯氨酸和赖氨酸经过羟化反应完成的。蛋白质的磷酸化修饰是在翻译后由各种蛋白激酶催化，将磷酸基团连接于丝氨酸、苏氨酸和酪氨酸的羟基上，在磷酸酯酶作用下又发生脱磷酸化作用。糖基化反应则是在一系列糖基转移酶催化作用下，多肽链合成过程中或在合成之后以共价键与单糖或寡糖链连接生成糖蛋白，主要类型有 N-糖基化、O-糖基化、C-连接糖基化等。

13.2.3.2 多肽链高级结构的修饰

蛋白质多肽链释放后，可根据其一级结构的特征进行折叠、盘曲形成高级结构，肽链只有通过折叠形成特定的空间结构才能发挥生物学功能。蛋白质的空间结构依赖于蛋白质的一级结构，是由一级结构中各个氨基酸的侧链基团通过非共价键作用共同决定的。细胞内存在特异性的分子，可以帮助蛋白质进行正确的肽链折叠。多数蛋白质折叠并不是在翻译后进行，而是边翻译边进行折叠。

近年来发现，许多细胞内蛋白质的正确装配都需要分子伴侣的参与。分子伴侣能介导其它蛋白质正确装配成有功能活性的空间结构，而它本身并不参与最终装配产物的组成。分子伴侣在蛋白质合成后折叠成正确空间结构中起重要作用，还在蛋白质的组装、跨膜、分泌和降解等过程中发挥重要作用。目前认为分子伴侣蛋白主要有两类，一类是蛋白质二硫键异构酶，可以识别和水解非正确配对的二硫键，使它们在正确的半胱氨酸残基位置上重新形成二硫键；另一类是一些蛋白质可以和部分折叠或没有折叠的蛋白质分子结合，稳定它们的构象，使其免遭其他酶的水解或促进蛋白质折叠成正确的空间结构。具有四级结构的蛋白质的空间结构由两个以上的亚基相互聚合形成，这些亚基只有通过非共价键聚合成寡聚体后才能形成具有活性的蛋白质，这个过程也是多肽链合成的后加工。

13.2.3.3 蛋白质翻译后的靶向输送

（1）蛋白质翻译后的定向与分拣　蛋白质在核糖体合成后，需经过定向与分拣，转运至细胞的其他部位或分泌到细胞外发挥生物学作用，如组蛋白合成后要进入细胞核、胰岛素合成后要分泌到胞外。蛋白质的定向与分拣主要有两个途径：共翻译（co-translation）定向和翻译后（post-translation）定向。

定位于内质网、高尔基体、溶酶体、细胞膜、胞外和分泌小泡等部位的蛋白质都属于共翻译定向。这类蛋白质前体 N 端都含有一段 10～40 个氨基酸残基的信号肽（signal peptide），新生肽链在合成过程中由信号肽提供定位信号而被信号识别颗粒（signal recognition particle，SRP）识别并结合，形成 SRP-核糖体复合体。二者结合后翻译暂停并向内质网膜靠近，随后 SRP-核糖体与内质网上 SRP 受体结合，在 GTP 作用下促使新生多肽链插入转位通道，并逐渐转入内质网的内腔，继续合成肽链，而 SRP 则释放入细胞质再用于新的肽链信号肽的识别和转运。

信号肽在多肽链合成完成之前，即由位于内质网内的信号肽酶切除。切去信号肽后，一部分蛋白质停留在内质网腔内，但大多数蛋白质则在内质网腔内被加工后转入高尔基体，再由高尔基体进行折叠、糖基化修饰等加工，之后便被分拣运送至不同的目的地。蛋白质通过膜小泡运送，或进一步通过高尔基体转移至溶酶体或分泌小泡，然后分泌出去。某些不具有正确空间构象的分泌蛋白不能通过内质网，会被降解。

（2）蛋白质翻译后的靶向输送　蛋白质合成后，将其定向输送到其执行功能的场所称为靶向输送。大多数情况下，被输送的蛋白质分子需穿过膜性结构，才能到达特定地点。因此，在这些蛋白质分子的氨基端一般都带有一段疏水肽段，称为信号肽。分泌型蛋白质的定向输送就是靠信号肽与胞浆中信号肽识别粒子（SRP）识别并特异结合，然后再通过 SRP 与膜上的对接蛋白（DP）识别并结合后，将所携带的蛋白质转移至内质网腔。信号肽位于新合成的分泌蛋白 N 端，对分泌蛋白的靶向运输起决定作用。细胞内的信号识别颗粒（SRP）识别信号肽，使肽链合成暂时停止，SRP 引导核糖体结合粗面内质网膜；SRP 识别、结合内质网膜上的对接蛋白，水解 GTP 使 SRP 分离，多肽链继续延长；信号肽引导延长多肽进入内质网腔后，经信号肽酶切除。分泌蛋白在高尔基体被包装成分泌颗粒后出胞。

13.3 蛋白质生物合成抑制剂

蛋白质生物合成抑制剂主要是一些抗生素，如嘌呤霉素、链霉素、四环素、氯霉素、红霉素等。此外，如 5-甲基色氨酸、环己亚胺、白喉毒素、干扰素、蓖麻蛋白和其他核糖体灭活蛋白等都能抑制蛋白质的合成。这些抑制剂不仅对于研究蛋白质合成机制十分重要，而且是临床上治疗细菌感染的重要药物。抗生素对蛋白质合成的作用可能是阻止 mRNA 与核糖体结合（氯霉素），或阻止 AA-tRNA 与核糖体结合（四环素类），或干扰 AA-tRNA 与核糖体结合而产生错读（链霉素、新霉素、卡那霉素等），或作为竞争性抑制剂抑制蛋白质合成。表 13.6 列出了不同抗生素的靶标及其作用原理。

表 13.6 不同抗生素的靶标及其作用原理

抗生素/霉素	作用细胞	分子目标	作用原理
氯霉素	原核细胞	50S 亚基的肽基转移酶中心	阻断 A 位点的氨酰-tRNA 为进行肽基转移反应的正确定位
四环素	原核细胞	30S 亚基的 A 位点	抑制氨酰-tRNA 结合到 A 位点
潮霉素	原核和真核细胞	30S 亚基 A 位点附近	阻碍 A 位点 tRNA 到 P 位点的移位
嘌呤毒素	原核和真核细胞	大亚基肽基转移酶中心	链终止子，模仿 A 位点的氨酰-tRNA 的 3′-端，作为新的多肽链的接受者
红霉素	原核细胞	50S 亚基多肽出口通道	阻断成长中的多肽链从核糖体的出口，阻遏翻译过程
青霉素	原核细胞	作用于肽葡聚糖转肽酶	抑制细菌细胞壁的合成
链霉素	原核和真核细胞	作用于 30S 亚基	干扰氨酰-tRNA与核糖体的结合，导致 mRNA 错读
卡那霉素	原核细胞	作用于 30S 核糖体亚基	干扰氨酰-tRNA 与核糖体的结合，使细菌蛋白质合成发生错误
白喉毒素	真核细胞	化学修饰 EF-Tu	抑制 EF-Tu 的功能
放线菌酮	真核细胞	60S 亚基的肽基转移酶	抑制肽基转移酶活性
蓖麻毒素	原核和真核细胞	60S 亚基的肽基转移酶	阻挠翻译因子 GTP 酶的活化

13.4 课程思政

13.4.1 世界上第一个人工合成蛋白质——结晶牛胰岛素的诞生

牛胰岛素是牛胰腺中胰岛 B 细胞分泌的，由 2 条多肽链 51 个氨基酸组成的一种蛋白质激素，可用于治疗糖尿病。1965 年 9 月 17 日，世界上首次人工合成的结晶牛胰岛素在中国诞生，成为中国攀登世界科技高峰征程上的一座里程碑。1953 年，英国科学家桑格（F. Sanger）经过 10 年的努力测得了牛胰岛素全部氨基酸序列，为结晶牛胰岛素的诞生奠定了重要的基础。1958 年 6 月，在中国科学院上海生物化学研究所时任所长王应睐的主持下，中国 9 位科学家开始合成蛋白质的相关课题研究。1958 年底，人工合成胰岛素项目被列入 1959 年国家科研计划，并获得国家机密研究计划代号“601”。历经 7 年的不懈攻关，在科研基础十分薄弱、设备极其简陋的年代，凝聚着中国科学院生物化学研究所、上海有机化学研究所和北京大学三家单位百名科研人员心血的人工合成胰岛素项目终于获得成功，这标志着人类在探索生命奥秘的征途中迈出了关键一步，它开辟了人工合成蛋白质的时代，在生命科学发展史上产生了重大影响，也为我国生命科学研究奠定了基础。

13.4.2 人工合成胰岛素背后的关键人物——邹承鲁

邹承鲁（1923.5.17—2006.11.23），生物化学家，1945 年毕业于西南联合大学化学系，1951 年获英国剑桥大学生物化学博士学位。曾任中国科学院生物物理研究所研究员，1980 年当选为中国科学院院士（学部委员），1992 年当选为第三世界科学院院士。1958 年，他以敏锐的眼光发现人工合成蛋白质是当时世界上生物化学领域的科研前沿，参与了人工合成牛胰岛素工作，负责牛胰岛素 A 链和 B 链的拆合，并于 1965 年参与完成结晶牛胰岛素合成。由于在胰岛素人工合成、蛋白质和酶学方面的贡献，邹承鲁获第三世界科学院奖、陈嘉庚生命科学奖、国家自然科学奖及中国科学院自然科学奖多次。

13.4.3 中国科学院院士、著名生物化学与分子生物学家——王恩多

王恩多，1944 年 11 月生，生物化学家与分子生物学家，2005 年当选为中国科学院院士，主要从事氨酰-tRNA 合成酶和以相关 tRNA 为对象进行酶与核酸相互作用方面的研究。曾获国家自然科学二等奖，上海市自然科学一等奖、二等奖，何梁何利科技进步奖，7 次中国科学院研究生导师奖，为全国劳动模范。氨酰-tRNA 是合成蛋白质的原料，它携带氨基酸和与模板配对的反密码子，在核糖体上合成蛋白质。某些氨酰-tRNA 存在“清除机制”，它能把错误的氨基酸“剔除”，尽可能让细胞内合成蛋白质的原料是正确的。1991 年，王恩多开始着手导师王应睐先生交给她的“氨酰-tRNA 合成酶与 tRNA 相互作用”的课题研究。当时这个课题难度很大，组里仅有的 3 位副研究员都离开了，研究工作已经停滞了近 3 年，缺人、缺钱，其间碰到了诸多困难，将近 4 年内她领衔的团队一直在坚持实验，多次到国外科研机构访问合作，促成了一些关键技术问题的突破，终于获得成功。她带领课题组填补了中国在酶与核酸相互作用研究领域的空白，让世界生物化学界为之瞩目。

13.5 拓展与探索

13.5.1 信号肽假说（signal hypothesis）

20 世纪 50—60 年代的一些研究结果表明，分泌蛋白是在与膜结合的核糖体上合成并同时完成跨膜转运的，但没能解释为什么分泌蛋白需要在与膜结合的核糖体上合成而细胞质基质蛋白不需要。1971 年，Blobel 和 David Sabatini 首次提出信号肽假说（signal hypothesis）对上述现象提出了他们的解释：在与膜结合的核糖体上翻译的 mRNA 5′-端紧跟起始密码子之后含有一段特殊的密码子，这些密码子编码特殊的氨基酸序列，正是这种特殊氨基酸序列诱发

了多肽链的跨膜转移。他假定细胞分泌出的蛋白质内含有引导细胞穿越膜的信号，并对这一过程的各个阶段做了描述，阐明信号是由类似于“条码”的特殊排列的氨基酸组成的，蛋白质通过一个通路穿越细胞器。Blobel 详细研究了该过程各个阶段的分子机理，证明信号假说不仅正确，而且是适用于酵母菌、植物和动物细胞的普遍规律。他还发现，类似的蛋白质内的信号控制着细胞间的蛋白质转移。在此基础上，他总结出了如何分类、鉴别对应于不同细胞器的蛋白质，提出每个蛋白质内都有指明其在细胞中正确位置的信息，氨基酸顺序决定了一个蛋白质是否会穿过膜进入另一个细胞器或者转移出细胞。

信号肽假说的机制为：分泌性蛋白 N 端序列作为信号肽，指导分泌性蛋白到内质网膜上合成，在蛋白合成结束前被切除。分泌蛋白的 N 端信号肽合成完毕后，与另一种物质结合，在这种物质的作用下，核糖体与糙面内质网上的核糖体受体结合，核糖体附着在内质网上继续合成蛋白质，合成完毕前信号肽为内质网中的酶所切除，蛋白质合成完毕后核糖体脱离内质网并解离为大小亚基，开始新一轮合成。分泌蛋白的 N-端含有一段特殊的信号序列，可将多肽和核糖核蛋白体引导到内质网膜上；多肽通过贯穿在内质网膜中的水溶性通道进入内质网腔，推测多肽在合成的同时进行转移。信号序列引导分泌蛋白进入内质网腔，并在内质网腔中将信号序列切除，因而从内质网输出的蛋白质不含信号序列。信号肽假说不仅正确地解释了分泌蛋白是如何通过内质网后被分泌出细胞的，还为探索其他需要跨膜转运的蛋白质的定向转运机制提供了正确方向。

13.5.2 耐甲氧西林金黄色葡萄球菌——超级细菌

MRSA（耐甲氧西林金黄色葡萄球菌）是革兰氏阳性菌，能抵抗甲氧西林及其他 β-内酰胺类药物，具有很强致的病性，可引起多种感染。β-内酰胺通过阻止转肽酶（细胞壁合成的关键反应）杀死敏感细菌。MRSA 几乎对所有的 β-内酰胺类抗生素耐药，且在同时还可能对大环内酯类抗生素、氨基糖苷类抗生素等多种抗菌药物表现出耐药性。万古霉素、去甲万古霉素、替考拉宁等抗生素对 MRSA 感染的治疗效果最好。2022 年 9 月，南京邮电大学构建了一种由透明质酸、光敏剂二氢卟吩和甲硝唑组成的纳米试剂，可用于 MRSA 感染的治疗。

思考题

1. 什么是遗传密码？简述其基本特点。
2. mRNA、tRNA 和 rRNA 在蛋白质生物合成中各具有什么作用？
3. 简述原核生物蛋白质生物合成的过程。
4. 论述核酸在蛋白质生物合成中的作用。
5. 简述蛋白质在翻译后，多肽链形成具有生物活性的构象所需的几种加工过程。
6. 蛋白质修饰有哪些类型？这些修饰对于生命活动和细胞功能的意义何在？

第 14 章

代谢网络与调节

本章提要

代谢网络由合成和降解生物分子的相互连接的生物化学反应途径组成。反应物和产物分子将这些途径相互连接。糖、脂类、蛋白质和核酸等物质的代谢过程相互协调相互联系，构成一个完整统一的高度有序的过程。糖、脂、蛋白质和核酸代谢各代谢之间的枢纽途径是三羧酸循环。生物体具有一系列非常复杂灵敏的调节机制，用于在分子、细胞和生物体水平上维持体内动态平衡。高等动物的代谢调节涉及代谢酶、细胞以及神经激素调节。

代谢是生物体内所有酶催化反应的总和，这些反应都不是孤立发生的，而是被组织成多个途径，并且存在复杂的调节机制，使糖、脂类、蛋白质和核酸等物质的代谢过程相互协调、相互联系，构成一个完整统一的高度有序的过程。

14.1 代谢途径及相互关系

14.1.1 代谢途径

生物化学反应都不是孤立发生的，它们被组织成多个途径。在这些途径中，初始反应物分子以逐步的顺序被修饰成可供细胞用于特定目的的产物。例如，糖酵解（即降解葡萄糖并产生能量的途径）由 10 个反应组成。不同的代谢途径可通过交叉点上关键的中间代谢物（如葡萄糖-6-磷酸、丙酮酸和乙酰辅酶 A）相互作用和相互转化。这些共同的中间代谢物使各代谢途径得以沟通，形成经济有效、运转良好的代谢网络通路。单个生物体的所有代谢过程都由一个巨大的网状、相互连接的生物化学反应模式组成，这些反应受到调节，从而节约资源，优化能源使用。有三类生物化学反应途径：代谢、能量传递和信号转导。

（1）代谢途径　代谢途径有两种类型：合成代谢和分解代谢。在合成代谢（生物合成）途径中，大型复杂分子由较小的前体合成。从饮食中产生或获得的构建基元分子（如氨基酸、糖和脂肪酸）被整合到更大、更复杂的分子中。由于生物合成增加了顺序和复杂性，合成代谢途径需要输入能量。合成代谢过程包括分别从糖和氨基酸合成多糖和蛋白质。在分解代谢过程中，大型复杂分子被降解成更小、更简单的产物。一些分解代谢途径释放能量，其中一小部分能量被捕获并用于驱动合成代谢反应。在合成代谢和分解代谢过程中，随着营养分子的降解，ATP 和 NADH 分子中的能量和还原力（高能电子）分别被储存。生物合成过程利用分解代谢的代谢产物，合成 ATP 和 NADPH（还原烟酰胺腺嘌呤二核苷酸磷酸，还原力的来源），创造复杂的结构和功能。

分解代谢与合成代谢具有单向性。尽管代谢途径中大量生化反应都能可逆进行，然而，实际上整个分解代谢或合成代谢过程是单向的，二者各有其自身的途径。例如，脂肪酸的从头合成过程为丙二酸单酰辅酶 A 途径，而脂肪酸的降解过程为β-氧化途径。代谢途径中一些关键部位的代谢，是由不同的酶催化正向反应和逆向反应的，这样可使两种反应都处于热力学的有利状态。例如，在糖代谢中，有几个部位的正向反应和逆向反应都是单向的（图 14.1）：

(1)

葡萄糖+ATP $\xrightarrow{\text{己糖激酶}}$ 葡萄糖-6-磷酸+ADP（糖酵解）

葡萄糖-6-磷酸+H_2O $\xrightarrow{\text{葡萄糖-6-磷酸酶}}$ 葡萄糖+Pi（糖异生）

(2)

果糖-6-磷酸+ATP $\xrightarrow{\text{磷酸果糖激酶}}$ 果糖-1, 6-二磷酸+ADP（糖酵解）

果糖-1, 6- 二磷酸+H_2O $\xrightarrow{\text{果糖-1,6-二磷酸酶}}$ 果糖-6-磷酸+Pi（糖异生）

(3)

磷酸烯醇丙酮酸+ADP $\xrightarrow{\text{丙酮酸激酶}}$ 烯醇丙酮酸+ATP（糖酵解）

丙酮酸+CO_2+H_2O $\xrightarrow[\text{ATP}\ \to\ \text{ADP + Pi}]{\text{丙酮酸羧化酶}}$ 草酰乙酸 $\xrightarrow[\text{GTP}\ \to\ \text{GDP}]{\text{PEP羧激酶}}$ 磷酸烯醇丙醇酸+CO_2（糖异生）

图 14.1 糖代谢中单向的正向反应和逆向反应

（2）能量传递途径 能量传递途径是捕获能量并将其转化为生物体可以利用的形式。例如，叶绿素分子吸收光能并将其转化为糖分子中的化学键能。能量代谢过程中，ATP 是通用的能量载体，NADPH 以还原力的形式携带能量，ATP、还原力和构造单元用于生物合成。

（3）信号转导途径 信号转导途径使细胞接收来自周围环境的信号并对其进行响应。在初始或接收阶段，信号分子（如激素或营养分子）与受体蛋白结合。这种结合启动了转导阶段，即一系列细胞内反应，触发细胞对原始信号的反应。例如，葡萄糖与胰腺胰岛素分泌细胞上的受体结合，从而将胰岛素释放到血液中。通常，这种反应或是现有酶活性的增加或减少，或是新酶分子的合成。

14.1.2 代谢网络

生物体拥有代谢、信号和调控网络。代谢网络由合成和降解生物分子的相互连接的生物化学反应途径组成。反应物和产物分子将这些途径相互连接。例如，糖酵解产物丙酮酸，在有氧条件下进入线粒体，脱羧脱氢生成乙酰 CoA，再经三羧酸循环和电子传递链彻底氧化为 CO_2 和 H_2O，并产生 ATP。

生物体能够感知并正确应对其内部和外部环境。细胞通过接收信息的受体蛋白和信号通路组成的庞大而复杂的信号网络获取和处理信息，信号通路的组成部分对信息进行处理。例如，肾上腺素与肌肉细胞和肝细胞表面的受体结合，启动 G 蛋白-腺苷酸环化酶-cAMP-PKA 信号机制，从而激活降解糖原的酶。

生物体具有复杂而强大的机制，可以严格控制代谢途径。这种控制是通过调节代谢网络来实现的，该网络打开和关闭编码酶和所有其他生物分子合成的基因。例如，胰岛素与其靶细胞表面受体的结合启动了一种信号机制，该机制改变了许多基因（例如糖原和三酰甘油合成中相关酶的基因）的表达。然而，生物中的基因调控网络与其他网络密不可分。例如，胰岛素受体结合还触发一种信号通路，通过刺激某些酶的活性的同时抑制其他酶的活性，快速改变几种生化通路的活性。

14.1.3 物质和能量代谢的相互联系

糖、脂肪、蛋白质及核酸等生物大分子的代谢途径交叉互联，形成密切相关的网络。三羧酸循环不仅是各类物质代谢的共同途径，也是它们之间相互联系的枢纽。

（1）糖代谢与蛋白质代谢的相互联系　糖是生物体内重要的能源及碳源物质，糖代谢通过三羧酸循环与蛋白质代谢相互交联。糖代谢中间产物可转变成各种氨基酸的碳架结构，经氨基化或转氨基作用生成相应的氨基酸。例如，糖在分解代谢过程中可产生丙酮酸，丙酮酸经三羧酸循环可以转变为 α-酮戊二酸和草酰乙酸，这三种 α-酮酸经氨基化或转氨基作用分别生成丙氨酸、谷氨酸和天冬氨酸。三羧酸循环的其他中间产物以及磷酸戊糖途径中间产物经转化成 α-酮酸后，都能为各种氨基酸合成提供碳骨架，再经转氨基作用形成氨基酸，进而合成蛋白质。此外在糖分解过程中产生的能量还可为氨基酸和蛋白质合成供能。植物可以合成全部氨基酸，而在动物和人体内，必需氨基酸只能从食物中摄取。

蛋白质转化为糖类，需要经水解产生生糖氨基酸。体内蛋白质中 20 种氨基酸除生酮氨基酸（亮氨酸、赖氨酸）外，都可以通过脱氨基作用，生成相应的 α-酮酸，这些 α-酮酸通过三羧酸循环等代谢途径，转变成糖代谢的中间代谢物，通过糖异生途径转变成糖。动物体中除亮氨酸外，其余氨基酸通过脱氨基作用生成相应的 α-酮酸，然后转变为糖异生途径中的某种中间产物，再经糖异生作用合成糖。其中丙氨酸、谷氨酸和天冬氨酸脱氢后分别转变为三羧酸循环中间产物丙酮酸、α-酮戊二酸和草酰乙酸，经糖异生作用，即可生成糖原。其他氨基酸，如精氨酸、组氨酸、脯氨酸、鸟氨酸、瓜氨酸均可通过谷氨酸转变成 α-酮戊二酸，再转变成糖原。苯丙氨酸、酪氨酸可以先转变成延胡索酸，沿三羧酸循环变成草酰乙酸，再转变成糖。丝氨酸、甘氨酸、苏氨酸、色氨酸、胱氨酸、缬氨酸、半胱氨酸等均可先转变成丙酮酸，再转变成糖原。另外，甲硫氨酸、异亮氨酸、亮氨酸（植物、微生物体内）可转变成琥珀酰辅酶 A，再转变成糖原。

（2）脂类代谢与蛋白质代谢的相互联系　脂类分子中的甘油可转变为丙酮酸、草酰乙酸及 α-酮戊二酸，接受氨基分别生成丙氨酸、天冬氨酸及谷氨酸。脂肪酸可以通过 β-氧化生成乙酰辅酶 A，乙酰辅酶 A 与草酰乙酸缩合进入三羧酸循环生成 α-酮酸，经过转氨基作用生成谷氨酸或天冬氨酸。这一过程需要消耗三羧酸循环中的有机酸，当有其他来源的草酰乙酸补充进三羧酸循环时，反应才能进行。

动物体内的生酮氨基酸（亮氨酸）及生酮兼生糖氨基酸（异亮氨酸、苯丙氨酸、酪氨酸、色氨酸等)，在代谢过程中能生成乙酰乙酸，然后生成乙酰 CoA，再进一步合成脂肪酸。生糖氨基酸直接或间接生成丙酮酸，进一步转变为甘油，也可以在氧化脱羧后转变为乙酰辅酶 A、合成胆固醇或者转变成丙二酸单酰辅酶 A，参与脂肪酸的合成。

一些氨基酸参与磷脂分子的合成。例如，丝氨酸在脱去羧基后形成胆胺，是脑磷脂的组成成分。来自甲硫氨酸的甲基与胆胺结合生成胆碱，作为卵磷脂的组成成分。

(3) 糖代谢与脂代谢的相互联系　糖代谢为脂肪合成提供原料(α-磷酸甘油、乙酰 CoA)、能量和供氢体。糖类经过以下途径能够转变为脂类：糖酵解生成磷酸二羟丙酮及丙酮酸，磷酸二羟丙酮可还原为甘油，丙酮酸氧化脱羧转变为乙酰辅酶 A，参与脂肪酸链的从头合成过程。

在动物体内，脂类分解产生的甘油可经磷酸化生成α-甘油磷酸，脱氢生成磷酸二羟丙酮，再通过糖异生作用转变为糖。脂肪酸转变为糖，则需要在一定条件下，即在三羧酸循环中间有机酸有其他回补时(例如，通过丙酮酸羧化、磷酸烯醇式、丙酮酸羧化和氨基酸转化等途径补充草酰乙酸)，脂肪酸代谢产生的乙酰 CoA 才可转变为草酰乙酸，再经糖异生作用转变为糖。值得注意的是，脂肪大部分不能在体内转化为糖。

在植物或微生物体内，乙酰辅酶 A 可经乙醛酸循环生成琥珀酸，再经三羧酸循环转变成草酰乙酸，由草酰乙酸脱羧生成丙酮酸转化成糖。

脂肪分解代谢的顺利进行有赖于正常的糖代谢。当糖的利用受阻时，体内需要依靠脂类物质的氧化供给能量。脂肪在肝脏组织进行氧化时，产生大量中间产物乙酰乙酸、β-羟基丁酸及丙酮(三者统称为酮体)，经血液运输到其他组织(如肌肉组织)再被氧化。当肝脏内酮体产生的速度超过肝外组织利用的速度时，血液酮体增加。酮体本身多为酸性物质，血液中酮体增高时，常有发生酸中毒的危险。当饥饿时，体内无糖可供利用，大量动用脂肪，也有可能造成酮体过多。

(4) 核酸代谢与糖、脂肪及蛋白质代谢的相互联系　核酸是细胞中的遗传物质，许多单核苷酸和核苷酸衍生物在代谢中起着重要作用。例如，ATP 是重要的能量“通货”、糖基衍生物参与单糖的转变和多糖的合成、CTP 参与磷脂的合成、GTP 供给蛋白质肽链延长时所需要的能量、cAMP 是激素的第二信使。另一方面，核酸的合成也受到其他物质的控制，如核酸的合成需要酶和多种蛋白质因子参加。嘌呤及嘧啶核苷酸的合成需要甘氨酸、天冬氨酸、谷氨酰胺等原料。核酸分子中的磷酸戊糖可由磷酸戊糖途径产生。核酸降解产物的彻底氧化也通过三羧酸循环途径。

14.2 代谢调节

代谢是维持生命体系负熵形式的过程。葡萄糖代谢途径在分解代谢方向上提供对抗熵增所必需的能量，在合成代谢方向上，提供生物合成前体和代谢能量的储存形式。生物体在漫长的进化中形成了非常复杂的调节机制，以确保代谢物以正确的方向和正确的速率通过每条途径，以完全匹配细胞或生物体不断变化的环境。

生物体具有一系列非常复杂灵敏的调节机制，用于在分子、细胞和生物体水平上维持体内动态平衡。代谢调节最基本的方式是酶水平和细胞水平的代谢调节。高等动物的代谢调节在四个相互联系的层面上进行：神经、激素、细胞和酶层面。

14.2.1 酶水平的代谢调节

酶不仅是生物催化剂，还具有代谢调节功能。酶水平的代谢调节是通过改变细胞中酶的含量和酶活性对代谢途径进行调节。改变酶的含量是通过调节其合成速度和降解速度来实现的。细胞内不断合成新酶，也不断降解原有的酶，从而使酶的含量和种类改变以调节细胞中代谢的活性和类型。酶的合成主要在基因转录水平进行调节，酶的降解速率也通过十分复杂的机制受到有效的控制。酶活性的调节通过酶结构的变化实现。酶活性的调节方式包括酶原激活、酶的共价修饰、酶的构象变化（变构调节）、酶分子的聚合和解聚等。代谢途径是一系列酶催化的化学反应，其速度和方向由关键酶的活性决定。关键酶常处于代谢的分支点上，决定代谢途径的方向，通常是整个代谢途径中催化活性最低的酶，它的速度决定整个代谢途径的总速度，故又称其为限速酶（limiting velocity enzymes）。

（1）前馈和反馈　前馈（feedforward）和反馈（feedback）分别用来表示代谢底物和代谢产物对代谢途径中酶活性的调节。前馈或反馈均包括激活作用（+）和抑制作用（-），这样就有了前馈激活（正前馈）、前馈抑制（负前馈）、反馈激活（正反馈）和反馈抑制（负反馈）作用方式。

代谢底物对酶活性的调节一般是前馈激活。例如，在糖原合成中，葡萄糖-6-磷酸是糖原合成酶的变构激活剂，可促进糖原的合成。在某些特殊的情况下，代谢底物过量存在时，会出现前馈抑制。例如，高浓度的乙酰辅酶 A 是乙酰辅酶 A 羧化酶的变构抑制剂，可以避免丙二酸单酰辅酶 A 过多合成。

代谢产物对酶活性的调节一般是反馈抑制，但在某些情况下也有反馈激活。反馈抑制包括单价反馈抑制（monovalent feedback inhibition）和多价反馈抑制（multivalent feedback inhibition）。一价或单价反馈抑制是指一个单一代谢途径的末端产物对催化关键步骤酶活性的抑制作用。多价反馈抑制是指在分支生物合成途径中，几个终产物对共同途径第一个酶的抑制。

（2）酶的共价修饰与酶级联　某些酶分子侧链基团，在其他酶的催化下可与化学修饰基团发生可逆的共价结合或解离，引起酶分子构象的改变，从而改变酶的活性，此类酶称为共价修饰调节酶（covalent regulatory enzyme）。酶的共价修饰方式包括：①磷酸化/去磷酸化；②乙酰化/去乙酰化；③腺苷酰化/去腺苷酰化；④尿苷酰化/去尿苷酰化；⑤甲基化/去甲基化；⑥氧化（二硫键 S—S 生成）/还原（生成 2SH）。其中，磷酸化/去磷酸化是最重要、最普遍的修饰方式，也是高等动植物酶化学修饰的主要形式。而细菌的酶常用腺苷酰化和去腺苷酰化进行修饰。共价修饰调节酶通常存在无活性与有活性两种形态，二者能够通过可逆的酶促共价修饰相互转变。

酶级联（enzyme cascade）指一系列酶促连锁反应中，一个酶被激活后，下游的酶依次连续激活，使原始调节信号级联放大。在这些连锁的酶促反应过程中，前一反应的产物是后一反应的催化剂，每进行一次共价修饰反应，就产生一次放大作用。例如，糖原磷酸化酶的激活过程：①肾上腺素或胰高血糖素使腺苷酸环化酶活化；②腺苷酸环化酶催化 ATP 生成 cAMP；

③cAMP 使蛋白激酶活化；④蛋白激酶使磷酸化酶激酶（无活性）转变为磷酸化酶激酶-PO_4（有活性）；⑤磷酸化酶激酶-PO_4 使磷酸化酶 b（无活性）转变为磷酸化酶 a（有活性）。磷酸化酶 a 催化肝糖原分解成 1-磷酸葡萄糖，再生成葡萄糖放到血液中，以维持血糖水平。只要体内有极微量的肾上腺素/胰高血糖素到达靶细胞，就会使细胞内 cAMP 含量升高，然后通过级联放大，最终使大量无活性的磷酸化酶 b 转变为有活性的磷酸化酶 a，极大地提高了肾上腺素/胰高血糖素调节糖原代谢的效率。酶级联的意义在于：①放大调节信号；②提供更多调控位点，可对多种因素做出反应；③控制灵活，不同情况下反应不同。

（3）特异性激活剂和抑制剂对酶活性的调节　酶活性受到多种有机分子及无机离子的影响。特异的蛋白质激活剂和抑制剂在酶活性的调节中起重要作用。Mg^{2+}、Ca^{2+}、Mn^{2+}、Cl^- 等离子常常作为很多酶的激活剂。Mg^{2+}是磷酸果糖激酶、己糖激酶等酶分子的激活剂。钙调蛋白（calmodulin，CaM）是一种广泛存在于真核细胞中进化上高度保守的钙离子受体蛋白。钙调蛋白分子本身无酶的活性，结合 Ca^{2+}后，钙调蛋白会发生构象转变，激发钙调蛋白的活性。Ca^{2+}-CaM 复合体可与不同的目标酶分子结合并调节这些酶的活性。Ca^{2+}-CaM 的靶酶包括磷酸化酶激酶、鸟苷酸环化酶、磷脂酶 A2、肌球蛋白轻链激酶、磷酸二酯酶、钙调蛋白激酶（CaMK）等。

（4）蛋白酶解对酶活性的调节　许多酶在最初合成和分泌时，以酶原（酶的前体）形式存在，没有活性。在一定条件下，酶原的一个或少数几个特异肽键经酶解切开后，酶构象发生一定的变化，使酶的活性中心暴露才具有酶活性，这个过程称为酶原激活。例如，胃蛋白酶、胰蛋白酶、羧肽酶等消化酶，以酶原的形式合成，分泌到消化管后经蛋白酶解才被激活。

有些蛋白类激素也是以无活性的前体形式合成的。例如，胰岛素原经蛋白酶解切除一段 C 肽后，才生成活性形式。一些多肽类激素，如垂体激素，其前体经蛋白酶解生成小肽，才成为有活性的激素。

14.2.2　细胞水平的代谢调节

细胞有精细的结构，酶在细胞内的隔离分布使有关代谢途径分别在细胞的不同亚细胞区域内进行，以便分别调控。代谢物经过膜上专门的运输系统才能到达目的地，跨膜运输调节是代谢调节的重要环节之一。

（1）细胞内酶的区隔化　真核细胞内除质膜外还有内膜系统，将细胞分隔成许多特殊区域，形成各种细胞器。蛋白质在合成后立即定位于细胞的特定部位，各类代谢反应的酶定位于不同的空间区域（表 14.1），各类酶催化的代谢反应在空间上彼此隔开，互不相扰又相互协调，受到精确的调节。

表 14.1　真核细胞内代谢途径分布及酶系的分布

亚细胞结构	代谢途径分布及酶系
细胞核	DNA 复制，RNA 的生物合成、加工
胞液（细胞质基质）	糖酵解途径，磷酸戊糖途径，糖原合成、分解，糖异生，脂肪酸生物合成，氨基酸、核苷酸的生物合成，核糖体上的蛋白质生物合成
线粒体	氧化磷酸化，丙酮酸的氧化脱羧，三羧酸循环，脂肪酸氧化，尿素循环，转氨基作用，谷氨酸脱氢酶，线粒体 DNA、RNA、蛋白质的合成，脂肪酸碳链延长，单胺氧化酶等

续表

亚细胞结构	代谢途径分布及酶系
内质网	分泌蛋白的合成，黏多糖、磷脂、糖脂、糖蛋白、胆固醇、胆汁的合成，脂肪酸碳链延长
高尔基体	核蛋白、多糖、黏液生成，分泌蛋白加工、浓缩、包装和运输
溶酶体	水解酶类（蛋白酶、脂酶、磷脂酶、核酸酶、糖苷酶、磷酸酯酶），细胞内消化、吸收、防御、吞噬和细胞自溶
过氧化物酶体（微体）	氧化酶、过氧化物酶
质膜	ATP 酶、腺苷酸环化酶等

真核细胞的核膜将原生质分成细胞核和细胞质两大结构与功能区域。核膜上有大量酶类，与糖、脂类、蛋白质代谢，核酸运输、复制、转录、加工和修饰有关。这些酶镶嵌在核膜上或结合在膜表面，有利于各种反应的定向进行。细胞液指细胞质的连续液相部分，其重量的 20%是蛋白质，所以是高度组织的胶状物质，而不是溶液。大部分中间代谢在胞液中进行，如糖酵解、糖异生、磷酸戊糖途径，糖、脂类、氨基酸以及核苷酸的生物合成等。与糖原代谢有关的酶结合在糖原颗粒表面。粗面内质网与蛋白质的加工有关，光面内质网与糖类和脂类的合成有关，细胞的磷脂、糖脂和胆固醇几乎都是由内质网上的酶催化合成的。高尔基体对细胞合成或吸收的物质进行加工、浓缩、包装和运输，参与细胞的分泌和吸收过程。粗面内质网上合成的分泌性蛋白质（酶原、抗体、肽类激素等）首先进入内质网腔内，经运输小泡送到高尔基体。高尔基体膜的腔内面上分布着加工寡聚糖的酶类，由内质网膜合成的糖基化蛋白质在这里进行糖基的修剪，成熟的糖蛋白被包装到分泌泡中并随后排出细胞外。溶酶体内含有丰富的水解酶类，且不同溶酶体所含水解酶种类及数量各不相同，参与细胞内消化、吸收、防御吞噬和细胞自溶。线粒体内膜形成嵴，其上分布着与呼吸链有关的细胞色素和氧化还原酶、ATP 合成酶以及调节代谢物进出的运输蛋白。内膜包围的基质中含有与丙酮酸氧化脱羧、脂肪酸 β 氧化、三羧酸循环以及氨基酸分解代谢有关的酶类。

（2）细胞的膜结构对代谢调控　细胞的各种膜结构对代谢调控作用，有以下几个方面：

① 控制跨膜离子浓度梯度和电位梯度。生物膜的选择透过性，造成膜两侧的离子浓度梯度和电位梯度，当离子逆浓度梯度转移时，需要消耗自由能，而离子沿浓度梯度转移时，则释放自由能。物质运输、能量转换和信息传递都与离子和电位梯度的产生和控制有关。细菌质膜以及真核细胞线粒体内膜，可利用质子浓度梯度的势能合成 ATP 和吸收磷酸根等物质。在动物细胞以及某些植物、真菌和细菌的细胞中，Na^+流可驱动氨基酸和糖的主动运输。Ca^{2+}是重要的胞内信使，通过控制质膜、内质网膜和线粒体内膜的 Ca^{2+}通道蛋白，调节细胞不同区域的代谢功能。

② 控制细胞和细胞器的物质运输。质膜和细胞器膜担负着与周围环境进行物质交换的功能，维持膜内恒定的内环境。通过底物和产物的运输可调节代谢，如葡萄糖进入细胞的运输是其代谢的限速步骤。

③ 内膜系统对代谢的分隔。有利于酶促反应，而且分隔可防止反应互相干扰，有利于对不同区域代谢的调控。

④ 膜与酶的可逆结合。某些酶通过与膜结合和溶解状态的可逆互变来调节酶的活性，这类酶称为双关酶（ambiguous enzyme）。双关酶对代谢状态（离子、代谢物、激素）的应答迅

速、调节灵敏，是细胞代谢调节的一种重要方式。这类酶大多是代谢途径中的关键酶或调节酶。例如，糖酵解途径中的己糖激酶、磷酸果糖激酶、醛缩酶及3-磷酸甘油醛脱氢酶，氨基酸代谢途径中的谷氨酸脱氢酶、酪氨酸氧化酶等。

双加氧酶的膜结合型通常是高活性的。细胞内ATP浓度的变化可调节双加氧酶与膜的结合，并通过结合型与可溶型的比例改变来调节糖代谢的流量和去向。ATP较低浓度（0.1～0.035mmol/L）有利于己糖激酶结合于膜上，使糖的有氧分解得以高效进行。当ATP量积累过多、浓度高于0.1mmol/L时，己糖激酶从膜上脱落，转变为低活性的可溶性酶，降低糖的有氧分解代谢速率。

（3）蛋白质的定位控制　蛋白质不仅是细胞结构的主要组分，还参与代谢的调控。细胞中蛋白质主要是在细胞质中核的糖体上合成，合成的蛋白质必须定向并准确无误地运送到细胞特定部位，保障代谢活动的正常进行。分泌蛋白、膜蛋白和溶酶体蛋白在信号肽的引导下边合成边进入内质网，分泌蛋白最终被分泌到胞外，膜蛋白的羧基端固定在膜中。线粒体、叶绿体等的蛋白是翻译后在导肽的引导下进行跨膜运输的。导肽通常位于肽链的氨基端，富含碱性氨基酸和羟基氨基酸，易形成两性α螺旋，可通过内外膜的接触点穿越膜。导肽引导的跨膜运输是需能过程，跨膜电位为其提供能量。不同导肽含有不同的定位信息，可将蛋白质送入线粒体或叶绿体的不同部位。核蛋白在核定位序列的指导下进入细胞核。

14.2.3　信号分子对细胞代谢的调节

激素、神经递质和调节肽等是细胞产生的信号分子。细胞信号分子的分泌方式有三类，即自分泌（autocrine）、旁分泌（paracrine）和内分泌（endocrine）。信号分子释放后以不同的方式作用于受体。自分泌的信号分子作用于分泌细胞自身，如神经末梢分泌的递质可作用于前突触膜的递质受体，以进行反馈调节。旁分泌的产物或经细胞外液或经细胞缝隙连接作用于局部邻近细胞，如神经组织和内脏器官分泌的调节肽。内分泌的产物则在释放后经血液循环到达特定器官，作用于靶细胞受体。

跨膜信号传递过程中，信号分子作用于质膜受体，经受体将信号传给胞内。细胞质膜上化学信号分子受体可分为三大类：①依赖于神经递质的离子通道（neurotransmitter-dependent channel），或称为配体门控离子通道，是由数个亚基（含有受体亚基）组成的寡聚体蛋白质，如烟碱型乙酰胆碱受体、γ-氨基丁酸受体、谷氨酸受体和甘氨酸受体等；②G蛋白偶联受体，这类受体一般为单链多肽，肽链含有7个跨膜α-螺旋，在肽链的C端以及第5和第6α-螺旋之间的胞内环上具有G蛋白（GTP结合蛋白）结合位点。当肽类激素或神经递质（称为“第一信使”）与靶细胞膜上G蛋白偶联受体结合后，受体活化，进一步激活质膜内侧的G蛋白，活化的G蛋白可激活膜上的腺苷酸环化酶，该酶催化ATP转变为cAMP（称为“第二信使”），cAMP继而激活蛋白激酶，催化细胞内蛋白质和酶的磷酸化，通过共价修饰和级联放大在代谢调节中发挥作用。肾上腺素能α受体和β受体、毒蕈碱型乙酰胆碱受体等属于G蛋白偶联受体；③受体酶，又称为酶联受体（enzyme linked receptor），既是受体，又是酶。其中，家族中最大的一类受体酶是受体酪氨酸激酶（receptor tyrosine kinase，RTK），能够同配体结合，并且能够将靶蛋白的酪氨酸残基磷酸化。受体酪氨酸激酶含有胞外结构域（配体结合位点）、单次跨膜的疏水α螺旋区、胞内结构域（含有酪氨酸蛋白激酶活性）。受体酪氨酸激酶在没有同信号分子结合时以单体形式存在，没有活性。当信号分子与受体的胞外结构域结合时，两个单体受体分子在膜上形成二聚体，转变为有活性的蛋白激酶。受体酪氨酸激酶是许多细胞因子、多肽类生长因子和激素的细胞表面受体。另一类重要的受体酶为一氧化氮受体，它是一种可溶性鸟苷酸环化酶（sGC），存在于细胞质内。一氧化氮（Nitric Oxide，NO）是一种化学性质活泼的气体信号分子，当一氧化氮自由扩散至邻近的血管平滑肌细胞中时，结合并激活鸟苷酸环化酶，进而催化 GTP 生成第二信使 cGMP。cGMP 通过激活下游蛋白激酶 G 等效应蛋白来发挥生理功能，在心肌松弛、血管扩张、神经传递、血小板凝集等生理过程中发挥重要作用。

14.2.4 神经系统对代谢的调节

神经系统对代谢的调节可通过直接作用（神经递质、局部调质）和神经内分泌方式进行。

中枢神经系统的兴奋和抑制信号，通常可通过神经末梢释放神经递质传递给突触后细胞。在某些情况下，神经末梢释放的神经调质（neuroreguator）等化学介质可以局部作用于邻近的许多细胞膜受体。神经调质，又称神经肽，是由神经元释放的 2～40 个氨基酸组成的信号分子，它们在神经元胞体的内质网和高尔基体中合成，然后通过轴浆运输至轴突末梢。神经调质本身不具有递质活性，不直接引起突触后生物学效应，但能调节神经递质在突触前的释放水平及突触后细胞对递质的反应，以增强或削弱递质传递信息的效应。其调节机制是，通过与 G 蛋白偶联受体结合，影响突触前递质释放或突触后膜电位变化，实现神经信号调控。神经系统的另一种作用方式为神经内分泌（neuroendocrine）或神经体液调节（neurohumoral regulation），某些特化的神经细胞能分泌一些生物活性物质（神经激素），经血液循环调节其他组织的功能。神经激素沿着轴突传递，进而在某些特化区域释放入血，从而在感觉刺激与化学应答之间构成了一种联系。例如，下丘脑促垂体区的肽能神经细胞能够合成多种神经激素（释放激素或抑制激素），经血液循环转运至腺垂体，调控腺垂体激素的分泌。

14.2.5 基因表达与调节蛋白

蛋白质参与调控细胞的代谢活动，其结构和合成时序列的信息编码在基因中。所谓基因，是指一段编码蛋白质多肽链或功能 RNA 的 DNA 序列（某些病毒基因为 RNA），基因表达即遗传信息的转录和翻译过程。与复杂的代谢调节机制相对应，编码调节蛋白的基因在基因组中占有重要的比例。例如，人类编码调节蛋白的基因约有 2500 个，约占所有基因的 12%，编码各种受体、基因表达调节因子和 800 多种不同的蛋白激酶。在许多情况下，各种调节机制是交叉重叠的，一种酶通常会受到几种不同机制的调节。

蛋白的数量受基因表达的调控。mRNA 的稳定性（即它们对细胞核糖核酸酶降解的抵抗力）各不相同。细胞中一种 mRNA 的量是其合成和降解速率的函数。核糖体将 mRNA 翻译成蛋白质的速率也受到调节（mRNA 增加 n 倍并不总是意味着其蛋白质产物增加 n 倍）。

细胞可以根据代谢环境的变化显著改变相应酶的水平。在脊椎动物中，肝脏是适应性最强的器官。从高碳水化合物饮食到高脂饮食的改变会影响数百个基因的转录，从而影响数百种蛋白质的水平（基因表达的总体变化可以通过使用 DNA 微阵列或二维凝胶电泳测定）。

蛋白质分子一旦合成，其寿命是有限的，可能从几分钟到几天不等。蛋白质降解速率因蛋白质而异，取决于细胞中的条件。一些蛋白质被泛素共价连接标记，以便在蛋白酶体中降解。半衰期短的蛋白质比半衰期长的蛋白质能够更快地达到新的稳态水平。

14.3 课程思政

酶活性的调节是代谢调节的重要方式。我国生物化学家邹承鲁在酶的结构与功能、作用机制及酶促动力学等方面取得了卓越的成就。他在国际上最早采用蛋白水解酶部分水解的方法研究蛋白质结构与功能的关系，最早系统地提出了酶的可逆与不可逆抑制动力学理论，还确立了蛋白质必需基团的化学修饰和活性丧失的定量关系公式，以及确定必需基团数的作图方法，被国际上称为“邹氏公式”和“邹氏作图法”，得到了广泛接受和采用。此外，邹承鲁团队用自创的动力学方法比较研究了各种不同类型的酶在变性过程中构象和活力变化的关系，据此提出并充分论证了酶活性部位柔性学说。

14.4 拓展与探索

代谢物感知与代谢调控

生命进化产生了复杂而精细的代谢物感知与代谢调控机制。细胞内的酶和细胞器（如内质网、线粒体、溶酶体等）可感知代谢物的变化，从而启动信号传递及细胞代谢调控，应对细胞内外环境变化，维持代谢体系的动态平衡。例如，糖酵解途径中醛缩酶（aldolase）能够感知葡萄糖代谢中间物果糖1,6-二磷酸（fructose-1,6-bisphosphate）水平的变化，进而迅速激活腺苷酸活化蛋白激酶（AMP-activated protein kinase，AMPK）途径，调控脂肪、蛋白质的分解代谢与合成代谢，抵御因葡萄糖不足引起的胁迫压力，维持机体的能量和物质代谢的平衡。

思考题

1. 糖、脂肪、蛋白质及核酸代谢的相互联系是什么？
2. 酶水平的代谢调节有哪些方式？
3. 细胞水平的代谢调节有哪些方式？
4. 信号分子如何对细胞代谢进行调节？

参考文献

[1] Berg J M，Tymoczko J L，Gato G J & Stryer L. Biochemistry. Ninth Edition. New York：W H Freeman，2019.

[2] Damodaran S，Parkin K L. Fennema's food chemistry. Fifth Edition. Florida：CRC Press，2017.

[3] Ferrier D R. Lippincott Illustrated Reviews：Biochemistry. Seventh Edition. Philadelphia：Wolters Kluwer，2017.

[4] McKee T，McKee J R. Biochemistry：The Molecular Basis of Life. Seventh Edition. New York：Oxford University Press，2020.

[5] Michael Eskin N A，Shahidi F. Biochemistry of Foods. Third Edition. New York：Academic Press，2013.

[6] Nelson D L，Cox M M. Lehninger principles of biochemistry. Eighth Edition. New York：W H Freeman，2021.

[7] Rodwell V W，Bender D A，Botham K M，et al. Harper's Illustrated Biochemistry. Thirtieth Edition. New York：McGraw-Hill Education，2015.

[8] Whitaker J R，Voragen A G J & Wong D W S. Handbook of food enzymology. New York：Marcel Dekker，2003.

[9] 戴汉川，丰胜求，龙良启. 生物化学. 3 版. 北京：科学出版社，2025.

[10] 郭蔼光，范三红. 基础生物化学. 3 版. 北京：高等教育出版社，2020.

[11] 胡耀辉. 食品生物化学. 2 版. 北京：化学工业出版社，2014.

[12] 宁正祥. 食品生物化学. 3 版. 广州：华南理工大学出版社，2013.

[13] 王淼. 食品生物化学. 2 版. 北京：中国轻工业出版社，2024.

[14] 朱圣庚，徐长法. 生物化学. 4 版. 北京：高等教育出版社，2017.

[15] 杨红玉. 食品生物化学. 武汉：武汉理工大学出版社，2018.

[16] 杨荣武. 基础生物化学原理. 北京：高等教育出版社，2021.